中国科学院研究生教育基金会资助出版

国科大文丛

丛书主编/任定成

技术、工程与哲学

王大洲 编

科学出版社
北京

图书在版编目(CIP)数据

技术、工程与哲学/王大洲编．—北京：科学出版社，2013.3
（国科大文丛）
ISBN 978-7-03-036999-4

Ⅰ．①技…　Ⅱ．①王…　Ⅲ．①技术技术-文集　Ⅳ．①N02－53

中国版本图书馆 CIP 数据核字（2013）第 045373 号

丛书策划：胡升华　侯俊琳
责任编辑：樊　飞　裴　璐／责任校对：包志虹
责任印制：徐晓晨／封面设计：黄华斌
编辑部电话：010-64035853
E-mail：houjunlin@ mail. sciencep. com

科学出版社出版
北京东黄城根北街 16 号
邮政编码：100717
http://www.sciencep.com
北京凌奇印刷有限责任公司印刷
科学出版社发行　各地新华书店经销
*
2013 年 4 月第　一　版　开本：720 × 1000　1/16
2024 年11月第七次印刷　印张：26 1/2
字数：470 000
定价：99.00 元
（如有印装质量问题，我社负责调换）

国科大文丛

丛书弁言

“国科大文丛”是在中国科学院大学和中国科学院研究生教育基金会的支持下，由中国科学院大学人文学院策划和编辑的一套关于科学、人文与社会的丛书。

半个多世纪以来，中国科学院大学人文学院及其前身的学者和他们在院内外指导的学生完成了大量研究工作，出版了数百种学术著作和译著，完成了数百篇研究报告，发表了数以千计的学术论文和译文。

首辑“国科大文丛”所包含的十余种文集，是从上述文章中选取的，以个人专辑和研究领域专辑两种形式分册出版。收入文集的文章，有原始研究论文，有社会思潮评论和学术趋势分析，也有专业性的实务思考和体会。这些文章，有的对国家发展战略和社会生活产生过重要影响，有的对学术发展和知识传承起过积极作用，有的只是对某个学术问题或社会问题的一孔之见。文章的作者，有已蜚声学界的前辈学者，有正在前沿探索的学术中坚，也有崭露头角的后起新锐。文章或成文于半个世纪之前，或刚刚面世不久。首辑“国科大文丛”从一个侧面反映了中国科学院大学人文学院的历史和现状。

中国科学院大学人文学院的历史可以追溯至1956年于光远先生倡导成立的中国科学院哲学研究所自然辩证法研究组。1962年，研究组联合北京大学哲学系开始招收和培养研究生。1977年，于光远先生领衔在中国科学技术大学研究生院（北京）建立了自然辩证法教研室，次年开始招收和培养研究生。

1984年，自然辩证法教研室更名为自然辩证法教学部。1991年，自然辩证法教学部更名为人文与社会科学教学部。2001年，中国科学技术大学研究生院（北京）更名为中国科学院研究生院，教学部随之更名为社会科学系，并与外语系和自然辩证法通讯杂志社一起，组成人文与社会科学学院。

2002年，人文与社会科学学院更名为人文学院，之后逐步形成了包括科学哲学与科学社会学系、科技史与科技考古系、新闻与科学传播系、法律与知识产权系、公共管理与科技政策系、体育教研室和自然辩证法通讯杂志社在内的五系一室一刊的建制。

2012年6月，中国科学院研究生院更名为中国科学院大学。现在，中国科学院大学已经建立了哲学和科学技术史两个学科的博士后流动站，拥有科学技术哲学和科学技术史两个学科专业的博士学位授予权，以及哲学、科学技术史、新闻传播学、法学、公共管理五个学科的硕士学位授予权。

从自然辩证法研究组到人文学院的历史变迁，大致能够在首辑“国科大文丛”的主题分布上得到体现。

首辑“国科大文丛”涉及最多的主题是自然科学哲学问题、马克思主义科技观、科技发展战略与政策、科学思想史。这四个主题是中国学术界最初在“自然辩证法”的名称下开展研究的领域，也是自然辩证法研究组成立至今，我院师生持续关注、学术积累最多的领域。我院学术前辈在这些领域曾经执全国学界之牛耳。

科学哲学、科学社会学、科学技术与社会、经济学是改革开放之初开始在我国复兴并引起广泛关注的领域，首辑“国科大文丛”中涉及的这四个主题反映了自然辩证法教研室自成立以来所投入的精力。我院前辈学者和现在仍活跃在前沿的学术带头人，曾经与兄弟院校的同道一起，为推进这四个领域在我国的发展做出了积极的努力。

人文学院成立以来，郑必坚院长在国家发展战略方面提出了“中国和平崛起”的命题，我院学者倡导开辟工程哲学和跨学科工程研究领域并构造了对象框架，我院师生在科技考古和传统科技文化研究中解决了一些学术难题。这四个主题的研究也反映在首辑“国科大文丛”之中。

近些年来，我们在“科学技术与社会”领域的工作基础上，组建团队逐步在科技新闻传播、科技法学、公共管理与科技政策三个领域开展工作，有关研究结果在首辑“国科大文丛”中均有反映。学校体育研究方面，我们也有一些工作发表在国内学术刊物和国际学术会议上，我们期待着这方面的工作成果能够反映在后续“国科大文丛”之中。

从首辑“国科大文丛”选题可以看出，目前中国科学院大学人文学院实际上是一个发展中的人文与社会科学学院。我们的科学哲学、科学技术史、科技新闻、科技考古，是与传统文史哲领域相关的人文学。我们的科技传播、科技法学、公共管理与科技政策，是属于传播学、法学和管理学范畴的社会科学。我们的人文社会科学在若干个亚学科和交叉学科领域已经形成了自己的优势。

健全的大学应当有功底厚实、队伍精干的文学、史学、哲学等基础人文学科，以及社会学、政治学、经济学和法学等基础社会科学。适度的基础人文社会科学群的存在，不仅可以使已有人文社会科学亚学科和交叉学科的优势更加持久，而且可以把人文社会科学素养教育自然而然地融入理工科大学的人文氛围建设之中。从学理上持续探索人类价值、不懈追求社会公平，并在这样的探索和追求中传承学术、培养人才、传播理念、引领社会，是大学为当下社会和人类未来所要担当的责任。

首辑“国科大文丛”的出版，是人文学院成立10周年、自然辩证法教研室建立35周年、自然辩证法组成立56周年的一次学术总结，是人文学院在这个特殊的时刻奉献给学术界、教育界和读书界的心智，也是我院师生沿着学术研究之路继续前行的起点。

随着学术新人的成长和学科构架的完善，“国科大文丛”还将收入我院师生的个人专著和译著，选题范围还将涉及更多领域，尤其是基础人文学和社会科学领域。我们也将以开放的态度，欢迎我院更多师生和校友提供书稿，欢迎国内外同行的批评和建议，欢迎相关基金对这套丛书的后续支持。

我们也借首辑“国科大文丛”出版的机会，向中国科学院大学领导、中国科学院研究生教育基金会、我院前辈学者、“国科大文丛”编者和作者、科学出版社的编辑，表示衷心的感谢。

任定成

2012年12月30日

序

随着技术对社会的影响日益广泛深入，自19世纪后半叶开始，关于技术现象的哲学反思也就开始了。从卡普《技术哲学纲要》（1877）一书算起，技术哲学已有135年的历史。如果从李昌带领哈尔滨工业大学的学者们（如关士续）于20世纪50年代对机床内部矛盾运动进行的哲学探讨算起，我国学者在这个领域的工作有半个多世纪了。如果从20世纪80年代初陈昌曙等学者明确倡导发展“技术哲学”学科算起，“技术哲学”在我国也有30年历史了。今天，技术哲学已经成为显学，国内外都有不少学者致力于此领域的研究，也发表了众多论著。

有关工程问题的哲学思考，起初是在技术哲学这个领域的名下开展的。可以说，20世纪80年代以前，鲜有学者意识到工程与技术的区别，以及工程中存在着独有的哲学问题。一般而论，工程还没有从技术中分离出来而成为一个独立的哲学思考对象。90年代，情况发生了变化。国内外一些学者提出要把工程哲学作为一个不同于技术哲学的领域开展研究，把关注点聚焦于工程方法论和认识论。21世纪初，有关工程哲学的专著开始出现，工程哲学逐步形成了自己的学术和社会影响。

李伯聪教授于2002年出版的《工程哲学引论》一书，就是这样一部开拓性的著作。他提出科学、技术、工程“三元论”，论证了把工程哲学作为与科学哲学、技术哲学并列的领域来开展研究的意义，他的看法得到了工程界的响应。殷瑞钰院士组织撰写的《工程哲学》和《工程演化论》，潘云鹤院士主编的《跨学科工程研究丛书》等，就是哲学工作者与工程专家合作的结果。

科学哲学、技术哲学和工程哲学是三个平行的兄弟领域，三者有密切联系，又有重大差异，三者相互渗透，相互补充，相互促进。从许多方面看，技术哲学和工程哲学有更密切的联系。科学哲学和技术哲学早就开始了体制化进程，可喜的是，工程哲学的发展也开始了体制化进程。在李伯聪教授等人的推动下，我们建立了研究机构，创办了学术刊物，成立了学术社团，主办了国际学术会议。2003年，中国科学院研究生院成立了工程与社会研究中心。此后创办了《工程研究——跨学科视野中的工程》年刊，后于2009年改为同名学术季刊。2005年，中国自然辩证法研究会成立了工程哲学专业委员会。2012年11月，我们还将主办“哲学、工程与技术国际论坛”(fPET—2012)。此外，我们还承担了与工程研究相关的一批研究项目，培养了数批博士和硕士研究生，发表了一批学术论文，出版了一批著作。

2002年9月，中国科学院研究生院正式成立人文学院。2012年6月，中国科学院研究生院更名为中国科学院大学。下个月，中国科学院大学人文学院将迎来更名10周年的日子。为了回顾过去、规划未来，进一步推动我校技术与工程哲学研究，我们将人文学院师生及其合作者在技术工程哲学领域的部分论文整合成一部集体著作出版。

本书分为四部：第一部为技术与哲学，是技术哲学方面的一般性研究；第二部为工程与哲学，是工程哲学包括社会工程哲学方面的研究；第三部为工程、环境与伦理，是工程伦理及与工程技术相关的环境伦理方面的思考；第四部为工程、技术与社会，是对工程所做的跨学科研究。全书大体对应于技术哲学、工程哲学、工程伦理和工程技术的社会研究，体现了多维的研究视野和多元的研究取向。这些工作少数完成于20世纪80～90年代，多数完成于最近10年。

在本书成书过程中，李伯聪教授、刘二中教授、胡新和教授、胡志强教授、肖显静教授、王佩琼编审、邱慧副教授和王楠博士等都给予了大力支持，并提出了宝贵的意见和建议；我的研究生李秀波、赵明旭和张海燕也投入了不少时间进行校对工作，在此一并致谢。

本书的基础工作此前曾分别发表在《哲学研究》《自然辩证法通讯》《自然辩证法研究》《伦理学研究》《哲学动态》《工程研究》《科学技术哲学研究》《科技导报》《科学中国人》《中国人民大学学报》《东北大学学报》等期刊上。在此，我们也要对这些期刊的审稿人和编辑表达谢意。

当然，我们还要感谢科学出版社责任编辑认真负责的工作。

我期待我们的团队携手将人文学院的技术与工程哲学研究继续往前推进，也期待学界同行对我们的工作提出批评，以共同促进我国技术与工程哲学事业的进步。

王大洲

2012年8月20日

既有对多元的研究取向，这些工作多数完成于20世纪80~90年代，多数完成于最近10年。

在本书成书过程中，李伯聪教授、刘二中教授、胡新和教授、陈大课教授、肖显静教授、王前教授，研究副教授和王恒博士等都给予了大力支持，并提出了宝贵的意见与建议；我的研究生李笑、宋明旭和张旭等也投入了不少时间进行校对工作，在此一并致谢。

本书的基本工作此前曾分别发表在《哲学研究》《自然辩证法通讯》《自然辩证法研究》《逻辑学研究》《哲学动态》《工程研究》《科学技术哲学研究》《科技导报》《科学中国人》《中国人民大学学报》《东北大学学报》等期刊上。在此，我们要对这些期刊的审稿人和编辑深表谢意。

最后，我们要感谢科学出版社侯俊琳认真负责的工作。

[illegible]

王大洲
[illegible]年[illegible]月[illegible]日

目录

第二部
工程与哲学

第三部
工程、环境与伦理

第四部
工程、技术与社会

第一部
技术与哲学

技术三态论*

什么是技术？这是技术哲学、技术论研究中的一个十分重要的问题。许多人在研究这个问题时，往往把它“具体化”为“技术的本质是什么”的问题。对于技术的本质，不同的学者有不同的看法。有人把国外学者的代表性观点归纳为21种[1]，也有人说不同观点的数目可达几十种乃至上百种[2]。本文不拟具体地论述这些纷纭的观点，也不打算“独出心裁”地再提出另一种“新”的关于技术本质的看法。本文试图从另外一种语义分析的途径探讨“什么是技术”的问题。

本文将把“什么是技术”的语义具体化为“技术的形态是什么”的问题。本文的目的是对技术的三种基本形态作一简要的分析和阐述。通过对“技术三态”的揭示和阐述，我们可以看出：对技术的不同形态及其相互关系的认识将成为对一系列重大的理论和实践问题进行重新认识的前提和基础。

一、技术Ⅰ——源技术和样品

在本文中，所谓技术的指称范围将局限于以“物质形式”为核心的技

---

* 本文作者为李伯聪，原载《自然辩证法通讯》，1995年第17卷第98期，第26～30页。

术，特别是可以成为“消费品”的技术。电灯、电话、收音机、电视机等皆可以作为分析技术的不同形态的范例。

技术的第一种形态（技术Ⅰ）是发明者发明、研制出的“样机”“样品”，我们可以称其为源技术。

源技术的出现是发明活动的结果，发明活动的主角是发明者（为了叙述的方便，本文将不严格区分技术活动过程及其相应的结果）。

从历史性分析的角度出发，在时间序列上，技术Ⅰ（源技术）是三种形态的技术中最先出现的一种，其他两种形态的技术都是从技术Ⅰ发展、转化而来的。

技术Ⅰ的一个主要特点是新颖性，它是“史无前例”的人造物品。

从历史上看，在很长一段时间，技术发明主要依靠经验；到了现代，许多技术发明都是立足于科学理论的，这是一种新特点、新趋势。但这绝不意味着技术发明是一个不需要创造性的“演绎”过程，或者可以轻视经验的作用。技术发明中所需要的创造性绝不亚于科学发现所需要的创造性。技术发明需要有科学理论基础的含义，绝不是说可以把技术发明“归结”或“还原”为科学。

在古代，技术发明活动是“个体方式”的、“偶发性”的。自爱迪生于1876年在新泽西州门洛帕克建立起第一所现代体制的实验室后，技术发明活动逐渐进入了一个“体制化”和“专业化”的新阶段。虽然在现代社会中，以“个体方式”从事发明活动的情况仍然不少见，但有更多的技术发明（特别是重大的技术发明）是以发明家为核心的“组织性”活动的结果。由于本文的主题不是对技术发明进行具体分析，所以，当本文中说“发明家是技术发明活动的主角”时，其含义是兼指以上两种情况的。

在某种意义上，我们可以说技术Ⅰ是“纯粹形式”的技术。这里所谓“纯粹形式”的技术是相对于“社会形式”（或曰社会化）的技术而言的。技术Ⅰ的典型表现是“样品”或“样机”。“样品”或“样机”在数量上是很少的，甚至只有一件。这一件样品，虽然以物质存在的方式使得技术设计、技术设想成为了现实，其本质体现了人类和社会同自然的关系；但正因为它只是一件样品，而不是批量生产的产品，使大众尚不能使用样品，从而导致它所体现的人类和社会同自然的关系只是潜在的而不是实际的。样品研制的成功标志着在“纯粹技术”的角度上使可能性变成了现实性，但这种形态的技术能否同资金、劳动力等社会因素接合起来，能否被社会所接受和欢迎，还有待于在投产、销售等过程中经受“考验”。

我们可以把作为结果的源技术统称为样品，样品是研制过程的结果。

二、技术Ⅱ——生产技术和商品

技术的第二种形态是生产技术和商品形态的技术。

也许有人把生产技术看作源技术在数量上和规模上的“放大”。其实，问题绝不这样单纯、这样简单。

由于技术Ⅰ（源技术）和技术Ⅱ（生产技术）是两种不同形态的技术，所以把技术Ⅰ“变成”技术Ⅱ需要经由一个转化过程，即投产过程。

并不是全部源技术都可以“变成”生产技术的，这里有一个转化过程，而它首先是一个选择过程。对于选择的标准和机制我们将另文进行讨论。

以上所述，并不是说生产技术同源技术在“数量”关系上的差别没有重要意义。生产技术形态同源技术的一个重要不同就是前者的结果是制造（生产）出了大批的产品（在商品、市场关系中它们表现为商品），而后者的结果是研制出了一件（或很少数量）样品。

从设备方面看，样品的制造过程中使用的一般是通用设备，而产品的制造过程中一般来说是必须使用某些专用设备的。

从劳动者方面看，在样品制造过程中劳动者同最终产物的关系不是“特化”（“专门化”）的，而在产品制造过程中这种关系在很大程度上“特化”（“专门化”）了。

所以，在从技术Ⅰ向技术Ⅱ的转化（即投产）过程中，一般需要设计或置备一定数量并且是必不可缺的专用设备，对于生产人员也必须进行专门的（即特化的）技术培训。这就使得样品的制造同产品的制造不但具有数量上的差异而且有性质上的不同。

以上分析显示：“特化”（专门化）是技术Ⅱ的一个突出特点。

马克思在《资本论》中曾分析了商品生产中劳动的二重性（抽象劳动和具体劳动）。如果说上述技术Ⅱ的“特化”实际上也就是劳动具体性的体现，那么我们从另一个角度去考察技术Ⅱ时，又会看到它的另一个侧面——技术Ⅱ的社会性和抽象性。

从生产目的来看，劳动者大批地生产某种产品，不是为自己生产而是为他人生产，为社会生产。一家自行车厂每年生产几十万辆或几百万辆自行车，其目的不是为了本厂的职工拥有和使用这些自行车；一家啤酒厂每年生产数百吨啤酒也不是以供生产者自己饮用为目的的。

为社会需要而生产、为他人使用而生产，这就是技术Ⅱ的社会性；商品具有价值形态，这就是它的抽象性。

生产技术的抽象性和社会性使其在市场经济关系中成了生产具有价值的商品的商品生产技术，生产技术的结果也就成为了商品。

三、技术Ⅲ——进入生活的技术和用品

商品被售出后，就不再是商品，而成为用户的用品。这时的技术表现为第三种形态的技术。

一台电视机，当它从生产技术上装配完毕，存放在工厂仓库中的时候，它只是商品。当它通过销售过程来到大众和消费者手中的时候，同样的电视机，它就不再是商品而是消费者（使用者）的用品，是进入生活的技术（被实际使用的技术）了。我们可以把这第三种形态的技术称为技术Ⅲ。

三种不同形态的技术有不同的拥有者和活动主体。技术Ⅰ的拥有者和活动主体是发明者（研制者），技术Ⅱ的拥有者和活动主体是生产者，而技术Ⅲ的拥有者和活动主体是使用者，对于消费品技术来说，就是消费者。

从技术Ⅱ变为技术Ⅲ，从商品变为用品，不但是经济关系的变化，也是技术形态的一种飞跃，一种“相变”。

在成为用品的时候，技术的目的才得以实现。在作为商品形态时，技术所“内含”的人与自然的关系只是一种“潜在”的关系。由于它尚未被使用，所以它还不是一种“现实”形态的技术。只有在技术进入生活，成为消费者所使用的技术时，技术才成为了“现实”性的技术。

在技术的三种形态中，技术Ⅰ是技术Ⅱ和技术Ⅲ之“源”。没有源技术，也就没有其他两种形态的技术。技术Ⅰ的重要性是显而易见的，许多技术史

著作实际上都写成了技术Ⅰ的历史，其原因是可以理解的。由于技术Ⅱ在技术三态中处于枢纽地位，它也没有被忽视，特别受到了经济史、经济学和工程学的重视。技术Ⅲ作为技术三态的“终态”是目的之所在，我们不妨说它是“灵魂”和“生命”之所在。可是，由于多种原因，它却常常受到不应有的忽视。

马克思在《〈政治经济学批判〉导言》中说：“只是在消费中产品才成为现实的产品，例如，一件衣服由于穿的行为才现实地成为衣服，一间房屋无人居住，事实上就不成其为现实的房屋；因为，产品不同于单纯的自然对象，它在消费者中才证实自己是产品，才成为产品。消费是在把产品消灭的时候才使产品最后完成，因为产品之所以是产品，不是它作为物化了的活动，而只是作为活动着的主体的对象。”[3]遗憾的是，马克思的这个精辟而深刻的见解未能受到广泛的重视，当然也就很少有人能对其作进一步的阐释和发展了。

四、技术三态中的两次转化——投产和销售

技术三态论向我们提出了两个重大问题：①技术三态各自的特点是什么？②技术三态形成和转化的条件是什么？

同其他学者提出的有关技术本性（本质）的理论相比，不难看出技术三态论的特点乃是把技术形态的转化问题放在了特别突出的地位。

从技术Ⅰ向技术Ⅱ转化的过程是投产过程。这个转化过程是一个选择的过程，是一个建构的过程，也是选择与建构统一的过程。

在现代社会条件下，源技术每年、每月甚至每天都在源源不断地涌现，其中有相当数量的源技术还获得了专利，表现为专利技术的形式。

源技术（技术Ⅰ）是不可能也不需要全部转化为技术Ⅱ的。在这里最主要的限制因素可分为两类，一类是源技术“不成熟”、不完善等自身缺陷所形成的限制，另一类是资金不足等“非技术性”条件的限制。只有一部分（而不是全部）源技术需要并可能转化为技术Ⅱ（生产技术），这就是技术Ⅰ向技术Ⅱ转化过程的选择性。

经济学家认为，生产要素有四大类：资本、劳动、土地和企业家的能

力[4]。值得注意的是，“在经济学里，资本被定义为用来生产其他商品和提供各种劳务的商品。资本是一种人为的投入，如为了将来扩大生产而建立的工厂和增添的设备”[4]。只有把各种必要的生产要素组织在一起，才能进行生产，这就是投产过程的建构性。

投产过程的选择性和建构性显示了从技术Ⅰ向技术Ⅱ转化过程的复杂性。

在我国的技术活动和经济生活中，源技术向生产技术转化率低，确实是一个严重的“老、大、难”问题。通过深入研究从源技术向生产技术转化的条件并采取切实的措施，将会有效地提高从源技术向生产技术的转化率。

在这里需要顺便提出的一个问题是：这个转化率是否存在一个合理的上限呢?

从理论上说，似乎应该承认存在着一个上限。许多人可能会有一种感觉：如果强求转化率达到 100%，则其不良后果可能不亚于转化率为 0 的情况。

针对目前我国转化率过低的现实情况，强调提高转化率是必要的和有针对性的。但问题的核心和关键仍然在质而不在量。例如，同样是转化率达到 10%，由于转化过程的选择性，在源技术中被转化为生产技术的具体项目不同时，其结果也可能是差别很大的。所以，这里的关键仍是哪些具体项目被选出来进入转化的问题，其次才是提高转化率的问题。

与技术形态转化中的投产问题相比，另一个技术形态转化问题——销售问题①的重要性可与之“匹敌”，但是它却常常受到了轻视，特别是在我国(当然，我们也应该承认目前情况正在发生改变)。

在谈到销售的重要性时，德鲁克指出，从态度上转变为把市场推销看作企业的中心职能之一“是欧洲从 1950 年以来取得惊人恢复的主要原因之一”。在亚洲，“自 50 年代以后，日本在世界市场上取得的经济成就及因而形成的日本经济奇迹，就在于把市场推销作为企业的首要职能和决定性任务”[5]。

商品的销售过程，除了垄断性生产的情况之外，是消费者进行选择的过

① 在某些情况下，从技术Ⅱ向技术Ⅲ的转化是以“直接分配”的方式实现的。而在市场经济条件下，这个转化一般是通过销售来实现的。

程，这就是销售过程的选择性。销售过程的选择性是在提示：企业生产的产品是没有皆能售出的“保证”的。而商品不能售出意味着向技术Ⅲ转化过程的中断，也就是技术活动的最终目的不能实现。

重视销售就是重视实现技术活动和经济活动的最终目的，而轻视销售，单纯“重视”生产则意味着迷失了生产的目的。

五、投产和销售的主角——企业家

在技术的三种形态中，样品（技术Ⅰ）研制活动的主角是发明家（或以发明家为核心的集体）。商品（技术Ⅲ）的拥有者和使用者是消费者和使用者。虽然有人既是发明家同时又是企业家，一身而二任；但我们必须注意：即使对于这种情况，我们也不可以把发明家和企业家这两种不同的“社会角色”混为一谈。

发明家和企业家的不同的社会角色还表现为：许多发明家不是企业家，甚至不具备企业家的基本素质，而许多企业家也并不是发明家。

企业家不但是生产活动的组织者和领导者，更是技术形态转化环节——投产和销售——的关键人物。

西尔费说：“企业家这个词于 16 世纪早期最初出现在法语中，用于指领导军事远征的人。200 年后，法国人开始将这个词的定义扩展到指从事其他种类的冒险活动的人，包括桥梁建造商、道路承包商和建筑师。最终，当法国经济学家理查德·坎特龙在 1755 年将企业家的创业精神定义为承担不确定性的过程时，才将企业家解释为经济的一个组成部分。其他法国经济学家进一步扩展了企业家的定义范围，用这个诨名指在建筑、农场和工业方面承担风险的人。后者又被称为担风险的资本家。由此可见，在早期，企业家与风险资本家是有联系的。”[6]

19 世纪，在阐述企业家作用方面做出最突出贡献的经济学家也许要推法国的萨伊。而在 20 世纪的经济学家中，在这方面最闻名的要数奥地利经济学家熊彼特。

自亚当·斯密以后，英国的经济学研究在很长时期内一直居于领导地位。为何在英国经济学中企业家未能成为突出概念呢？著名经济史家布劳格认为是由于在19世纪的英国，资本家和企业家常常是合二为一的。

熊彼特在其名著《经济发展理论》一书中指出，企业家是创新的主要组织者和推动者，而熊彼特所说的创新包括以下五种情况：①引进新产品；②引用新技术，即新的生产方法；③开辟新市场；④控制原材料的新供应来源；⑤实现企业的新组织。可见，熊彼特已经注意到企业家不但是投产活动的主角而且应该是销售活动的主角。

需要强调的是，所谓销售的含义绝不仅仅局限于在柜台上卖货物，销售的含义是指实现技术形态的转化，通过这次转化，“引导”与满足消费者的需要，实现技术的目的。当今许多企业在销售方面竞争的一个焦点常常是“售后服务”，按照本文对“销售”这个范畴的广义解释，商业上的“售后服务”正是本文中“销售”范畴的内在组成部分。

我国需要发明家，更需要企业家；但在计划经济体制下，不可能有真正的企业家出现；而市场经济需要企业家；同时，市场经济也造就企业家。

一批卓越企业家的涌现，将会使市场经济的活力更充分地表现出来，使我国经济更迅速、更健康地向前发展，使广大消费者更及时、更广泛、更有效地享用发明家的技术成果。

参考文献

[1] 刘文海．论技术的本质特征．自然辩证法研究，1994，10（6）：31－37.

[2] 远德玉，陈昌曙．论技术．沈阳：辽宁科学技术出版社，1986：47.

[3] 中共中央马克思恩格斯列宁斯大林著作编译局．马克思恩格斯选集．第二卷．北京：人民出版社，1972：94.

[4] 格林沃尔德．经济学百科全书．李滔等译．北京：中国社会科学出版社，1992：76，588.

[5] 德鲁克．管理——任务、责任、实践．北京：中国社会科学出版社，1986：84－85.

[6] 西尔费．企业家．张新华译．上海：上海译文出版社，1992：10-11.

图灵的智能机器思想*

1936 年，英国数学家阿兰·图灵（Alan M. Turing，1912～1954）完成了著名的关于“可计算数”和“理想计算机”的论文[1]，并于第二年发表。该文不仅解决了数理逻辑理论的重大问题，还成为近代计算机理论的重要基础。后来他对计算机理论及计算机设计的研究和关注，与他极为丰富的想象力相结合，自然而然地把他推向机器智能的研究领域。

图灵对机器智能的研究最晚开始于第二次世界大战期间。古德在回忆和图灵一起进行的破译密码的工作时说：“估计他的全部影响是极端困难的，因为除了他的所有保密工作以外，他还同很多人进行过多次关于思想过程自动机的谈话。”[2]图灵智能机器方面系统的理论思想，在 1947 年的一次计算机会议的题为“智能机器”的发言中才首次得到了全面的阐述。图灵为这个报告准备了一个草稿，当时并没有准备出版。1959 年，这篇报告的简短摘要才被作为《阿兰·图林》一书[3]的附录而发表。1969 年，这篇报告重新得到重视，全文编入爱丁堡大学的《机器智能》第五集。

1950 年，图灵在《心》杂志上又发表了《计算机和智力》这篇著名论文（即后来的《机器能思维吗?》一文），对于计算机能否思维这样一个触及哲学、计算机科学、心理学甚至神学等方面的问题在更高的水平上做了更为大

* 本文作者为刘二中，原载《自然辩证法研究》，2007 年第 23 卷第 4 期，第 106～108 页。

胆、深刻而又详细的论述，引起了很大的反响和长期的争论。后来，图灵还发表了《计算机运用于游戏——国际象棋》等机器智能论文及一些电子计算机的研究报告。1954 年，年仅 42 岁的图灵意外去世。为了纪念他的杰出贡献，美国计算机学会设立了一年一度的“图灵奖”，颁发给在计算机科学技术领域中做出重大成绩的人。下面，本文对图灵在机器智能方面的开创性思想进行系统的研究和分析。

一、机器智能可能性的全方位论证

显然，机器智能理论确立的一个必须考虑的前提是机器智能可能性的存在。证明这一点的最好方法是展示一台高智能的计算机，然而当时这是不可能实现的。在第二次世界大战结束前后，智能机器的思想因新奇而深受怀疑。图灵唯一的办法就是对机器智能的种种怀疑论调进行全面拆解，这也构成他的机器智能理论的重要内容。他列举了否认机器智能可能性的各种主要理由或原因，并一一给予分析和驳斥。

反对这种可能性的第一个原因是“不情愿承认人类有任何智力上的竞争对手的可能性”，他指出，这种原因出自人们类似于鸵鸟的心态[4]，这类原因“纯粹是感情上的，不需要真正的驳斥……这些论点不能被忽略，因为智能思想本身是容易动感情的”[2]。

第二个原因是“一种宗教信仰”，“任何制造这样的机器的企图是一种普罗米修斯式的不虔诚”[2]。对于这种神学方面的反对意见，他说：“我不太相信神学的论证，即使它们可以用来支持我的论点。在过去，已时常发现这类论点是不能令人满意的。”为此他列举了历史上人们摘引《圣经》中的句子来错误地反对哥白尼学说的例子，他又说：“由我们现代的知识来看，这类论证是没有价值的。当尚未达到现代的知识水平时，这类论证却给人以完全不同的印象。”[4]

第三个原因是：“具有非常有限的特性的机器一直被用到最近（到 1940 年），这有助于相信机器必定对极为简单的、甚至可能对重要的工作是有限的。”但这个原因由于复杂机器（埃尼亚克等）的存在而不能成立[2]。

第四个原因是：“近年来的哥德尔定理及其有关结果已经表明……任何

给定的机器在一些情况下不能给出一个完全的答案。另一方面，人类的智力似乎能够发现其效能不断增长的办法去处理超越适用于机器的方法的这类问题。”对此，图灵说：“出于哥德尔及其他人定理的论点基本上停留在机器必须不犯错误的前提下，但这不是对智能的要求。”[2]他后来又说：“虽然它证明了任何特殊机器的能力是有限的，但它只是叙述了这类限制不适用于人类智力，而未作任何证明。”“总之，有时也许有人比给定的机器更聪明，但有时也许又有别的机器比人更聪明，依此类推。”[4]

第五个原因是：“就一个机器显示智能而言，认为除了是它的创造者的智能反映外没有任何其他东西。”图灵指出，这种观点“类似于那种认为对一个学生做出的发现的奖赏应该发给他的教师的观点。在这样一种情况下，教师将因他的教育方法的成功而高兴。但除非是他把这些发现传给他的学生，他将不会要求这些成果本身的所有权”[2]。

还有一类原因是那些指责机器在许多方面是无能的论点（不具备仁慈、友爱、幽默感、爱好、创造性、多才多艺等）。图灵指出，其中一些能力并不是机器不能具备的，而是人们不需要它们有这样一些特点。而对于机器的学习能力和创造性的担忧，图灵则在他提出的学习机理论中指出了解决的方法。

二、机器智能水平的判据——图灵测试

图灵在机器智能可能性的争论中发现，分歧往往来自缺乏对“机器能否思维”的严格定义。他认为，在一般情况下“定义的拟定要尽可能地反映这些词的通常用法，但是这种态度是危险的”，因为人们对词义的理解是很不相同的。他又说：“代替作这样一个定义，我将用同原来的问题密切相关的另一个问题代替它，并且用比较明确的词汇表达。”为此，图灵提出了“模仿游戏”，也就是著名的图灵测试[4]。

“模仿游戏”要由三个人来玩：一个男人A，一个女人B，和一个同他们隔离开的询问人C。C通过电传打字机与A、B联系。C为了弄清两个人中哪一个人是男人可以提各种问题，而A为了使C做出错误的判断可以随意回答。图灵测试就是由一个机器来担任A的角色，看它是否能像由一个男人来

担任 A 的角色时那样使 C 经常做出错误的判断，并以此来判定这个机器能否思维。

图灵做出这一定义时对计算机未来的潜力充满信心。他说："我相信，在差不多 50 年之内，将可设计出一种存储容量为 10^9 比特左右的计算机，我们可以使这些计算机玩模仿游戏玩得如此之好，以至一个普通的询问人在询问五分钟后，做出正确判断的概率不可能超过 70%。"

图灵的这个定义是极为独特的。这不能不使人想起图灵对可计算性的定义[1]，对于定义可计算性这个复杂问题，图灵天才地利用理想计算机予以解决。而对于"机器思维"这个更难说清楚的问题，图灵又表现出同样的机智。当时有人评论说："他用大多数专职哲学家可能非常羡慕的机智避免了哲学的陷阱。"令人遗憾的是，自 20 世纪 60 年代开始，计算机科学界似乎就流行起对图灵测试的错误看法。例如，美国的费根鲍姆等人在他们很有影响的《第五代——日本第五代电脑对世界的冲击》一书中认为图灵测试就是"测试者在测试过程中与人（或机器）隔开，只能用电报沟通"，"测试者如果不能明确说出他是跟人还是跟机器沟通，机器就可以被认为有思维能力"。

实际上，严格而又深刻的图灵测试是极难通过的。不要说一台计算机，就是一个普通人要想玩好"模仿游戏"也不容易。你不仅要表现得像一个人，而且你与另一个真正的女人竞争，要表现得更像女人而又不过分，以便智胜心存警惕的询问人。这绝非像"表现得更像人而非机器"那样简单。

图灵测试本质上是个行为主义的定义。这个定义是否恰当完整也有不少争论，但是无论如何，它为寻找判定机器智能标准迈出了极为重要的一步。

三、广义计算机分类体系与机器教育

图灵对包括智能机器在内的所有机器从纯理论上作了全面的分类和分析[2]，指出了它们逻辑结构的根本特点和相互关系，从而提出一整套全新计算机概念和理论。这些概念和理论，对今天的人工智能研究也是很重要的。

图灵首先把所有的机器分为"离散的"和"连续的"，他又把离散控制机分为被设计为达到确定目标的机器（有组织机）和无组织机。前者包括逻辑计算机（理想计算机）、通用逻辑计算机、实际计算机、通用实际计算机和“纸机器”。另外，还包括部分随机机器和表观部分随机机器。对这些机器，图灵都用比较抽象而严格的术语分别给出了定义并进行描述，实际上大大扩充了原有的图灵机理论。

关于“纸机器”，图灵写道：“这是可能的，用写下一套步骤的规则和请一个人去执行它们的办法达到一台计算机的效果。这样一个由人与好的指令的联合将被称作一个‘纸机器’”。这是很有趣的，因为图灵把手工计算也归到他的计算机系列中去了。

关于部分随机机器，他说：“这是可能的，用允许在一些点上进行选择操作的方法修正上面描述的离散机，这些选择是由一些随机过程来决定的，这样一个机器将被描述为‘部分随机的’。如果我们希望肯定地说一个机器不是这种类型的，我们就把它描述为确定的”。

关于无组织机器，他说：“至此，我们一直在考虑的机器是被设计达到确定的目的的（虽然通用机在一个意义上是个例外）。我们可以代之考虑：当我们以一种比较无系统的方法用某些类型的标准元件制成一个机器时将发生什么？我们可以考虑一些这种性质特别的机器，并且找出它很可能做哪一类事情。在其构造上是很随机的机器将被称为‘无组织机器’。”

图灵又指出，用输入信号的办法可以干预机器或改变机器的行为。这在无组织机中很容易做到，控制几个元件的状态，可以改变整个机器的状态变化方式。他又说：“当非常根本地改变一个机器的行为是可能的时候，我们可以说这个机器是‘可修改的’。”进一步发展这个概念，就是“自修改的机器”。

图灵认为，机器教育的本质就是组织无组织机。他说：“希望一个直接从工厂里出来的机器达到同大学毕业生相等的条件是不公平的。毕业生已同人类接触 20 年或更多时间，通过这个时期的接触已经修正了他的行为模式。他的教师们一直有意识地试着修正他，在那个时期的末尾，大量的标准子程序已经添加到他的大脑的原始模式上。这些子程序被认为是作为一个整体的共同体。然后他将去试探出这些子程序的新组合，在它们上面做一些微小变化并且用新方法使用它们……那么，用提供适当干预的方法来模仿教育，我们应该希望去修改机器直到它能可靠地对一定的命令产生确定的反应为止。”

为此，图灵又提出了“组织无组织机器”的概念和方法。他指出：“这种建立初始条件以便机器执行特别的有用任务的过程叫做‘组织机器’。‘组织’因而是‘修正’的一种形式。”

如何利用干预有效地组织或训练机器呢？图灵为此明确提出“愉快-痛苦系统”的概念。他说，这个把机器组织为一个通用机的过程，如果安排的干预只牵涉到很少几个输入是非常值得注意的。可以只用两种干预输入（一个是愉快，另一个是痛苦）来执行组织过程。愉快干预有固定特性的趋向，即阻碍它的变化。反之，痛苦刺激趋向于瓦解特性，引起那些已成为固定的特性改变，或使其成为随机变化。为了“固定特性”，图灵提出了“登记”这个方法。每当一种状态出现时，机器做出随机的尝试性（特性）反应，并被登记。如果这种反应不适当而招致一个痛苦刺激，全面尝试性登记将被删去，而当得到一个愉快刺激时，这些登记则得以固定。

对于如何更好地进行“教育”的过程，图灵做了不少有趣的设想，他甚至考虑机器在教育过程中应该有“主动”精神。图灵进一步的理论研究遇到了实验上的困难，实际上他的设想已远远超出当时计算机所能达到的水平。在几十年后的神经网络计算机技术上，我们可以看到图灵思想的预见性。

四、图灵的机器智能思想与控制论的相互影响

在图灵的机器智能思想形成的同时，维纳等人的控制论思想也出现了。这两种思想研究的对象是相关的，但至少在战争期间，这两种思想并没有直接交流。维纳等人的《行为、目的和目的论》一文是在1943年初发表的，主要是从行为的角度把动物与机器进行比较，从而找出某些相同的本质。这在图灵1947年的文章中并没有反映。1943～1944年的冬天，当对控制论的产生有重要意义的普林斯顿会议召开时，图灵已经结束他的美国秘密之行将近一年了。1945年，阿希贝在他的文章中谈到了“用内部重新组织的方法来学习和适应的能力”的原理，阿希贝1948年的某些观点与图灵1947年文章中的观点是很接近的，当然他们的出发点不同：一

个主要是考虑“反馈-适应”的过程，一个是出自把“无组织机”训练成通用计算机的观点。但是从他们论文的内容来看，无疑都受了心理学和神经生理学成果的很大启发。

根据密契的说法[5]，图灵的机器智能观点基本上在战争期间就产生了，因此不大可能出于阿希贝 1945 年文章的启示。另一方面，由于图灵在 1947 年的文章没有公开发表，也就不能确定他对阿希贝、维纳等人的思想的影响究竟有多大。但是，战后这两方面的思想交流是无法避免的。1947 年春，维纳在参加法国一个教学会议的往返途中，在英国停留了三个星期。他说："我得了一个极好的机会会晤许多研究快速计算机的人……更重要的是和泰丁顿的图灵讨论了控制论的基本思想。"

1948 年，维纳的《控制论》出版了。在这部著作中他已经认识到利用计算机去实现类似于神经系统的条件反射的过程（其中包括学习过程）并不是不可能的，这与图灵的思想是接近的。但是维纳没有考虑实现的方式，而图灵在这方面的研究要深入得多。维纳在该书的序言中说："图灵也许是第一个把机器的逻辑可能性作为一种智力实验来研究的人。"

控制论思想特别是其中包含的行为主义思想对图灵还是有一定影响的，从图灵测试就可以看出这一点。然而，控制论思想对图灵的影响是比较有限的。因此可以断定图灵是现代机器智能理论研究的主要开创者。

参考文献

[1] Turing A M. On computable numbers，with an application to the entscheidungs problem. Proc Lond Math Soc，1936，42：230.

[2] Turing A M. Intelligent machinery//Ince D C. Collected Works of A. M. Turning：Mechanical Intelligence. Amsterdam：Elsevier Science Publishers，1992.

[3] Turing S. Alan M. Turing. Heffer Cambridge：W Heffer & Sons Ltd，1959.

[4] Turing A M. Computing machinery and intelligence. Mind，1950，49：433 - 460.

[5] Randell B. On Alan Turing and the origining of digital computers//Meltzer B，Michie D. Machine Intelligence 7. London：Halsted Press，1972.

焦点物与实践*

鲍尔格曼（Albert Borgmann，1937～）是当代美国著名的技术哲学家，他的主要贡献是在他的代表作《技术与现代生活的特征》（*Technology and the Character of Contemporary Life*）中提出了“焦点物”和“设备范式”的概念。这两个概念可以看成是对海德格尔有关技术思想的继承和发展。

一、焦　点　物

什么是“物”(Ding)? 从通常的观点来看，“物”是与人相对立的东西，即外在于人的“对象”，它只在认识论的意义上与人发生关系。用通俗的话说，“物”就是我们认识的客体，人则是认识的主体。

然而，这种寻常的观点在很大程度上遮蔽了真相。海德格尔曾专门写了一篇题为“物”的文章，对“物”之本性进行了深入的讨论，试图还“物”以本来面目。在海德格尔看来，作为“对象”的“物”并不是“物”之本质。之所以我们现在会以这种对象化的方式来看待“物”，恰恰是现代科学和技术所带来的结果。现代科学和技术建立在认识论的基础之上，以表象对

* 本文作者为邱慧，原题为《焦点物与实践——鲍尔格曼对海德格尔的继承与发展》，原载《哲学动态》，2009年第4期，第63～66页。

象为其根本方式。科学和技术所研究的“对象”首先必须进入它的视域中，也就是说，被研究者首先被对象化，才能被纳入科学的研究范式中来。用海德格尔的话说：“科学始终只能针对它的表象方式预先已经允许的东西，亦即对它来说可能的对象。”[1]类似地，库恩则用“范式”理论很好地说明了这一点。在一种范式中成为科学家研究主题的东西，在另一种范式中却不再受到科学家关注，原因就在于它不再成为科学研究的“对象”，不再进入科学的视域。

这种“对象化”地看待“物”的方式来源于笛卡儿的“心身二分”二元论，它被后来的理性主义者和经验主义者所继承，在康德那里得到了进一步加强①，并且随着科学取得越来越大的成功，逐渐成为人们对“物”之思考的“缺省配置”。

然而，当我们着眼于这样一种作为“对象”的世界，而不是“物”的世界时，会出现什么问题呢？海德格尔说，如此一来，“物”之“物性”便被遮蔽、被遗忘了，真正的“物”消失了。因为将“物”作为“对象”来看，并没有把握“物”之本质，“物之物性因素既不在于它是被表象的对象，根本上也不能从对象之对象性的角度来加以规定”[1]。什么是一个壶的本质呢？那个有着壶壁和壶底的容器是壶的本质吗？那个可以被注入酒，即以一种液态的充满方式代替另一种气态的充满方式的容器是壶之本质吗？在类似这样的科学表述中，壶之本质恰恰丧失了，而代之以被科学所表象的“现实之物”。因而，要真正把握“物”之本质，必须跳出这样一种认识论的二元对立，直接进入事物本身，从存在论的层面来探讨。

什么是“物”？海德格尔说：“如果我们思物之为物，那我们就是要保护物之本质，使之进入它由以现身出场的那个领域之中。”[1]壶之“现身出场的领域”是什么呢？是“倾倒”，是“馈赠”，因而，“壶之壶性在倾注之馈品中成其本质”[1]。倾注之馈品是一种饮料，饮料中有水，水中体现着天空和大地的联姻；饮料既可供人饮用，也可用于为诸神献祭。于是，在海德格尔那里，天、地、人、神这四方聚集起来，作为一个整体体现在“壶”这种

① 康德的“哥白尼式的革命”使作为杂多的经验对象来顺应主体的认识形式，与以往相比，是一种巨大的进步。

“物”中。“壶的本质是那种使纯一的四重整体入于一种逗留的有所馈赠的纯粹聚集。”[1] 这样一种方式就是要求走出认识论的界限，回到存在论的领域，从存在论的角度来重新审视“物”。作为海德格尔的再传弟子①，鲍尔格曼对海德格尔的“物”进行了进一步的阐发。受海德格尔之四重“聚集”的影响，他提出了“焦点物”(focal things) 的概念。

什么是“焦点物”？鲍尔格曼在考证“焦点”(focus)一词的来源时，发现它最初的含义即是一“物”：“火炉”。“火炉”之为“焦点”，是因为它在前技术时代的屋子里，“构建了一个温暖、光明和日常生活实践的中心。对于罗马人来说，火炉是神圣的，是屋中神灵居住的场所。在古希腊，当婴儿被抱到火炉边，并放在前面时，他就算真正加入这个家庭和家族了。在火炉边举行的罗马婚礼聚会是神圣的。至少在早期，死者是由火炉焚化的。一家人在火炉边用餐，并在餐前饭后为屋居神灵献祭。火炉维持着房屋和家庭，维持其秩序，并且成为其中心”[2]。“焦点”一词后来由开普勒率先应用于光学和几何学领域，恰恰是由于它与日常语言的原始意义相吻合。意指“直线或光线在规则或规律的支配下所会聚的点，或由此发散开来的点。”因而，“焦点”一词本身便包含了它与所在与境的诸多关联。“聚集”某物，便意味着“令某物成为中心，使其清楚明白”[2]。

由此可见，鲍尔格曼用“焦点”一词揭示了海德格尔“物”的概念的要义。“焦点物”既是对这个中心的双重强调，同时也使它明确地区别于通常所理解的“对象”意义上的物。

二、设　备

与海德格尔将“物”作为“对象”之对立面一样，鲍尔格曼将“焦点物”看成是区别于“设备”(device) 的东西。“物和它的与境 (context)，也就是它的世界不可分，也和我们与该物及其世界的交往，即参与不可分。关于一物的经验，总是既包含与该物之世界在质料上的参与，又包含社会的参与。在唤起多方面的参与时，一个物必然提供了不止一种用品。因此，火

① 鲍尔格曼在慕尼黑大学攻读博士期间，曾师从海德格尔的学生 M. 缪勒。

炉在过去远不仅被用做取暖，而是被用做家具。"[2]它是全家工作和休闲的中心，其中一个重要用途是取暖，而为了达到这个用途，则需要进行很多劳动，例如，父亲砍柴、搬运，孩子们添柴，母亲生火等。随着技术的发展，这些所谓的"负担"被卸除了，由机械接管了。于是，我们有了由供暖"设备"所提供的暖气。供暖"设备"使得火炉主要的取暖功能变成了一种可以即时出现、到处存在、安全和容易的"好用的""用品"①。

然而，设备在卸除了诸多貌似不必要的负担之后，也取消了"焦点物"原有之聚焦功能。当我们能够在寒冷的季节随意地打开暖气取暖时，当我们能够方便地随时打开煤气炉煮熟食物时，火炉作为家庭和家居中心的地位便土崩瓦解。它不再为家庭提供那种与季节节律相应的、日常的与切身的参与，也不再体现出寒冷的威胁、温暖的慰藉、木头的烟味、木材的砍伐和搬运、技能的传授及每日的忠于职守。于是，作为"焦点物"的火炉消失了，代之以供暖设备和烹饪设备。一个设备的功能是其作为该设备之所是，即"用品"。设备的功能即它的目的，实现目的的手段就是该设备的机械。由技术发展所带来的从"焦点物"到"设备"的转变，不仅去掉了"物"原有的聚集功能，在鲍尔格曼看来，更重要的是它造成了手段与目的分离。在设备之中，目的与手段可以彻底分离，因为功能的实现完全可以用不同的机械来完成。例如，我们既可以用空调取暖，也可以用其他供暖设备来取暖。

在这种分离中，目的具有相对稳定性，而手段则是完全可变的。而且，手段或机械完全服从于目的或功能，除此之外没有自身的意义。一个作为取暖"用品"的设备，达到目的的手段可以是多种多样的，但最终该设备的技术发展以提高它的"好用性"——即它的便利性和可消费性——为目的。鲍尔格曼指出，"设备的那些方面或性质回答了'设备之为何'，规定了它的用品，并且它们保持相对的固定。其他的性质则是可变的且变化着的，通常这样的变化基于科学的洞见和工程的精巧，从而使用品更加好用"[2]。计算机的发展是一个很好的例子。对于作为"用品"的设备来说，在技术的变迁

---

① 鲍尔格曼所指的"用品"的主要特征是它们的便利性和可消费性。参见 Borgmann A. Technology and the Character of Contemporary Lift. Chicago：The University of Chicago Press，1984：259，note 5。

中，其好用性不断增强，功能越来越突出，相应地也带来了一个结果：机械越来越不显眼，我们对机械或手段越来越视而不见。技术对“焦点物”实施了“负担卸除”，努力为人们提供一个作为纯粹目的、不受手段妨碍的设备来享用。于是，机械或手段被隐蔽了。

“焦点物”被技术化为设备之后会带来怎样的后果呢？在海德格尔那里，当“物”受到现代技术的“促逼”，成为“处处被订造而立即到场，而且是为了本身能为一种进一步的订造所订造而到场的”[1]东西，“物”就变成了“持存物”（bestand）。所谓的“持存物”，在鲍尔格曼看来，就是那些被完全功能化了的设备，除了功能之外，“持存物”没有任何意义。而这种功能化又是完全可替代的。当手段与目的彻底分离，“物”便蜕变为连“对象”都不如的、完全可有可无的“持存物”。

海德格尔用“‘座架’（das Ge-stell）一词来命名那种促逼的要求，那种把人聚集起来、使之去订造作为持存物的自行解蔽者的要求”[1]。现代技术之本质就居于座架之中。更有甚者，手段与目的的彻底分离使得人本身也成为受促逼、受订造的“持存物”。当我们说到人力资源、某家医院的病人资源、某学校的生源时，便是把人也作为彻底功能化的“设备”来看待了。

鲍尔格曼更进一步指出，手段与目的相分离的设备还提供了社会性的负担卸除，它隐匿了社会性和文化性及每个人的个性。以用餐为例，在前技术时代，用餐是一个显著的“焦点物”（事件）①。它将分散的家人聚集在餐桌旁，并在餐桌上聚集了自然赐予的最美味的食物。除此之外，它还呈现出一个民族在栽培庄稼、驯养动物上的古老经验；带来了对民族习惯或地域习惯的关注，对一个家庭之传统的关注，等等。但是，随着现代技术所带来的食品工业的发展，用餐的目的和手段正在逐步分离。快餐食品便是最典型的代表。随着人们获得食物像获得用品一样，随时随地唾手可得，作为“焦点物”的用餐活动也随之蜕变为各种点心、快餐。于是，用餐被分散在了电视机前、会议桌上、加班活动及其他事务之中，失去了原先所有的聚集作用。

---

① 在英语中，thing 既可以意指“物”，又可以意指“事件”。在古高地德语中，也用 thing 一词来指称德语的“物”（Ding），其意为：聚集，尤其是指为了商讨一件所谈论的事情、一种争执的聚集。海德格尔在《物》这篇文章中专门谈到此事。参见马丁·海德格尔．物//马丁·海德格尔．演讲与论文集．孙周兴译．北京：生活·读书·新知三联书店，2005：181-183。

因为吃快餐的过程不过就是对手段和目的的“点状的、无逻辑的拼凑，即将一个非常有限的人类需求与相等的、无与境的、紧密装配起来的用品拼凑在一起”[2]。在这个手段和目的的简单拼凑中，之前通过用餐所会聚的文化和传统也都将渐渐消失殆尽。

三、焦点实践

现代技术使“焦点物”蜕变为手段与目的相分离的“设备”，使我们处于社会、文化和传统的崩溃边缘，有没有解救的方法呢？在《技术的追问》一文中，海德格尔引用了荷尔德林的诗：“哪里有危险，哪里也生救渡。”但是如何救渡呢？在他看来，现代技术并不是无源之水、无根之木，它恰恰是形而上学、长远发展的最终形态。只是，人们把开端之处遗忘了，只去关注那些使事物得以出场的条件。因而，在《技术的追问》的结尾，海德格尔写道：“何以有危险处，也有救渡的生长呢？某物生长之处，便是它植根之处，便是它发育之处”[1]。海德格尔在此处已经隐晦地表达了从技术向物之转向的观点①。

在《物》一文中，他更是明确提出了从条件到物的转向，即回到天、地、人、神之四重聚集的“物”。

然而，在海德格尔的反思中，似乎只有回到前技术时代，我们才能与“焦点物”相遇。这在鲍尔格曼看来，是“不适宜的怀旧之情”[2]。他指出，“物的转向不能成为对技术的抛弃，更不能逃避技术，而是对它的一种肯定”[2]。“当我们更充分地回忆并意识到技术的环境增添了而非抹杀了真实的焦点物之光辉时，当我们学会理解焦点物要求一种实践使之内在繁荣时，这股怀旧之情就可以被驱散。”[2]

诚然，即使在技术时代，仍然可以发现并构建与传统之物类似的“焦点物”(事件)，如跑步、用餐等。虽然我们如今的用餐不再聚集和要求一个完

---

① 据鲍尔格曼考证，海德格尔最初发表《技术的追问》时之所以没有直接地提及“物”之转向，是因为担心受到“怀旧之情”的嘲讽。但是他在之后发表《物》这一讲演时，已经明确地提出了这个观点。参见 Borgmann A. Technology//Dreyfus H L，Wrathall M A. A Companion to Heidegger. Oxford：Blackwell，2005：425.

全的参与关系网络。但是，在技术环境下，它仍然“作为一个极为平静的场所脱颖而出，在这个场所中，我们可以抛开狭隘的专心和不公平的劳动负担，抛开消费中的疲惫和难懂的多样性。在这个技术环境下，餐桌文化不仅聚集我们的生活，而且还以治疗场所著称，它使我们回归到这个世界的深处，回归我们作为存在之完整性”[2]。因而，在鲍尔格曼看来，关键不在于我们是否使用技术，而在于我们是否参与了世界。所谓的“参与”世界并不是简单地在一两件行动或事件上短暂参与，而是构建一种“焦点实践”。只有通过“参与的实践”，才能挑战技术的规则。

什么是“焦点实践”？鲍尔格曼明确指出：“这样的一种实践要求在其模式化的普遍性上反对技术，要求在深刻性和完整性上保卫焦点物。通过实践来反对技术，就是考虑我们对技术性娱乐的敏感性，也是发挥特有的人类理解力，即在程度和重要性上理解这个世界的能力，通过持久的投入做出回应的能力。实际上，焦点实践在坚定的信念下产生，它要么是一个外在的决定，人们发誓从今天起定期参与一个焦点行动；要么是更为内在的决心，它由焦点物在良好环境下培养而成，并成熟为一个固定的习惯。”[2] 由此可见，焦点实践的范式完全不同于技术的范式，它的目的就是要保卫居于实践中心的“焦点物”，使它免于被技术地分割为手段和目的。

当然，作为技术时代的焦点实践并不是要抛弃技术，而是把技术纳入自己的框架中来。如何构建技术时代的焦点实践呢？鲍尔格曼指出了三个改革方向。第一是为“焦点物”腾出一个中心位置，比方说在家里建一个壁炉，确定一个不受干扰的时间专心跑步；第二是对围绕并支持这一“焦点物”的与境进行简化；第三是尽可能地拓展参与范围。正是在第三个方向上，技术的因素也应该参与到实践的构造中来。当我们试图处处都自己动手时，往往会带来问题，即“外围的参与阻碍了中心的参与”，我们被日常琐事所困扰，与真正的实践失之交臂。然而，技术的参与则为我们解决了难题。它使我们拥有了致力于伟大事业所必需的时间和工具，为我们提供了闲暇、书本、器械，等等。在这个意义上，技术的确把我们从苦难中解脱出来，这种苦难在于明知道自己能够成功，却被乏味而又干不完的工作所消耗。

技术时代的焦点实践要求人们以一种理智而有选择性的态度来对待技术。“如果我们要把这个世界变得更加真实，并且最终再次成为我们的世界，我们需要恢复一个中心和一个立场，我们能够由此判别，哪些是世界中的重要之物，哪些只是散乱的堆积。"[2]跑步者喜欢那些轻巧、结实、减震的鞋子，因为它们使人跑得更快、更远、更流畅，使他们得以与世界进行更有技巧、更亲密的联系。但是，他们不会用汽车这一更高级的技术来使自己行进得更快更远。鲍尔格曼所谓的“一个中心”即是以一个“焦点物”（事件）为中心，“一个立场”即是站在实践的立场，而非设备范式的立场。以此中心和立场，便可以重构有别于海德格尔的技术时代的焦点实践。

参考文献

[1] 马丁·海德格尔．演讲与论文集．孙周兴译．北京：生活·读书·新知三联书店，2005：177，174，190，179，181，15，18，29.

[2] Borgmann A. Technology and the Character of Contemporary Life. Chicago：The University of Chicago Press，1984：196，197，41，43，205，196，200，196，206，209-210，225.

论技术知识的难言性*

在国内“技术研究”（technology study）界，技术知识论的研究正在引起人们的关注[1]。其中，技术知识的难言性是我们不得不面对的一个值得深入思考的问题。笔者曾对此进行过初步的讨论[2]，本文在此基础上进一步加以分析。

一、技术知识的难言性

17世纪首次出现技术（technology）一词。该词按其希腊词源，来自techne（意思是art和craft）和logos（意思是word和speech），意为对技艺和手艺进行讨论。这种言说为使技能这类主观知识转化为可清晰表达的客观知识提供了机会，显然也是技术知识系统化和理性化的基础。但是，技术知识的理性表达有没有限度呢?

科学家兼哲学家博兰尼（M. Polanyi）对此给出了否定回答。他的哲学体系由以成形的支柱之一即是一项简单的观察事实：“我们知道的东西要多于我们所能诉说的东西。”[3]具体到技术领域，他发现，关于技能和专业能力的论述并不能把这能力表达完全。任何一项技术都能被看作可以清楚表达出来

* 本文作者为王大洲，原载《科学技术与辩证法》，2001年第18卷第1期，第42～45页。

的技术和无法用语言加以明确表达的技术这两部分之和。通常把前者命名为明言知识（articulatable knowledge 或 codifiable knowledge），把后者命名为难言知识（tacit knowledge）。技术史家福格森（E. Ferguson）则指出，技术是一种高度依赖视觉的活动，技术知识即使能被表达，在很大程度上也是以视觉形式而非以口述或数学形式进行表达的[4]。

可见，技术活动无法得到完全阐明，其运行规则无法被完全勾画出来。明言知识只是技术知识的一个子集（图 1）。如果说明言知识属于描述性的（描述事物是什么）和规范性的（规定应如何达到欲想的目标）正规知识，可以在个体间以一种系统的方法加以传达，那么，难言知识就是未加编码或难以编码、高度个人化的程序性知识（knowing how）。它依赖于个体的体验、直觉和洞察力，深深植根于行为本身，植根于个体受到的环境约束，难以规范和学习。词语、图表和图示可以传达一个框架，帮助传递难言知识，但除此之外，还要做许多填充工作。难言知识的最终获得，只能依靠个人实践，其间包含着艰难的试错学习。

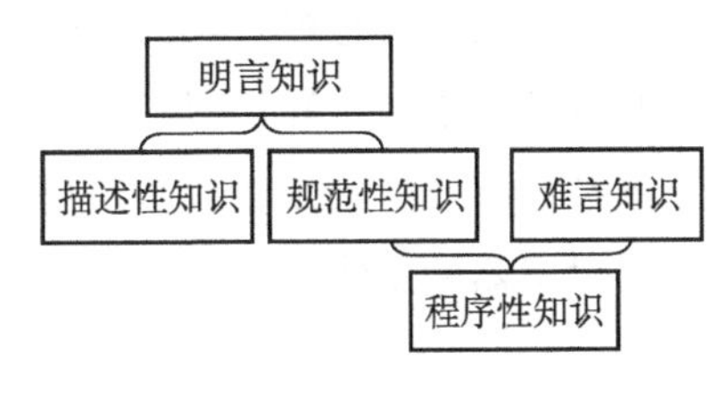

图 1　技术知识的分类[5]

博兰尼认为，难言之知具有三种形式[6]。第一，特定操作的步调太快，所要求的信息处理的高速度和同时性迫使新技能的学习者不得不自己寻找协调的细节。在这种情况下，具体的操作无法放慢，无法慢慢地完成。第二，由于特定技术行动嵌入复杂的背景之中，难以道出掌握一项技能所必需的全部信息，如果众多环境变量之一变化太大，操作也就不起作用了。第三，对于一项复杂技能，即使可以明确表达出它的各个细节，它们之间的关系也仍然难以用语言表达，这是因为语言的时序特征（serial nature）使我们无法同时描述关系并勾画事物的特征。这就意味着，不同的技术，其难言性会有差异：特定操作的步调越缓慢，变化越少；操作环境越标准化，越可控；操作作为一个整体越能分解成一组以一定方式关联在一起的简单部分，那么，技能就越易于表达。当然，如果表达的成本过高，那么原则上可以明确表达的知识在事实上也会成为难言知识。

二、技术知识难言性的证据

那么，难言知识的证据何在呢？除了我们都有的日常体验（如学骑自行车、学弹钢琴）之外，有三方面的证据来源。

其一，国家间的技术转移十分困难。许多案例研究（如关于欧洲大陆向英国的技术转移、英国技术向北美的转移、发达国家技术向第三世界国家的转移）都清楚地表明，技术转移的成功是非常困难的事情[7]。博兰尼曾对匈牙利的一台全新的进口灯泡吹制机做过考察，发现同一台机器在德国运转良好，而在匈牙利整整一年都没有生产出一个合格灯泡来。这种困难的一个重要原因就在于技术知识很难明确表达和掌握。技术转移最快捷的方式是由业已熟悉这项技术的工作人员亲自把它带到新环境中，手把手地教会新手。单纯交付机器和工作手册而不同时伴以人员交流的技术转移，几乎总是面临着失败。

其二，时间维度的技术转移十分困难。历史学家清楚地知道，技术知识有时候很容易就丢失了。随着新技术的出现，技术知识的库存并非总是扩张，而是经常发生转换（shift）。在这一过程中，既有丢失，又有收获[8]。如果实践者停止使用该技术，那么有关如何使用和制造相关人工制品的知识通常就会随之丢失。幸存的人工物的无声在场，并不会为自己开口说话。即使存在与该人工物相关的说明文字，要学会重新制作这件人工物，往往也比较困难。如果没有这种文字提示，则更是难上加难。博兰尼深知这一点，他看到："……一种工艺一代人不用就会全部失传……令人劳心伤神的是看到这类无休止的工作——运用显微技术、化学、数学和电子学，全副武装，去复制200多年前半文盲的斯特拉蒂法乌斯按常规制造的一把小提琴之类的东西"[6]。

其三，关于技术创新的研究表明，企业的核心竞争力植根于竞争者难以模仿的员工技能及其整合方式。在诸如半导体、计算机、电信、飞机及发动机等具有异常复杂的制造系统或产品内部系统的产业中，即便产品并未申请专利保护，即便转让者愿意积极配合，要把其专有知识转移到其他企业亦十分困难。正是这种技术基础的难言性，使率先创新的企业得以维持其长期竞争优势。

三、难言技术知识的重要性

技术具有难言成分得到了证实。既然如此，技术知识中难言知识的相对份额和重要性又如何呢？博兰尼曾指出，人类大部分技能和专门能力都是难言类型的知识，“甚至在现代工业中，难以描述的知识仍然是技术的一个重要部分”[6]。这一论断是否能够站得住脚呢？

持否定态度的大有人在。例如，劳丹（R. Laudan）就认为，自工业革命以来，技术的难言成分明显地下降了。工程职业的兴起，尤其是正式的工程教育的兴起，在一定程度上证明了，先前由工匠传统传递的知识已然变得更可明确表述了，而对技术的习得也较少受制于难言知识在师徒之间的直接传承[8]。这一看法表达出了所谓“技术科学化”的一般信念。但这种总体性的概括，毕竟有些似是而非，很难说有切实的意义。如果分析地看，似乎是在特定技术领域生长成熟和理性化的过程中，难言知识在其中的地位逐渐下降；而在新技术领域的开创阶段，难言知识的重要性却很高。换言之，难言成分在技术发展中的地位呈现出一定的周期性。这一猜测可以得到相关研究的支持。

文森迪（W. Vencenti）对 1900～1950 年航空工程的成长史进行的一系列详尽的经验研究为此提供了佐证。他认为，在这一时期的开端，飞机设计在很大程度上是工匠式尝试的结果；而到了这一时期的结束，已然出现了一个交织着理论、实验技巧和数据的实质性的知识库。这时候，包围着设计的不确定性戏剧性地下降了，因为可以传授的技能的获得日益降低了对于不可传授的洞察力的依赖。这样，航空工程或多或少地成为一种系统的知识整体[5]。

皮萨诺（G. P. Pisano）的经验研究探讨了“干中学”（learning by doing）和“干前学”（learning-before-doing）在技术生命周期中的相对重要性[9]。其分析结果表明，在类似生物技术这种其内在的理论和实践知识相对贫乏的新技术环境中，干中学对于有效的技术创新是十分重要的；相反，在类似化学合成这类其内在理论和实践知识的积累足以使实验室实验有效地模拟未来生产过程的场合中，对于干中学的需要远为低下，而干前学成为有效的开发方式。换言之，难言知识的重要性依赖于技术的生命周期。在新兴技术中，缺乏成熟的理论支持和累积性的实践知识，现场学习和试错就是至关重要的。当然，皮萨诺也认识到，在所有场合中，无论技术成熟与否，难言知识都发挥着重要作用。

阿罗拉（A. Arora）等人的研究表明[10]，随着计算机能力的增强和研究工具的进步及技术知识的一般化和抽象化，已经出现了“技术进步的技术”(technology of technological change)，这打开了创新活动中劳动分工的某种可能性。但他们注意到，试错机制仍然是创新的主要发动机，这不仅因为一般的和抽象的知识本身的生产有赖于难言技能，而且要把这种知识转换成特定的新产品和工艺，就不得不依靠难言技能去处理把知识应用于具体问题的复杂性。

事实上，在人们通常认为是以科学为基础的高技术工业中，许多创新并非是以科学为中心的，那里存在着一种以生产为中心的创新，它并不来自正规的R&D[5]。所谓以生产为中心，正突显了难言知识和干中学的重要性。例如，在工艺设备技术尤其是科学仪器和先进制造技术领域，难言知识在其技术开发过程中始终发挥着根本性作用。科学仪器的开发离不开实验室人员围绕现有装置进行的高度非正式的修修补补。用户在使用科学仪器过程中的经验十分重要，由此获得的难言知识对仪器的进一步开发和改进必不可少[11]。

此外，一些量化的经验研究也表明，在企业创新过程中，主要从现场获取的难言知识相对于明言知识（如来自文献资料）来说，在总体上对创新做出了更大贡献[12]。

总之，来自技术史和创新研究的证据，确证了难言知识在现代技术和创新过程中的重要性。难言知识这一概念也已成为创新理论的思想基石之一[13]。

四、难言知识和明言知识的关系

技术知识中难言知识和明言知识的区分并不是绝对的，两者也不是彼此分离的独立部分。

第一，难言知识可以转化为明言知识。通过努力，人们可以在一定程度上将技术诀窍转化为明言知识，并将其传授给小组和企业的其他员工。事实上，技术发展的过程可以被看作难言技术知识不断向明言技术知识转化和新的难言技术知识不断产生的过程。

第二，特定技术知识的难言性存在着程度上的差异。例如，共同的经历、人员的频繁交流，往往导致发展出一种专门的语言表达方式，通过这种表达而传递的技术对于外人来说，往往难以理解，因而可以被看作难言知识。事实上，由于语言本身是一种技能，这使任何技术知识的表达都带上了难言的特征。

第三，所有的明言知识都植根于难言知识。明言知识的增长是一个难言过程，明言知识的应用和理解也依赖于难言知识。难言知识的意向性（intentionality）和动态性定向了技术解题活动，因而它是个人或组织产生正确技术问题的源泉，也是明言知识增长的基础。

第四，明言知识在实践中向难言知识转换的必要性。关于技能操作的规则，人们往往难以全搞明白。不过，即便人们通过动作研究、生理学、机械学等去辨明其中的规则，即便人们可以通过研究技术手册或通过牢记专家的教导而改进自己的技能，然而，轮到实际行动时，人们必须把所有可得的明言知识重新整合进他们的动作中，使其无意识地发挥作用。也就是说，使这些规则在辅助性层次上发挥其功能。只有如此，方能发挥出这些规则的适当作用。这个转换过程就是技能训练过程中的“现象学转换”（phenomenal transformation）[15]。因此，对于博兰尼所谓“熟练操作的目标，通过服从一组操作者本人不甚明了的规则而达到”[6]这句话，便可以有新的理解，那就是，“不甚明了”也是熟练操作的必要条件，试图关注细节往往具有破坏性效果。

五、技术知识的难言性与企业创新

企业的特异性和竞争力源于其知识基础，尤其是技术知识基础。从技术创新的观点看，难言知识是企业创新之源。这是因为，难言知识既包含着发现创新问题的启发性期待，也孕育着解决该问题的方法预期。简言之，难言知识孕育着“正确的”技术和创新问题。对这些问题的持续发现和解决，预先定向了企业的技术进步，它反过来融入个人或企业的知识体系，形成知识的累积性增长。野中（I. Nonaka）等人把企业技术创新看作是知识生产过程，即难言知识和明言知识的交互作用过程。他们提出了四种知识转换形式：知识的社会化（从难言知识到难言知识）、知识的外化（从难言知识到明言知识）、知识的整合（从明言知识到明言知识）、知识的内化（从明言知识到难言知识）[14]。这再次说明了难言知识在企业创新过程中的核心地位。

随着知识经济时代的来临，知识成为了主导的生产要素。在这个以信息技术为基础的网络时代，一般的明言知识的传播更加通畅，也更为廉价，因而难言知识显得更为重要。如果说知识是稀缺的，那么，驾驭知识的难言知识就更为稀缺。“知识就是力量”似乎应该改写成“难言知识才是力量”。

难言知识的相对升值意味着实践技能的重要性的增长。由于难言知识包含着不能以一种直接的标准化的方式表达的学习和技能，“干中学”“用中学”“学中学”就成为了获取难言知识的关键途径[16]。更为重要的是，难言知识的相对升值意味着人才的升值。重视知识和技术就意味着要重视人才，充分发挥个人的主观能动性。

面对这种变化，在个人与组织的关系上，势必出现大的调整。组织的知识化、分权化和网络化是三个不可分割的必然趋势。在这种新型组织中，每个人都成为网络的节点，而不再是层级制下被动执行命令的雇员。对于企业而言，为了应对技术和市场的飞速变化，构造其内部和外部知识与创新网络显得至为重要。例如，通过特定的制度安排（如岗位轮换制）交流难言知识，通过企业间研究合作、战略联盟、供方-用户链等从企业外部获取难言知识。这些都有助于企业通过网络化的学习和创新，持续更新其难言知识基础，营造出动态的难言能力和市场竞争能力。这对于欠发达国家企业的发展尤为重要。国内一些成功企业所走过的从技术引进、消化吸收到自主创新的跨越式成长历程就是一个明证。

参考文献

[1] 潘天群．技术知识论．科学技术与辩证法，1999，(6)：32-36.

[2] 王大洲，关士续．技术知识与创新组织．自然辩证法通讯，1998，(1)：31-39.

[3] Polanyi M. The Tacit Dimension. London：Routledge & Kegan Paul，1966：4.
[4] Ferguson E. The mind's eye：Non verbal thought in technology. Science，1977，(197)：827 - 836.
[5] Vincenti W. What Engineers Know and How They Know It. Baltimore：The Johns Hopkins University Press，1990：198.
[6] Polanyi M. Personal Knowledge：Towards a Post-Critical Philosophy. Chicago：The University of Chicago Press，1958：168，171.
[7] Rosenberg N. Perspective on Technology. Cambridge：Cambridge University Press，1976.
[8] Laudan R. The Nature of Technological Knowledge. Dordrech：Reidel Publishing Company，1984：53，52，49.
[9] Pisano G P. Learning-before-doing in the development of new process technology. Research Policy，1996，(25)：1097 - 1119.
[10] Arora A，Gambardella A. The changing technology of technological change：general and abstract knowledge and the division of innovative labor. Research Policy，1994，(23)：523 - 532.
[11] 埃里克·冯·希普尔．技术创新的源泉．柳卸林等译．北京：科学技术文献出版社，1996.
[12] Gibbons M，Johnston R. The roles of science in technological innovation. Research Policy，1974，3 (3)：220 - 242.
[13] Nelson R R，Winter S G. An Evolutionary Theory of Economic Change. Cambridge：The Belknap Press of Harvard University Press，1982.
[14] Nonaka I，Takeuchi H. The Knowledge-Creating Company：How Japanese Companies Create the Dynamics of Innovation. New York：Oxford University Press，1995：59 - 64.
[15] Sanders A F. Michael Polanyi's Post-Critical Epistemology：A Reconstruction of Some Aspects of "Tacit Knowing" . Amsterdam：Rodopi B U，1988.
[16] Howells J H. Tacit knowledge，innovation and technological transfer. Technology Analysis & Strategic Management，1996，8 (2)：91 - 105.

论异化的技术史观*

一、问题的提出：技术的演化是进步吗

工具的出现是人类产生的确切标准。伴随人类活动的绵延，工具的制造和使用形成了一个技术谱系，亦即形成了以工具制造与使用方法的传授、积累为线索的技术史。“究天人之际，通古今之变，成一家之言”，“古今之变”与“一家之言”相伴而生，“历史”与“历史观”密不可分。对于迄今为止的人类工具制造及使用过程，已有多部技术史著作予以详尽的描述，同时，也形成了相应的技术史观。

占主导地位的技术史观是技术进步观。持此种观点者认为，人类技术的演化史是不断的进步史，改进了的技术意味着进步。“改进了的技术意味着进步吗？……大多数人将毫不迟疑地答曰：是。技术的改进是进步的基础或标志的概念，长久以来一直是美国人的基本信念。”[1]这种技术史观并非仅是美国人的基本信念，而是一种为现今大多数人所接受的基本信念。问题是，在何种意义上说“改进了的技术”是进步？技术进步论的理论根据是什么？

本文试图论证：技术进步论存在着理论困难，且可以用异化理论加以克服。

---

* 本文作者为王佩琼，原载《自然辩证法通讯》，2011 年第 33 卷第 193 期，第 53～59，68 页。

二、进步技术史观及其困难

（一）技术进步史观及其理论渊源

技术进步史观有多种表述，且与古希腊思想有渊源。

1. 技术进步史观的理论渊源

技术进步史观植根于古希腊哲学的趋善学说。

柏拉图和亚里士多德都将事物发生的原因归结为“善”。在他们看来，人类的技术活动是对于善的追求。

柏拉图的哲学是“理念”哲学：“一方面，我们说有多个的东西存在，并且说这些东西是美的，是善的，等等……另一方面，我们又说有一个美本身，善本身，等等。相应于每一组这些多个的东西，我们都假定一个单一的理念，假定它是一个统一体而称它为真正的实在。”[4]在柏拉图的哲学中，善、理性、实体、理念、形式等概念经常互用，为同一内涵的不同表述，而所谓的“善本身”即是最终的善——完善。一切事物以“善”“理念”为目的，人类的技术活动亦以之为目的，是对于“善”“理念”的模仿。

亚里士多德认为，一切技术均以善为目的，追求善就是人类技术活动的一般目的：“一切技术、一切规划及一切实践和抉择，都以某种善为目标。因为人们都有个美好的想法，即宇宙万物都是向善的”[5]。基于此种向善说，亚里士多德认为：“作为真正善良和明智的人，我们对一切机会都要很好地加以利用，从现有的条件出发，永远做得尽可能的好”[5]。

做得尽可能的好，做得越来越好，是“完善的达成”这一目的因的必然要求。由此，“完善的达成”就成为技术进步史观的最重要的理论依据。

2. 摩尔根的技术进步史观

摩尔根的技术史观对于后世一些技术史的写作影响极大。

在《古代社会》一书中，摩尔根试图证明，人类的文明史是进化史，以技术发明及运用为标志，人类文明呈现出趋善的阶段性：“最后关于人类早期状况的研究，倾向于得出下面的结论，即：人类是从发展阶梯的底层开始迈步，通过经验知识的缓慢积累，才从蒙昧社会上升到文明社会"[2]。划分人类文明进化阶段的依据，摩尔根认为是技术革新。用火知识的获得，弓箭、制陶术的发明，灌溉农业、房屋建筑的出现，冶铁术的发明，文字的使用，文献记载的出现，伴随着技术的累积进步，人类由蒙昧而野蛮，复由野蛮而文明，一步步地、分阶段地向着改善的方向前进[2]。

3. 技术进步史观的能量解释

文化是进化的，技术是进步的。在《文化的进化》一书的前言中，人类学家怀特（Leslie White）开宗明义地说道："在这本著作中，我们将呈现和证明人类由类人猿时代到相对现代的文化的进化理论。"[3]对于技术的演化，怀特认为："人类对于工具的使用，总的来说，是一个累积的和进步的过程。"[3]

那么，在何种意义上文化是进化的而技术也是进步的呢？怀特给出了文化进化及技术进步的能量解释。

怀特认为，人类所有需要的满足，说到底取决于"能量"："为了有效地适应环境及有效地进行种的延续，像其他动物一样，人类必须获取和利用能量。生活过程的自我扩张、自我增长须在人类及其他物类中得到表达。简言之，人类为了生存和扩张须适应和控制其所在的环境，须与其他物种竞争。这意味着能量。"[3]

工具的变化、技术的演化之所以是进步，就在于其增加了可利用的能量："技术科学的进步以下述事实为标志：首先，用于人类目的的可利用能量越来越多；其次，是将原始形态的能量转化为可用能量的效率大为提高。"[3]

在摩尔根和怀特之后，仍有大批的文化进化论及技术进步史观的支持者，但其持论大体不脱摩尔根和怀特理论的窠臼。

（二）技术进步史观的困难

柏拉图和亚里士多德对于"完善"，尽管一再强调其真实的存在，但并未给出具体规定性，从他们对于"完善"的叙述之中，并不能得出人类（技术）活动所追求"完善"的清晰而具体的内容。因此，人类技术活动的"追求完善论"就存在着如下理论困难："完善"的规定性是什么？"完善"存在于何处？

在《存在与时间》一书中，海德格尔通过对于人的存在——此在的分析，揭示了古希腊哲学中的核心概念——“完善”的本质规定及含义，即不死之永恒，而此种意义上的“完善”之虚妄构成了“追求完善论”的根本困难。

海德格尔通过对人的存在状态进行考察，指出人是不完善的存在者，完善只属于无法把握的、虚幻的神：“在四类生存者的自然（树、兽、人、神）中，唯有后两类富有理性；而这后两类的区别则在于神不死而人有死。于是，在这两类中，神的善由其本性完成，而人的善则由操心完成。”[6]神的善由本性完成，即是说神的善是不依赖于他物的无条件的善，是完善，而这样的完善的内涵即是“永生”。

人可以不死吗？海德格尔进一步论证，“完善”——不死之永恒境界是不可能达成的：“此在这种能在逾越不过死亡这种可能性。死亡是完完全全的此在之不可能的可能性。于是死亡绽露为最本己的、无所关联的、不可逾越的可能性……只要此在生存着，它就已经被抛入了这种可能性。它委托给了它的死亡，而死亡因此属于在世。”[6]海德格尔揭示了关于死亡的两个事实：其一，人类的存在过程悬临着死亡；其二，人类个体最终不能逃避死亡的命运。

而属于神的完善，也是人类无法企及的。我们可以设想，如果通过人类的技术活动而达于完善，那么，这种完善的达成意味着什么呢？意味着生存问题的消失，意味着无论如何人类都可以不死，而成为永生的神。神不需要技术活动，因此技术活动的动力得以消失，人类一切活动的意义都将失去，而这就意味着人类一切活动的停止。活动的停止与死亡之间有什么区别吗？因此完善的达成意味着死亡，所谓人类的永恒境界与人类的死亡境界无异。换言之，根本不存在任何有意义的人类的完善境界。

人类活动的有终性、人类时刻悬临死亡的命运、不死之完善境界之不能达成，构成了“完善”技术目的因的不可克服的困难。“完善”既然不存在，那么，以“完善”目的因作为理论基础的不断进步的技术史观，也就不可避免地陷入困境。对于这种技术史观，人们总可以问，技术演化的终点在哪里？如果没有一个终点作为进步的目标，那么，技术演化的进步性又如何体现呢？如果技术的演化是向着不死之完善境界的进步，海德格尔的论证已经明白无误地告知，这种结果的达成只能是一厢情愿的希冀。所求目的的虚妄性，构成了不断进步的技术史观的根本困难。

进步（progress）的核心含义是越来越好（to become better and better），进步与否说到底是一个价值判断。技术是在明确目的导引下，经由工具操作产生特定结果的生存过程，其本质是人与环境（自然的、社会的、观念的）之间的交往关系。这种交往关系构成了特定时期人们的生存方式，技术说到底是人们的生存方式。人类的技术演化史即是一部生存方式的演化史。人类的生存方式处于不断的变化之中，生存方式之所以会发生改变，是因为难以为继。特定时期的技术之所以会发生变化，是因为此种技术之运用所产生的问题迫使人们寻求技术手段加以解决。不同技术条件下有着不同的生存问题，新问题不会比旧问题更好，因而，就不能说新技术较之旧技术是一个进步。时代不同时，由人生苦短这一基本事实所决定，古今不同的生存方式不能由同一个人所见证，也就不能产生确定的价值比较。工具的改进及能量的增多不能作为技术自身的价值标准。芒福德（Lewis Mumford）基于历史事实，批评了"改进了的技术意味着进步"的观念。芒福德指出："无论如何，一个事实是明显的：变化自身并不是价值标准，也不自发地产生价值标准；新的事物也并非改善的充分证据……至于技术革新是所有人类发展的主要源泉的信条，只是一个声名狼藉的（disreputable）人类学寓言（fable）。"[7]

技术演化的进步史观的困难要求新的理论概括。

三、技术演化的异化史观

波普尔曾说："事情的结果总是与预期的有点不一样。在社会生活中，我们几乎从未造成我们原先希望造成的效果，我们还经常得到我们并不想得到的东西。当然，我们在行动时，心中是有一定目标的；但除了这些目标以外（实际上这些目标我们可能达到，也可能达不到），我们的活动总是还产生某些不希望的结果；而且，这些不希望的结果通常都无法消除。社会理论的主要任务就在于解释为什么它们无法消除。"[8]波普尔所说的现象，久已为人们所知，波普尔所要求的解释，哲学家给出了自己的概括——异化。

何谓异化呢？一般认为，异化是一个由两个部分组成的过程。第一，人们的力量、能力及一般说来他们的社会活动的结果与作为社会集体成员的人们相分离；第二，这些结果成为独立地发生作用的因素，超出了控制的范围，变成了凌驾于社会阶级、集团等之上的力量，而且在它们的反作用中不仅带来了不可预见的后果，还带来了破坏性的后果[9]。如果用一句话来概括异化的含义，那就是目的与结果关系的节外生枝。

任何一种技术（生存）方式只要能够维持，人们就不会产生对之加以改变的要求。解决特定生存方式下的问题是技术演化的动力，不断地解决问题，又不断地产生问题，就构成了技术演化的另一幅图景，即技术演化的异化图景。技术的演化史是技术操作之目的与结果间的异化史。

异化机制可以用三个命题加以说明。

（一）命题一：生存问题要求运用技术加以解决

“人类能够离开技术而生存吗?”对于此一问题，美国哲学家唐·伊德(Don Ihde)答曰：“很清楚，无论是在经验意义上或是在历史意义上，事实上，他们不能离开技术而生存。”[10]

之所以如此，是因为在人与环境的关系中，人是一个有缺陷的存在者。贝尔纳·斯蒂格勒对于神话传说的分析，具有启发性。

在人类和动物由众神生成之初，众神委托普罗米修斯和爱比米修斯适当地分配给每一种动物一定的性能。在这个过程中，爱比米修斯给某种动物以力量，却不给其速度；他让弱小的种类行动迅捷；有些种类获得了尖齿利爪，而对那些无此特长之类，他也想到了给它们自我保护的性能。总之，分配的原则是机会均等，他留意不让任何一个种类灭亡。但是，爱比米修斯不够谨慎，当他把性能的宝库在那些无理性的动物身上浪费殆尽后，还剩下人类一无所获。为挽救人类而操劳的普罗米修斯从赫菲斯托斯和雅典娜那里盗取了技术的创造机能和火（因为没有火就无法获得和利用技术）。就这样，他送给人类一份厚礼。人类从此获得了可用于维持生命的手段[11]。

此一神话故事说明，人类是有缺陷的存在者，此一缺陷在于人类不具备在环境中生存的先天性能。环境对于一无所有的人类而言是天敌。值得庆幸的是，普罗米修斯为人类送来了作为弥补措施的技术和火，从而使人类得以化敌为友。这就意味着，从起源上，人类就不能离开技术而生存。“人类不再具有任何在手的现成物，也就是说，口中无食，永远受劳作之苦。劳作是为了赎回原始的过失，使从此深藏地腹的谷子长出地面，而谷子也如同人一样，总是会现而覆没。所以，人类不得不日复一日地劳作，操作器具，直至忧染双鬓，老死方了。"[11]其他学者也持类似看法。"我们认为，对于技术的需要来源于人之器官缺陷（man's organ deficiencies）。我在 *Der Mensch* 一书中使用了赫德·约翰（Herder）的缺陷存在（the deficient being）的概念，以说明人类在天然的、未经开垦的环境中，由于缺乏专门的器官和本能而不可生存；相应地，他不得不去创造条件，即靠其智力对现存的环境加以改造来维持其自然生存。武器、火及狩猎技术的应用就属于用来保存种系的行为模式。这样，技术一词就须既指谓实际的工具，又指谓创造和使用工具的技巧。这些工具和技巧使得无本能及防御能力的生物得以保存自己。"[12]

人类自身缺乏对付环境的先天性能这一事实，决定了人需要技术手段来维持自身的生存。人生来就是技术的存在者。从石器时代到如今的信息时代，人类的技术史就是人类为了生存而不得不进行的技术发明与运用史。

（二）命题二：技术的运用自身是对于人与环境关系的改变

人类借助技术与既有环境交往，而这种交往关系恰是对既有人与环境关系的改变。

人与环境的交往关系在人类学中称为"环境适应"改变。所谓人类对于环境的适应性（adaptation）指谓人群或个体（a population or an individual）调整（adjusts to）环境条件（environmental conditions）以维持生存，或促进昌盛（prosper）的过程（process）[13]。适应性定义中的关键词是调整（adjusts to），而所谓调整也不过是改变（alter）之意。不言而喻，调整、改变离不开手段、技术。环境适应的本质是借助于技术的改变。在人与环境所构成的系统中，环境的变化会导致人之行为的相应变化；反过来，人之行为的变化也会引发环境的相应变化。这种人与环境关系的交互变化，构成了人类自身生存的内容。人类的生存活动和文化活动就是改变生态系统，从而也是改变自身生存方式的活动。"人们有意识地改变其所在的生态系统。他们借助于文化方式来获得所需的能量及物质，来利用生态变化（ecological succession)，来消除来自自然的压迫（如水短缺），来改善资源状况。很少有人问到这些方法对于人类解决所面临的能源及物质问题的意义何在。此外，借助于文化来减少动物袭击、疾病威胁、气象及地质灾害的影响，人类使所面临的危险状况得到改善。文明使得人类操纵和创造生态系统的努力达到顶点"。[14]人与环境的交互变化，深刻地改变了人类所处的环境，今天人类所要适应的环境已然不完全是所谓的自然环境，在很大程度上，是人类创造的新的物质格局、新的能量分布，即所谓人工自然、人化自然。

（三）命题三：新的人与环境关系产生新的生存问题

由于人类自身的缺陷，环境对于人类而言，既是生存资料的来源，又是维持生存所需要克服的问题。这里所指"适应问题"的准确含义是：人类所面临的难于处理的环境事物，亦即在环境适应过程中所遇到的困难。人类运用技术适应环境的过程，同时也是创造新的环境的过程。新的环境对于人类而言，既是旧有环境适应问题的解决，同时又是新的人与环境关系的产生，也是新的环境适应问题的产生。对此，人类环境适应的全部历史已经作了证明。

"一个越来越明显的事实是，在生态系统中，扮演创造性力量角色的人类已经引发了范围广泛的新问题和不曾预料的负面效应。由农业灌溉引发的盐化作用和血吸虫病，由城市和经济发展引发的社会和心理疾病，以及由人造化肥和杀虫剂的应用而在空气、水、土壤中产生的有毒化学物质，都是人类在寻求解决其他问题的过程中，所创造出的新问题。"[14]

人类的技术活动难道不能避免新的问题的产生吗？是的，不能避免。对于技术运用会引发新的问题这一现象，法国哲学家埃吕尔（Jacques Ellul）将之概括为一种规律、一种为各门类技术所具有的共性（monism）之一："人类从未能预见一个给定技术行为的全部后果。历史已经表明，每一项技术的运用，从一开始，就呈现出某种不可预见的附加效应，这种附加效应较之该项技术的缺乏更具灾难性。这些附加效应伴随着那些所预计、所期待的有价值而积极的结果而生"[15]。对于技术的运用所引发的新问题，有人将之归结为对于技术的错误使用，而错误一经采取正确的措施就可以避免，因而，技术的这一现象就是偶然的、可以避免的。埃吕尔断然否定这一点：

“但是，真正的问题不是错误。错误总是可能性。两个事实至关重要：不可能预见到技术行为的全部后果；技术要求将其产物运用到某一特定领域，而这样一来，就会影响到整个公众。技术的势力是如此之大，没有任何力量可以阻止其运用，而每一项技术进展，都伴随着负面效应。”[15]“这不是一个好的或坏的使用的问题。”[15]

如此，在埃吕尔看来，技术的运用会产生超出预计的负面后果，就不是一个偶然的现象，而是必然规律。面对新的生存问题，人类只能运用其所能运用的技术手段来加以解决，新的问题要求新的技术，这就是技术要不断改变的原因。

从命题一到命题三，正好形成了一个否定之否定的圆圈。在从命题一到命题三的圆圈中，环境适应问题作为开端，经技术中介，结果又回到变换了形式及内容的环境适应问题。技术的演化呈现为从问题到问题的循环。没有新的问题，人类绝不会做出任何改变，改变本身绝不会成为目的。没有新的问题，人类绝不会发明新的技术或改变现有的技术，人类是不会缺乏问题的，因而人类就需要不断地发明新的技术。

上述过程恰可以由异化概念加以概括，异化是技术过程的内在品质。由此，一部技术史就可以概括为技术的异化史。

（四）异化视野下的技术史

从异化的观点看，技术的演化不再是一幅不断向善的直线进步图景，而是从旧问题解决到新问题产生的试错（trial and error）演化的图景。

DDT 作为有效的杀虫剂，曾几何时对于消灭威胁人类健康的害虫发挥过重要作用，而其对于人类健康的损害作用则是延迟发生的。核裂变技术作为杀人武器——原子弹，对于人类生存的威胁在先，而核裂变技术的和平利用——核发电，对于人类生存的助益则是以后的事情了，继之，作为核发电技术的产物之一——核废物的累积，对于人类的生存又构成了极大的威胁。为了克服核裂变技术可能导致的致命的污染问题，核聚变发电技术正在紧锣密鼓地实验之中。石油利用技术（如汽车技术）作为当代人类的生存手段，其重要性不言而喻，而其对于环境的破坏作用和对人类生存所构成的威胁，则是在石油产品的大规模使用之后才逐步形成的，人类不得不寻求新能源及相应技术来解决其所带来的严重问题。

为了生存，人类必须使用技术，而一种技术产生的问题必须用另一种技术加以解决。用埃吕尔的话说，技术过程是“一个古老的程式：挖一个新坑去填一个旧坑”[15]。凡此种种，不可胜数，无一不体现出技术运用的异化品质。

然而这样一个程式具有必然性吗？如果是，那么其必然性何在？

四、技术异化必然性的黑格尔说明

鉴于在异化过程的结果中，有人们不希望看到的东西，因而，有人就希望或者预见异化的全部结果，并通过这种预见来避免异化的不良后果。

波普尔认为，如果人类能够预见人类活动将要产生的具体的不良结果，就有可能从容应付这些结果：“社会科学特有的那些问题的产生仅仅由于我们希望知道没有打算得到的结果，特别是那些因我们做某些事而可能引起的不希望的结果。我们希望不仅预见直接结果，而且也预见这些不希望的间接结果。我们为什么会希望预见它们呢？这或者是因为我们科学上的好奇心，或者是因为我们想对它们有所准备；可能的话，我们会希望，去应付它们，防止它们变得太严重”[8]。

更有人希望通过某种方式来消灭或者克服异化现象，以此来避免其所带来的不良后果：“仅仅理解了异化，这是不够的，这样消灭不了异化，只是还要能亲身感觉到异化的消灭。必须在实际上消灭异化……”[16]

然而，异化的全部结果是可以预见的吗？异化现象是可以消灭的吗？非也。异化自身的性质决定了异化结果的不可完全预见性及不可消灭性。对于技术异化的必然性，黑格尔在其《小逻辑》一书的概念论部分有着清楚的说明。

一项技术的运用是一个持续性的从目的到结果的操作过程，而在黑格尔哲学中，从目的到结果的过程是一个异化过程。

（一）何为目的

“目的是由于否定了直接的客观性而达到自由实存的自为存在着的概念。”[17]直接的客观性，指谓尚未由思维建立起规定性的外在对象。目的则是对于此种直接客观性的否定，是在此对象中建立规定，从而外化于对象中的意识、概念。因此，目的关系是一个过程，是一个自己建立自己的过程。在黑格尔看来，目的的实现是自我实现，对于目的而言，结果只是“自己保持自己，自己与自己相结合”。

(二) 目的如何实现自己

“目的通过实现手段作为中介与其自身相结合，而主要的特点则是对两极端的否定。这种否定性即是刚才所提到的否定性，它一方面否定了表现在目的里的直接的主观性，另一方面否定了表现在手段里或作为前提的客体里的直接的客观性。”[17]目的必须通过手段来实现自己。目的实现自己的过程，即是目的扬弃其主观性，实现自身为客观形式的过程。同时，客观事物也发生变化，也扬弃其直接的客观性（即自在的客观性），迎合主观目的，接纳原本并不存在于自身的主观意图，从而使客观自身发生了形式变化。换言之，主观目的通过改变原本并无主观意义的自在的客观事物来实现自身。

目的所借以实现自身的客体、材料或外在条件，即构成目的实现自身的手段和工具："主观的目的通过一个中项与一外在于它的客观性相结合。这个中项就是两者的统一：一方面是合目的性的活动，另一方面是被设定为直接从属于目的的客观性，即工具"[17]。这里明白地说明了主观目的须借助客观的、外在的材料或条件作为工具、手段，从而实现自己于结果之中。黑格尔虽然没有明确地提到技术一词，但对于工具、手段的借助正是技术运用的内涵。目的的外化、目的的实现须借助于技术来完成。

(三) 目的实现自己于结果之中，那么结果对于目的就具有十分重要的意义

由于结果是目的的主观性与外在客观材料的结合，而最终实现于外在客观材料之中，因此，在目的之异化关系中，客观性的变化就不能不予以关注。在黑格尔之逻辑学中，客观性包含机械性、化学性和目的性三个环节。

首先，在目的向结果异化过程的开端，客体与主观目的处于对立之中："客体在它的直接性里只是潜在的概念，客体最初总是把概念看成是外在于它的主观的东西，客体的一切规定性也是外在地被设定起来的东西。因此作

为许多差别事物的统一，客体是一个凑合起来的东西，是一个聚集体"[17]。在异化过程的开端，在主观目的的导引下，将客体、外在材料组合在一起，意图使之与目的相合。因此客体是按照主体意志而"凑合起来的聚集体"，被设定的外在材料处于外在的机械聚集关系之中，这就是主观目的达成的第一个环节——客体机械性的含义。

然而，被聚集在一起的诸多外在材料，并不止于此互相外在的机械性中，此聚集性本身即是新属性的产生，黑格尔称之为化学性："化学性作为客观性的反思式的关系，不仅须以客体之有差别的、或并非漠不关心的本性为前提，同时又须以这些客体之直接的独立性为前提。化学的过程即是从这一形式到另一形式的变来变去的过程，而这些形式仍然是彼此外在的——在中和的产物里，那两极端所保有的彼此不同的确定物质便被扬弃了"[17]。原本互不相关的诸要素在目的的导引下进行了机械的组合，这种组合物的整体所表现出的性质却不在各要素之中，新的事物就产生了。目的在其外化过程中，主观性与客观性的机械结合，由机械性而化学性，必然地导致了与主观目的、客观材料均不同的新的事物的产生。

对于从目的到结果的运动过程，值得特别注意的是其结果——新事物的性质。黑格尔指出，目的的实现，即结果，具有如下性质。其一："实现了的目的即是主观性和客观性的确立了的统一。但这种统一的主要特性是：主观性和客观性只是按照它们的片面性而被中和、被扬弃。"[17]其二："达到了的目的只是一个客体，这客体又成为达到别的目的的手段或材料，如此递进，以至无穷。"[17]

黑格尔在这里道出了一个重要的事实，新事物中新的属性与新的功能，固然是扬弃了客观性、改变了客观事物的结果，更重要的是同时扬弃了主观性。所谓主观性的内容只不过是一种对于结果的预期，扬弃了主观性则意味着扬弃了对于结果的预期。这就意味着结果中除了与目的相一致的部分外，尚有与目的不一致的部分出现。对于依靠客体的机械结合而实现自身的目的而言，此结合必然要产生与主观目的要素及客体要素不同的事物来，或者说，结果对于主观目的而言是一个新的实体。因化学性而形成的结果，对于主观目的而言是一个陌生体。而这一陌生体对于主观而言就成为一个新的客观性，新的独立于主体的客体。正是当此一陌生体与主体发生相互作用时，构成了对主体的压迫，与主体形成对立关系。此一客体又可以作为其他目的的实现工具，而这就意味着结果将脱离设定的目的继续产生其不同的意义。

对于目的的异化关系，有两个重要启示。其一，“化学性”的发生以“客观机械性”的存在为前提，是在客观聚集体中生发出来的。因而，“客观机械性”与“化学性”是前后相继发生的历时过程，其全部结果只能在化学性过程完成之后才能显现。如此，就有了异化结果的不可完全预料性及结果的多种可能性。这一点对于主体而言具有重要的意义。其二，人的活动是在目的导引下的活动，而目的必须外化于客体才能实现自己。这种实现又必然地发生化学性，故而，人的活动导致异化就是一个必然的过程，是一个不可避免的规律性过程。

人类的技术活动是从目的到结果的活动过程，当然符合异化规律。在此过程中，一方面是目的的达成，另一方面则是向背离目的方向的演化。在技术活动及其产物中之所以会节外生枝，有出乎意料的结果发生，说到底是以“化学性”为特征的异化规律使然。用异化理论来说明人类的技术活动，可以合理地解释技术活动及其历时延迟性质，以及后果的不可完全预知性。

五、结语：异化视野下对于技术运用的态度

不同的技术史观产生不同的对于技术运用的态度。

依照进步的技术史观，人类对于新技术无条件的欢迎态度是理所当然的。有什么理由拒绝、限制使人类越来越好的技术活动呢?

依照异化的技术史观，人类对于新技术的态度就大相径庭。其一，由于技术异化是一个在时间历程中逐渐显现的化学性过程，其全部后果对于技术的发明及使用者而言，无法事先完全预料，因此技术的运用在相当程度上具有盲目性，进而具有危险性。从价值的角度来看，技术创新并非先天就是“好”的。其二，技术异化的化学性意味着反应物的规模越大，生成物的规模亦越大，技术的异化后果与技术运用的规模成正比。限制技术运用的规模是异化技术史观的逻辑要求。控制技术运用的规模与范围，可将技术运用因异化而产生的不良后果限制在可由其他技术加以纠正的限度之内。

摒弃“更大、更快、更强、更多、更新”的技术运用价值取向，代之以“超出必要即是负担”的理智态度，是异化技术史观的逻辑结论。

参考文献

[1] Mark L. Does improved technology mean progress? //Teich A H. Technology and the Future. California：Wadsworth Publishing，2008：3.

[2] 摩尔根．古代社会．杨东莼等译，北京：商务印书馆，1997：3，9－11.

[3] White L. The Evolution of Culture：The Development of Civilization to the Fall of Rome. New York：McGraw-Hill Book Company Inc，1959：Ⅶ，7，38，56.

[4] 柏拉图．美诺篇//北京大学哲学系外国哲学史教研室．古希腊罗马哲学．北京：商务印书馆，1961：178.

[5] 亚里士多德．尼各马可伦理学//苗力田．亚里士多德全集．第八卷．北京：中国人民大学出版社，1997：12，21.

[6] Heidegger M. Being and Time. Taylor Garmon，2008：243，294.

[7] Mumford L. The Pentagon of Power—The Myth of the Machine. New York：Harcourt Brace Jovanovich Inc，1970：208－209.

[8] 卡尔·波普尔．猜想与反驳．傅季重等译．上海：上海译文出版社，2005：174，175.

[9] 纳尔斯基．论异化概念在哲学史上的发展//陆梅林，程代熙．异化问题．北京：文化艺术出版社，1986：214.

[10] Ihde D. Technology and the Lifeworld：From Garden to Earth. Indiana：Indiana University Press，1990：11.

[11] 贝尔纳·斯蒂格勒．技术与时间．裴程译．南京：译林出版社，2000：219.

[12] Gehlen A. A Philosophical-Anthropological Perspective on Technology. Research in Philosophy & Technology. JAI Press Inc，1983：205.

[13] Howard M C. Contemporary Cultural Anthropology. Third Edition. New York：Harper Collins Publishers，1988：8.

[14] Hardesty D L. Ecological Anthropology. Hoboken，New Jersey：John and Sons Inc，1977：107.

[15] Ellul J. The Technological Society. New York：Alfred A Knopf，1964：105，106，109，12.

[16] 奥伊则尔曼．马克思《1844 年经济学哲学手稿》中的异化劳动//陆梅林，程代熙．异化问题．北京：文化艺术出版社，1986：313.

[17] 黑格尔．小逻辑．贺麟译．北京：商务印书馆，1980：387，389，391，379，386，395.

技术，“逃避死亡”而非“追求完善”*

人类何须不断地发明和改变技术？换言之，人类不断地发明和改变技术的目的因是什么？这是一个重要的问题，因为人类活动的目的规定人类活动的意义，澄清人类技术活动的目的因，有助于澄清人类技术活动的终极意义。对于该问题的回答，强势理论是“越来越好”的“追求完善论”，与此相应的强势技术史观是不断进步的技术史观。本文将试图说明“追求完善论”存在着理论上的困难，这种困难恰可以由海德格尔的“生存论”加以克服。用海德格尔的“生存论”来解释人类的技术活动，可以揭示技术“逃避死亡”之手段的本质，从而说明这样一个事实：人类的生存过程是技术活动过程，技术是人类求取生存的方式，是人类的存在方式。由此，引入另一种技术史观——“逃避死亡”的循环技术史观。

一、追求“完善”的技术目的因及不断进步的技术史观

（一）“完善”作为技术目的因的哲学渊源

柏拉图和亚里士多德都将事物发生的原因归结为“善”。在他们看来，

---

* 本文作者为王佩琼，原载《科学技术哲学研究》，2009 年第 26 卷第 4 期，第 57～62 页。

人类的技术活动是对于善的追求。

柏拉图的哲学是“理念”哲学：“一方面，我们说有多个的东西存在，并且说这些东西是美的，是善的，等等……另一方面，我们又说有一个美本身，善本身，等等。相应于每一组这些多个的东西，我们都假定一个单一的理念，假定它是一个统一体而称它为真正的实在。”[1]在柏拉图的哲学中，善、理性、实体、理念、形式等概念经常互用，为同一内涵的不同表述，而所谓的“善本身”即是最终的善——完善。

在柏拉图哲学中，一切事物以“善”“理念”为目的，人类的技术活动亦以之为目的，是对于“善”“理念”的模仿。柏拉图所举床、台制作之例即是其说明。世上的床、台之物虽多，但形式只有两个，一为床之形式，一为台之形式。工匠所为无非依据此形式，而制作具体之床、台以供人之需。在制作过程中，木匠所留意的并非面前的床、台，因为，在制作之前它们尚不存在，本质上所留意的是它们所应是的形式。此形式正是木匠借助于材料所要体现或者要恢复的东西。此种体现或恢复活动所依据的不是木匠本人的意志，而是预存的床、台的形式。而床、台之形式却非工匠所能完整实现，工匠所制之床、台，“不过由模仿而貌似”形式。“造其他之物，莫不如此。”[2]这里，柏拉图所要表达的是，工匠的技术活动以回忆、模仿先在理念及在所制产品中分有理念为目的，追求完美的形式是工匠的目的因。

亚里士多德认为，一切技术均以善为目的，追求善就是人类技术活动的一般目的。

“一切技术、一切规划及一切实践和抉择，都以某种善为目标。因为人们都有个美好的想法，即宇宙万物都是向善的。”既然宇宙万物都是向善的，那么，人类的活动也自然应当是向善的。但是，什么是善呢？“每一种行为、每一种技术看起来都各不相同，战术的善不同于医术的善，每种技术的善是什么呢？不就是其行为所追求的东西吗？它在医术中就是健康，在战术中就是胜利，在造屋术中就是房屋，在其他技术中是其他东西，在所有的行为和抉择中就是目的。”[3]原来，人类活动的目的就是所追求的“善”。问题是，“因为实践是多种多样的，技术和科学是多种多样的，所以目的也有多种多样”[3]。如此说来，多种多样的目的不就意味着多种多样的“善”吗？亚里士多德认为，的确存在着多种多样的具体的善。但是，在多样的“善”中，有一个是最高的“善”，其余的“善”是由此一最高的善所规定的：“如若在实践中，确有某种为自身而期求的目的，而一切其他事情都要为着它……那么，不言而喻，这一为自身的目的也就是善自身，是最高的善”[3]。可以看出，所谓“最高的善”——完善，也就是终极目的，别的目的的达成，均是为了此一最高的善——终极目的。例如：“政治学让其余的科学为自己服务。它还立法规定什么事应该做，什么事不应该做。它自身的目的含蕴着其他科学的目的。所以，人自身的善也就是政治学的目的。”[3]亚里士多德进一步论证说，所谓最高的善并不游离于具体的善之外，终极目的并不游离于各具体目的之外，而是体现于具体的善、具体的目的之中：“什么东西可能被当做就自身而言的善呢？或者是那些不需任何其他理由而被追求的东西……或者除了理念之外，就再没有善了吗？如果这样，形式就会变成无用的东西。若这些东西都是就自身而言的，那么同一个善的原理必定要显现在这里的所有事物中，正如白色既显现于白雪，也显现于白色的画面中。然而，荣誉、明智、快乐虽然同样是善，但它们的原理却是各不相同。所以善并不是由单一的理念而形成的共同名称”[3]。既然各具体的善所依据的原理各不相同，为何均称为善呢？换言之，这些具体的善的共同特征是什么呢？亚里士多德将之概括为“中庸”：“过度和不及都属于恶，中庸才是德性。”“德性就是中间性，中庸是最高的善和极端的美。”[3]

柏拉图与亚里士多德对于“善”的认识虽有差异，但均将技术活动的目的归结为对于“完善”的追求。柏拉图和亚里士多德给出了技术演化的目的因结构：“为了追求‘完善’而……”

（二）不断进步的技术史观

古希腊哲学将“完善的达成”作为技术演化的目的因，深刻地影响了后人的技术史观，形成了不断进步的技术史观。这种技术史观认为，人类技术的发展史就是对于“完善”的追求史，也就是不断进步的过程。

亚里士多德说：“作为真正善良和明智的人，我们对一切机会都要很好地加以利用，从现有的条件出发，永远做得尽可能的好。”[3]做得尽可能的好，做得越来越好，是“完善的达成”这一目的因的必然要求。由此，“完善的达成”就成为技术进步史观的理论渊源。

“完善的达成”作为目的因，充分体现在人类学家摩尔根的技术史观中，而摩尔根的技术史观对于后世一些技术史的写作影响极大。在其名著《古代社会》一书中，摩尔根试图证明，人类的文明史是进化史，而且随着技术发明和发现及体现人类思想感情的家族制度的演化，人类文明的进化呈现出趋善的阶段性："最后关于人类早期状况的研究，倾向于得出下面的结论，即：人类是从发展阶梯的底层开始迈步，通过经验知识的缓慢积累，才从蒙昧社会上升到文明社会。人类有一部分生活在文明状态中，这是无可否认的；这三种不同的社会状态以必然而又自然的前进顺序彼此衔接起来，这同样也是无可否认的。我们也许还可以根据产生进步的各种社会状态，根据人类各个分支经历其中两种或更多的社会状态所取得的已知进展，得出这样的看法：整个人类的历史，直至每一分支分别达到今天的状况为止，都确实是遵循上述前进顺序进行的"[4]。在摩尔根看来，人类的文明史是由蒙昧阶段向文明阶段的进步史。

标志着或者体现着人类进化阶段的乃是人类的各项技术发明及家族制度："在以后的篇幅中，我打算提出进一步的证据，来证明初民生活状态的简陋，证明他们在心智方面的能力随着经验的积累而逐渐进化，证明他们向文明之途胜利迈进时为了克服重重困难进行过长期的斗争。其中一部分证据得自循着人类进步的全程出现的一大串发明和发现，但其主要证据则得自体现某些思想感情发展过程的家族制度。"[4]

至于划分人类文明进化阶段的基础，摩尔根认为是技术革新，据此，提出了对于技术演变的不同分期方法。"如果我们将人类文化划分为若干阶段，那么，讨论上述种种事项就会方便得多了；每一个阶段代表一种不同的社会状态，并由于它本身所特有的生活方式而得以互相区别。丹麦考古学者所提出的‘石器时代’、‘青铜时代’和‘铁器时代’等名称，从某些目的来看一直是非常有用的，并且对古代技术工具的分类仍有用处；但是，由于知识的进步，就必须提出与此不同的、更进一步的分期法了。当人们采用了铁制工具或采用了青铜工具以后，并未完全废置石器不用。冶铁术的发明在文化史上开辟了一个新纪元。况且，石器时代与青铜时代、铁器时代部分重叠，而青铜时代又与铁器时代部分重叠，所以如果我们要明确地划分一些彼此不相重叠而显然有别的阶段，使用这些名称就不可能办到。"[4]

根据其对于技术演化的新的分期，摩尔根将人类文明划分为如下阶段[4]：

1）低级蒙昧社会。这一期始于人类的幼稚时期，而其终点可以说止于鱼类食物和用火知识的获得。这时候人类生活在他们原始的有限环境内，依靠水果和坚果为生。音节分明的语言即开始于这一期。

2）中级蒙昧社会。这一期始于鱼类食物和用火知识的获得，终于弓箭的发明。

3）高级蒙昧社会。这一期始于弓箭的发明，终于制陶术的发明。

4）低级野蛮社会。我们以制陶术的发明或制陶业的流行作为划分蒙昧社会同野蛮社会的界线……我们就把那些尚不知有制陶术的部落归之于蒙昧人，把那些已经掌握制陶术但还不知有标音字母和书写文字的部落归之于野蛮人。

5）中级野蛮社会。这一期在东半球始于动物的饲养，在西半球始于灌溉农业及用土坯和石头来建筑房屋。其终点可以定于冶铁术的发明。

6）高级野蛮社会。这一期始于铁器的制造，终于标音字母的发明和使用文字来写文章。到这个时候，文明也就开始了。

7）文明社会。如上所述，这一阶段始于标音字母的使用和文献记载的出现。文明社会分为古代文明和近代文明社会。刻在石头上的象形文字可以视为与标音字母相等的标准。

从上述摩尔根对于人类进化阶段的划分可以看出，每一个阶段均以新的重大技术的发明为标志。伴随着技术的累积进步，人类由蒙昧而野蛮进而文明，一步步地、分阶段地向着改善的方向前进。人类文明的发展就好像沿着一条直线向前或向上的进发。不难看出摩尔根的文化进化理论与古希腊哲学中以“完善的达成”为目的因之间的关系。在摩尔根看来，文化的进化是借助于技术的进步而向着愈来愈复杂、愈来愈完善的方向发展。

摩尔根的文明进化观及技术进步观，为古代希腊追求“完善”的技术目的因结构进行了历史注解。

摩尔根的技术进步观影响所及达于今日，辛格等人的《技术史》所采用的技术发展阶段的编年划分[5]，即体现了摩尔根的不断进步的技术史观，从而也是不断向善的技术演化目的因的具体体现。

二、"追求完善"的技术目的因及不断进步的技术史观的困难

尽管柏拉图与亚里士多德均以“完善”作为技术目的因，然而，两者均认为，“完善”的完全达成，或者不可能，或者非常困难。对此，柏拉图说道：“有一种技术叫医药；这种技术有两方面的结果，一方面是不断产生新的医生，增加到原有的医生队伍里去，另一方面是健康。二者之中，后一种结果本身不复属于技术，而是那技术所生的功效，那技术是既可对人传授又可向人学习的，那功效我们称之为‘健康’。同样，装修木匠的技术所产生的结果是房屋和装修工程，前者是一种功效，后者则是一种原理”[6]。技术的后果，一为功效，如健康、房屋；二为技术知识，如掌握医术的医生及体现装修技术的装修工程。无论是功效，还是知识，都只能是对于“善”本身、理念本身的模仿，所得到的只能是它们的“影像”，而不能是其本身。以木匠造床为例，床的形式为上帝所造，且上帝只造出唯一床之形式。至于木匠所造之床，只是对于形式的模仿而貌似，只能得到上帝所造形式的影像[2]。在柏拉图哲学中，技术作为手段，其结果只能分有理念、反映理念的功效与知识。而对于理念本身则绝非通过技术活动所能达到的。对于“完善”、中庸的追求，亚里士多德说道：“在一切可称赞的感受和行为中，都有着中间性，不过很可能有时要偏向于过度，有时又要偏向于不及，我们很难命中中间，行为优良”[3]。

既然宇宙间的一切事物均以达成“完善”为目的，而且人类的技术活动也是如此，为何此一“完善”总是显得扑朔迷离？为何人类总是追求不到此一“完善”？

柏拉图与亚里士多德对于“完善”，尽管一再强调其真实的存在，但并未给出具体规定性，从他们对于“完善”的叙述之中，并不能得出人类（技术）活动所追求“完善”的清晰而具体的内容。因此，人类技术活动的“追求完善论”就存在着如下理论困难：“完善”的规定性是什么？“完善”存在于何处？

在《存在与时间》一书中，海德格尔通过对于人的存在——此在的分析，揭示了古希腊哲学中的核心概念——“完善”的本质规定及含义，即不

死之永恒，而此种意义上的“完善”之不能达成则构成了“追求完善论”的根本困难。

海德格尔的“此在”“向死存在”等概念的确立，为揭示人类技术活动的真实“目的因”开辟了新的道路。

出于考察存在问题的需要，海德格尔独辟蹊径，对人的存在状态进行了考察，指出人是不完善的存在者：“在四类生存者的自然（树、兽、人、神）中，唯有后两类富有理性；而这后两类的区别则在于神不死而人有死。于是，在这两类中，其一即神的善由其本性完成，而另一即人的善则由操心完成”[7]。神的善由本性完成，即是说神的善是完善，是不依赖于他物的无条件的善，而这样的完善的内涵即是永生。

人之存在是不完善的，其标志是人的存在是向死的存在——即面对着死亡的存在：“此在的生存、实际性、与沉沦如何借死亡现象绽露出来。终结悬临此在。死亡不是尚未现成的东西，不是减缩到极小值的最后亏欠或悬欠，它毋宁说是一种悬临”[7]。人的存在过程即是在死亡悬临威胁下的生存过程。人的存在在本性上是不完善的存在，人需要克服这种本性上的不完善，通过操心来取得自己的善，即是自己的“生”。

应当说，海德格尔对于完善的理解更为本质。海德格尔将完善的本质规定为神性所具有的“不死”，其根据何在呢？细究起来，无论赋予“完善”什么样的规定性，死亡都是完善的中断、终结。能够中断、终结的完善绝不是完善，因此，无论赋予完善以何种意义，“不死”、永恒均应是完善的应有之义。海德格尔将“不死”定义为完善，恰恰抓住了含义飘忽不定的“完善”的本质。“完善的达成”意味着“不死”之永恒境界的达成。

人可以不死吗?

海德格尔进一步论证，“完善”——不死之永恒境界是不可能达成的：“此在这种能在逾越不过死亡这种可能性。死亡是完完全全的此在之不可能的可能性。于是死亡绽露为最本已的、无所关联的、不可逾越的可能性……只要此在生存着，它就已经被抛入了这种可能性。它委托给了它的死亡，而死亡因此属于在世”[7]。海德格尔揭示了关于死亡的两个事实：其一，人类的存在是时刻悬临着的死亡；其二，人类个体最终不能逃避死亡的命运。

我们可以设想，如果通过人类的技术活动而达于完善，那么，这种完善的达成意味着什么呢？意味着生存问题的消失，意味着无论如何人类都可以不死，而成为永生的神。而神是不需要技术活动的，因此技术活动的动力得以消失，人类的一切活动的意义都将失去，而这就意味着人类一切活动的停止。人类一切活动的停止与人类的死亡之间有什么区别吗？因此完善的达成意味着人类的死亡，所谓人类的永恒境界与人类的死亡境界无异。换言之，根本不存在任何有意义的人类的完善境界。“在此在中始终有某种东西亏欠着，这种东西作为此在本身能在尚未成其为‘现实’的。从而，在此在的基本建构的本质中有一种持续的未封闭状态。不完整性意味着在能在那里的亏欠……只要作为存在者存在着，它就从不曾达到它的‘整全’。但若它赢获了这种整全，那这种赢得就成了在世的全然损失。那它就不能再作为存在者被经验到。”[7]海德格尔在这里论证了作为技术目的因的“完善”是不存在的，所谓的“完善”的达成意味着“死亡”。

人类活动的有终性，人类时刻悬临死亡的命运，不死之完善境界之不能达成，构成了“完善”技术目的因的不可克服的困难。

“完善”既然不存在，那么，以“完善”目的因作为理论基础的不断进步的技术史观，也就不可避免地陷入困境。对于这种技术史观，人们总可以问，技术演化的终点在哪里？如果没有一个终点作为进步的目标，那么，技术演化的进步性又如何体现呢？如果技术的演化是以不死之完善境界的进步，海德格尔的论证已经明白无误地告知，这种结果的达成只能是一厢情愿的希冀。所求目的的虚妄性，构成了不断进步的技术史观的根本困难。

三、“逃避死亡”的技术目的因及循环技术史观

（一）海德格尔“逃避死亡”的技术目的因结构

人的存在是有死的存在，这一残酷的事实规定了人的存在过程是一个生存过程：“此在无论如何总要以某种方式与之发生交涉的那个存在，我们称之为生存……它的本质毋宁在于：它所包含的存在向来就是它有待“去是”那个存在”[7]。人的存在就是生存，也就是不断地“去是”，亦即不断地取得自己的存在。

人类怎样“生存”呢？“日常在世的存在我们也称之为在世界中与世界内的存在者打交道。这种打交道已经分散在形形色色的诸操劳方式中了。我们已经表明了，最切近的交往方式并非一味地进行觉知的认识，而是操作着、使用着的操劳——操劳有它自己的‘认识’。”[7]人类存在的样式即是操劳，而这种操劳的内容，即操劳所及的对象是存在者：“在当前的分析范围内，先于课题的存在就是那种在操劳于周围世界之际显现出来的东西。而这种存在者不是对‘世界’的理论认识的对象；它是被使用的东西、被制造的东西。它作为这样照面的存在者先于课题而映入‘认识’的眼帘；而这种认识作为现象学的认识原本着眼于存在，它从这种把存在作为课题的活动出发，而把当下的存在者也共同作为课题……先于课题的存在者，即这里所说的被使用的东西、正在被制造的东西”[7]。此在——人的存在——通达世界内存在者时，亦即将世界内存在者作为课题时，须借助于“先于课题的存在——被使用的东西、被制造的东西”。这就是说，此在的生存活动须借助于工具及其制造活动，也就是借助于技术。工具、技术是此在生存的前提，或者说，人的存在即是技术的存在，是借助于技术的操心、劳作。

这种借助于技术的操心、劳作的目的是生存。而所谓生存的另一种说法则是对于死亡的逃避：“实际上，有许多人首先与通常不知死亡，这并不可充作证据来说明向死存在并非‘普遍地’属于此在；它作为证据只能说明：此在首先与通常以在死亡之前逃避的方式掩蔽最本已的向死存在。”[7]

“向死存在表明自身为在死面前的有所掩蔽的闪避。”[7]

人的存在——此在，是技术的存在，而此技术的存在，“首先与通常以在死亡之前逃避的方式掩蔽最本已的向死存在”。海德格尔揭示出了此在的本质，即借助于技术而逃避死亡，技术活动只是人类逃避死亡的存在方式。神是完善的，故而不需要技术作为手段，而人类是不完善的存在，故而需要以技术的活动来作为其逃避死亡的方式，作为存在的方式，作为“生”的方式。

在这里，海德格尔实际上给出了技术演化目的因的另一种结构：“为了逃避死亡而……”

将技术演化的目的因归结为“逃避死亡”，意味着技术的演化不再以“不死”境界的达成为目的，而是以生存为目的，而生存意味着与如影相随之死亡悬临的不断搏斗。较之追求完善的技术目的因，海德格尔的目的因，虽然显得有些残酷，但对于人类的活动却具有真切的意义。

（二）另一种技术演化模型：循环技术史观

海德格尔的“逃避死亡”的目的因，则启发出另一种技术史观。在此，人的存在是借助于技术的生存活动。由于死亡是不可逾越的人类最本己的能在，人类生存活动的本质不过是对于悬临着的死亡命运的暂时逃避，而非获得永恒不死的境界。技术活动使人类从一种悬临死亡的存在境地中逃脱出来，又陷入另一种悬临死亡的存在境地。只要人类生存着，就必然处于死亡悬临的生存状态之中。

由死亡命运的不可逾越性所规定，技术的演化呈现出一种循环性质——循环模式。由此可以提出一个不同于累积进步的技术史观的新的技术史观——循环模式的技术史观。从此一循环模式的技术史观出发，人类技术活动的演化呈现出：面临生存问题——借助于技术解决此一生存问题——面临新的生存问题——借助于新的技术解决此一新的生存问题的样式。

也许有人会说，并非所有技术都是“逃避死亡”的生存技术。例如，艺术——绘画、音乐等活动中的技术，体育竞技技术等就不能说是生存技术，而将之归结为追求精神享受的技术。然而细究起来，艺术中的技术也仍然是逃避死亡的技术。当人们说陶醉于艺术享受时，其正好说明，在短暂的陶醉状态之外，是向死存在的常态。艺术享受的潜在目的仍然是逃避向死存在所带来的烦恼，逃避悬临死亡的现实。所谓艺术中的技术的本质仍然可以说是避死。

四、简短的结语

追求“完善”的技术演化目的因及不断进步的技术史观，给人带来一种希望，终有一天人类可以通过自己的努力找到一种（或一群）技术，以一劳永逸地解决生存问题而达于完善的境地，从而使人类可以重回所谓的“黄金时代”。用海德格尔“逃避死亡”的目的因来观照摩尔根对于人类文明发展阶段的划分，可以得出与摩尔根不同的结论：虽然在人类文明各个发展阶段上所用技术不同，然而，这些技术在解决了前一发展阶段的生存问题之后，又将人类带入了新的生存困境之中。面对新的生存问题，人类需要新的技术来生发出自己的存在。由于新的问题与旧的问题的本质均是悬临死亡的生存问题，因而不能说新的问题比旧的问题更好，也就不能说，新的技术比旧的技术更接近于所谓的“完善”、更进步。

本文根据海德格尔“逃避死亡”的技术演化的目的因所得出的循环技术史观，给出了技术演化的循环模式及无终点性。只要人类生存着，人类就须借助于技术活动。技术演化中“更高、更快、更强”的趋势，并不能表明人类技术活动是追求完善的进步过程，最多不过反映出人类渴望远离死亡而生存的潜在愿望。

技术活动是人类“逃避死亡”的唯一手段，是人类的生存方式。借助于技术的生存过程，海德格尔称之为“操心”。由不可逾越的死亡所规定，操心即是人的天命。海德格尔将此操心的情态归结为：畏、筹划、领会、沉沦、制作等。技术的演化史就是人类各种操心情态的不断循环史。

比较古希腊哲学与海德格尔关于技术演化目的因的论述，后者具有更强的解释力。技术演化的目的因是“逃避死亡”而非“追求完善”，技术史是人类借助于工具进行“逃避死亡”的活动史，而非“追求完善”的活动史。人类技术活动的终极意义乃是“逃避死亡”，乃是“去存在”，而非所谓“完善的达成”。

参考文献

[1] 柏拉图．美诺篇//北京大学哲学系外国哲学史教研室．古希腊罗马哲学．北京：商务印书馆，1961：178－179.

[2] 柏拉图．理想国．郭斌和，张竹明译．北京：商务印书馆，1957：46－51，49－51.

[3] 亚里士多德．尼各马可伦理学//苗力田．亚里士多德全集．北京：中国人民大学出版社，1997：12，3，4，10－11，36，21，43.

[4] 摩尔根．古代社会．杨东莼等译．北京：商务印书馆，1997：3－4，8，9－11.

[5] Singer C J，Holmyard E J，Hall A R. A History of Technology. Volume I. Oxford：Clarendon Press. 1954.
[6] 柏拉图．柏拉图对话七篇．戴子钦译．沈阳：辽宁教育出版社，1998：257.
[7] 海德格尔．存在与时间．陈嘉映，王庆节译．北京：生活·读书·新知三联书店，2000：287，288，272，15，79，289，293.

走向技术认识论研究*

对政治价值、伦理价值、生态价值等问题的关注，对技术或技术现象的本质的追问，使现有的技术哲学研究，多着眼于价值论和本体论方面（如海德格尔等人的研究），而对技术认识论问题颇有忽视之虞。即便涉及技术认识论问题，许多研究者也常倾向于把它归属于科学认识论研究，甚或看作是科学认识论研究中一个无趣的从属部分。不过，这种情况近20年来正在发生着越来越明显的变化——随着研究的逐步深化，特别是“技术研究”(technology studies)领域中的学者已经逐步认识到，科学与技术是两类不同的、从认识论上来讲各自自主的“知识事业”。正如科技哲学家邦格(M. Bunge)所言：“科学研究活动是为了认识而改造世界，技术研究活动是为了改造而认识世界。”[1]于是，关于科学发展的理论模型已不足以说明技术发展的实质。技术认识论研究也就愈益鲜明地彰显出其独立存在的可能和价值。

一

自20世纪80年代以来，越来越多的西方学者尤其是技术史领域中的一

---

* 本文作者为王大洲、关士续，原载《自然辩证法研究》，2003年第19卷第2期，第87～90页。

些学者，表现出对技术进行认识论研究的浓厚兴趣。例如，认知科学家西蒙（H. Simon）探讨了创造人工物过程中设计的逻辑、设计的形态以及设计的表征[2]。技术史家贡斯当（E. Constant）和劳丹（R. Laudan）等人试图将科学哲学的研究程式引入对技术的思考之中[3]。他们就技术问题的来源及类型、技术传统、技术设计的层级结构、技术革命等问题，都进行了富有成效的探讨。技术哲学家拉普（F. Lapp）等人曾从认识论的视角尝试性地探讨了技术科学的思维结构[4]。帕拉依尔（G. Parayil）则对来自技术哲学、技术史、技术社会学、创新经济学研究领域的技术变迁解释模型进行了广泛的评述，发现这些模型不能对技术的发展做出一致的说明[5]。他承接技术史家雷顿(E. Layton)“技术作为知识”的思想，认为研究者应“承认技术的认识论基础，将技术变迁的本质看作是知识变迁"[6]。技术史家文森迪（W. Vincenti）对航空技术发展的出色分析正是在这种导向上对所谓“工程认识论”研究的成功尝试[7]。

如果说上述研究基本上仍处在主流技术哲学之外的话，那么，近年来由于受到技术社会学和技术史研究的影响，这种情况正在发生着有趣的变化。最近，一批哲学家、工程师和科学家组成了一个跨学科的“技术研究小组”(the techno group)，致力于探讨现代技术的哲学问题，包括技术的认识论问题[8]。他们注意到，迄今的技术哲学主要被关于技术的形而上分析（受海德格尔的影响）和对科学技术后果（对个人、社会）的批判性反思所主宰。特别是在这类研究中，现代技术本身基本上是被作为黑箱来看待的。从这个意义上说，这种技术哲学可以被称之为技术的外部哲学。在他们看来，如果技术哲学打算在当前有关技术的讨论中被认真对待的话，“技术哲学中的经验转向”（the empirical turn in philosophy of technology）就是一个必不可少的前提条件[9]。这意味着技术哲学应该以反映实际工程实践的经验上的适当描述作为其出发点。当然，他们并不是要把其首要的目标和探讨的焦点放在经验问题上，因为那将使技术哲学转变成一门经验科学；相反，他们将重点放在概念问题上，尤其是放在对基本概念和概念框架的澄清上，并据此对技术制品的设计和生产进行适当的经验描述，从而力图建立一种关于技术的内在的、经验上具有广泛解释力的哲学理论。这项研究的确已经展示出了技术哲学研究的另一种思路。作为“技术研究小组”的一个重要成员，美国技术哲学家皮特（J. Pitt）新近开始公开对海德格尔、艾吕尔（J. Ellul）、温纳（L. Winner）等人的技术哲学提出批评[10]。他认为，作为一种意识形态，流行的技术哲学造成了对技术的认知价值的严重忽视。他明确论证了技术认识论研究的基础地位，并构建了一个初步的反思技术的认识论程序，即“决策—转换—评估”。这项研究已经开始对美国主流技术哲学界形成冲击。

所有这些研究都表明，对技术进行认识论的研究不仅是可能的，而且是现实的和十分必要的。当然，强调认识论问题的重要性，并不必然意味着否定价值论和本体论关切的正当性。正如皮特本人在评论米切姆（C. Mitcham）的著作时指出的，“技术哲学如果真要引起工程师们的兴趣，就需要更多地反映他们的认识论关切。我希望看到关于这两个哲学领域（本体论/认识论）之间交互作用的更为充分的讨论”[11]。从总体上看，西方技术哲学研究包含着三个趋向：一是走向经验，走向技术认识论研究；二是走向跨学科的开放的技术研究；三是寻求理论与经验之间，技术本体论、认识论和价值论之间的更有效的互动。鉴于此，有理由期待，在不远的将来，技术哲学研究必然走向整体繁荣。

二

国内的技术哲学研究，基本上沿着工程导向和人文导向两个方向展开。比较而言，技术本体论和价值论问题同样得到了更多学者的关注，技术认识论的研究则不大被重视。

但是，有迹象表明，这种状况正在发生变化。例如，在 2000 年举行的“全国第八届技术哲学学术研讨会”上，张华夏和张志林著文“主张在研究技术哲学时，应该在技术认识论上多下点工夫”，认为“技术哲学必须研究技术发展的独特的认识论结构和独特的认识过程”[12]。在 2001 年举行的中国自然辩证法研究会第五次全国代表大会上，陈昌曙曾发言指出，“我们需要重视对技术认识论和技术方法论的研究”（可惜，不知道为什么，在正式发表的该发言的修改稿中却找不到这句话了）[13]。在新近发表的文章中，陈文化等人也认为，“技术认识论及其模式问题，是技术哲学界应该引起高度关注的一个重要议题"[14]。

其实，早在1994年，国内由认识论研究专家夏甄陶先生指导的博士生张斌就发表了他关于"技术知识论"的博士论文[15]。在这部著作中，他具体分析了技术知识的逻辑构成、技术知识的评价与检验等重要议题。遗憾的是，这项开拓性研究并未在国内技术哲学界引起应有的关注。当然，这项研究本身也有自己的弱点——没有对国外相关的一些重要文献进行必要的梳理和评介，也未触及技术知识的难言性（tacitness）、技术知识增长的时空结构等一系列根本性问题。最近，潘天群也开始着手进行"技术知识论"的研究[16]。李伯聪则从规律和规则的差别入手，去分析技术与科学的认识论问题，展示出了独特的研究视角[17]。所有这些都表明，技术认识论研究在眼见的将来，会成为国内技术哲学研究热点课题之一。

另一方面，在国内技术哲学界，人们对技术创新能否作为技术哲学的合法研究主题，曾存在不同的看法。有不少学者倾向于认为，既然技术创新是经济学概念，就应主要从经济学和管理学的角度去进行技术创新研究，似乎技术创新难以成为技术哲学的对象，技术哲学在技术创新研究中也难有用武之地。但是，另一种观点则认为，创新是技术发展的必然环节，也是技术发展的现实形式。技术哲学如果不思考、不涉及创新过程，就只能在"技术黑箱"外围打转，势必把握不到技术发展的实质。随着时间的推移，现在人们对此好像已经找到了使两者得以兼容的共识。人们意识到，问题不在于技术哲学要不要研究技术创新，而在于究竟如何研究"哲学视野中的技术创新"[18]。有人甚至呼吁"自然辩证法学者要特别着力进行技术创新的哲学研究，为发展一门技术创新哲学而努力"[19]。但是，到此为止并不意味着问题已经得到解决。把技术创新纳入技术哲学的视野，并不意味着已经看到了从认识论的角度研究技术创新的重要性和迫切性。

从总体上看，一方面，技术哲学界相对忽视了技术认识论的研究，而现有的技术认识论研究又大多不太关注技术创新过程，因而造成哲学研究与经验现实的某种脱节；另一方面，在技术创新研究领域，技术创新的认识论维度遭到了不应有的忽视，这就使技术创新研究缺少一种对技术与创新本质的认识论追问，缺少对技术创新基础性问题的深刻关怀和诠释。

三

近年来，笔者在技术创新研究的语境下，试图通过整合相关理论成果(如博兰尼的难言知识论)，逐步展开关于技术的认识论研究，曾对技术知识与人工制品的关系、难言技术知识与明言技术知识之间的关系以及技术创新的知识内涵等问题进行过分析；同时从场域的角度，考察了科学与技术之间的区别和联系，分析了知识的独占机制和科学“产权”在场域之间的转换[20]。上述研究实践使我们体认到，技术哲学研究者需要在辨明科学与技术相互关系的前提下，追求技术认识论相对于科学认识论的独立地位，并在技术认识论和技术创新研究之间架设桥梁。那种把技术作为科学的从属部分，甚而混淆科学与技术差异的技术创新与认识论研究，将使自己陷入“无思”的境地，并且丧失自己存在的价值；而不涉及技术创新过程的技术认识论研究，不可能真正打开技术这个“黑箱”，也就无法接近和揭示技术知识与技术认识过程的本性。

我们所主张的研究导向，并非一般地研究技术认识论，而是把技术创新问题置于技术认识论研究的中心位置，为技术认识论研究的深入开辟一条通往现实的渠道；同时把技术认识论问题置于技术创新研究的基础地位，为技术创新的社会研究提供认识论基础。从而，一方面系统发展关于技术认识的基础理论，另一方面对技术创新进行一种认识论反思。这样，就有可能在关于技术的哲学、社会学与历史学研究之间，建立起进行学术对话的通道；也将有利于我们对当代知识社会、知识经济的理解，并对政府制定技术政策、创新政策，对企业推进技术创新、技术进步，提供有益的启示。

在这种面向工程实践的研究导向中，可以将技术发展看作一个连续的解题过程，看作一个集体性的认知过程；可以将技术创新看作知识应用和知识生产过程，看作是知识向人工制品/服务的转化过程。如是，就有可能将认知科学的最新进展引入技术认识论和技术创新研究中，展开对技术和创新的认识论分析。

作为一种研究策略的选择，我们认为这一研究工作可以从单项创新-创新群序列（创新)、个体-群体（主体)、难言-明言（知识)、知识-人工制品

(技术)、自然-人工自然(客体)、规律-规则(逻辑)、静态-动态(状态)等多个维度展开。

其中，特别值得注意的是，可以从下述几个方面具体开展专项研究：

第一，从科学认识论到技术认识论：具体考察科学知识与技术知识的区别与联系、科学认识过程与技术认识过程的差异和关联、科学解释与技术解释的差异和联系、技术知识与人工制品的关系。

第二，作为认知过程和网络建构过程统一体的技术创新：具体分析技术问题产生的机制与类型、难言技术知识与明言技术知识之间的转换过程和机制、技术知识的黑箱化与人工世界进化的结构。

第三，技术知识的逻辑分析：涉及技术共同体的认知规范、技术设计的逻辑和层级结构等问题。

第四，技术知识在社会时空中的传播和评价：具体进行技术学习与技术传播的话语分析(人际、代际、区际、国际)，探讨知识生产与技术评价的过程与权力机制。

第五，技术知识进化的时空结构：考察技术范式与技术轨道、路径依赖问题、技术传统与技术创新的关系，建构技术知识增长的进化论模型。

第六，工程思维的本性：集中于工程师在设计技术制品和解决设计问题时运用的概念框架。

这种研究可以采取案例研究方法，选择若干重要的技术创新案例进行切实的剖析。也可以采用文本与话语分析等经验研究方法，将语言学的基本观念引入技术认识论研究，通过对有关技术创新的日常话语、对技术实践者的有关话语进行分析，探讨技术认识问题，探讨知识与权力的关系问题。其实，这也是(当然也只是)“技术哲学中的经验转向”的一种方式。

四

总之，走向经验、走向技术认识论研究，业已成为技术哲学的发展趋势之一。我们的选择是，从技术创新入手，展开关于技术的认识论研究。其根本原因在于，技术认识论是分析技术创新及其制度安排的逻辑起点，技术创新是技术认识论研究的关键环节。从技术创新入手发展技术认识论研究，便找到了沟通技术哲学研究与技术实践的一个重要桥梁，也可以使技术认识论研究落脚于经验现实；在若干二元分析维度中展开技术认识论研究，则可以为技术创新研究提供重要的认识论基础。以此为中介，通过跨学科的研究，促成技术认识论/本体论/价值论的有效互动，就有可能使我们的技术哲学研究全面走向深入。唯其如此，技术哲学才能不仅仅是“坐而论道”，而且也能“做”而论道，更好地介入和干预技术的发展。

参考文献

[1] 邦格．技术哲学的输入与输出．自然科学哲学问题丛刊，1984，(1)：56－64.

[2] 西蒙．人工科学．武夷山译．北京：商务印书馆，1987.

[3] Laudan R. The Nature of Technological Knowledge. Dordrech：Reidel Publishing Company，1984.

[4] 拉普．技术科学的思维结构．刘武等译．长春：吉林人民出版社，1988.

[5] Parayil G. Conceptualizing Technological Change：Theoretical and Empirical Exploration. Lanham，Maryland：Rowman and Littlefild Publishers Inc，1999.

[6] Layton E T. Technology as knowledge. Technology & Culture，1974，15 (1)：31－41.

[7] Vincenti W. What Engineers Know and How They Know It. Baltimore：The Johns Hopkins University Press，1990.

[8] The Techno Group. The Program of Philosophical Foundations of Modern Technology. http：//www. dualnature. tudelft. nl [2013－02－19].

[9] Kroes P，Meijers A. The Empirical Turn in the Philosophy of Technology. Vol 20. Amsterdam：Elsevier Science Ltd，2000.

[10] Pitt J C. Thinking about Technology：Foundations of the Philosophy of Technology. New York：Seven Bridges Press，2000.

[11] Pitt J C. Book review (Carl Mitcham. Thinking through Technology：The Path between Engineering and Philosophy. Chicago：University of Chicago Press，1994). SPT Newsletter，1998，22 (3) .

[12] 张华夏，张志林．从科学与技术的划界来看技术哲学的研究纲领．自然辩证法研究，2001，17 (2)：31－36.

[13] 陈昌曙．保持技术哲学研究的生命力．科学技术与辩证法，2001，(3)：43－45.

[14] 陈文化等．关于技术哲学研究的再思考——从美国哲学界围绕技术问题的一场争论

谈起．哲学研究，2001，(8)：60－66.
[15] 张斌．技术知识论．北京：中国人民大学出版社，1994.
[16] 潘天群．技术知识论．科学技术与辩证法，1999，16 (6)：32－36.
[17] 李伯聪．规律、规则和规则遵循．哲学研究，2001，(12)：30－35.
[18] 李兆友．哲学视野中的技术创新．哲学动态，1999，(7)：18－21.
[19] 夏保华，陈昌曙．简论技术创新的哲学研究．自然辩证法研究，2001，(8)：18－21，35.
[20] 王大洲．技术创新与制度结构．沈阳：东北大学出版社，2001.

技术哲学、技术实践与技术理性*

长期以来，我国的科技哲学研究队伍基本上由三部分人组成：科技哲学工作者、科学技术工作者和科学技术领导干部。这种“三结合”，是中国自然辩证法研究会建立以来一直倡导的，也确曾为我国科技哲学研究与科技实践的密切联系奠定了制度基础。像周培源、钱三强、华罗庚、关肇直、吴文俊等一大批著名的老一辈科学家，都曾积极参与我国科学哲学和技术哲学研究。但是，随着时间的推移，随着这批老科学家相继退去，“结合”的风光似已不再，在科技哲学工作者与科技工作者之间似亦出现渐行渐远之势。对此，有人认为它反映了科技哲学正在走向自主和成熟，而另一些人则从中看到了科技哲学发展的一种危机。20 多年前，关士续和陈昌曙曾撰文指出，如果科技哲学研究“久久对科学技术的发展不产生实际的有益作用，得不到更多的科技工作者的信任和支持，这种工作到底有多少存在价值，就真正可以怀疑了”[1]。到了今天，这个问题似乎以更加严峻的形势摆在了我们的面前。

一

就技术哲学研究而言，不妨首先追问：技术哲学要影响现实社会、影响

---

* 本文作者为王大洲、关士续，原载《哲学研究》，2004 年第 11 期，第 55～60 页。

技术发展，是否需要首先引起工程师和发明家们的关切，并直接影响他们的行为呢?

答案或许是“并不一定”。人们完全可以辩解说，除了通过直接影响工程技术人员来影响技术发展的进程之外，技术哲学也可以通过影响普通民众、政府官员乃至企业家的价值观念和行为方式，从消费者选择的角度、从公共选择的角度或者从企业经营的角度，来间接影响技术选择，从而影响技术发展的路径。

假定我们承认上述答案，那么，技术哲学家是否仍然需要与工程技术人员建立某种直接联系或者对话关系呢? 答案似乎又是肯定的。因为，上述“间接影响”的途径，并没有排除“直接影响”的作用；并且，理解技术和干预技术毕竟是两回事，而干预技术的前提又是理解技术——要干预技术，技术哲学家不一定需要直接影响发明家和工程师；而要理解技术，技术哲学家们却必须直接接触技术，接触发明家和工程师。所以，拉图尔等人所采取的有效的办法，就是追随工程师，观察他们的所作所为，由此达成对技术的切身理解。毕竟，置身于技术发生的第一现场，是理解技术运行机制的关键。否则，包括技术哲学在内的关于技术的“话语”就有可能成为一种飘浮在空中的意识形态[2]。

但问题在于，这种“接触”和“追随”是否会使哲学家们无意识地成为企业家或工程师们的“同谋”，从而使技术哲学步入实证主义窠臼，丧失其批判性品格呢? 其实，这种担心是不必要的。因为，一旦我们进入技术发生的现场，就完全可以对技术建立一种独特的认识；而这种认识不一定是对工程技术人员、企业家们的思考或做法的简单认同，相反，它完全可以具有一种批判性品格——其矛头所向不仅可以是技术现场，甚至也可以是流行的技术哲学观念。正是这样一种批判性品格，才使得技术哲学有潜力改变工程技术人员建构问题的方式，从而在技术制品上打下自己的烙印。因此，“追随”工程技术人员只是追随他们的作为，并不意味着迎合他们的思考，而只有理解他们、接触技术，并通过与他们展开对话，才能实现技术哲学家们干预技术发展的意愿。

二

既然要“接触”技术，要“追随”发明家和工程师，那么，技术哲学家所要研究的问题和工程技术人员所要处理的问题究竟是什么关系呢？在何种意义上，两类人的关切是一致的，因而就有了对话的基础呢？在何种意义上，两类人的关切又是不同的，因而也就有了职业的分工呢？

如果说工程技术人员所要处理的问题属于"一阶问题"，那么技术哲学家们所要处理的问题则属于"二阶问题"。没有一阶问题，就不会有二阶问题的存在；反过来，要使二阶问题研究具有社会价值，也就必须影响一阶问题的建构。如果技术哲学家根本不在意工程技术人员的问题，这本身就是很成问题的。如果哲学家们不能影响技术问题建构的方式，那么他们也就很难影响技术发展的路径。因此，技术哲学家提出的问题一定是基于技术专家们的问题，或者至少与后一类问题相互关联，才会有现实的意义。其实，哲学家的特别之处，就在于他们既能扎根在社会实践之中，从普通人的问题出发，又能够超越于现实存在，提出新的思想、新的观念。这种超越现实，不是无视现实，也不是轻视现实。常言说，树有多高，根有多深。其实，就因果而言，则是根有多深，树有多高。在形而上的哲学探索和形而下的现实生活之间，恐怕也存在着这样的联系。如果无视甚或蔑视现实实践，那么，我们的学术研究就可能成为无根的浮萍和空中的烟云。

既然如此，在工程技术人员所探讨的技术问题和技术哲学家所探讨的技术哲学问题之间，究竟可以建立什么样的关联呢？

从认识论的观点来看，技术发展是一个解题活动，它肇始于技术问题[3]。所谓技术问题，就是技术中的问题（problems in technology 或者 technological problem），是指工程技术人员所认为的那些他们可以通过技术手段加以解决的问题。劳丹区分了技术问题的五个来源：一是直接由环境给定且尚未被任何技术解决过的问题；二是现有技术的功能失常（functional failure）；三是从过去的技术成功进行的外推（extrapolation）；四是特定时期相关技术之间的不匹配带来的问题；五是被其他知识系统（如科学）预见到的潜在的假设性反常（presumptive anomaly）[4]。所有这些问题，都可以归结为社会-技术系统或行动者网络（actor networks）中诸要素之间的不匹配[5]，即现有技术与技术之间、现有技术装置与新的工作环境之间、现有技术与人的现实需求之间以及现有技术与人类梦想之间的不匹配，等等。

然而，技术问题的界定并不是直截了当、一目了然的。在很多情况下，对于人们面临的同一问题情景，究竟被界定为技术问题还是非技术问题——如政治问题、社会问题、心理问题、制度问题等，并不能先验地确定下来。事实上，从现实存在的问题到人们研究的课题，要经历一个“翻译”过程。人们看问题的方式，会受到当时社会背景和技术条件的极大影响。同样是面对一个需要解决的问题，在不同的时代对于不同的人来说，它就可能被翻译成不同类型的问题，如宗教问题，或者政治问题，或者行政管理问题，或者技术问题。可以说，技术问题的界定本身就是一个翻译过程、说服过程和权力过程[5]，它并非技术专家们的专利，而是政治家、企业家、客户等利益相关者共同介入的产物。

由于同样一个问题可以被同时建构为不同类型的问题，因而也就有了不同的解决方式。这些替代性方案，或许也是互补性方案，共同构成了对问题的更好解决。有些时候，又是由于替代性方案的相互排斥，导致了历史的不同走向。近代以来，社会发展的总体趋势是，人们倾向于将任何问题都建构成可以用技术手段加以解决的问题，由此带来自然力量和社会力量的物质化（如用自动控制的红绿灯替代交通警察的指挥），带来人类社会的技术化，从而降低了人的因素对技术系统的直接干预。这种建构问题的方式，带来了技术的统治地位，而这在实际上又会形成一个正反馈过程——“技术地”解决了一个问题，这个成功又增加了人们的期望，导致更多的技术问题被进一步建构出来，并技术地加以解决。这样，技术就构成了强大的力量。这就是为什么人们倾心于技术、为什么人们不得不投身于技术的原因。你要就业吗？你要战争胜利吗？你要博取声望吗？你要获得市场竞争力吗？那就来吧：拥抱技术！这就是我们这个时代的社会结构和精神状况[6]。

正是这种状况，引起了哲学家们的关切。就此而言，哲学家们的一个重要任务就是来解构技术问题的“自明性”，从而对技术问题进行社会重建，由此允许另类声音在技术发展中得到回应。其实，许多事情本来不受质疑，而是日常生活世界的一部分，被人们无意识地加以接受和实践，正因为有了哲学家的质疑，方才成为注意的焦点，由此引导人们反思自己的生活，从而展示出另一种可能的生活，并带来不同的界定问题的方式。

即使特定问题已经被界定为技术问题，其解决似乎也不只是技术人员或工程师们的事情。这是因为，技术问题的建构并不是一劳永逸的，对技术问题的解释也存在着灵活性。这同一个技术问题完全可以转化为非技术问题。其实，“技术问题”一词的另一种用法是关于技术的问题（problems of technology）。在这种视角下，技术本身成了“问题”，人们不把技术作为理所当然的存在物，而是将技术作为一个需要加以审视的对象，试图打开这个黑箱，反思技术发展的前提和后果，或者高扬技术的力量，或者质疑技术的价值。这意味着，哲学家们就工作在技术问题/非技术问题的边界线上。通过界定问题与重新界定问题，哲学家们也界定了自己的社会角色，从而介入技术发展的实际进程中去。

这样，我们可以区分出三类技术问题：一是工具性技术问题。要解决它们，只是技术人员的事情。对哲学家、政府人士和普通公众来说，尽可以将这些问题的解决看作黑箱，不必把它打开，也可不置一词。二是建构性技术问题。解决它们，则是技术人员、企业家、哲学家、政府官员和普通公众共同的事情，因为其间存在着社会争议。这时，打开技术黑箱就成为必要。三是否定性技术问题。解决它们，已经主要是哲学家们的事了，他们旨在打破集体无意识，建议扔掉技术黑箱，发展完全不同的替代技术。

三

哲学家们也许会说，技术引发的问题之根源不在技术本身，而在于人性和社会。就此而言，哲学家没有必要特地引起发明家和工程师们对技术哲学的关切，就像发明家和工程师们没有必要引起技术哲学家们对工程问题的关切一样。这样看来，技术恰好不是问题，问题不在技术。解决它，似乎主要是哲学家们的事，而不是发明家和工程师们的职责。

很多人文主义的技术哲学家都在现代技术和前现代技术之间划定了一条边界，并认为两者具有质的不同——如果说前现代技术体现了人性、服务于人类的话，现代技术则压抑了人性，限制了人的自由，并从根本上威胁着当代民主秩序，为此，需要重建现代技术，使之走向人性化和民主化[7,8,10]。的确，从技术实践的目的看，无论是在前现代还是现代，技术活动的目标都是对人性的高扬，技术是一种运行着的人性（humanity at work）[2]。但是，从技术实践的结果看，也应该承认，在某些情况下技术发展的确反过来压制了人性。这就是“技术异化”概念所道出的一种窘境。

那么，如何解释技术异化现象呢？异化意味着人们原初追求的目标与实际达到的结果相悖。技术异化的实质在于人们预设的技术目的和实际达到的技术功能之间发生了背离。从认识论的观点看，这种背离意味着人类理性的限度，意味着人类不可能成为全知全能的“神”，意味着人类不可能全面控制周围的世界。在这里，问题可能来自所追求的目的本身，也可能来自技术活动本身的性质，还可能来自人们对人性的不同理解。其实，任何事物的发展都存在着异化。没有异化，就没有进化。重要的是如何去认识它、把握它。因此，异化并非总是坏事。异化也是创造之源，是技术问题的发生器，是技术发展的重要源头之一，是人们寻找“另类”技术的动力源泉。正是在这里，技术哲学家与发明家和工程师可以找到对话的基础——基于对人性的关切，共同寻找更好的生活方式和相关技术。

当然，技术哲学家和工程技术人员就何为人性可以具有不同的理解。也正因为存在着不同的理解，才有了对话的动力和需求，也才更为符合人性。其实，人本来就是善恶并存的，并不存在单一的永恒的人性；社会也不是一体的，社会本身就处于一种分裂和相互冲突状态。承认矛盾，承认斗争，也就要承认技术体现的是尼采所谓的“权力意志”，是一种斗争工具——不仅是与自然斗争的工具，也是人类斗争包括阶级斗争的工具。技术就编织在社会机体之中，是社会的一部分，是人性的一部分。我们倾向于把美好事物归之为人性，把不好的事物归之为非人性，这样一来，“人性”就成为了一种不容置疑的美好事物。这种思维倾向本身就是很成问题的。

可以说，技术是人性的集中体现，技术是社会矛盾的集中体现。技术是一种杠杆，可以放大自然力和社会力，从而引起另一部分自然和社会的巨大改变。常言说，“善假于物”，但是，技术并不是物，而是那个“假于物”的过程。在这里，存在着两类界面：人与物的界面，物与物的界面[9]。工程师需要平衡这两类界面；哲学家需要平衡这两类界面；任何人都需要平衡这两类界面。只有这样，我们才能生存在现实世界之中。从这个意义上说，技术的重建和人的重建是紧密相关的，技术批判也就同时是一种社会批判和人性批判。与其说我们需要对技术进行人性批判，毋宁说需要对人性-社会-技术体系进行反思和批判。这又需要技术哲学家和工程技术实践者们共同进行。

四

合理性（rationality）概念在技术哲学的话语中占据着重要地位。哲学家们（如韦伯、霍克海默、马尔库塞、埃吕尔等）大多认为现代技术体现着主观理性、工具理性、手段-目的合理性、技术理性，体现了对效率的单纯追求[10]。但现实的技术发展表明，技术并不等同于理性，技术发展并不完全是理性的产物，技术中也包含着非理性成分。

非理性成分不仅影响着技术发展的决策，影响着产品创新和工艺创新，而且影响着客户对技术产品的选择和评价。换言之，非理性渗透在技术发生和发展的全过程。首先，从技术问题的界定看，技术问题是各类社会力量介入的产物，而绝不是一个纯粹的理性探究过程，其间包含着判断、权衡、直觉、猜度和抉择等。其次，从技术问题的解决看，技术发明和工程设计可以理解为一种解决问题的过程，在这一过程中，特定技术功能被翻译或转换成特定的设计结构。然而，技术结构与功能之间并不存在一一对应关系，在技术客体的功能描述和它的结构描述之间存在着一个鸿沟[11,12]。与科学中的“理论之于事实的不定性”类似，在技术中存在着“设计之于功能需求的不定性”[13]。当然，工程技术人员能够在结构与功能之间，在结构的描述与功能的描述之间，架起由此及彼的桥梁。但是，这里并不存在确定的逻辑演绎关系，不存在决定与被决定的关系。最后，从技术产品的接受过程看，它也不是一个纯粹理性的计算过程，而是一个联网、建构、磋商和冲突的过程。由此可见，技术实际上是权力冲突的产物，是一个创造性建构过程。

在这个创造性过程中，“为目的寻找手段”和“为手段寻找目的”同样是技术发展的重要环节。事实上，一项发明不仅提供了一种物理结构，而且也预设了一种或多种功能。例如，爱迪生当年发明留声机的时候，就开列了一系列可能的用途。这个留声机意味着一种普适性结构，它可以满足许多潜在的功能需求。一旦留声机发明出来，它就会成为一个认知焦点，引导其他发明家在这个结构-功能关系的基础上，进一步改进结构，并扩展功能。创造学中的“检核表法”就说明了这类创造性改进途径——放大、缩小、增加、减少、重组、移植、嫁接、变形等。所有这些思维“操作”，都将带来技术可能性空间的扩展。从这个意义上说，一项发明，其本身在将某种技术可能性变为现实的同时，也就开启了更大范围的技术可能性。其实，许多技术发明和创造，都受到人们好奇心理的驱动。许多技术后来被实际应用的功能，与原来发明、创造它们的目的可能完全不同（如万艾可本来是被计划用于治疗心脏病的）。这也说明了，技术目的和技术功能之间的背离常常是必然的。在这个过程中，技术发明和创新体现着人性，而并不是纯粹理性。

理性和自主性似乎是相关的。但与科学相比较，技术并没有什么自主性。我们大抵可以说：“因为这是科学问题，所以外行人没有发言权”。但是，我们往往不能说：“因为这是技术问题，所以非技术人员就没有发言权”。事实上，技术不仅是人与自然的中介，它也是人与人的中介。技术问题的确立和求解，本来就意味着一种对话、磋商乃至冲突、斗争。因此，并不存在“纯粹的技术问题”。其实，“纯粹”本身就是一种社会建构，是由社会群体对问题的“技术性”不加质疑，将其看作一个黑箱，任凭技术人员去处理与选择而造成的。但在特定场景下，原初被看作理所当然的“技术问题”就可能失去其自明性，“外人”便开始试图打开黑箱，参与到技术的建构中去。这时，技术问题的纯粹性也就消失了。失去了纯粹性，技术理性也就没有了藏身之地。技术问题的选择、解决和评价都包含着审美动机、文化关怀和单纯的乐趣——这些也是技术发明的驱动力之一。因此，技术发展并非完全是功利主义和纯粹理性的产物。这一点，恰好是技术哲学家有可能干预技术发展进程的基本前提。

有意思的是，在科学哲学中，对科学的合理性重建旨在为科学进行“理性辩护”；但在技术哲学中，技术似乎从来都不需要哲学家们进行“理性重建”，相反，“理性”是一种罪过，屡屡招致哲学家们的口诛笔伐。在这种视野中，技术专家的形象就成了理性地追求功利目标的单面人。然而，正像其他任何人一样，发明家、工程技术人员往往也是幻想家、梦想家，“梦想”“好奇”这类“人性”的光芒也一样统治着他们，他们绝不是工具理性的奴隶。正如技术史家巴萨拉所言，“探寻各种技术可能性的游戏本身的乐趣驱使一部分人上下求索”[14]。哲学家阿加西也注意到了理性在技术发展中的局限性。从这个意义上说，技术的确是一种运行着的人性，技术的确是人类彼此争斗的武器以及战场。只有解构“技术理性”的神话，才能为技术哲学家们乃至普通公众干预技术实践开辟道路。

参考文献

[1] 关士续，陈昌曙．科学技术的发展要求我们做些什么？自然辩证法通讯，1980，(1)：15－17.

[2] Pitt J C. Thinking about Technology：Foundations of the Philosophy of Technology. New York：Seven Bridges Press，2000.

[3] 王大洲，关士续．走向技术认识论研究．自然辩证法研究，2003，(2)：87－90.

[4] Laudan R. Cognitive change of technology and science//Laudan R. The Nature of Technological Knowledge. Dordrech：Reidel Publishing Company，1984：83-104.

[5] Bijker W E，et al. The Social Construction of Technological System. Cambrige：MIT Press，1987.

[6] Ellul J. Technological Society. New York：Alfred A Knopf，1964.

[7] 高亮华．人文主义视野中的技术．北京：中国社会科学出版社，1996.

[8] 吴国盛．技术与人文．北京社会科学，2001，(2)．

[9] 李伯聪．工程哲学引论．郑州：大象出版社，2002.

[10] Mitcham C. Thinking through Technology：The Path between Engineering and Philosophy. Chicago：The University of Chicago Press，1994.

[11] Vincenti W. What Engineers Know and How They Know It. Baltimore：The Johns Hopkins University Press，1990.

[12] Polanyi M. Personal Knowledge：Towards a Post-Critical Philosophy. Chicago：The University of Chicago Press，1958.

[13] Kroes P. Technological explanations：the relation between structure and function of technological objects. Techno，1998，3 (3)：18－34.

[14] 乔治·巴萨拉．技术发展简史．周光发译．上海：复旦大学出版社，2000.

作为社会技术的投票方法*

最近七八年中，国内技术哲学的研究似乎出现了某种“看涨”的势头，研究技术哲学的论文和著作都在多起来，这是令人高兴的。可是，却比较少见有人研究社会技术问题。很显然，研究社会技术问题的文章较少并不意味着社会技术问题不重要。如果我们放宽视野，也许我们可以和应该说社会技术与自然技术具有同等的重要性。研究社会技术问题有特殊的重要性，同时也有特殊的困难。社会技术问题常常既不是单纯的技术问题，也不是单纯的社会问题，它们往往是同时涉及社会哲学、科学哲学、技术哲学和方法论等诸多方面与领域的复杂问题。

一、略谈技术的分类和社会技术

对于技术的范围和分类，国内外学者已有许多研究和讨论，不少学者都认为可以把技术划分为三大类。刘文海在引用了有关学者的观点后“总结”说：“我赞成萨克塞、阿加西、罗波尔、Richter，还有其他一些学者从技术运用的三个领域（自然、社会和人的精神）出发去区分技术的做法，认为广

---

* 本文作者为李伯聪，原题为《略论作为社会技术的投票方法》，原载《哲学研究》，2005 年第 3 期，第 107～113 页。

义的技术应该区分为三大类：自然技术（或称物质技术或物理技术等）、社会技术（或称组织技术）和精神技术（或称思维技术或智能技术）。”可是，刘文海在紧接这段话之后，话锋一转，又写了如下的一段“但书”：“但是，我认为，广义地把自然技术、社会技术和精神技术全部包括在我们所言‘技术’里的做法是极不妥当的，原因有二：其一，它不符合公众常识对技术理解的一般精神；其二，明显过泛，它基本上囊括了人类一切领域的活动及其相应的方法，成了替代政治、组织、管理、经济、军事等的‘万能’的术语，这只能引起歧义和混乱，有害无益。因此，我赞成和主张对技术作狭义上的理解，即指自然技术或物质技术或物理技术，我也正是在这种意义上使用‘技术’一词的。”[1]

我猜想，大概有许多人都是在某种程度上有与刘文海相同或相近的想法或看法的。我国技术哲学的领军人物陈昌曙教授在其《技术哲学引论》一书中曾专门写了“关于社会技术”一节，表达了某种类似的观点和看法[2]。虽然这种观点和看法在逻辑上并没有“包含”可以轻视或忽视研究社会技术问题的含义，但目前的实际情况和事实却是在自然辩证法界很少有人研究社会技术问题，这种状况是应该改变的。

本文不想在此对技术分类和社会技术这个术语的语义和语用发表更多的观点和看法，只想指出两点。第一，作为对象的社会技术是实际存在的，“社会技术”这个概念和术语也是可以成立和可以使用的（本文将把“社会技术”和“社会活动或组织的方法”当做同义词来使用），研究社会技术问题是具有重要意义的，哲学工作者是绝对不应忽视对社会技术问题的研究和分析的。第二，虽然自然技术和社会技术也有某些共同之处，因而，我们是不应和不能排除对二者进行“统一”研究的可能性的，但二者之间确实存在着重大的、本质的区别，所以，在一般情况下，我们最好还是把社会技术问题看作一个单独类别的问题，以对二者进行分别的研究为宜。至于对“社会技术”问题的研究究竟应该放在技术哲学的“名下”还是应该放在社会哲学的“名下”的问题，我认为那是一个“怎么都行”的问题。

二、孔多塞悖论和阿罗不可能性定理

正像存在着形形色色的自然技术一样，也存在着形形色色的社会技术，例如，投票技术就是一项重要的社会技术。

人类智慧和能力的最重要的表现形式之一就是发明的智慧和发明的能力。所谓发明的智慧和发明的能力不但可以表现为自然技术的发明，而且还可以表现为社会制度、社会组织和社会活动方面的发明，即表现为社会技术方面的发明。在这方面，投票方法就是一项重要的社会技术发明。我们现在可能已经无法考证究竟是谁首先发明了这项社会技术，但我们似乎可以猜测它是一项古老的社会技术发明（例如，雅典的“贝壳放逐制”就是一种古代的投票方法）。萨托利在其《民主新论》中谈到了多数原则的选举制度的来源，他说这是在8世纪“由僧侣（似应译为‘牧师’——引注）重新发现并传给我们的”[3]，而“重新发现”一语“暗示”了他实际上已承认投票方法还有更古老的起源。

在现代社会中，投票方法是一种重要的进行集体决策或集体选择的社会技术或方法，是一种表现、体现或反映民主制度的社会方法（或称为社会技术）。

运用投票方法进行民主决策的具体方法或规则可以是多种多样的。它可以是运用“一致同意规则”进行投票的方法，根据这个规则，一项议案或方案必须得到全体一致的同意才能获得通过。可以证明，这是一种可以实现资源配置的帕累托效率的方法，同时这个方法还有一些其他的优点。但在运用这个投票规则时，由于每一个投票者都拥有“否决权”，这又导致决策成本往往过高，甚至还会造成无法得到一致同意的决策意见即决策失败或无法决策的结果；在某些情况或形势下，这个规则还存在着可能纵容某个人或少数人利用这个规则进行敲诈的弊端（其他人必须违心地“答应”“他”的某些条件，“他”才投赞成投票，否则议案就不能通过），这些方面就又是这个规则的缺点了。

更常见的投票方法和原则是“多数票规则”，即少数服从多数的规则，这个规则又可分为简单多数规则和比例多数规则。前者是指在投票活动中取得了超过 1/2 的多数的一方就是胜方，而后者要求必须在得票超过 2/3 或其他规定比例的多数的情况下才算获胜。本文在讨论投票方法时，如无特别说明，主要讨论的是简单多数的投票方法。

许多人往往把民主方法或民主制度理解为“少数服从多数”的方法或制度。这个方法或制度的优点对于体会到了专制制度的恶果的人来说是毋庸多言的，但这个方法也存在许多缺陷、缺点或问题。

投票方法或投票技术中所“蕴涵”的一个大问题是由孔多塞在 1785 年首先发现或“揭露”出来的，这就是所谓投票悖论（the paradox of voting）或孔多塞悖论（Condorcets' paradox）。孔多塞发现：在投票时，运用多数票规则有可能导致出现“多数循环”现象。

让我们假定有三个方案：X、Y、Z；同时又有三个投票者：A、B、C。再假定三个投票者对三个方案的偏好顺序分别是：对于 A，X ＞ Y ＞ Z（X 最优，Y 次优，Z 最差）；对于 B，Y ＞ Z＞ X；对于 C，Z＞ X＞ Y。

可以看出：在运用多数规则进行投票时，如果对 X 和 Y 两个方案进行投票，则 X 方案获得多数票，即集体投票结果“认定”X 方案优于 Y 方案；如果对 Y 和 Z 两个方案进行投票，则集体投票结果“认定”Y 方案优于 Z 方案；可是，如果对 Z 和 X 两个方案进行投票，投票结果却“认定”Z 方案优于 X 方案。于是，就出现了循环多数或多数循环的现象。

循环多数现象也就是“传递性”被破坏的现象，传递性被破坏的结果就是出现了“虽然（集体‘认定’）X 方案优于 Y 并且 Y 优于 Z，但却无法推出（即集体‘不认定’）X 优于 Z”的现象。很显然，在这种情况下，以投票方法是无法进行合理的集体决策和取得合理的决策结果的。

应该强调指出的是，在上述情况或现象中，对于每个个人而言，其偏好顺序是没有矛盾的，但当人们运用投票方法把个人的意见“整合”为集体决策或所谓多数人的决策时，就出现了多数循环的现象，所以，这是一个暴露或揭示“个人决策”和“集体决策”出现矛盾的现象，它暴露或揭示出少数服从多数的决策方法或决策技术是存在内在漏洞或内在缺陷的。有些人原来可能未加反思地认为少数服从多数的民主方法理所当然地是可以得出合理结果的，可是，孔多塞悖论却向我们显示：运用多数票方法是有可能得出不合理的结果的。

为了避免或走出多数循环的困境，有人“发明”了“淘汰制”的方法。根据这个方法，人们应该按照某种次序对备择方案（或对象）逐一进行两两比较的投票，从而淘汰其中的一个方案（或对象），直到获得一个最后的“优胜方案”或“优胜者”为止。

应该承认，这确实是一个可以走出多数循环困境的方法。例如，对于上述孔多塞悖论的情况，我们可以规定通过进行两次淘汰投票的方法来决定最后的结果。但在这样的方法下，不同的“淘汰程序”是会“技巧性”地淘汰不同的备择方案的。例如，如果“投票程序”规定：先对 X 和 Y 两个方案进行投票表决，然后再把淘汰投票的“获胜者”与未进行投票的 Z 进行第二次投票表决，则在“这样的”程序安排下，Z 方案成为了三个方案中的获胜者；可是，如果有人变换了淘汰方法的具体程序，规定先对 Y 和 Z 两个方案进行投票表决，然后再把获胜方案与未进行投票的 X 方案进行表决，则 X 方案就会成为三个方案中的获胜者；如果是“另外的”投票顺序，也可能使 Y 成为最后的获胜者。不难察觉，这个分析结论表明这种淘汰制方法也是有缺陷的，因为它提示了“有人”可以通过操纵淘汰投票的具体程序而在“他人”的不知不觉中操纵最后的投票结果的可能性。

如果说孔多塞悖论暴露的还只是一种具体的投票方法中所存在的一个具体问题或漏洞，那么，美国经济学家阿罗就以一般性的数学方法揭示了投票方法中所普遍存在的“一般性问题”了。如果说孔多塞悖论已经使许多人感到沮丧，那么，所谓阿罗不可能性定理（Arrow's impossibility theorem，又称阿罗悖论）就会使一些人感到加倍的沮丧了。

阿罗是 1972 年诺贝尔经济学奖获得者。他从数学上证明了一个出人意料的结论：如果人们要求社会选择行动和过程满足两条合理的社会选择公理（连贯性和传递性）和 5 个合理的条件（个人偏好排序的普遍相关性、社会评价与个人评价正相关、不相关选择对象的独立性、不受限制的范围、非独裁性），那么，“把个人偏好总合成为表达社会偏好的最理想的方法，要么是强加的，要么是独裁性的”，也就是说，阿罗不可能性定理告诉人们：“不存在一种可能把个人偏好总合为理想的社会偏好的政治机制或集体决策规则。”[4] 换言之，阿罗不可能性定理表明：“包括多数规则在内的投票机制无一能确保一组具有一致性的结果”。[5]

对于阿罗不可能性定理，虽然也有人称赞它是“一个伟大的定理”，好像并没有对这个定理表现出什么忧心忡忡的心理[6]，但更多的人在面对这个定理时表现出了深深的不安。正如有人所说的那样，“长期以来，人们一直深信多数规则将导致公平合理的民主结果，将有利于实现最大多数人的最大利益。阿罗定理阐释了采用多数裁定规则势必会随之出现独裁现象问题，其结论深深动摇了人们的常识性的看法，促使人们重新审视熟知的民主决策规则。因此引出了一系列新的研究成果和激烈的争论。”[7]

我们知道，对投票方法的研究常常是和对民主理论的研究密切联系在一起的。所谓民主，其内容和含义，既包含有理论方面的问题（如关于民主原则和民主理念的问题），又包含有方法方面的问题。原先许多人大概都曾不加深思地认为，少数服从多数的民主方法“自然而然”地是合理的，是一种“好”的社会技术或方法。现在，当阿罗证明了以他的名字命名的不可能性定理后，人们不得不承认以往的那种关于民主的“朴素”理论或信念是无法合理地继续“维持”下去了。

瑞典皇家科学院本策尔教授在授予阿罗诺贝尔奖的致辞中谈到了阿罗不可能性定理，他说：“这个结论在完全民主的梦想方面，毋宁说是令人失望的，与长期以来使用社会福利函数概念的以前已成立的福利理论矛盾。”[8]可以感觉到，本策尔在说这些话时的心情是相当沮丧的。阿罗本人在其获奖演说的最后也谈到了这个问题，但他却以如下一段“留有余地”的话结束了他的讲演：“社会选择矛盾的哲学的和分配的含义还不清楚。肯定没有简单的方式可以解决。我希望其他人将把这个矛盾当做一种挑战，而不是当做一种使人灰心的障碍。”[8]很显然，阿罗更愿意把他的研究结果看作一个新的开端而不是一个终结，他宁愿把自己的研究结果看作是提出了一个新的挑战性的问题。

孔多塞悖论和阿罗不可能性定理使人们看到：民主是一个其复杂性远远超出许多人的原先设想的问题，任何把民主简单化、朴素化、理想化、浪漫化的想法都是错误的。也许可以说，在阿罗证明了以他的名字命名的不可能性定理之后，种种“朴素”形态的民主观念、理念和理论都是再也不能继续下去了，阿罗不可能性定理向赞成民主的人们提出了一个必须努力发展出一种新的“反思的民主论”的任务。

孔多塞悖论和阿罗不可能性定理是对投票方法进行“科学研究”的结果，孔多塞和阿罗的工作“告诉”我们：我们不但需要重视“社会技术”的“发明”，而且需要重视对“已经被发明出来”的社会技术的“深层性质”和“深层社会意义”的“理论分析”和“理论研究”。很显然，在社会科学领域中，关于“社会技术”和“社会理论”的互动关系的问题是一个需要进行新的审视的问题。

三、再谈投票悖论

在现代社会中，虽然在经济活动中有时也会使用投票方法（应该注意，董事会和股东的投票与政治选举的投票在规则上是迥然不同的），但在更多情况下，人们在谈到投票行为时其所指乃是在政治生活中的投票行为，尤其是政治选举活动中的投票行为。虽然对于这种投票行为，许多学者常常是把它当做一种政治行为来进行研究的，但在最近几十年中也出现了一种新的研究趋向和新的研究方法——这就是西方的公共选择学派用“经济学方法”对投票行为进行的研究。

对于公共选择学派的基本理论假设、理论观点和理论进路，方福前教授有如下简要的概括：“西方主流经济学主要研究经济市场上的供求行为及其相应的经济决策，而把政治决策视作经济决策的外生因素或既定因素。西方主流经济学是以完全不同的假定来讨论个人在经济市场和政治市场中的活动，以及相应的决策过程。它认为：在经济市场上，个人受利己心支配追求自身利益最大化；而在政治市场上，个人的动机和目标是利他主义的，超个人利益的。”“公共选择理论认为，在经济市场和政治市场上活动的是同一个人，没有理由认为同一个人会根据两种完全不同的行为动机进行活动”，“公共选择理论试图把人的行为的这两个方面重新纳入一个统一的分析框架或理论模式，用经济学的方法和基本假设来统一分析人的行为的这两个方面，从而拆除传统的西方经济学在经济学和政治学这两个学科之间竖起的隔墙，创立使二者融为一体的新政治经济学体系。”[4]

公共选择学派既然有了这样的理论假定和理论判断，他们也就顺理成章地可以用经济学的方法——更具体地说是运用理性选择的方法——对人的政治活动（包括投票行为在内）进行研究了。

根据理性选择的理论和方法，投票者在作出自己关于“是否投票”的决策时需要考虑以下三个因素：①投票人从他投票所赞成的候选人胜利所能够获得的预期收益（用B表示）；②他投出的那一票是“决定性的一票”的概率（用P表示）；③他为进行投票而所需花费的成本（用C表示），例如搜集信息的成本和交通费等。如果投票人在计算其投票收益和投票成本后，认为收益大于成本，他就会决定投票，否则，他就会决定不去投票。

根据理性选择理论，投票者的收益等于上述B和P两项的乘积。由于投票人投的那一票是“决定胜负”的一票的概率非常小，所以，B和P两项的乘积也就非常非常小了，于是根据理性选择理论：理性的投票人的理性决策应该是不去投票。

虽然理性选择理论的分析在理论上显得颇为雄辩，可是，“对于理性选择理论显得不幸的是，许多人是去投票的。实际上，虽然在多数重要的选举中，投票者的数目很大而投出决定性的一票的概率非常小，可是仍然有明显多数的人是去投票的。于是，这就出现了投票悖论。”[9]

应该注意，西方学者在使用“投票悖论”（tha paradox of voting）这个术语时，其具体所指或具体内容可能是并不相同的。如果我们把前面谈到的孔多塞悖论看作是投票悖论的第一种形式，那么，这里所谈到的以理性选择模型的结论与现实情况出现矛盾为内容的悖论就成为了投票悖论的第二种形式。

应该如何看待和评论这个第二种形式的投票悖论呢？不同的学者采取了不同的态度：第一种观点和态度是认为应该抛弃这个理性选择模型；第二种观点和态度是认为有可能在理性选择模型的框架中提出一种更复杂的解释；第三种观点和态度是认为理性选择模型只对选民去投票或不去投票提供了一种虽然有一定的解释力但又非常有局限性的解释。[9]

由于对理性选择模型有不同的观点和态度，于是就出现了形形色色的对理性选择模型进行批判和修正的新观点，还有人提出了替代理性选择模型的新模型和新理论。例如，韦巴等人提出了“资源模型”（强调时间、金钱和公民技能等选举成本因素的作用）；罗森斯通等人提出了“动员模型”（强调政治家运用“社会网络”动员选民去投票的作用和意义）；还有人提出了心理卷入模型和社会学解释模型。其中的社会学解释模型不赞成理性选择模型把个人看作是自利人的假设，认为应该把个人看作是“集体的成员”。这个模型认为个人是像关心自己的利益一样关心社群的福利的，这个理论强调责任感的作用，认为人们去投票的原因是他们认为在投票方式的民主制度下投票是他们的道德义务。在这个模型看来，“参考基点不是自己而是整个社群。个人感到无论对个人是得还是失，他都对社会负有投票的义务”[9]。很显然，这个模型强调了在理性选择模型中所未讨论的一个新的因素——“义务”(可写为D)的作用。

我们看到，虽然理性选择理论企图完全运用经济学的假设和方法来“圆满”地解释作为政治行为的投票现象，但这个努力没有取得“圆满”的成功，即使是十分倾向于理性选择的学者也不得不认为需要在解释投票行为时对理性选择理论的基本前提进行一定的修正。有人认为应该把理性选择理论中关于“经济理性”的假设修改为“一个外延更广的理性概念”，即“核心理性”概念。根据这个“核心理性”概念，“投票行为可以看作是非物质利益取向和非自利的，可以看作是人们履行公共职责的方式”。[5]很显然，这个解释与上述“社会学解释模型”在对“人性”的基本假设的认识上是“心心相通”的，它们都把人看作“负责任”的“社会人”，而不单纯看作是“自利”的“经济人”。于是，我们看到，不同学者在认识投票问题时之所以出现分歧，并不简单是因为在技术或方法层面有分歧，而是因为在涉及人性的基本问题上存在着分歧。

投票活动是要由人去进行的，于是，在研究投票活动和“投票技术的理论问题”时就不可避免地要涉及人为什么要去投票的问题了。公共选择学派企图在理性选择和经济人假设的基础上说明人的投票行为，他们的努力是有益的但并不是很成功的。公共选择学派企图建立一门把人的经济行为和人的政治行为统一起来进行研究的理论或学科，这个设想和目标应该说是合理的，可是他们又武断地断定应该在理性人或经济人、自利人的假定上来建立这样的一门学科，这就使他们的努力往往要碰到许多问题和障碍了。

四、略论投票技术的适用范围和社会技术与社会科学理论的关系

中国一向缺少对民主的理论探索和民主实践的传统。五四运动请来了德先生（民主）和赛先生（科学）。虽然五四运动已经过去近一个世纪了，但我们至今仍痛感无论在“民主和科学”的理论研究方面还是现实实践方面，我们都还存在许多缺陷和不足。熊彼特在《资本主义、社会主义和民主》一书中曾以很高的理论水平严肃地剖析、批判了“古典”的民主学说或古典的民主论。令人遗憾的是，目前有不少人对民主和科学的认识水平还停留在某种“朴素”的“科学论”和“古典”的“民主论”的水平上，而现实和形势的发展正在迫切要求人们尽快把对科学和民主的认识都提高到一个更高的水平上。

许多人大概都认为“民主与科学”必定是“内在性一致”的，当然我们也没有理由认为民主和科学必定是“内在冲突”的，但从社会技术的角度来看，现代民主制度要求以投票方法进行民主选举，认为政府的合法性来自公民投票选举的结果；而在自然科学领域中，科学共同体却“拒绝”并且也不实行这个投票方法——科学家和人民都不认为可以通过“全体民众”投票的方法来“决定”某一科学理论或观点的是与非。这就是说，在政治领域中合理的“投票方法”在科学认识或判定科学真理的领域中却成为了不合理也不合法的方法，在科学领域中起决定作用的是“理论理性”和“学术争鸣”的方法。我们还看到，投票方法不但在涉及科学真理性的领域中不能被应用（我们承认投票方法可以应用在科学管理的领域中），而且它在经济领域中的应用也受到了很大的限制。

投票方法在应用范围上的限制是一个发人深省的“事实”。它在提醒我们：政治民主、经济活动和科学研究是三个既有密切联系同时又存在一定的根本区别的领域，在认识它们的联系、区别和相互关系方面我们还有许多研究工作要做。我们必须进一步深入研究投票方法在政治生活和科学研究这两个领域发挥截然不同的作用究竟有何“深层原因”和有何“深层含义”。

社会技术的作用是非常重要的。如果没有相应的社会技术或方法，无论

多么美好动听的社会科学理念都只能是海市蜃楼和空中楼阁。目前有许多社会科学工作者都在从事属于“政策”或“对策”类型的研究工作。这些研究课题要求其“研究成果”有“可操作性”，而所谓“可操作性”往往就表现为对于相应的社会技术问题的研究。目前我国有不少社会科学工作者都在进行这方面的研究工作，可是，他们中却有不少人都是“长于”社会科学理念知识而“短于”社会技术知识的，然而，如果没有丰富的关于“社会技术”的知识，政策和对策类型的课题是难以很好完成的。在研究“社会问题”时，如果仅仅重视“社会理论”研究而忽视“社会技术”研究，那是不可能“解决问题”的。

社会技术与社会科学理论的相互关系和自然技术与自然科学理论的关系有一些相似之处，同时也有许多不同之处。许多人都说自然技术是自然科学理论的“应用”，而在许多情况下，社会技术却并不等于社会科学理念的“应用”。尤其是，社会技术对社会科学理念的“反作用”和“约束力”在许多情况下又会成为一个“新问题”。例如，在古希腊的“小城邦”条件下，古希腊人既有朴素的直接民主的理念又有与之相“配合”的投票方法。可是，当公民的人数和范围大大扩大的时候，所谓“直接民主”的理念和“全体公民投票”的方法就不可能“沿用”下来，而必须代之以代议制的“间接民主”和现代的选举制度和投票方法了。从民主理论和投票方法的历史发展中，我们看到：与自然技术与自然科学理论的相互关系相比，社会技术与社会科学理论的相互联系与互动关系要复杂得多。

技术是“讲究”操作性或运作性（operation 可译为操作也可译为运作）的。自然技术的操作对象是物，而社会技术的运作对象是人，这就成为导致社会技术与自然技术有许多区别的一个重要原因。在进行社会技术运作时，人是社会技术运作的“对象”，但“被运作的人”却不可避免地又是有思想和有个人目的的行动主体，于是，这里就出现了个人决策和集体决策、个人目的和集体目的、局部和整体的复杂的相互关系和相互作用。前述投票悖论所反映出的许多问题都是由此而产生的（应该注意，由于多种原因，社会技术“本身”的许多问题在另外的“角度”“层次”和意义上也可以是“另外范围”的“科学研究的对象”）。这方面的问题太复杂了，如果本文能够促使更多的人关注和研究这方面的种种问题，本文的目的也就算达到了。

参考文献

[1] 刘文海．技术的政治价值．北京：人民出版社，1996：41.
[2] 陈昌曙．技术哲学引论．北京：科学出版社，1999：235-237.
[3] 萨托利．民主新论．北京：东方出版社，1998：156.
[4] 方福前．公共选择理论——政治的经济学．北京：中国人民大学出版社，2000：2，3.
[5] 斯考森，泰勒．经济学的困惑与悖论．北京：华夏出版社，2001.
[6] 路易斯．理性赌局．汕头：汕头大学出版社，2003：113.
[7] 赵成根．公共决策研究．哈尔滨：黑龙江人民出版社，2000：213.
[8] 王宏昌，林少宫．诺贝尔经济学奖金获得者讲演集．北京：中国社会科学出版社，1998.
[9] Blais A. To Vote or Not to Vote? Pittsburgh：University of Pittsburgh Press，2000.

第二部
工程与哲学

“我思故我在”与“我造物故我在”*

古希腊神话传说中有一个斯芬克斯之谜。斯芬克斯之谜也就是人之谜。

哲学不是神话，但哲学家继续了对人之谜的探索，使人成为了哲学的首要主题。

笛卡儿说：“我思故我在。”这个哲学箴言肯定了人是认识和思维的主体，欧洲哲学也以此为重要标志从以本体论为重心的古代时期进入了以认识论为重心的近代时期。

我们必须承认“我思故我在”，但正如马克思主义哲学奠基人所指出的那样：“人们首先必须吃、喝、住、穿，然后才能从事政治、科学、艺术、宗教，等等”（恩格斯：《在马克思墓前的讲话》）[1]。这确实是一个关于人生和社会的最简单、最基本的事实。由于人类的造物活动即物质生产活动是人类生存和发展的最重要、最基本的前提和基础，所以我们不但必须说“我思故我在”，而且更应该说“我造物故我在”。

基督教把上帝说成是唯一的造物主。其实，上帝是虚幻的，只有人才是真正的造物主。

由此来看，造物主题似乎理所当然地成为哲学的“第一主题”，然而，哲学史的事实却是哲学家们在两千多年的时间里都迷失了这个主题。

---

* 本文作者为李伯聪，原载《哲学研究》，2001年第1期，第21～24页。

古希腊的亚里士多德提出了著名的四因说，认为自然界的一切事物都有四种原因：质料因、形式因、动力因和目的因。他所举的一个典型例子就是房屋，然而房屋是“人工物”，是人的有目的的设计和有目的的劳动的产物，而不是自然物。不难看出，四因说的提出是以人的造物活动和人工物品为现实基础和现实背景的，换言之，四因说本来应该是一种关于造物活动和人造物品的理论，然而亚里士多德却硬把四因说当成了一种说明一般的、普遍的自然物的理论，从而迷失了哲学中的造物主题。亚里士多德之所以“制造”这个理论上的错位是有着深刻的历史原因和阶级原因的。在奴隶社会中，造物活动是卑贱的奴隶的工作，阶级的局限性使亚里士多德不可能把造物活动“名正言顺”地当成哲学的“第一主题”。

康德是德国古典哲学的开山人物，他写了著名的三大批判：《纯粹理性批判》《实践理性批判》和《判断力批判》。许多哲学史家都说，康德哲学在哲学史上起着一种蓄水池的作用，康德之前的哲学思想都流向康德，而其后的哲学思想都由康德哲学中流出。康德哲学是一个完整的哲学理论系统，然而康德哲学的理论系统也是有重大缺陷的。虽然康德本人毫不含糊地承认实践理性对于理论理性的优先地位，但康德心目中的实践却是被囿于人的道德实践的樊篱之内的，可以说康德完全忽视了对人的造物活动和生产实践问题的哲学研究。一百多年后的德索尔以技术哲学的慧眼发现并指出了康德哲学在这方面的根本性缺陷。德索尔是工程的技术哲学（engineering philosophy of technology）这个传统领域的重要代表人物，他提出技术哲学的任务就是要弥补康德哲学体系的这个缺陷，写出“技术制造批判”这个“第四批判”。

波普尔是20世纪最重要的哲学家之一，他提出了影响很大的关于三个世界的理论。他把外部的物理世界称为世界1，把人的精神活动的世界称为世界2，把人的精神活动的产物的世界称为世界3。波普尔的这个关于三个世界的理论是有严重缺陷的。波普尔只看到了人是思维的主体而完全忽视了人同时还是造物的主体。波普尔的哲学同亚里士多德的哲学和康德的哲学一样，迷失了造物这个首要的哲学主题。波普尔的哲学理论的重点是强调作为人的精神活动产物的世界3的重要作用和重要意义，在这方面他是有许多创见的。波普尔的哲学理论的一个根本缺陷是，他只看到了人的精神创造活动而完全忽视了人的物质创造活动。显而易见，如果我们必须承认人的精神活动的产物组成了一个世界 3 的话，那么我们也必须承认人的造物活动即物质生产活动的产物也组成了一个世界 4。现代人的衣、食、住、行所依靠的主要就是世界 4，离开了世界 4，现代社会就要灭亡。如果说一二百万年前的原始人所生活的世界还是那个作为“天生”自然界的世界 1 的话，那么现代人更多地已是生活在这个作为人工世界的世界 4——而不是那个“天然的”世界 1——之中了。现代社会中的哲学家不但应该和必须像波普尔那样研究和发展关于世界 3 的哲学理论，而且必须研究和发展关于世界 4 的理论。

世界 3 是人的认识过程的产物，世界 4 是人的造物过程——或者说是生产过程、工程过程——的产物。

造物过程和认识过程是两个不同的过程，虽然二者是有密切联系的，但这绝不能成为把二者混为一谈的理由。

认识过程是一个认识主体对输入的信息进行信息加工的过程，认识过程的结果是得到了概念、理论等知识或其他形式的符号产品或者说信息产品；而造物过程是一个造物主体根据设计方案用物质工具对原材料进行物质性操作加工的过程，造物过程的直接结果是得到了物质性的人工物品。

认识活动和认识过程是以“外物”的存在为前提的，认识过程从感觉对象、感觉和感性认识开始，借助于逻辑和直觉等思维方法，经过复杂的思维过程，最后达到理性认识的阶段和水平，以获得理论性的知识而告终。认识活动是真理定向的，在一定的意义上——特别是在与造物活动进行对比的时候——我们可以说认识活动除了获得真理之外没有其他的目的。评价认识活动的标准是真理标准。

然而，造物活动或工程过程却是以人的目的或目标的存在为前提的，工程过程是从目的、计划和决策开始的，在工程活动中劳动者按照一定的程序使用物质工具对原材料进行一系列的操作和加工，制造出合格的物质产品，这个过程最后是以在消费和用物的过程中、在生活中实现人的目的而告终的。工程活动是价值（当然是指广义的价值而不单纯限于经济价值）定向的，在工程活动中的人-物关系主要是价值关系，评价工程活动的标准是价值标准。

由于认识活动和工程活动是性质完全不同的两种活动，这种研究对象上的不同也就成为了形成两个不同的哲学分支——一个以研究认识过程为“己任”的哲学分支和一个以研究造物过程为“己任”的哲学分支——的内在要求。

研究认识过程的哲学分支早已形成，这个哲学分支就是认识论，而研究造物过程的哲学分支至今还没有形成。

研究造物过程的哲学分支应该是什么呢?

在人类历史上和人类社会中，造物活动的具体形式是多种多样的：既有个体的、手工业式的造物活动，也有现代化的、工程化的造物活动。由于现代社会中的工程化的造物活动是人类造物活动的最发达和最典型的形态，所以我们也就有理由把研究造物活动的哲学分支称为工程哲学了。

两个不同的哲学分支各有属于自己特有的哲学问题和哲学范畴。

认识论研究的基本问题是人能否认识世界和怎样认识世界，它要回答世界“是什么”的问题，认识论的主要范畴是感知、经验、理性、感性认识、理性认识、先天（先验或验前）、后天（后验或验后）、归纳、演绎、思维方法（“思维工具”）、概念、判断、规律、真理、认识阶段、真理标准、世界3等。

工程哲学的基本问题是人能否改变自然界（世界）和应该怎样改变自然界（世界），它要回答“人应该怎样做”的问题，工程哲学的主要范畴是目的、计划、边界条件、时机、决策、合理性、原材料、组织、制度、规则、（物质）工具、机器、操作、程序、控制、半自在之物（半为人之物）、人工物品、作为废品和污染的自在之物、意志、价值、用物、异化、生活、自由、世界4、四个世界的相互作用、天地人合一等。

在工程哲学的研究中，人应该确立什么样的目的、人应该怎样行动、世界在改变之后的结果如何（是否出现了异化现象与怎样对待异化现象）与人的自由的问题具有核心性的地位。

在哲学历史上，实在论是一种源远流长的传统。传统的实在论（包括科学实在论在内）研究的主要是“实在”是什么的问题，是“已然”的实在的问题；而工程哲学则把“应然”的实在的问题，更具体地说就是把如何创造“实在”的问题放在了首要的地位。如果为了强调工程哲学同实在论的关系，我们有理由把工程哲学称为一种关于工程实在论的理论。

工程哲学绝不仅仅是研究人工物品的哲学，它更是研究人的本性的哲学。马克思说："工业的历史和工业的已经产生的对象性的存在，是一本打开了的关于人的本质力量的书，是感性地摆在我们面前的人的心理学。"(《马克思恩格斯全集》注释说：费尔巴哈把自己的认识论叫做心理学，看来此处也是在这个意义上使用该术语的。) 马克思又说："如果心理学还没有打开这本书即历史的这个恰恰最容易感知的、最容易理解的部分，那么这种心理学就不能成为内容确实丰富的和真正的科学。"[2] 这就是说，人如果不从事造物活动，那么人的本质力量是无从展开的，哲学家如果不去研究"工业的历史和工业的已经产生的对象性的存在"（也就是本文所说的造物过程和世界4），那么他们是不可能真正认识人的本性和人的真正本质的。

我们知道，哲学一向是以爱智慧自命和自居的。

什么是智慧？我们可以把智慧大体划分为两种类型：一种智慧是理论活动的智慧，另一种智慧是工程活动的智慧。前一种智慧是理论家的智慧，后一种智慧是企业家、策略家、工程师和工人的工程实践的智慧，是运筹设计、发明创新、计划决策、程序操作、制度运作、消解异化和自由生活的智慧。如果我们把哲学定义为对智慧的研究，那么我们看到传统的哲学在对智慧的研究中只研究了理论活动的智慧而忽视了，或者说迷失了工程活动的智慧，这就使传统哲学在迷失了造物活动这个主题的同时，还迷失了智慧研究中的造物的智慧这个主题，从而使传统的哲学研究中出现了造物主题和造物智慧主题的双重迷失。

马克思说："哲学家们只是用不同的方式解释世界，而问题在于改变世界。"[3] 工程哲学是研究人的改变物质世界的活动的哲学，它是研究关于人的造物和用物、生产和生活的哲学问题的哲学分支。在整个哲学学科体系中，认识论早已成为一个独立的哲学分支，1877 年卡普的《技术哲学纲要》标志着现代技术哲学的开端，20 世纪的逻辑实证主义流派掀起了现代科学哲学研究的浪潮，当前正是世纪之交，回顾历史、展望未来，我们深刻地感受到了必须大力开展工程哲学研究的迫切的时代要求。

参考文献

[1] 中共中央马克思恩格斯列宁斯大林著作编译局．马克思恩格斯选集．第3卷．北京：人民出版社，1972：574.

[2] 中共中央马克思恩格斯列宁斯大林著作编译局．马克思恩格斯选集．第42卷．北京：人民出版社，1972：127.

[3] 中共中央马克思恩格斯列宁斯大林著作编译局．马克思恩格斯选集．第1卷．北京：人民出版社，1972：19.

在工程与哲学之间*

在当今时代，工程是社会的中坚，正是一项项工程的谋划、建设和交付使用，构成了社会前进的步伐。尽管工程很重要，但对工程的哲学反思，却一直不够充分。在许多人的脑海里，工程和哲学只不过是彼此独立的活动领域，没什么特别的关系。如果说有，似乎也是彼此“轻”而远之的关系——工程师常常看不惯“坐而论道”的哲学家，而哲学家则瞧不上“视野狭隘”的工程师。其实，轻视往往来自彼此之间的社会隔离——哲学家不能深入工程内部，不大了解工程技术的现实，因此对工程和技术的批判就少不了几分盲目；反过来，工程师们埋头工程之中，似乎成了专业化分工的奴隶，对哲学的轻视也有几分道理。这样，哲学家们遗忘了工程和工程师们，工程技术人员们则埋头于工程之中而看不见工程的全貌，致使我们对工程引发的重大问题常常视而不见，或者措手不及。本文表明，在这个冷漠的总体画面上，存在着工程和哲学彼此握手言欢的“绿洲”，我们需要的是通过适当的制度安排扩展这片“绿洲”。

一、工程需要哲学

无论承认与否，在工程设计中，工程和哲学总是联系在一起的。事实

---

* 本文作者为王大洲，原载《自然辩证法研究》，2005年第21卷第7期，第38～41页。

上，工程界人士已经体认到，“工程的设计与实践中充满了辩证法”，工程中“有许多哲学问题需要研究和思考”[1]。因此，尽管总体上说，工程和哲学之间存在着隔膜，但仍然有一些工程家对工程问题进行着哲学反思。老实说，迄今为止，原创性的工程/技术哲学，多来自工程师们的创造。

且不说创立了技术哲学的卡普等早期工程师/哲学家，新近发展了工程认识论的文森迪（W. Vincenti）就是一个突出的例子。“你们工程师究竟做些什么?”这是许多年前，经济史家/技术史家罗森堡（N. Rosenberg）向斯坦福大学航空工程学教授文森迪提出来的问题，从此，后者就开始了自己的工程哲学探索，并于1990年出版了代表作《工程师之知》[2]。在该书中，他追随雷顿（E. Layton）的“技术作为知识”的论题[3]，将工程看作知识而不是应用科学；关注常规设计而非根本设计，进化性而非革命性的技术发展；关注思想的流变而非人工制品，致力于追踪工程设计中的信息流；关注工程设计的内部影响因素，而暂时将外部背景因素留到一边。据此，他运用经验分析和归纳方法，针对20世纪上半叶航空工程的发展，具体分析了工程知识的结构，反思了工程知识为什么和如何得到。在此基础上，提出了一个“工程知识增长的变异-选择模型”，具体分析了工程知识变异的来源和工程知识选择的机制，比较了科学知识和工程知识进化机制的差异。该书出版以后，引起了很大的学术反响，得到了广泛引用，被认为是标准的技术学文本。

布希莱利（L. L. Bucciarelli）的哲学探索是另一个“工程长入哲学”的例子。他是麻省理工学院教授，既在工学院任职，又在人文学院STS计划项目中任职。他的工程哲学著作《设计工程师》和《工程哲学》，都曾受到高度评价[4,5]。在后一本书中，作者反思了工程的要旨，探讨了哲学如何通过澄清、探查和挖掘另一种观察问题的方式，为更好地分析和理解这些要旨做出贡献；探讨了在权衡冲突、诊断失败、建构模型及工程教育中，哲学家的关怀如何与工程思想和实践相关联。在他看来，现代设计工作的组织和文化正在发生变化，工程设计准则应该加以拓展，使之包括伦理、情景和文化要素，工程师需要拓展视野，成为具有跨学科知识的多面手。他认为，哲学能够帮助工程师进行工程设计，尽管工程师很少认为自己需要哲学，但缺少了哲学，工程将非常不完备。类似地，作为得克萨斯大学机械工程教授、美国原子能协会（ANS）和美国工程教育学会（ASEE）会员的考恩（B. V. Koen）

在其《对方法的探讨》一书中[6]，深入分析了工程与哲学的关联，描述了理论和实践如何结合起来，形成现实问题的解决方案。

所有这些都表明，工程需要哲学，工程师们完全可以自己动手，从事哲学研究，拿出具有原创性的工程哲学研究成果，从而为我们包括哲学家们理解现代工程/技术、建构更好的工程/社会做出自己独特的贡献。

二、哲学呼唤工程

作为哲学家，米切姆总结了哲学对工程之所以重要的三项理由：其一，工程师需要借助哲学为自己辩护，以抵制哲学家们的批判。其二，工程师常常面对一些单用工程方法难以解决的专业问题，而哲学尤其是伦理学有助于工程师们处理这些问题。其三，鉴于工程的内在哲学品质，哲学实际上可以成为一种手段，使工程更好地理解自身、服务社会。就此而言，尽管“哲学一直没有给予工程以足够的关注，但是，工程界也不应将此作为无视哲学的借口”。尽管工程界一直避讳哲学，但工程师依然是“后现代世界里未被承认的哲学家”[7]。

如此看来，我们理应对作为哲学家的工程师们致敬，毕竟是他们掌握着人类社会的未来。作为一个实用主义者哲学家，罗蒂对工程师们寄予了厚望。他说：“如果我们还有勇气抛弃科学主义的哲学模式，而又不像海德格尔那样重新陷入对于一种神圣性的期望，那么不管这个时代多么黑暗，我们将求救于诗人和工程师，他们是能为获得最大多数人的最大幸福提供崭新计划的人。”[8]但问题在于，这是什么样的工程师？或许我们需要求助的是那种具有哲学头脑的工程师——他们能够对自己的工程实践进行深刻的哲学反思，甚至能够建立起自己的哲学，只不过可能是另类哲学而已。

其实，从某种意义上说，工程是那种已经不那么重要的哲学进行“自我拯救”的希望所在。“哲学重要吗？”这是哲学家鲍尔格曼提出的问题[9]。他的回答是，19 世纪（通过道德教育）和 20 世纪上半叶（通过杜威的哲学），哲学的确是重要的，但是在当代社会，无论基于任何社会或文化显示度来看，哲学都不再重要，其影响还赶不上文学和社会科学。为什么？他的解释是，近代以来随着物理学、心理学、生理学、社会学和政治学等逐个走向独立，哲学的领地大大缩小，重建职业认同的需要，使得哲学家们形成一种看法——在世界的基本物理结构之下存在着更为基本的实在与人性的结构，发现其规律与理论，更有价值也更加迫切。在这种观念引导下，近代哲学走上了一条新路。这种哲学努力到了 20 世纪维也纳学派那里达到高潮，结果是分析哲学成了现代哲学的标示。这种以基础科学为样板的哲学具有两个特点：一是日益走向职业化和专业化；二是日益远离普通公众的视野。哲学家们希望通过基础研究而不是参与公共讨论改善人类的生存状况，以至于在最具影响的公共知识分子中，已经很难看到哲学家的影子。尽管这个哲学方案失败了，但是制度惯性仍然驱使哲学沿着既定路线前进。

诺贝尔奖获得者、物理学家温伯格曾苛刻地评论说："哲学家的洞见偶尔有利于物理学家，但是总体看，是以一种否定性方式发挥这种作用的——通过保护自己免受其他哲学家的成见的影响。"[10]模仿这种语调，或许也可以说，哲学家们的洞见也只是偶尔有利于工程师，并且以否定性的方式发挥作用。罗蒂的《哲学与自然之镜》则从哲学内部对"哲学文化"进行了颠覆性攻击。鲍尔格曼的立场是，简单地攻击哲学家所做的事情，是错误的和危险的，只是他们应该做而没有做的事情，才是令人难安的。在他看来，哲学家们作为团体或专业人员，几乎没有做任何事情以阐明当代人类的生存状况，因而成为了公共话语场的边缘人。然而在当代文化中，又确实存在着急待哲学家深入探讨的对象，那就是由现代技术塑造出来的物质文化。鲍尔格曼对现代哲学的批评和李伯聪对西方哲学中"造物"主题的"缺失"的评价，可说是异曲同工[11]。

其实，就技术哲学本身的发展看，关注工程实践本身已成为时代的要求。19 世纪后期到 20 世纪上半叶，受孔德实证主义思想的影响，出现了一股专家统治论思潮，科学技术被看作是改善社会的良方，科学家和工程师们被看作是社会进步的中坚。这一时期由工程师们创造的技术哲学也充满了乐观的色彩。不过，20 世纪的技术哲学则主要被关于技术的形而上分析（受海德格尔的影响）和对科学技术后果（对个人、社会）的批判性反思所主宰。特别是，在这类研究中，现代技术本身基本上是被作为黑箱来看待的。现在，许多哲学家认识到，如果技术哲学打算在当前有关技术的讨论中被认真对待的话，"经验转向"就是一个必不可少的前提条件。这种认识正在促成西方技术哲学研究的转变：一是走向经验，走向技术认识论研究；二是走向跨学科的开放的技术研究（technology studies）；三是寻求理论与经验之间、技术本体论、认识论和价值论之间的更有效的互动[12]。这样，关注工程实践、介入工程实践，就成为了技术哲学进一步发展的现实需要。

三、走向工程界和哲学界的联盟

在米切姆看来，工程和哲学间的隔离是一种社会建构——工程被历史地、社会地建构起来的，以便远离哲学；而哲学也在致力于批判工程以至于阻止工程的发展。但是，随着时间的推移，世界变化了，我们不仅需要在工程和哲学之间架设桥梁，而且需要工程世界和哲学世界的交叉和整合[7]。其实，工程是人类建设家园的行动，工程是人类智慧和理想的凝结。从工程中，可以读出人生、读出社会，读出“知行合一”的辩证关系。这样看来，思考哲学，工程无疑是一个恰当的入口，要理解工程，无疑又需要哲学的穿透力。哲学的重要目标是展示另一种生活的可能性；工程的一大特色是实现另一种生活的可能性。从这个意义上说，哲学的创造和工程的创造十分接近，而这种接近恰是哲学界和工程界结盟的内在基础。

美国国家工程院（NAE）院长沃尔夫（W. A. Wulf）并不是一个工程哲学家，但他的文章深刻地说明了现代工程和伦理问题之间的关联，说明了建立工程-哲学联盟关系的重要性。他认为，工程职业具有很强的为其成员设定伦理标准的传统，但是，当代工程实践正在发生深刻变化，带来了过去未曾考虑的针对工程共同体而言的“宏观伦理”问题[13]。这些问题导源于人类越来越难以预见自己构建的系统的所有行为。沃尔夫指出，这种不可预见性有三个来源：一是复杂性（complexity），就是系统具有突现特性，很难预见众多要素之间复杂互动的结果；二是混沌系统（chaotic system），即使拥有一个关于系统的良好的数学模型，它仍可能是混沌的；三是离散系统（discrete system），在这里，数学描述是不连续的，输入的微小变化就可能带来输出结果的巨变。在这三种情况下，我们不可能预见系统的所有行为包括灾难性后果。那么，如何合乎伦理地构建这类工程系统？沃尔夫认为，为解决这些问题，工程将发生深刻变化，工程伦理概念需要加以拓展，超出对个体行为的界定。他指出，如果我们不能完全预见一个工程问题的解决方案的性质，那么，工程必将变成一个需要更加密切地与社会进行互动的过程，工程文化也将随之变化。工程师有必要主动介入公共政策和政治辩论，工程师共同体和伦理学家共同体必须参与对话，共同解决现代工程技术带来的根本问题。他对这种发展充满了期待："我希望利用国家工程院来鼓励这种对话，但是，我愿意敦促各专业协会也这样做，以便将他们的学科专长引入对话。我希望通过这些讨论，一个学者群体将涌现出来，反思工程本性的变化所引发的伦理问题，以便我们能够重新思考我们培养工程师的方式，我们进行工程实践的方式以及我们介入社会的方式。"[13]

事实上，在西方社会，工程师们早就开始了对工程问题的反思。以著名的电气与电子工程师协会（IEEE）为例，其旗下的"技术的社会内涵研究会"（SSIT）不仅出版季刊《IEEE 技术与社会杂志》，而且定期举办"技术与社会国际会议"（ISTAS）。其关注范围主要包括技术对健康和安全的影响、工程伦理和职业责任、有关技术社会内涵的工程教育、电气技术史、技术专长与公共政策、有关能源、信息技术和电信技术的社会问题、公共政策决策中的系统分析、关于技术的经济问题、和平技术、技术的环境含义等。IEEE下属的工程管理协会（EMS）则促成工程管理发展为一个专门学科。另外，美国国家工程院还成立了工程哲学指导委员会（Steering Committee for the Philosophy of Engineering）。前面提到的文森迪、米切姆和考恩都是其关键成员。这类安排体现了哲学和工程之间的制度化交流。

就我国而言，长期以来，科技哲学研究队伍基本上由三部分人组成：科技哲学工作者、科学技术工作者和科学技术领导干部。这种"三结合"是中国自然辩证法研究会建立以来一直倡导的，也确曾为我国科技哲学研究与科技实践的密切联系奠定了制度基础。像周培源、钱三强、华罗庚、关肇直、吴文俊等一大批著名的老一辈科学家，都曾积极参与我国科技哲学研究。但是，随着时间的推移，随着这批老科学家相继退去，"结合"的传统似已不再，科技哲学工作者与科技工作者已经渐行渐远。可喜的是，中国自然辩证法研究会工程哲学专业委员会的成立及《工程研究》年刊的出版[14]，正在续写或者说复活中国自然辩证法界的"三结合"传统。

现在看来，这种"三结合"的确是哲学走向工程、工程走向哲学的现实通道。中国工程院和各类工程学会直接参与工程哲学的发展，大学内部工程学院教师和人文类教师之间的密切互动，工程类教师直接从事工程哲学研究，哲学家们直接介入工程争论和工程实践等，都是这种三结合的具体表现。但是，要使这种结合富有生产性和具有可持续性，还需要在微观和宏观层面的制度建设上下点工夫，营造那种支撑公开、自由和理性对话的社会空间。只有这样，哲学家们才能够从专业和书斋中走出来，真正融入工程技术的发展之中；工程师们才能够真正介入哲学讨论和公共政策的辩论过程中，从而带来真正的参与性设计、建构性技术/工程评估。

四、结　论

本文通过展示在工程与哲学之间的一些探索活动，试图表明：①工程师们不必看轻自己，他们完全有能力通过思考工程哲学问题，帮助我们更好地理解工程，帮助自己更好地建构工程/塑造社会；哲学家们不必过于“自我陶醉”，他们不能总是飘在半空，而是应该通过“软着陆”切入工程实践塑造出来的社会现实，重建自我认同以赢得社会承认。②中国自然辩证法研究会的“三结合”传统依然是“工程走向哲学”和“哲学走向工程”的现实通道，而要使这种传统具有可持续性并富有成效，建构那些能够支撑“自由交流”和“理性对话”的制度安排，就成为了必须加以正视的事情。

参考文献

[1] 徐匡迪．树立工程新概念，推动生产力的新发展//杜澄，李伯聪．工程研究．北京：北京理工大学出版社，2004：4－8.

[2] Vincenti W. What Engineers Know and How They Know it：Analytical Studies from Aeronautical History. Baltimore：The Johns Hopkins University Press，1990.

[3] Layton E. Technology as Knowledge. Technology & Culture，1974，15（1）31－41.

[4] Bucciarelli L L. Designing Engineers. Cambridge：MIT Press，1994.

[5] Bucciarelli L L. Engineering Philosophy. Delft：Delft University Press，2003.

[6] Koen B V. Discussion of the Method：Conducting the Engineer's Approach to Problem Solving. Oxford University Press，2003.

[7] Mitcham C. The importance of philosophy to engineering. Tecnos，1998，17 (3)：27 - 47.
[8] 理查德·罗蒂．后哲学文化．黄勇译．上海：上海译文出版社，2004：47.
[9] Borgmann A. Does philosophy matter. Technology in Society，1995，17 (3)：295 - 309.
[10] Weinberg S. Dreams of a Final Theory. New York：Pantheon Books，1992：166.
[11] 李伯聪．工程哲学引论．郑州：大象出版社，2002.
[12] 王大洲，关士续．走向技术认识论研究．自然辩证法研究，2003，(2)：87 - 89.
[13] Wulf W A. Engineering ethics and society. Technology in Society，2004，26 (2)：385 - 390.
[14] 杜澄，李伯聪．工程研究．北京：北京理工大学出版社，2004.

工程哲学中的问题和主义*

现代工程塑造了现代社会的物质面貌。工程活动既是现代社会存在的根基又是推动现代社会发展的强大动力，因此，不但科学和技术可以成为哲学研究的对象，而且工程也理所当然地应该是哲学研究的对象，这就是我们开拓工程哲学这个哲学领域的现实根据和动力。

由于多种原因，以往的哲学家冷淡了工程，遗忘了工程，于是，工程哲学成为哲学园地中的一片“空场”，工程哲学成为哲学舞台上的一个“未出场”的角色。

在近代和现代社会中，工程为了争取自己在学术王国和哲学王国中的“合法”地位进行了长期的抗争。德国波塞尔教授曾谈到一个非常富于象征意义的历史小插曲：“100 多年前，德国皇帝在柏林夏洛滕堡工业大学引入‘工程博士（Dr. Ing）’作为学位，当时传统大学强烈抨击这种非学术化的行为，并强迫工程师用哥特体而不是拉丁体书写他们的头衔“现在这个问题已经解决了，现有的打字机不能打出那种字体了，即使计算机也不能。”[1]

尽管工程受到忽视、轻视和歧视的情况现在已经有了很大的改变，但这绝不是说目前在这方面已经没有问题了。我们希望在新的世纪，这方面的状

* 本文作者为李伯聪，原题为《略论工程哲学中的问题和主义》，原载《工程研究》（年刊第 3 卷），2007 年，第 41～48 页。

况能有更大的改变和改善。

在新的时代和新的世纪，工程哲学将不再是哲学舞台上的一个“缺席”的角色。我们相信，工程哲学在哲学舞台上的“出场”将是一个影响深远的“出场”，在新世纪的哲学舞台上工程哲学将成为和科学哲学、技术哲学并肩前进且充满活力的新角色。

一、工程哲学中的问题

工程哲学领域中充满了问题，这是令人激动和带有挑战性的。一门学科如果缺少了问题，那么，它在是这门学科成熟的标志的同时，往往又是这门学科已经衰老的标志。相反，如果一门学科充满了问题，那么，它就不仅是这门学科成熟的标志，那么又往往是这门学科已经衰老的标志。

我认为在工程哲学中有四类问题是亟需进行研究的。

1. 案例和历史问题

虽然在严格的意义上，工程案例和工程史的研究还不能算是“标准”的工程哲学研究，但我认为这类问题却是当前工程哲学研究中具有头等重要性的问题，因为这是为工程哲学大厦打基础的工作，而如果没有这方面工作的深厚基础，是不可能建设起工程哲学理论的宏伟大厦的。

拉卡托斯曾经仿效康德说：“没有科学史的科学哲学是空洞的；没有科学哲学的科学史是盲目的。”[2]这既是一个描述性的论断，又是一个规范性的论断。20 世纪科学哲学繁荣和发展的最重要的经验之一就是把科学史研究和科学哲学的理论研究密切结合起来。现在，我们可以说同样的话：“没有工程史的工程哲学是空洞的；没有工程哲学的工程史是盲目的。”目前，在工程案例研究和工程史研究方面“研究空白”太多，“未开垦的处女地”太多，以至于这种“工程史基础薄弱”的情况已经成为我们开展工程哲学研究的一个严重障碍。为了应对这个困难，一方面我们需要“呼吁”史学界（包括科技史界和经济史界）大力开展工程史的研究；另一方面，工程哲学工作者也应该“自己动手”努力进行案例和历史问题的研究。由于这是“打基础”的工作，所以，工程哲学工作者是绝不应把工程案例和工程史的研究当做“份外”工作来看待的。我们知道，许多科学哲学家都同时进行科学史研究，有些人甚至堪称同时是科学哲学家和科学史家；他们为我们树立了学习的榜样。

2. 工程哲学的理论问题

在理论探讨方面，我认为应该特别注意研究以下几个方面的问题。

(1) 工程的划界问题

科学活动是以发现为核心的活动，技术活动是以发明为核心的活动，工程活动略谈工程哲学中的问题和主义是以建造为核心的活动，三者是不应混为一谈的。可是，由于多种原因，许多人却常常把工程和技术混为一谈，于是，关于工程的划界问题，特别是关于应该如何认识工程与技术的相互关系就成为一个重要的问题。

笔者认为，可以着重从以下五个方面认识工程和技术的关系。

第一，没有无技术的工程，从而，工程与技术有不可分割的联系。

第二，没有“纯技术”的工程，从而，绝不能把工程与技术混为一谈。在工程活动中，除技术要素外，还存在着管理要素、经济要素、制度要素、社会要素、伦理要素等其他要素。

第三，技术应用于工程，从而技术可以转化为工程。

第四，工程选择，利用和集成技术。应该强调指出，对于“应用”的含义和过程，许多人都把它“简单化”了，这种“简单化”的解释起了严重的“错误导向”的作用，我们反对“简单化”，可是，这并不意味着我们可以不加分析地和绝对化地否认“应用”关系的存在。我们应该在承认“技术应用于工程”这个方面的同时又“看到”和强调“工程选择、利用和集成技术”这个方面。同“一项”技术应用于“多项”工程和同“一项”工程利用“多项”术乃是技术与工程关系中的“常规现象”。

第五，技术和工程的成败标准不同。在现实的社会和经济生活中，人们常常会看到“技术上的成败”和“工程上的成败”不“一致”的情况。对于现实生活中屡见不鲜的这种情况，如果从“纯技术”的观点来看问题，似乎是难以理解的，可是，如果我们考虑到技术和工程存在着本质的区别，这种情况就不是不可理解的了。根据技术的“社会逻辑”，在申请技术专利时，

“成功”的“标准”是只承认“第一”，不承认“第二”；可是在工程领域，在把某项技术“应用”到工程时，“第一项”工程未能成功，而到了“第二项”或“第三项”工程才取得（工程意义上的）“成功”的情况却是屡见不鲜的。

(2) 工程共同体和工程活动的主体、主角和“单位”问题

在科学哲学中，对科学共同体已有许多研究；在技术哲学中，也有人开始研究技术共同体了；同样，在工程哲学中，工程共同体是一个大问题。我们不但需要研究工程共同体中的“群体”，而且需要研究工程共同体中的“个体”。我们需要加强对工程活动中的著名人物和各种“社会角色（如工程师、设计师、企业家、经理人、资本家、投资者、技师、工人等）”的研究。陈昌曙教授提出了“工程家”这个新概念[3]，如果与对科学家研究所取得的丰硕成果相比，目前对工程家的研究简直可以说还没有真正开始。

工程活动是大规模的集体活动，在很多情况下，工程活动的主体是企业（或者是企业的某个部门，亦可能是若干企业的“联合体”），企业是“主体”，是“集体”的“行动者”；而工程则是主体所从事的“活动”。企业和工程的关系就是“人”（更准确地说是“主体”）和“事”的关系。一个企业的历史包括了许多方面的内容，其中，最重要的一个“线索”就是该企业所进行的“历时性”的各种各样的“工程项目”，或者说，一系列或多系列的工程“项目”，于是，“工程链”或“工程序列”就成为企业史的一个基本内容。

在现实经济活动中，工程活动的基本单位是“项目”。中文的“工程”在翻译为英文时，根据情况的不同可以分别翻译为 engineering 或 project。“项目”有大有小。从空间上看，一个大项目可被“分解”为许多“并列”的子项目；从时间上看，一个大项目可以“分解”为许多先后相续的子项目，于是“大项目”就成为由许多“小项目”组成的“网络”。在另外的情况下，也还存在着一个项目完成后又计划和实施若干“新”的“后续”项目的情况。

(3) 工程哲学的范畴问题

哲学范畴是哲学理论体系之网的网结。在进行工程哲学理论研究时，对

哲学范畴的研究——特别是对工程哲学特有范畴的研究，占有十分重要的地位。

(4) 战略论、设计论和决策论中的哲学问题

工程活动的第一阶段是计划阶段，在这个阶段中，需要制定出特定的战略，需要进行巧妙而精心的设计，应该合理、适时、果断地做出决策，于是，战略论、设计论和决策论中的“元理论”问题和哲学问题就成为我们必须关注的大问题。

(5) 制度论、操作论和管理理论中的哲学问题

工程活动的第二阶段是实施阶段。工程活动是由一个有一定的制度和组织形式的“集体主体”来实施的，实施过程直接地就是进行一系列操作的过程，所以，研究制度论、操作论和管理理论中的哲学问题就成为工程哲学的另外一组重要问题了。

(6) 用物论、价值论、异化论和自由论中的哲学问题

如果我们把工程的实施过程看作价值生产的过程，那么，用物、生活阶段就是价值实现的过程。在工程活动中，常常发生异化现象。自由是哲学的最高范畴和人生的最高理想，于是，用物论、价值论、异化论和自由论就成为工程哲学的另一组理论问题。

(7) 工程范式和微观生产模式（或称“微观生产方式”）问题

库恩提出了范式这个概念。在技术哲学中也有人研究技术范式的问题，例如，博格曼认为所谓技术范式就是手段（device）范式（或译为“装置范式”）[4]。类似地，我们也可以提出需要研究关于“工程范式”的问题。

我们可以把人和生产资料相互结合的“具体方式”称为“微观生产模式”。在历史上，“微观生产模式”是不断变化发展的。例如，手工作坊是一种早期的生产模式，在这种模式中，生产者和生产工具是结合在一起的。后来，生产者和生产工具分离了，出现了手工工场这种模式。当手工工具被机器替代时，手工工场制度变成了使用机器的工厂制度。后来又出现了流水线生产的“现代工厂制”，出现了不但劳动者和生产资料分离而且经营权和管理权也相分离的“现代公司”制度，出现了从“福特制”到“后福特制”的变化等。商业领域中发生了从批发零售制度到连锁店制度的变化。我们不但应该注意研究各种不同的微观生产模式的特点和本性的问题，而且应该注意

研究“微观生产方式”演进的“路径”或“轨迹”的问题。

(8) 关于工程的宏观研究和微观研究，以及两者的相互关系问题

如果说一个一个的工程是微观社会活动、生产活动、经济活动，那么，许多同类工程的整体或“集合”就成为行业或产业，许多产业的集合就“汇聚”成为“宏观经济”的整体。正像经济学中既有微观经济学又有宏观经济学一样，工程哲学也应该把微观研究和宏观研究结合起来。

3. *方法论和路数*（approach）*问题*

这里又有两类问题：一是“工程活动本身”的方法论和路数问题；二是“工程哲学”的方法论和路数问题。

目前在“自然辩证法”教学中，科学方法论和技术方法论都有了比较丰富的内容，而“工程方法论”在某种意义上还处于“空白”状态，我们必须尽快改变这种状况。

关于工程哲学研究的方法论和路数问题，笔者认为应该特别注意以下几点。

(1) 工程哲学研究和跨学科工程研究（engineering studies）相结合的方法

工程活动包括了许许多多的方面，它不但是哲学研究的对象，同时也是经济学、社会学、管理学、心理学、博弈论、伦理学、历史学、文化学等许多学科的研究对象和合作研究对象。我们不但需要对工程进行“单学科”的研究，而且更需要进行工程的跨学科研究和多学科研究。很显然，之前已引用的拉卡托斯关于科学哲学和科学史关系的观点也完全适合于工程哲学和“工程研究”的相互关系。

(2) 进化论方法

制度经济学在应用演进（进化）方法方面已经取得了丰硕成果，这对我们研究工程哲学无疑是具有启发意义的。

(3) 故事讲述（storytelling）方法

麦基（U. Maki）说：“尽管远没有取得一致意见，制度经济学家在传统上一向是拒绝把理论观念当做形式化的和公理化的命题系统的。他们宁可把经济学家理解为故事讲述者（storytellers）。”瓦德说：“故事讲述（storytelling）就是努力对一组相互关联的现象给予一个说明，在讲述中把事实、理论和价值结合在一起。”[5] 许多制度经济学家都在运用这个“故事讲述”的方法，笔者认为，它也是一个研究工程哲学时应该注意运用的方法。

（4）解释学、现象学、修辞学方法

经济学家已经在运用解释学、修辞学方法研究经济学方面取得了一些成果[6]，如果我们能够把这些方法运用在工程哲学中，可以相信也是会取得许多新成果的。技术哲学中一些学者关注了现象学方法，这对工程哲学研究无疑是具有启发意义的。

（5）从其他领域特别是科学哲学领域进行“问题移植”和“观点移植”的方法

例如，既然在语言哲学中有“语用学”问题，那么，在工程哲学中，我们也就可以相应地提出和研究“物用学”的问题。在研究“物用”时，我们不但应该注意研究消费品之“用”，而且更应该注意研究工具和机器之“用”。

4. 政策研究、工程评论和“公众理解工程”问题

理论联系实际是工程哲学研究的生命力和灵魂之所在。工程哲学不但要研究理论性问题，而且它还应该从哲学角度研究有关的政策性问题和直接现实生活中的问题。

在文艺学领域中，理论联系实际的一个重要方式和途径是进行文学（电影、电视、美术等）评论。目前，“文学评论”和“经济评论”已经广泛进行并且发挥了重要的社会作用，而“工程评论”目前还只是一个有待开拓的评论方式和评论领域。

在联系实际和贴近现实方面，如同科学界有义务和责任推动“公众理解科学”一样，工程界也有义务和责任推动“公众理解工程”。

《坛经》云：“佛法在世间，不离世间觉。离世觅菩提，恰如求兔角。”王夫之也主张“天下唯器”“象外无道”。这个“佛法在世间”和“象外无道”是非常深刻的思想。哲学是追求“超越”的，但那些想“离世觅菩提”和“离象觅道”的人，不但不可能真正走在探求“形而上学”的正确方向上，反而是会难免“离开大地”而堕入深渊的。

二、工程哲学中的“主义”

“问题”和“主义”是有密切联系的。在工程哲学“舞台”上有哪些“主义”值得我们特别关注呢？

1．建构主义、自然主义、实在主义（实在论）

谈到建构主义，许多人会想到科学知识社会学中的建构主义，这个流派中的一些观点（例如有人大谈“知识的制造”）令人惊讶。科学家在实验室“制造知识”，企业在工地修建“电站”，两者之间不能说完全没有“类似”性的关系，但应该强调指出的是：科学活动中对科学知识的建构和工程活动中对工程实在的建构是有本质不同的两类建构活动，是绝不能混为一谈的。从而，工程哲学中需要探索的建构主义理论与在我国已经产生很大影响的科学知识社会学中的建构主义，应该是“名同而实异”的两种不同的建构主义。

科学哲学中有一个强大的实在论流派。实在论流派关心的主要是“实在是什么”的问题，而工程哲学则要研究“怎样建构实在”的问题，这两个问题中的“相通”之处使得我们可以把工程哲学称为“工程实在论”[①]，这样，我们便可以把建构主义与实在论联系甚至“结合”起来了。此外，我们还应该注意研究建构主义和自然主义的相互关系问题。

2．个体主义、整体主义、制度主义

在经济学和社会学中，个体主义和整体主义的关系是一个大问题。我们知道，西方主流经济学是建立在“方法论个人主义”的“基础”之上的；可是，对工程哲学来说，大概许多人都会认为其“主导立场”应该是“方法论整体主义”，于是，应该如何认识和估价方法论个人主义在工程哲学中的作用，以及如何认识工程哲学和西方主流经济学在这方面的不同立场，就成为一个必须应该认真研究的问题了。在工程哲学中，个体主义、整体主义和制

① 1992年，笔者曾向在北京召开的国际科学哲学会议提交了一篇题为“简论工程实在论”的论文。

度主义是另外一组应该“出场”的“主义”。

3. 乌托邦主义、批判主义、现实主义

西方学者中有人提出了既不赞成乌托邦主义又不赞成批判主义的技术现实主义（techno-realism）立场和态度。在工程哲学中，是否也存在和应该采取一种工程现实主义的态度呢?

4. 历史唯物主义和历史唯物主义的重建

历史唯物主义是一种宏观社会哲学，它的一个重大缺陷是缺乏相应的微观社会哲学作为自己的基础。哈贝马斯提出要重建历史唯物主义[7]，但他的观点也是有根本缺陷的。工程哲学应该在建设“宏观社会哲学”和“微观社会哲学”方面做出自己的贡献。

参考文献

[1] 波塞尔．论科学与工程的结构性差异//刘则渊，王续琨主编．工程·技术·哲学．大连：大连理工大学出版社，2002：207.

[2] 拉卡托斯．科学研究纲领方法论．上海：上海译文出版社，1986：141.

[3] 陈昌曙．重视工程、工程技术与工程家//刘则渊，王续琨主编．工程·技术·哲学.大连：大连理工大学出版社，2001：27.

[4] Borgmann A. Technology and the Character of Contemporary Life . Chicago：The University of Chicago Press，1987.

[5] Maki U，Gustafsson B，Knudsen C. Rationality，Institutions and Economic Methodology. London：Routledge，1993：23-25.

[6] Lavoie D. Economics and Hermeneutics. London：Routledge，1990.

[7] 哈贝马斯．重建历史唯物主义．北京：社会科学文献出版社，2000.

关于操作和程序的几个问题*

工程活动是由一系列操作构成的，在工程哲学中操作范畴是一个基本范畴。目前，工程学和管理学已经把操作问题作为一个基本问题进行研究了，哲学和社会学也应该高度重视和认真研究这方面的问题才对。

人是心和身的统一体。尽管严格地说，思维和操作都是心身统一的活动；但心的活动和身的活动毕竟并不是一回事。许多人都说思维是人脑的功能，如果我们承认这种说法成立的话，那么与之类似，我们也有理由在"相对应"的意义上说操作是人身——特别是人手——的功能。

哲学家已经高度关注了研究思维和人脑的机能问题——这无疑是应该的；但在此"背景"之下，我们发现关于操作和人手的机能的问题成为了一个被许多人忽视的问题——这就不应该了。我们认为，关于操作和程序的问题不但是具有重要实践意义的问题，而且它们还是具有重要理论意义的问题，在这方面是存在着许多重要的哲学、社会学和经济学方面的问题需要我们去深入研究的。

恩格斯曾深刻地论述和分析了人手的作用。恩格斯说："……我们看到，和人最相似的猿类的不发达的手，和经过几十万年的劳动而高度完善化的人手，两者之间有着多么巨大的差距。骨节和肌肉的数目和一般排列，在两者

---

* 本文作者为李伯聪，原载《自然辩证法通讯》，2001年第23卷第136期，第31～38页。

那里是一致的，然而最低级的野蛮人的手，也能够做出几百种为任何猿手所模仿不了的操作。没有一只猿手曾经制造过一把哪怕是最粗笨的石刀。”恩格斯认为在从猿到人的转变过程中“手”从四肢中分化出来乃是“具有决定意义的一步”。恩格斯又说：“手不仅是劳动的器官，它还是劳动的产物”，正是在世世代代的劳动中，在“越来越复杂的操作中，人手才达到这样高度的完善性，在这个基础上人手才能仿佛凭着魔力似的产生了拉斐尔的绘画、托尔瓦德森的雕刻及帕格尼尼的音乐”[1]。

在工程活动中，一般地说，所谓操作就是操作人员使用工具或机器对相应的对象施加的动作。虽然在现代社会中也还存在着人“徒手”操作的情况，但在更一般的情况下却是劳动者、或工作者使用工具、或机器，甚至是自动机器进行操作的情况了。陈毅在《冬日杂咏》中曾写了一首很风趣的诗：“一切机械化，一切自动化，一切电钮化，还要按一下。”这首诗生动而又富于哲理地表现了在工程活动中人手和操作活动的极端重要性。

一、布里奇曼、皮亚杰和管理学中对操作问题的研究

在现代哲学史上，只有很少的哲学家注意到了应该把操作作为一个哲学范畴来进行研究。在这方面，布里奇曼（Percy Williams Bridgman）是一个值得特别注意的人物。

布里奇曼是一位实验物理学家，1946 年获得了诺贝尔物理学奖。在哲学方面，布里奇曼因其提出的操作主义（operationalism）而名垂青史。对于操作主义的基本思想和基本观点，罗嘉昌曾有简明的介绍和评介，他说操作主义是“20 世纪初物理学革命背景下产生的一种主张以操作来定义科学概念的学说”，“操作主义认为，相对论和量子力学的提出，深化了人们对概念本性的认识，摒弃了那些以直观感觉来定义的概念（如牛顿的‘真实时间’的概念），而对概念采取了操作的观点。任何一个概念，只不过意味着一组操作；概念与相应的那组操作是同义的。不能进行操作分析的概念是没有意义的，因而意义和操作又是同义的。这就是操作主义的基本观点”[2]。

操作主义是在现代西方哲学界产生了一定影响的哲学流派，我认为它的最大贡献就是把操作这个范畴明确而“正式”地引入了哲学的范畴系统之

中。对于操作主义的影响我认为是不能估计过高的，因为我们同时又看到，对于布里奇曼所引入的操作这个新范畴，许多哲学家“不约而同”地采取了某种不闻不问、不理不睬的态度，以至于我们甚至还不能说哲学界忽视研究操作范畴的情况在布里奇曼之后有了多大的改变。

更加值得注意和必须强调指出的是，在布里奇曼的操作主义理论中，他所谓的操作主要是指科学家在实验室中的实验操作，而不是工程和生产活动中的操作。虽然对于作为物理学家的布里奇曼来说，他这样来限定操作的范围是可以理解的，但当我们需要从更广阔的“背景”上来研究和分析操作这个概念时，我们还是不得不指出，布里奇曼这样来限定操作的范围是在把操作主义的研究方向引向一条狭窄的小路而不是引向一条广阔的大路；至于操作主义哲学后来又承认精神操作是第二类操作，那就更同它本来应该走上的那条广阔大路南辕北辙了。

在对操作问题的研究中，另一个值得注意的人物是皮亚杰。皮亚杰是一位心理学家，以其提出的发生认识论而闻名于世。皮亚杰研究的主要领域是儿童心理学，特别是儿童心理的发生和发展的过程。皮亚杰是一位心理学家，当他把自己的理论称为“发生认识论”时，可以看出他不但意识到了自己的心理学研究的哲学意义，而且他还在有意识地强调他的心理学研究的哲学意义。“皮亚杰把认识论问题与心理学、生物学联系起来进行研究，肯定逻辑不是一种语言分析功能而是一种内化了的动作。”皮亚杰认为：“一切水平的认识都与动作有关。”[3] 既然皮亚杰认为“一切水平的认识都与动作有关”，而动作实际上又是由一系列操作组成的，于是，在皮亚杰的理论中，操作这个概念要占据一个中心位置也就是势所必然的事情了。

《发生认识论》[4]是皮亚杰的名著。在这本书中，皮亚杰把儿童思维的发展过程分为四个阶段：①感知运动阶段（从出生到两岁左右）；②前操作（英文 operation 可译为操作或运作，亦可译为运算，在《发生认识论》的中译本中译为“运演”，在此我们仍译为操作）阶段（两岁左右到六七岁）；③具体操作阶段（从六七岁到十一二岁）；④形式操作阶段（十一二岁到十四五岁）。很显然，在皮亚杰的理论中，对操作问题的研究是占有核心位置的。

此外，工程技术学科和管理学科中对操作问题所进行的研究也是值得我们注意的。

在此我们暂且不谈工程技术领域中对操作问题的研究——因为那些研究过分具体了，仅就管理学中对操作问题的关注而言，我们至少可以追溯到泰罗提倡“科学管理”并使管理学真正成为一门科学的时候。我们知道泰罗在提倡“科学管理”和进行管理科学的研究时，泰罗所进行的一项最重要的研究就是对工人的操作过程所进行的研究[5]；我们甚至可以说，泰罗对工人操作过程所进行的科学分析和研究乃是使管理学成为一门科学的最关键的内容。在管理学初创时期，operation management 还没有单独成为一门课程，可是到了大约 20 世纪 70 年代，操作管理或运作管理就正式成为了一门“独立”的管理学课程了，目前它更普遍地成为了国内外 MBA 教育的一门核心课程。

在此需要顺便一提的是，被翻译为运筹学的英文原词是 operations research，直译就是“操作研究”；运筹学的诞生和发展也是管理学领域中研究兴趣“聚焦”于操作问题的一个直接反映和表现。

布里奇曼本是一位物理学家，但他却提出了操作主义的哲学理论；皮亚杰本是一位心理学家，他也提出自己的以操作概念为基础的发生认识论；泰罗是一位工程师，他以对工人操作活动的科学分析而开创了管理科学，成为了管理科学之父。因此可以认为，这都在向我们显示操作问题是一个具有非同一般的重要性和普遍性的问题，我们确实有必要对操作问题进行新的考察，努力对其进行更深入的分析和研究了。在哲学和社会学领域中忽视或轻视研究操作问题的状况是到了必须加以改变的时候了。

二、指令、操作和操作界面

从生理学的角度来看，操作乃是人体的动作，但并非人体的任何动作都是操作。人体的无意识的动作不是操作，只有那些根据大脑的有意识的“专门指令”而进行的人体动作才是操作。在哲学研究中，主体性问题是一个根本性的问题，应该强调指出的是：所谓主体不但是指认识和思维的主体，而且是指操作和行动的主体。

从生理学的角度来看，一个人认识外部世界的过程是从外部向大脑输入信息然后在大脑进行信息加工的过程，这个过程的启动环节是输入信息的感知过程；而一个人的动作过程却是一个由大脑发出指令然后由人体的相应器官执行指令、完成一定的操作的过程，这个过程的启动环节是输出信息的指令过程。

在神经生理学领域，科学家对外部信息的输入或感知过程进行了许多研究；相形之下，科学家对中枢信息的输出或指令过程的研究就十分不够、十分薄弱了。

在哲学领域，哲学家对信息的输入和认识过程进行了很多哲学思考和研究；而对于信息输出的指令过程和操作过程就很少有人进行哲学思考和研究了。

就操作活动而言，某一具体的指令和操作过程既可能是由一个人来完成的，也可能是由一个集体、一个“组织”或一个“团队”（team）来完成的。如果说，对于前一种情况人们还可以用生理学的方法对其进行研究的话，那么，对于后一种情况来说，生理学范围的过程就只是进行分析和研究的“前提条件”了。

哲学研究不是生理学研究，所以，本文在以下的分析和研究中也就不再涉及生理学层面的问题了。

指令和操作是相对而言的。如前所言，没有指令的动作不是真正意义上的操作①；另一方面，没有相应的操作者去执行的指令，也不是真正意义上的指令。

工程的实施过程，一般地说就是领导者或管理者根据行动实施方案发出一系列的指令然后由操作者实施一系列相应的操作的过程。指令与操作是有密切联系的，但在工程实施过程中二者又是互相分离的，指令不等于就是操作，二者在性质上还是有根本区别的。指令过程是发出信息、传送信息的过程，而生产的操作过程则是实际施行“物质性作用”的过程。管理者是发出指令的人，操作者是接受指令并进行实际操作的人。管理者和发出指令是重

① 对于自动化机器的自动化“操作”，我们应从它的“启动指令”上去解释操作有待于指令的关系问题。虽然在复杂系统中，指令和操作的具体关系可能是多种多样的，但我们在这里所说的一般性的指令与操作的“对待”关系仍是可以成立和存在的。

要的；操作者接受指令并进行实际操作也是重要的。

从直接的意义上说，工程和行动过程的最终结果是由操作者的操作所直接决定的。无论管理者的水平有多高，无论指令有多么完美，如果指令交给一群“蹩脚”的操作者去执行，其结果也只能是一塌糊涂的。完美指令的错误操作和错误执行只能是错误的结果。在很多情况下，产品的质量问题不是由于在设计或指令环节上存在什么问题，而是由于操作环节上出现了问题而造成的。

笔者当然也不赞成把操作的重要性强调到不适当的程度。指令和操作各有自己的重要性，而二者的配合和相应的问题则更加重要。

由于在操作这个环节中实现的是操作者和操作对象（生产对象）的物质性相互作用，于是在这里就出现了一个操作界面的问题。

在操作者不使用工具或机器进行操作时，即操作者“徒手”操作时，他是直接面对操作对象的，这时只有一个操作界面；然而，当操作者使用工具或机器进行操作的时候，操作者是通过工具或机器与操作对象发生作用的，这时就不是只有一个操作界面，而是有两个操作界面了。

当操作者使用工具或机器进行操作的时候，我们可以把操作者和机器之间的操作界面称为第一操作界面，把机器和劳动对象之间的操作界面称为第二操作界面。

在第一操作界面上实现的是人与作为物的机器之间的相互作用，这就对机器提出了它不但应该具有“必需的物性”，而且它还应该具有“良好的人性”的要求，这第二方面的要求实际上也就是对机器提出了它应该适合“人的标准”和“人的尺度”的要求。

在第二操作界面上实现的是物与物之间的相互作用，人的生产目的“最终”是通过在这第二个操作界面上的机器和劳动对象之间的物与物之间的相互作用而实现的；所以，人在设计和制造机器的时候也就不得不使机器的设计和制造“符合”“物的原理”或“物的尺度”。

由于在使用机器进行操作时有两个操作界面，而这两个操作界面在性质、作用和要求上又是不一样的、有矛盾的。矛盾的焦点落在了机器的“身上”，这就是对于机器的符合“物的尺度”的要求和符合“人的尺度”的要求的矛盾。

由于机器就其本性而言是处于两个操作界面的“夹击”之下的，由于人在设计和制造机器的时候不得不使机器的设计和制造“符合”“物的原理”或“物的尺度”，而“物的原理”或“物的尺度”往往又是与“人的原理”或“人的尺度”有矛盾的，于是操作者往往就不得不同那些与“人的尺度”不能良好“匹配”的机器打交道了。事实上也确实有不少的机器正是这样的机器。从工程哲学的角度来看，可以说在这种机器的“身上”，第二操作界面的要求“压倒”了第一界面的要求，于是这种机器就成为了只具有“强大的物性”而缺乏“良好的人性”的机器。当操作者在这样的第一操作界面中进行操作时，根据关于异化的哲学理论，我们就应该说操作者是在一种异化的环境中进行操作了。

随着社会的发展和进步，人类对操作活动和操作界面的认识和要求也在不断发生变化，在现代社会中，人在设计和制造机器的时候不但在努力使机器的设计和制造“符合”“物的标准”或“物的尺度”，同时又在努力使它更好地适应“人的标准”或“人的尺度”，使机器在具有“强大的物性”的同时又打上“良好的人性”的“烙印”，努力为操作者创造一个更“良好的”、更“人性化的”人-机界面。目前，已经出现的所谓人机工程学实际上就是一门从技术学科的角度来考虑和解决第一操作界面的“人性化”问题的学科。

我们看到，当两个操作界面被分别研究时，其主要的研究模式是二元关系的研究模式：对第一操作界面的研究成为了对“人-机器”关系的研究，而对第二操作界面的研究则成为了对“机器-加工材料”关系的研究。应该强调指出，机器在作为中介而发挥作用时是处于“人（操作者）-机器-生产对象”的三元关系中的。二元关系的研究模式和三元关系的研究模式是两种不同的研究模式，在研究操作界面问题时人们是不应把三元关系“简化”成为二元关系的[①]，人们应该把两个操作界面的问题结合在一起当成一个三元关系的问题进行研究才对。

从哲学的角度来看，这个“人（操作者）-机器-生产对象”的三元关系

① 拙文《赋义与释义》（《哲学研究》1997年第1期）曾谈到过三元研究模式与二元研究模式的不同。

是具有深刻的哲学意义的。对此问题黑格尔和马克思已有深刻的分析，分别见于《逻辑学》[6]和《资本论》[7]，本文在此就不转引了。

三、单元操作、操作程序和程序合理性

一般来说，生产过程不是一次操作就可以结束的，生产任务也不是一次操作就可以完成的。除极个别的情况外，一个生产过程是包括了多次操作和多种操作的，一项生产任务是必须通过多种操作和多次操作才可以完成的，于是这就出现了操作单元和操作程序的问题。

在对操作进行分析时，人们不但需要对其进行质的分析，而且需要进行量的分析。

上文已经指出，所谓操作乃是操作主体根据指令对操作对象施加的作用，操作不是某种实体，所以，所谓操作的“质”也就不是指某种实体性的“质”，而是指（实体的）相互作用性的“质”。

所有的操作都是指某种类型的相互作用，发明一种新的操作就是发明一种新型的相互作用。

汉语是一种有量词的语言。汉语中，在分析和研究实体（如原子、房屋）时要使用“个”“座”等量词；操作不是实体，所以在谈到操作的数量时不能使用量词“个”；操作是某种动作，在分析和研究操作的数量时需要使用“次”这个量词。

正像物质实体有其最小的单位一样，操作也有其最小的单位。我们可以把“最小”的操作单位称为单元操作。

从实用的观点来看，也许我们最好还是不要强调“最小”这个含义，而把“单元操作”解释为组成操作系统的一个个的“基元性操作模块”。

一个工程的实施过程是由一系列的操作组成的，我们可以把这个操作的系统称为一个程序。对于工程问题来说，操作程序问题是具有头等重要性的问题。

程序问题的重要性不但表现在工程活动中，而且表现在许多其他类型的活动和过程之中，法学中的法律程序问题和计算机科学中的计算机程序问题就是两个典型的例子。

在现代学者中，社会学的泰斗韦伯对于程序问题的性质、作用和意义的问题进行了先驱性的研究工作。

我们知道，韦伯首先使用了合理性（rationality）这个范畴，并建立起了他的关于合理性问题的理论。韦伯认为有两种合理性：形式合理性与实质合理性，或称工具合理性与价值合理性。“形式合理性主要被归结为手段和程序的可计算性，是一种客观的合理性；实质合理性则基本属于目的和后果的价值，是一种主观的合理性。”[8] 有的研究者认为韦伯关于形式合理性的理论是同西方法学关于法律程序的理论有直接联系的。

如果说在韦伯的合理性理论中对程序问题的重视还不够鲜明和突出的话，那么，西蒙（Robert A. Simon）就更进一步，明确而直接地提出了程序合理性（procedural rationality）这个概念。

西蒙是诺贝尔经济学奖获得者，他不但是经济学家同时还是管理学家和心理学家。在《从实质合理性到程序合理性》一文中，西蒙指出拉特西斯所命名的关于公司理论的两个相互竞争的研究纲领——“情景决定论”和“经济行为主义”——也可以从实质合理性和程序合理性的角度进行分析和解释。西蒙认为：古典经济学的分析是建立在效用最大化或利润最大化假设和实质合理性假设上的，而心理学家在研究人的行为时所关心的却是人的认知加工的过程而不是其结果；古典经济学家关心的是实质合理性，而心理学家关心的则是程序合理性。西蒙认为经济学原来是不关心程序合理性问题的，可是，第二次世界大战期间和战后的“操作研究”（operations research）①及其应用给经济学带来了关心程序合理性的新风尚[9]。虽然对于西蒙的这些具体分析和论述有些人也许会有不同的意见，但对于他所提出的关于程序合理性的重要性的观点大概多数人是不会有不同意见的。

还有学者认为，经济学家从只关心实质合理性转变到更关心程序合理性是有其深层的理论上的原因的，因为从理论的角度来看，古典经济学派关于最优化的理论即关于实质合理性的理论有着难以克服的内在矛盾。人们看到经济学中关于最优化的理论在面对无穷回归和自指（self-reference）的指责

① 虽然英文的 operations research 目前在汉语中已经约定俗成地译为了运筹学，但在此为分析和论述的需要将它译为操作研究。

时显得有些手足无措、无计可施了。

正如有的学者所指出的：古典经济学派的最优化理论中完全没有考虑为获得这种最优所必须付出的费用的问题。“一旦我们在试图把最优化思想具体化时考虑到其基础应该是要求为获得这个最优而付出相应的费用，我们就会导致无穷回归：由于做决策 A 是有花费的，于是就不得不做另一个关于决策 A 是否值得做的决策 B；但是，既然决策 B 也是要有花费的，这就必须做关于决策 B 是否有利的决策 C，如此等等。这种回归只能被独断地打断或成为一个恶性循环。对决策问题的最优的、实质理性的解决是不可能的。这个在个别决策者水平上的评论可以用做采用程序合理性概念的一个论证。”[10]

从以上的分析中可以看出，有些现代经济学家已经高度重视了程序合理性这个问题。

笔者认为程序合理性概念的提出是理性和合理性问题研究中一个重要进展。这个进展会有力地促进现代哲学家把关注的重心从“纯粹思维”领域转向现实实践的领域。

程序合理性问题是工程的实施过程中的一个核心性问题。传统哲学所关心的主要是理论领域和纯粹理论理性方面的问题，它是不关心工程实践领域和工程实施的“程序理性”方面的问题的，而一旦我们转向分析现实问题和工程实践问题时，程序合理性的问题就不可避免地要“浮出水面”了，只要你是在真正地面对工程实践问题，你就躲不开关于操作程序和操作程序合理性的问题。

程序问题在不同的活动领域和不同的学科中有不同的具体表现。与法律实践相联系的是法律程序问题，与计算机应用相联系的是计算机程序问题，与工厂生产相联系的是工艺、作业和生产程序的问题。

程序问题的重要性在计算机科学技术中得到了最充分和最突出的表现。我们知道计算机能进行的最基本的单元操作的项目是极其有限的，然而计算机在功能上却具有“无边法力”，而这个“无边法力”实际上就来自于计算机程序的“无边法力”。

正如有的学者所指出的那样：“同一台计算机（我们称其为‘硬件’），只要给它配上不同的程序（我们称其为‘软件’），它就能做诸如下棋、证明定理、诊断、翻译、控制生产过程、作曲、教学、绘图、编辑、数学计算等各种各样的工作，甚至可以同时从事这些工作。硬件只是提供了能实现种种'智能'的物质基础，真正起到智能作用的是软件，即程序。只要研制出新的软件，就可赋予计算机以新的功能。”“当今的技术状况是，在计算机工业的发展及计算机在各方面的应用中，软件都起着主导作用。”[11]

从理论分析的角度来看，程序问题的极端重要性在所谓图灵机中得到了最集中、最典型的表现。

所谓图灵机是图灵（Alan M. Turing）提出的一种理想计算机，它由一个控制装置，一条存储带（可以无限延长）和一个读写头组成，存储带划分为一个个格子，机器可以处于 *m* 种内部状态的一种之中。机器可以完成以下几种操作：①在存储带正对读写头的格子中打上 0；②在存储带正对读写头的格子中打上 1；③抹去正对读写头的格子中的符号；④存储带向右移动一格；⑤存储带向左移动一格。

从单元操作的角度来看，图灵机是很简单的，甚至可以说简单到了匪夷所思的程度。然而，从理论上说，它却能完成任何一种大型计算机所能完成的工作。很显然，图灵机的威力在本质上就是程序的威力。

当然，我们绝不认为在其他类型的活动中其程序也可以像在图灵机中那样表现出同样大的威力。在不同类型和性质的工程和活动中，虽然程序问题都是非常重要的，但我们应该承认在不同的具体情况下，程序重要性的特点、意义和程度还是会有所不同的①。

操作是重要的，程序也是重要的，至于如何才能把单元操作和操作程序的相互关系处理好的问题，那就更加是一个重要的问题了。

在工程活动中，关于操作和程序的问题是非常复杂和涉及面很广的问题，与其有关的问题还有很多，如关于操作类型和操作分类的问题、程序模式和微观生产方式的问题等，由于篇幅的限制，对于这些问题就只好另文进行讨论了。

---

① 在此应该特别强调指出的是，“社会活动”中的程序问题与“物质技术工程”中的程序问题在性质上是有很大不同的，尤其是在“社会活动”中出现了程序的公正性的问题——在这方面法律程序的公正性问题就是一个典型例子，法学家对此已有许多研究，他们的许多研究和分析都是值得哲学家重视的。由于本文分析和论述的“对象”是物质生产领域的问题，所以就不涉及这方面的问题。

参考文献

[1] 恩格斯．自然辩证法．于光远等译．北京：人民出版社，1984：296-297.

[2] 罗嘉昌．操作主义//于光远．自然辩证法百科全书．北京：中国大百科全书出版社，1995：21.

[3] 皮亚杰．生物学与认识．尚新建等译．北京：生活·读书·新知三联书店，1989：2-3.

[4] 皮亚杰．发生认识论原理．北京：商务印书馆，1981.

[5] 泰罗．科学管理原理．胡隆昶译．北京：中国社会科学出版社，1984.

[6] 黑格尔．逻辑学．下卷．杨一之译．北京：商务印书馆，1976：437.

[7] 马克思．资本论．第一卷．中共中央马克思恩格斯列宁斯大林著作编译局译．北京：人民出版社，1975：202.

[8] 苏国勋．理性化及其限制．上海：上海人民出版社，1988：227.

[9] Simon H A. From substantive to procedural rationality//Hahn F，Hollis H. Philosophy and Economic Theory. London：Oxford University Press，1979.

[10] Maki U. Economics with institutions//Maki U，Gustafsson B，Knudsen C. Rationality，Institutions and Economic Methodology. London：Routledge，1993：33.

[11] 中国科学院自然科学史研究所近现代科学史研究室．二十世纪科学技术简史．北京：科学出版社，1985：280.

工程智慧和战争隐喻*

工程活动是人类社会存在和发展的基础。如果没有工程活动，社会就要崩溃。为取得工程活动的成功，必须具有一定的实力和足够的智慧。没有智慧，无异于行尸走肉；没有实力，无异于虚幻幽灵。必须依靠实力与智慧的有机统一才能夺取工程活动的成功。关键是智慧和实力的有机结合，缺乏智慧的“蛮干派”和没有实力的“巧舌派”都难免要坠入失败的深渊。本文不讨论实力方面的问题，而把分析和讨论的重点放在智慧——特别是工程智慧——这个主题上。

一、两种不同类型的智慧：理论智慧与实践智慧

中国古代一向有人为万物之灵的说法。人之所以能够成为万物之灵，关键之点就是人有智慧。人的智慧有两种类型：理论智慧与实践智慧[1]，两者有密切联系，同时又有根本区别。

第一，从智慧的性质和导向方面看，理论智慧是真理导向的思维和智慧，而实践智慧是价值导向的思维和智慧。理论智慧主要表现为认识和把握普遍规律的智慧，而实践智慧主要表现为制订行动计划并实现该计划的智

---

* 本文作者为李伯聪，原载《哲学动态》，2008年第12期，第61～66页。

慧。前者主要体现在理论思维和理论研究活动中，而后者主要体现在设计运筹和实践活动中。

在整个人群中，有些人“长”于理论智慧而“短”于实践智慧，另外一些人“长”于实践智慧而“短”于理论智慧，也有人在理论智慧和实践智慧两个方面都有卓越表现。例如，克劳塞维茨是西方最著名的军事理论家。“1792 年，卡尔·冯·克劳塞维茨加入普鲁士军队，在随后的 30 多年军旅生涯中，他屡战屡败，甚至一度被法军俘虏，军事生涯黯淡无光。但是，1832 年，克劳塞维茨的遗著《战争论》出版，却无论从形式上还是从内容上，都是有史以来有关战争的论述中最赶超的见解。《战争论》一举奠定了西方现代军事战略思想发展的基础，‘造就了整整一代杰出的军人’。”[2]从克劳塞维茨的生平来看，他可以算得上是“长于”军事理论智慧而“短于”军事实践智慧的一个典型人物了。与之形成鲜明对比的是，我国古代的大军事家孙武和孙膑都是既“长于”军事理论智慧（表现在不朽的军事著作《孙子兵法》和《孙膑兵法》上）又“长于”军事实践智慧（表现在辉煌的战功上）。

第二，从思维对象和思维方式方面看，理论智慧是“面向现实世界”（或“一切可能世界”）的“现实实在对象”而进行的思维活动，而实践智慧则是“面向可能世界”中“可能存在的对象”和对“可能性转化为现实性”进行的思维。冯·卡门说：“科学家发现已经存在的世界，工程师创造从未存在的世界。”[3]这个论断精辟地阐明了理论智慧和实践智慧在思维对象和思维方式方面的基本分野。

第三，从智慧成果（思维结果）的性质和特征方面看，理论智慧的结果是共相（共性）的“虚际建构”，而实践智慧的结果则是殊相（个性）的“实际建构”（“实际”系借用冯友兰《新理学》语）。“理论性的知识作为认识过程中的理性认识活动的产物，它是以反映已有事物的共相为特点的，它是以全称判断、范式（paradigm）或研究纲领等为主要表现形式的，而行动方案或工程活动的计划却是以设计尚未存在的人工事物的殊相为特点的，它是以设计蓝图、行动命令、操作程序等为主要表现形式的。”[1]在《实践论》中，毛泽东把制订行动计划和形成理论不加区别地看作同一类认识，没有明确区分理论智慧与实践智慧，在分类上把两者混为一谈了。其实，制订和实施行动计划需要的是实践智慧，它与形成理论性知识所需要的理论智慧是性质迥异的两种智慧，两者是不能混为一谈的。

第四，从思维主体和智慧主体方面看，理论智慧是“无特定主体依赖性和特定时空依赖性”的思维和智慧，而实践智慧则是“具有特定主体依赖性和特定时空依赖性”的思维和智慧。换言之，理论智慧的灵魂是对于特定主体和特定时空的超越性，而实践智慧的灵魂则是对于特定主体和当时当地的依赖性[①]。由于理论智慧活动具有对于具体主体和具体时空的超越性，于是，牛顿、爱因斯坦的“理论智慧的成果”便可以“放之四海而皆准”，这里既不可能有什么“依赖于”具体主体的“无产阶级物理学”，也不可能有什么依赖于具体空间地点的“英国物理学”[②]。由于实践智慧的灵魂和基本特征是具有“此人此时此地”的个别性（当时当地性），它也就不可能“放之四海而皆准”。因此，当诸葛亮成功实施“空城计”后，如果有什么“公孙亮”在别的什么地方照搬“空城计”，他可能就要当俘虏了。

第五，从思维范围和所受限制方面看，理论智慧以寻找自然因果关系、寻找“自然极限”和“自然边界”、发现规律、共相为思维的基本内容和特征，理论智慧是因果性世界和无限性的智慧；而实践智慧则以制定行动目标、行动计划、行动路径、进行多种约束条件下的满意运筹和决策为思维的基本内容和特征，实践智慧是目的性世界和有限性的智慧。

如果用舞台和戏剧作比喻，理论智慧是自由思维和挣脱思想枷锁的无限思维的“科学性戏剧”，而实践智慧则是在各种具体限制下给思维带上“约束条件的枷锁”后所上演的“艺术性戏剧”。理论智慧舞台上的主角是爱因斯坦式的人物，而实践智慧舞台上的主角是诸葛亮式的人物。理论智慧是“书本上”“学院里”的智慧；实践智慧是“战场上”“市场上”“政坛上”“运动场上”的智慧（以上文句中不带任何褒贬含义或色彩）。

总而言之，理论智慧和实践智慧是两种不同的智慧。两者的分野不但表

---

① 任何理论成果和科学结论都具有对于特定实验室、特定科学家、特定实验时间和实验地点的“超越性”（即不存在对于特定实验室、特定科学家、特定实验时间和实验地点的“依赖性”），而每个工程方案都无例外地具有对于特定工程主体、特定工程实施时间和空间的“依赖性”。

② “日常语言”中所说的“英国物理学”的准确含义是“物理学在英国”。

现为“理论理性”与“实践理性”①、“共相”和“殊相”、“放之四海而皆准的普遍可重复性”和“因人因时因地而异的不可重复性”的分野，而且表现在“保证成功的确定性”和“成败不确定性”的分野上。

二、“理有固然，事有必至”还是“理有固然，势无必至”

实践智慧的具体内容和具体表现形式是多种多样的，如战争智慧和工程智慧等。本文无意对实践智慧进行一般性研究，本文的主要目的是要在实践智慧的基本框架中讨论与工程智慧有关的若干问题。

徐长福曾经从哲学角度研究了理论思维与工程思维的性质和关系，主张两者明确划界，反对两者互相僭越。他认为，一方面，应该“用理论思维构造理论”，“理论的实践意义不在于充当生活的蓝图，而在于为包括工程设计在内的人生筹划提供有约束力的原理”；另一方面，应该“用工程思维设计工程”，“工程设计的目的不在于坚执某种特定理论却不惜贻误生活，而在于依循一切有约束力的理论以为人类实践预作切实可靠的筹划”[4]。

可是，要正确认识这两种智慧的不同性质和特征，不错位、不误解、不僭越，又谈何容易。古往今来，人们不但常常在认识理论智慧时出现许多误解，而且在认识实践智慧时也出现了许多误解，尤其是许多人把实践智慧解释为“全知全能的智慧”或“算命先生”的智慧，于是这就出现了基督教早期哲学家关于“全知”“全能”的观点和我国历史不断有人宣传的关于“事有必至”的观点。

为正确分辨理论智慧和实践智慧的不同性质，澄清已经出现的许多似是而非的观点，我们有必要搞清楚到底是“事有必至”还是“势无必至”，这个辨析不但具有深刻的理论意义而且具有重要的现实意义。

“事有必至，理有固然”之说出自《战国策·齐策四·孟尝君逐于齐而复反章》和苏洵的《辨奸论》。按照这个观点，对于某些“神人”来说，未

① 康德把实践理性概念主要限制在道德领域中，这是他的一个大失误。我们认为应该对实践理性做更广泛、更广义的理解和解释，把它理解和解释为在一切实践活动领域——包括工程实践和政治实践等——所表现出的理性。

来世界是确定性的，因而他就可以“料事如神”地“预见”社会中的“某一个具体事件”在未来“必然发生”。

与上述观点相反，金岳霖在《论道》中明确提出：“共相底关联为理，殊相底生灭为势”，“个体底变动，理有固然，势无必至”。金岳霖又说：“即令我们知道所有的既往，我们也不能预先推断一件特殊事体究竟会如何发展。殊相的生灭……本来就是一不定的历程。这也表示历史与记载底重要。如果我们没有记载，专靠我们对于普遍关系的知识我们绝对不会知道有孔子那么一个人，也绝对不会知道他在某年某月做了什么事情，此所以说个体底变动势无必至。”

金岳霖指出，对于“理势”关系存在着两种根深蒂固的错误认识：一种错误观点是认为“既然势无必至，理也就没有固然”，另一种错误观点是认为“既然理有固然，所以势也有必至”。休谟的错误就是前一种错误。对于后一种错误观点，金岳霖没有指名道姓地落实到一个人身上，而只笼统地批评了那些“对于科学有毫无限制的希望的人们”，如果这里一定也要找一个代表人物，那么，以提出“拉普拉斯妖”著称的拉普拉斯就应该是一个最典型的代表人物了。

金岳霖明确指出：“势与理不能混而为一，普通所谓‘势有必至’实在就是理有固然而不是势有必至。把普通所举的例子拿来试试，分析一下，我们很容易看出所谓势有必至实在就是理有固然。”[5]许多人把诸葛亮的神机妙算理解为诸葛亮可以必然性地预见未来的特定事件，这实在是大错特错的认识。《三国演义》把诸葛亮塑造为一个可以“料事如神”的艺术形象，客观上以文学形象的方式宣扬了“事有必至”的观念。鲁迅在《中国小说史略》中，批评《三国演义》中“状诸葛之多智而近妖”，这就以文学批评家的睿智取得了和哲学家殊途同归的认识。

对于理论智慧和实践智慧的相互关系及各自的基本性质，关键之点就是必须认识到：学习和创新之道，理有固然；此人此时此地，势无必至。

实践智慧是具有当时当地性特征的智慧，这种“当时当地性”的一个突出表现就是出现了所谓“时机”问题。众所周知，实践智慧的关键常常表现为把握时机。从理论和实践上看，等待时机、把握时机、错失时机之所以往往成为关键问题，皆源于“势无必至”。所谓把握时机，从正面看，就是说在时机不成熟时，必须耐心“等待”“良机”的出现，不能轻举妄动；而在时机到来时，必须当机立断，不能优柔寡断或当断不断。从反面看，在时机不成熟时，不能轻率鲁莽，刚愎自用；在时机到来时，必须抓住良机，而不能错失良机。

三、战争隐喻的启发性

由于实践智慧在战争中往往会得到最直接、最典型、最奇妙、最惊人的表现，于是，许多商人、企业家、创新者便情不自禁地想从战争实践中汲取灵感，希望能够从军事智慧和军事理论中寻找指导、借鉴和启发。

我国在两千多年前就有人在研究商业和市场问题时使用了战争隐喻。《管子・轻重甲》云：“桓公曰：‘请问用兵奈何?’管子对曰：‘五战而至于兵。’桓公曰：‘此若言何谓也?’管子对曰：‘请战衡，战准、战流，战权、战势。此所谓五战而至于兵者也。’桓公曰：‘善’。”对于这段话的含义，马百非解释说：“所谓战衡，战准、战流，战权、战势者，皆属于经济政策之范畴。一国之经济政策苟得其宜，自可不战而屈人之兵。何如璋所谓‘权轻重以与列强相应，即今之商战’者，得其义矣。”[6]《史记・货殖列传》云：“待农而食之，虞（掌管山水矿产的官吏）而出之，工而成之，商而通之。”又云：“言富者皆称陶朱公”，陶朱公即范蠡。“范蠡既雪会稽之耻，乃喟然叹曰：‘计然之策七，越用其五而得意。既已施于国，吾欲用于家’。”“乃治产积居”，“十九年之中，三致千金”。可见范蠡离越后经商致富时运用了他助勾践平吴的战争经验和军事理论。到了战国时期，白圭提出了更明确而系统的经济理论。《货殖列传》云：“天下言治生祖白圭。”白圭云：“吾治生产，犹伊尹、吕尚之谋，孙、吴用兵，商鞅行法是也。”

在我国延续两千多年的封建社会的历史进程中，历代王朝一直实行轻视和抑制商业的经济政策。如果说必须承认我国的古代商业在国内的市场竞争中还能够时显繁荣，那么，就国际范围而言，在鸦片战争之前我国根本没有遇到过国际商战问题。在这样的社会条件中，我国关于商战的思想和理论也一直停滞在萌芽阶段，没有大的发展。鸦片战争是我国历史发展进程的一大变局。在洋务运动、戊戌变法的新潮激荡中，我国的“商战”之说终于艰难地“浴血”而出了。值得特别注意的是，洋务运动的领袖人物曾国藩已经谈到了“商战”问题，但他却是在否定的意义上评价“商战”的。曾国藩说：“至秦用商鞅，法令如毛，国祚不永。今西洋以商战二字为国，法令更密如牛毛，断无能久之理。”[7]以曾国藩之深思睿智，导夫先路，而竟然如此评价“商战”，足见在这个问题上要取得思想突破是何等困难了。

但潮流的力量毕竟强于任何个人，没有多长时间，“商战”之论就应时而出了。郑观应在《盛世危言》中说：“自中外通商以来，彼族动肆横逆，我民日受欺凌，凡有血气孰不欲结发厉戈，求与彼决一战哉！”然“战”有“兵战”和“商战”两种，“习兵战不如习商战”[8]。同时，何启、胡礼垣、马建忠等人也明确倡言“商战”。进入20世纪以来，“商战”思想和观念在我国就更加广泛地传播和流行了。

20世纪，在新科技和新一波经济全球化浪潮的影响下，科技日新月异，经济增长速度史无前例，制度变迁之急剧令人惊讶，国内外市场竞争空前激烈，许多人愈来愈深刻地感受到市场如战场。正是在这种环境和条件下，无论在西方还是在东方，各种以商战、科技之战、创新之战为主题或基本隐喻的文章和著作便数不胜数地出现了。

由于对于创新之战的战略、策略、战术、战法等问题已有许多研究和论述，本文也就不再对这些具体问题饶舌，以下仅着重分析战争隐喻中的两个具体问题：战争隐喻的启发性和局限性问题。

战争和创新的目标都是要取得胜利。怎样求胜呢？战法无非有两大类：用正和用奇。因为奇正是两类不同的思路和战法，于是，这就出现了应该怎样认识奇正和怎样正确处理两者相互关系的问题。

奇正问题首先是在《孙子兵法》中提出来的。《孙子兵法·兵势》曰：“凡战者，以正合（合：交锋），以奇胜。故善出奇者，无穷如天地，不竭如江海。”“声不过五，五声之变，不可胜听也；色不过五，五色之变，不可胜观也；味不过五，五味之变，不可胜尝也；战势不过奇正，奇正之变，不可胜穷也。奇正相生，如循环之无端，孰能穷之哉！”后来，在《孙膑兵法》《淮南子·兵略训》和《唐太宗与李靖问对》中对于奇正问题也有许多精辟分析和研究。《武经七书注译》云：“奇兵、正兵，它的含义较为广泛，一般可以包括以下几个方面：①在军队部署上，担任警备的部队为正，集中机动的为奇，担任钳制的为正，担任突击的为奇。②在作战上，正面进攻为正，迂回侧击为奇，明攻为正，暗袭为奇。按一般原则作战为正，根据具体情况采取特殊的原则作战为奇。”[9]

诺贝尔经济学奖获得者西蒙在《管理决策新科学》中，把运筹决策方式分为程序化方式和非程序化方式两种类型。从奇正划分观点来看，程序化决策方式为“正”而非程序化决策方式为“奇”。

“用奇”和“用正”的目的都是为了取得胜利和成功。虽然在小说、传奇、电影、历史中，出奇制胜的事例常常为人津津乐道，可是，这绝不意味着在现实世界中出奇一定能够制胜而用正一定要失败。

必须清醒地认识到：奇正和胜败之间没有绝对的对应关系。《唐太宗与李靖问对·卷上》云：“善用兵者，无不正，无不奇，使敌莫测，故正亦胜，奇亦胜。”这也就等于说：“不善用兵者，正亦败，奇亦败。”如果把以上两个论断结合起来，恰好应验了我国的一句古话“成也萧何，败也萧何”。

在工程创新之战中，也存在着奇正问题。一般地说，使用“常规技术”为正，使用“突破技术”为奇；“渐进主义”战略为正，“突变主义”战略为奇；“循规蹈矩”为正，“打擦边球”为奇；“常规策略”为正，“非常规策略”为奇；进入成熟市场为正，开拓新兴市场为奇；和多数人“保持一致”为正，和多数人“唱反调”为奇；相信“流行理论观点”为正，“独出心裁”为奇；“随大流”为正，“逆流而动”为奇；如此等等。

按照以上分析，创新——特别是重大创新（包括技术创新、制度创新等各种创新在内）——都属于“出奇”的范畴或类型。习惯于遵循常规的人，创新能力不足，或者简直就是惧怕创新，他们不敢创新、不能创新，于是，当创新的奇兵奇袭而来的时候，他们在技术和商业的战场上成了落伍者、失败者。

可是，现实和理论分析又告诉人们：奇兵和奇袭绝不等同于胜利和成功，因为奇兵和奇袭也可能遭遇失败。创新可能成功也可能失败。“虽然人们逐渐认识到，创新是企业获得竞争优势的有力手段，同时也是巩固企业战略位置的可靠途径，但是我们必须认识到创新与企业的成功没有必然的联系。在产品创新和工艺创新的历史中不乏失败的例子，在有些例子中甚至造成了惨痛的结果。”例如，关于“铱星”和“协和式飞机”的“创新”就是经常被谈到的失败典型。必须注意：“成功者常常是开拓者，但多数开拓者却失败了。”“开拓本身就有风险性，但没有必要冒愚蠢的风险。”[10]

在工程创新活动中，战争隐喻给我们的基本启发就是创新者必须知己知彼，知败知成；察势谋划，妙用奇正；突破壁垒，躲避陷阱。

四、战争隐喻的局限性

对于战争隐喻，我们不但应该承认其合理性和启发性，而且必须注意它也有任何隐喻都难免的局限性，特别是要注意避免战争隐喻可能产生某些严重的误导。在这个问题上，最严重且最容易出现的误导是在认识行动目标和处理“竞争与合作”问题时可能出现的误导。

《创新管理》中说：“军事隐喻可能会产生误导。企业目标与军事目标不同：换句话说，企业的目标是形成一种独特的能力，以使它们能比竞争对手更好地满足消费者的需求——而不是调动充足的资源消灭敌人。过多地关注‘敌人’（如企业竞争者），可能会导致战略过分强调形成垄断资源，并以牺牲可获利的市场和满足消费者需要的承诺为代价。”[10]

一般地说，战争双方是“纯对抗”而“无合作”的关系，战争的结果是一定要分出胜负。在博弈论中有所谓零和博弈：胜方所得为“正”而败方所得为“负”，正负相加，双方所得的总和是“零”。如果说在零和博弈中还有一方所得为“正”，那么在现实社会的军事战争中甚至还存在着双方皆输——甚至同归于尽——的情况，对于这种情况我们简直要把它命名为“双负博弈”了。

在市场竞争中，虽然这种零和博弈或双负博弈的情况也是存在的甚至可以说是屡见不鲜的，可是，由于市场竞争毕竟不完全等同于军事方面的战争，两者在对立的性质和类型方面都有很多不同。于是，市场竞争的性质常常就不再是零和博弈或双负博弈，而可能出现“双赢”结果了。

由于市场竞争的基本目标不是“消灭对方”，市场竞争常常可能出现“双赢”结果，于是，在创新活动和市场竞争中，在应该如何认识与处理竞争与合作这个问题上，往往便不能简单套用战争隐喻了。

在市场和创新活动中，关于应该如何正确认识和处理竞争与合作的关系是一个很复杂的问题，任何绝对化、简单化的想法和做法——无论是片面强调合作还是片面强调竞争——都是不对的。

在这个问题上，由于市场活动中存在竞争关系，同时也由于受传统观念和战争隐喻的影响，传统的思想观念往往强调竞争双方必然一胜一负，把创新活动和商业竞争看作是“胜者为王，败者灭亡”的战争。可是，由于实践和理论的新发展，这种传统观点在实践上和理论上都受到了挑战。从理论方面看，值得特别注意的就是“双赢”和“竞合”观念的出现，在策略思想方面就是从突出“寻找诀窍”（know-how）的重要性发展到突出“寻找合作者”（know-who）的重要性。

第二次世界大战之后，日本企业的崛起引起了全世界的瞩目。日本企业在不长的时间内在许多领域都超过了原先曾经不可一世的西方大企业。日本企业成功的经验何在呢？瑞典学者哈里森通过对日本企业——以佳能、索尼和丰田为代表性案例——的深入调查研究，认为日本企业成功的关键因素是它们进行创新时“不再只限于‘掌握技术诀窍’，而是取决于‘寻求合作者’。”哈里森说：“公司要保持发展势头并能快速响应市场变化，就应该把重点从内部专业化转移到通过合作关系来学习。”[11]

如果说这个关于强调并突出“寻求合作者”重要性的观点还只是实践经验的总结和主要涉及了策略层面的问题，那么，美国学者关于“竞合”（co-opetition）① 概念的提出就是在理论领域和观念水平对传统观点所提出的挑战了。“竞合”这个概念是耶鲁大学管理学院教授内勒巴夫和哈佛商学院教授布兰登勃格提出的，他们在其另辟蹊径的著作《竞合》中对竞争和合作关系进行了新的分析和阐述。在该书“中文版序言”中，内勒巴夫和布兰登勃格说：“让我们从认清商业不是战争开始！一个人不必击败其他人才取得成功，当然商业也不是和平。在竞争客户时冲突难以避免。商业既不是战争也不是和平，商业是战争与和平。因此商业的战略需要同时反映出战争的艺术与和平的艺术，而不只是战争的艺术”[12]。许多人都高度评价了竞合模式，认为这是近年来最重要的商业观点之一，特别是在当前的网络经济中，竞合更成为了开发新市场的强大利器。

与“竞合”概念相呼应，洛根和斯托克司提出了“合作竞争”（collabo-

---

① 这个英文新词也有人——包括该书中译本译者——翻译为“合作竞争”。

rate for compete）这个类似的概念。洛根和斯托克司认为："通过合作实现知识共创与共享，已经成为当今组织走向成功的关键。但遗憾的是，大多数商界人士并不具备合作的意识，他们只考虑如何竞争。在如今这个以网络相连的世界中，这种普遍心态构成了人们从事商业活动的主要障碍"，应该认识到在当前这个"合作时代"，"合作是缺省环节"，"只有通过合作，通过知识的共享与共创，一个组织才能够将其所有成员、客户、供应商和商业伙伴共同拥有的全部知识发挥到极致"[13]。

综上所述，对于战争隐喻，一方面，需要认识其启发性，努力从战争隐喻中汲取灵感和智慧；另一方面，又要认识到这个隐喻存在一定的局限性，应该努力避免由于这个隐喻而进入某些思想上的误区。

参考文献

[1] 李伯聪．工程哲学引论．郑州：大象出版社，2002：407，409，402.

[2] 侯惠夫．重新认识定位．北京：中国人民大学出版社，2007：王刚"推荐序 2".

[3] 路易斯·布西亚瑞利．工程哲学．安维复等译．沈阳：辽宁人民出版社，2008：1.

[4] 徐长福．理论思维与工程思维．上海：上海人民出版社，2002：见"内容提要".

[5] 金岳霖．论道．北京：商务印书馆，1985：182，185，187.

[6] 马非百．管子轻重篇新诠．下册．北京：中华书局，1979：501－502.

[7] 中国经济思想史学会．集雨窖文丛．北京：北京大学出版社，2000：433.

[8] 郑观应．郑观应集．上册．上海：上海人民出版社，1982：586.

[9]《中国军事史》编写组．武经七书注译．北京：解放军出版社，1986：514－515.

[10] 玖·笛德等．创新管理．金马工作室译．北京：清华大学出版社，2004：1，15－16，80.

[11] 西格法德·哈里森．日本的技术与创新管理．华宏慈等译．北京：北京大学出版社，2004：7.

[12] 拜瑞·丁．内勒巴夫，亚当·M. 布兰登勃格．合作竞争．王煜昆，王煜全译．合肥：安徽人民出版社，2000：1.

[13] 罗伯特·洛根，路易斯·斯托克司．合作竞争．陈小全译．北京：华夏出版社，2005：1，6，3.

行动学视野中的设计*

引　言

马克思说："蜘蛛的活动与织工的活动相似，蜜蜂建筑蜂房的本领使人间的许多建筑师感到惭愧。但是，最蹩脚的建筑师从一开始就比最灵巧的蜜蜂高明的地方，是他在用蜂蜡建筑蜂房以前，已经在自己的头脑中把它建成了。"[1]这段话表明，与动物相比，人在执行所有行动之前，都会对行动进行计划和设计，设计是人的行动与动物的活动的本质区别。因此，从哲学层面对设计进行系统研究，对于更好地理解人的行动进而更好地理解人的本质，具有重要的理论意义；同时，由于设计在工程活动尤其是现代工程活动中具有特殊的重要性，即它是工程顺利实施和成功运行的前提和保障，因而，关于设计的哲学研究还具有重要的现实价值。

作为对设计进行哲学研究的典范，行动学（praxiology）是波兰哲学家、逻辑学家科塔宾斯基（Tadeusz Kotarbinski，1886～1981）于1910年创立的，它旨在从效率的角度对人类所有领域的行动进行研究，是关于人类行动的一般方法论。

---

* 本文作者为王楠，原载《工程研究》，2009年第1卷第1期，第83～89页。

行动学的发展分为两个阶段。在传统行动学阶段，行动学主要围绕行动学的发展纲要、行动学的概念体系及行动的评价原则和指导原则等内容展开研究，设计研究还没有成为行动学的研究核心。但是，这一时期的主要代表人物科塔宾斯基始终非常关注设计的研究，多次从设计是行动实施的准备的意义上论述设计的重要性，并对设计的本质等问题进行了初步探讨。20 世纪下半叶，随着人类社会从工业社会进入后工业社会即信息社会，人类日常生活和人类行动的复杂性不断增加，现代行动学逐步发展起来。现代行动学家明确提出："如果根据当代社会所关注的事情及对社会环境的重新思考，来回答'行动学以什么形式继续对人类事务有重要贡献'的问题，答案是：行动学的新兴趣应当转向设计。"[2] 为此，他们以科塔宾斯基的研究成果为基础，对设计进行了系统探讨。

解读行动学关于设计的研究成果，对于进一步深入研究设计的认识论和方法论、进一步提出关于设计问题的解决对策都将是十分有益的。本文将通过阐释行动学关于什么是设计和设计方法论、设计的过程包括哪些步骤、设计的社会性意味着什么，以及设计有何局限性等一系列问题的回答，评析行动学关于设计的哲学观点，并指出这些研究成果对工程设计研究的重要启示。

一、什么是设计

什么是设计？设计的本质是什么？这些问题一直是设计研究的核心问题，在设计的行动学研究中也具有重要地位。

早在 1913 年，科塔宾斯基就对设计是什么进行了阐述，他认为设计就是"假说"在方法论意义上的合理使用。他写到："当被问到未来将是什么样子时，实践者的回答将与其愿望标准相一致。他会这样做：首先在自身中唤起一个强烈的感情倾向，然后，他将按照这个感情倾向的指引，在他的内心世界中唤起对想要的对象的创造性想象。从一个原始的、粗糙的外形开始，最后以形成想要的模样结束。例如，他可能形成一个他想要制作的雕像，或者想要唱的歌曲，或者想要建造并实现的设计影像。形成影像之后，他将用想象的眼光看待未来，他描述未来的方式是基于他的想象力。当他看到未来符合他的愿望时，他的方法将比理论家的方法好很多。他将做那些理论家不习惯、不愿意做的事情，也就是说，他会把他的幻想对象变成‘客观现实’的模型，他将根据幻想的世界中‘看’到的客体的特征为基础，判断未来行动的过程。然后，他把在幻想的世界中‘看’到的客体的特征转移到客观世界，他实现了这个假说。"[3]

科塔宾斯基对设计的解释不仅形象地描绘了设计行动的整个执行过程，更重要的是，他指出了设计行动是不具有任何先验性质的。伽斯帕斯基（Wojciech W. Gasparski）对这一观点也表示赞同，他说："设计不是任何先验的假定，因此，认识到一个理论是建构的而不是发现的具有重要意义。"[4]

伽斯帕斯基从设计的广义和狭义含义两个方面，对设计进行了分析："在广义上，设计指的是一种方法，因此，在特定意义上它属于实践科学。在狭义上，设计指的是一种行动，即产生设计的行动。根据行动学的理论，当一个行动先于与之相关的其他行动，使它们的发生更容易，或者在一些情况中更可能发生，这个行动就是准备行动，因此，狭义设计是准备行动"[4]。由于广义设计和狭义设计都具有创建实践模型的共同目标，也就是某人想要实现的事态的模型，因此，在这两种情况下的设计都是以某些客观条件为基础的，如自然规律。但是，广义设计和狭义设计追求的模型的特性是不同的，前者关注的是事态的一般模型，后者涉及的是应用于特定单元或重复性事态的详细阐述的实践模型。

克莱茨克沃斯基（Konstanty Kreczkowski）同意设计的广义和狭义之分，强调设计和设计理论在语义学中有明确区别，认为前者是从狭义上理解设计，后者是从广义上理解设计。他认为："设计绝不是实践科学的首要任务。它是任何有意识工作的预备行为；它是计划行为的‘序曲’。因此，实践行为的计划及目标、工具和方法的选择中会体现出设计。另一方面，实践科学对有目的的行为本身的研究，以及对目标、计划和设计的确认，有其用意。概括地说，实践科学的本质不是设计过程本身，而是把设计理论应用于人类工作和行为的不同领域。基础理论学科的特征是为其自身而进行研究，不顾及实践结果，只注重有价值的概括性研究成果。这个特征在其他那些只注重理论而不顾及应用的学科中甚至在实践科学和应用科学中也是明显可见的。"[5]

可见，在行动学家眼中，设计是所有行动之前的准备行动，它关乎一切行动的成败，因此，在所有行动中，设计是最重要的。同时，设计不具有任何先验性质，而是人们从现实的实践状况中得来的，并且最终要在实践中得到应用，所以，设计具有鲜明的实践特征。

二、设计方法论

现代实践的复杂性决定了它不能等同于简单的“做的（making）实践”。它应当首先是一个先于所讨论的“做的实践”的复杂活动系统，其中包括：解释实践问题、有目的地阐述各种克服实践困难的可能性，并在可以接受的价值体系中选择最好的解决方案。伽斯帕斯基指出，与普通的做的实践相比，实践问题的解决在于通过转换信息以形成行动的概念准备，这时，建立设计方法论的要求不可避免地出现了，“这个要求的实现不仅有助于填补传统行动学关于行动的评价标准及实施有效行动的建议等研究方面的不足，而且，有助于丰富关于实践问题解决过程的控制理论，以及有助于限制那些认为一定会从解决方法的理性和它们的相关性中获益的思想的影响”[6]。

由于‘方法论’一词具有多种含义，因此，阐明“方法论”一词的含义对于研究设计方法论的本质是十分必要的。科塔宾斯基指出：“与大多数人的期望正相反，古希腊的词汇中并没有‘方法论’一词。现在经常使用的方法论概念都是在对古希腊‘方法’概念的理解基础上的引申。”[4]因此，要想理解“方法论”首先要理解“方法”。在科塔宾斯基看来，“方法一般意味着行动的方式。每个行动是一个过程，一种行动的方式就是一个过程的结构……一个过程包括一系列阶段，即由一系列特定的子过程组成。显然，每个复杂对象或者每个复杂过程（所有行动按照一个特定的方法执行）包括了由不同划分标准区分的组成部分……方法论和方法的关系好比植物学和植物，或者动物学和动物的关系一样。它的任务是：明确那些能将方法和其他可能的研究对象区别开来的特征；接下来，客观地区分不同类别的方法；最后，追根溯源地去解释这些不同之处”[7]。因此，在科塔宾斯基看来，方法论就是方法的科学，它可以被理解为一种专门的或应用的逻辑。

伽斯帕斯基十分赞同经济学家布劳格把“经济学的方法论”理解为“应

用于经济学的科学哲学"[8]。他认为，设计方法论就是应用于设计科学的科学哲学。以这种方式来理解，"设计方法论既不是设计的实践，也不是为了实践目的的指令，而是沿着科学哲学家反思方法论的方式，对设计过程的理论反思。因此，所有打算研究设计方法论的人，必须遵循布劳格的模式，为设计方法论加上副标题：设计者或者研究者在实践科学中如何逻辑地研究变化"[4]。

伽斯帕斯基将设计方法论划分为两个部分。第一部分是"实用方法论"，研究设计的目的，阐述它的本质，以及分析应用于设计过程的方法。这一部分也被称为"设计的方法"，包括对产生设计所涉及的个体行动的描述。第二部分是"非实用方法论"，关注的是设计的客体，尤其是阐明设计问题和解决方法的语言。设计问题和解决方法在这里被看作是复杂对象或者系统。后来，伽斯帕斯基把实用方法论中的一部分内容，即研究设计产生步骤的算法化，看作是设计方法论的第三部分，称为设计的技法（methodics）[6]。

这样一来，设计方法论就成为了一种"元科学"，犹如科学方法论是相对于科学的"元科学"一样。因此，行动学家们认为科学方法论研究可以而且应当为设计方法论提供基础。

三、设计的过程

行动学研究是为了改进行动，但是，在现代行动学家看来，它并不是把行动的实施作为整体来研究，而是更注重研究行动实施的某些部分，而这些部分就是实践状况。从系统论角度来看，就是把行动与其实践状况联合起来作为研究对象，从整体上考察它们。从这个意义上说，实践状况就是行动的实施背景，行动执行者就是实践状况的主体。

任何实践状况的好坏都是由主体来进行评价的。当主体对实践状况不满意的时候，他就会试图改变现有状况；当主体对实践状况满意的时候，他就会试图保持现有状况。由于自然或社会活动会对现有状况产生破坏性影响，因此，即便保持现有状况，也需要某种"变化"，尽管这种变化相对于这个实践状况本身来说是外部变化。因此，人类行动的本质就是克服实践状况的限制，实现行动的目的。

克服实践状况的限制需要一些准备行动，这些行动是为了消除或至少在一定程度上减少克服实践状况的难度和风险。“这样的准备行动被称为解决实践问题，或者说是对新的实践状况的设计。”[6]一般说来，行动学意义上的设计包括三个步骤：映射实践状况、形成关于克服实践状况限制的假说，以及检验假说。

映射实践状况，就是对实践状况的描述，它作为后续行动的基础，必须反映出这个实践状况的本质。对实践状况考虑得越周到，所获得的映射的充分性和精确性越大。最一般性的映射就是系统映射或者系统分析。

由于被映射的实践状况与它之外的“其余的现实”或“世界的其余部分”是相互作用的，因此，实践状况之外的其他现实状况也必须在映射中有所反映。因此，克服实践状况约束的执行者被看作是内部主体，一般来说，他是实践状况变化的发起人。“这样的主体可能是真正的人或者设计者假定的主体。但是，变化的发起者与变化的执行者并不总是一致的。现代社会的劳动分工，使得专门负责执行变化的执行者也可以主动提出变化的要求。”[9]实践状况之外的“其余的现实”或者“世界的其余部分”中的主体被看作是外部主体。外部主体通常决定克服实践状况约束的可采纳的框架，也就是决定执行变化时可以实现的自由程度。

如何形成关于克服实践状况限制的假说呢？主要运用改进的方法和设计的方法。前者在传统设计中占支配地位。它首先是对已有的实践状况进行映射。如果现有状况不令人满意，就对这个实践状况进行改进。因此，状况的每个变化都是改进。后者则是现代特有的设计概念，它只是将实践状况作为形成理想的解决方案的基础，对现有状况的事实中所隐含的局限性和有利条件不予考虑，而这些事实只是后来在决定现实的解决方案中才加以考虑。因此，这种方法的使用被要求尽可能降低现实解决方案与理想解决方案之间的差异。

检验假说就是证实或否证已经形成的关于设计问题的解决方案。一种类型的检验是检验假说的认知基础，也就是对解决方案中涉及的应用（或者基础）科学的相关理论的检验。例如，通过证明热力学第一、第二定律与永动机的不相容性，揭示出永动机不可能存在。第二种类型的检验是检验模型用于实践的可能性，也就是对模型投入使用的真实条件的检验。

诺瓦克（L. Nowak）指出：“理论研究者致力于回答为什么的问题；实践研究者对这个不感兴趣……他不关心为什么这个东西是这样，而是关心根据效率标准，如何做能使它这样，也就是最大限度地实现某个价值的条件是什么。他想要设计出实现预先设定的效率标准的方法。通过试错法得到满足标准的最好方法的情况很少会发生，因此，这个方法仍然将作为解释方法来使用。显然，我们可以说，发明家靠直觉发现了一个适当的解决方法，因此，未来他能够以同样的方式继续承担同一类型的设计任务。”[4]

行动学的设计方法论把映射实践状况、形成假说和检验假说作为设计的基本步骤，特别强调行动的实践价值，注重行动的效率问题。可以说，行动学的设计方法论是一个源自效率标准的方法论。

四、设计的社会性

人是设计和规划工作的承担者。人既有自然的一面，又有社会的一面。设计科学如果只研究自然的人，不考察社会的人，那它就不是关于设计的科学，至多是心理学、认知科学或工程学、应用数学的一个分支。因此，伽斯帕斯基指出：“设计科学的一个实质性特征，是从人性的角度去考察设计过程”[10]。索比希（Robert Sobiech）针对设计的社会性提出“设计社会学”的概念，他认为：“随着对设计的兴趣日益增加，以及设计科学的发展，我们可能会注意到：关于设计的研究往往忽视了设计的社会性。我们应当认识到：设计系统即使在某种程度上是自动的，它也是人造系统，它在一个具体的现实中起作用，塑造这个现实，并使现实服从它的影响。看起来，必须通过增加设计社会学以完善关于设计问题的研究”[11]。因此，设计社会学就是将设计放到一个社会背景中进行反思，从而为正在对未来进行准备工作的执行者提供对设计起作用的关于社会因素的信息。

设计行动发生在特定的社会环境中。设计行动的社会环境可以分为三种[11]：第一，人类群体。这种环境具有无限延伸的结构和高度的形式化，涉及的范围很广。由于社会功能的划分及与社会生活有关的结构化，一个共同体的期望和利益通常被不同的组织按照各组织的规则进行阐释。这种环境的结构错综复杂，经常发生信息传递的失调。因此，设计是否以真正的社会需要为基础，就成为了必须考虑的核心问题。第二，小型社会组织。这种环境具有相对简单的结构和较低的形式化，涉及的范围较小。通常，这种组织是为了实现特殊任务而组成的。在这种组织中，由于设计涉及的人员数量较少，因此，设计者为了满足特定的需要而引入特殊方法，具有较高的成功率。第三，社区共同体。这种环境中的设计者通常是个体设计者。他们可以是在正式组织之外活动的设计者，包括在专业组织结构之外活动的科学家、艺术家、政治家。这种类型的设计者应用他们的专业知识和技能为小型社会组织的行动进行设计。由于他们与客户直接联系，所以他们非常了解社会的期望。但是，由于这种环境的约束条件较少，所以，他们往往会努力实现他们所设计的理想模型。他们也可以是设计活动中的所有成员，这种设计活动的接受者是他们自己，以及与他们最紧密相关的环境。例如，装饰房间的已婚夫妇和准备晚餐的家庭主妇都是这种类型的设计者。

除了设计社会环境属于设计的社会学研究之外，设计者的社会责任问题也越来越受到关注。西钦斯基（Andrzej Sicinski）认为，设计者的社会责任日益增加，主要是因为两个原因：一方面，“现代技术的迅猛发展和全球化联系的加强，使得设计的结果具有非常广泛的影响范围和较大的影响规模”。另一方面，“现代工作组织作为现代技术发展的衍生物，正在削弱设计的主体与设计的客体之间的联结”[12]。这是因为，现代设计通常是群体完成的产品：某个设计者只是准备整体设计的某个部分，最终的设计结果经常在时间、空间、社会意义上被应用于远远超乎个体设计者能够设想的情况。因此，现代设计者需要更强的社会责任感、更抽象的思考能力，以及更大的想象力和洞察力。

一般来说，在研究设计者的责任问题时，如下四方面内容是必须加以考虑的[12]：

第一，设计者的个体特征。包括他拥有的一般知识、专业技能、想象力、创新力，以及他的社会责任感和道德观。

第二，设计任务的适当说明。关于目标和方法的说明既不能太概括也不能太精确，要为设计者自己的主动性、创造性留出一定的空间。

第三，执行设计任务的条件必须适合这个任务。一个人如果只是根据设计技术规则提供给他做工作的工具，就无从谈论设计者的责任。

第四，设计者的工作方式对于他的责任感的形成具有重要作用，要使他的工作与社会目标相协调。

行动学对设计行动的社会性研究，受到了很多设计研究者的高度评价，一些学者甚至把它等同于西蒙的设计纲领。例如，杨砾等人指出："在波兰，设计研究中的所谓'人性观'，主要指'行动学'——研究人在社会组织中的抉择行为模式的学科。在西方，类似的学科是'现代决策理论'的核心部分——'人类决策理论'。这两种理论，无论在内容上，还是在研究方法上，都十分相似……后者的突出代表作之一是西蒙的'有限理性说'。"[10]这个评价是中肯的。

五、设计的局限性

设计作为行动的准备，致力于研究以认知为基础的变化，并与社会评价标准保持一致。因此，似乎设计准备得越好，那么它就越能解决日常生活中没有预料到的或者不可控的事情。其实不然，因为设计的局限性决定了设计只能在一定程度上为未来行动做准备。

伽斯帕斯基认为，设计的固有局限性主要来自设计的认知基础，这主要是因为行动者克服实践状况的限制需要两种知识，即事实性知识与方法性知识。前者与涉及现实中的某些部分的现象有关，后者与使用事实性知识的方式（方法、技巧）有关。在理想情况下，设计者或者设计团队拥有完备的知识组合，因而能够高效地完成设计任务。但是，在现实世界，每个人拥有的知识都是有限度的；知识在群体中的分布也是不对称的。群体中的个体成员由于其不同的经历，只能拥有局部的、少量的事实性知识和方法性知识。这样，现实中的单个设计者拥有的知识一定比理想设计者拥有的知识少；现实中的设计团队拥有的知识也一定比理想设计团队拥有的知识少。不仅如此，从动态看，设计活动所需要的知识常常并不是在设计之前就已经存在着，而是在设计过程中不断搜索、不断生成着的，因而也就不可能在行动之前对行动做出十全十美的准备工作（即设计）。

除了认知方面的局限性之外，还有一些问题在一定程度上会限制设计对未来行动的预测能力。这包括"设计者的个体特征（如设计者的前瞻性、分析能力)，应用于研究范围的工具（方法论工具、社会学工具，如问卷)，设计中的一些客观因素（如设计所需要的时间、资金)，等等"[13]。

六、结　论

行动学从行动的效率角度出发，对设计进行了系统研究。其中的很多观点——例如，把设计的本质规定为"为特定的实践状况寻找解决方案的实践方法"；将设计的方法论看作是对"设计过程的理论反思"；社会性是设计的根本属性；设计的主要局限性在于"认知基础"，等等——不仅对设计哲学做出了巨大贡献，也对工程设计的哲学研究具有重要启示。

作为一种特殊的设计活动，工程设计不仅仅是一种创造性的思维活动，也就是说工程设计的对象是现实世界并不存在的而只存在于少数人的头脑中的事物，而且，工程设计还呈现出其他一些"特有的个性"。例如，工程设计往往"是对不明确问题的解决，这其中，可能不存在解决问题的算法……不存在唯一正确的解决方案"[14]；再如，工程设计一般会受到政治、技术、经济、军事等很多因素的共同影响，因此，工程设计通常是在各种冲突中进行的折中选择。

根据工程设计的这些特性，要想使工程设计更加"有效率"，必须充分认识和处理好以下几个方面的问题。

第一，处理好设计中的共性与个性的关系。一方面，要承认工程设计是有规律可循的，是在一定方法论指导下的实践活动。所以，应当注重发现和掌握工程实践中得来的方法、规律和原则，并把它们概括、升华成一般方法论。但是，另一方面，工程活动的"当时当地性"决定了任何具体的工程设计都不可避免地具有自身的特殊性。所以，要注意统筹兼顾每个工程的实际情况，实现工程设计的"个性化"。

第二，处理好设计者的个体性和集体性的关系。工程设计，尤其是现代工程设计，通常是由团队而不是单个个体来承担的。因此，设计者在工程设计中既作为组成团队的个体与团队的其他成员打交道，同时又代表着团队与客户沟通和交流。由于团队中的成员组成是多样化的，他们往往来自不同专业，具有不同的实践背景。因此，一方面要充分发挥个体积极性，这对设计团队有效地开展设计工作来说是至关重要的；另一方面，还要强化设计者的集体观念，加强他们承担设计风险的责任意识。

第三，高度重视工程设计的社会性问题。与其他设计活动相比，工程设计不仅仅是科学技术活动，它还与各种社会因素紧密相连，可以看作是一种“社会过程”[15]。工程设计，尤其是大型工程的设计，往往会对特定地区的社会经济、政治和文化的发展具有直接的、显著的影响和作用。因此，对于工程设计的哲学研究不能只是关注设计活动本身，从这个意义上来说，依照行动学家们的建议，建立“工程设计社会学”，是十分必要的。

参考文献

[1] 马克思．资本论．第一卷．中共中央马克思恩格斯列宁斯大林著作编译局译．北京：人民出版社，1975：202.

[2] Collen A，Gasparski W W. Design & Systems：General Applications of Methodology. New Brunswick，New Jersey：Transaction Publishers，1993：xiii.

[3] Kotarbiński T. A theoretician and a practitioner towards the future：A methodological note//Collen A，Gasparski W W. Design & Systems：General Applications of Methodology. New Brunswick，New Jersey：Transaction Publishers，1993：173.

[4] Gasparski W W. Design methodology：A personal statement//Durbin P T. Philosophy of Technology. Dordrecht：Kluwer Academic Publishers，1989：153－154，156，158，164.

[5] Gasparski W W. Tadeusz Kotarbiński's methodology of the practical sciences and its influence. Research in Philosophy & Technology，1983，6：99.

[6] Gasparski W W. The art of practical problem solving as a subject of scientific exploration：An appeal for modern praxiology//Calhoun J B. Environment and Population：Problems of Adaptation. New York：Praeger Scientific，1983：123，124.

[7] Kotarbiński T. The methodology of practical skills：Concept and issues//Collen A，Gasparski W W. Design & Systems：General Applications of Methodology. New Brunswick，New Jersey：Transaction Publishers，1993：26，28.

[8] 布劳格．经济学方法论．黎明星，陈一民，季勇译．北京：北京大学出版社，1990：前言．

[9] Gasparski W W. Praxiology System & Control Encyclopedia. Oxford：Pergamon Press，1991：3863.

[10] 杨砾，徐立. 人类理性与设计科学. 台湾：复汉出版社，1996：40－41.
[11] Sobiech R. Design as an object of sociological reflection and study//Collen A，Gasparski W W. Design & Systems：General Applications of Methodology. New Brunswick，New Jersey：Transaction Publishers，1993：389，394－398.
[12] Sicinski A. On designer's responsibility//Collen A，Gasparski W W. Design & Systems：General Applications of Methodology. New Brunswick，New Jersey：Transaction Publishers，1993：411－412.
[13] Miller D. Limitations in designer's study of a sphere of reality//Collen A，Gasparski W W. Design & Systems：General Applications of Methodology. New Brunswick，New Jersey：Transaction Publishers，1993：335－336.
[14] Layton E T. Science and engineering design. Annals of the New York Academy of Sciences，1984，424：173－181.
[15] Bucciarelli L L. Engineering Philosophy. Delft：Deft University Press，2003：33.

认知视野下的工程故障*

一、问题的提出：工程故障可以预见吗？

工程故障是工程活动的特有现象，是超出预定工程目的、出乎工程设计者和运行者意料之外且造成较大有害结果，使正常工程活动或工程设施运行被迫中止的工程现象，人们通常又将工程故障称为安全事故。由于其有害性质，工程故障如过街老鼠，人们必欲除之而后快。《中华人民共和国安全生产法》规定："为了加强安全生产监督管理，防止和减少生产安全事故，保障人民群众生命和财产安全，促进经济发展，制定本法。""安全生产管理，坚持安全第一、预防为主的方针。"[1]足见在国家意志和通常的意识看来，如果措施适当，不犯错误，安全事故、工程故障应当加以而且是可以避免的。然而，现实总是告诉人们，工程故障的出现总是突如其来，对于新的故障现象尤其如此，即使是有迹可循的、曾经出现过的故障现象，实践证明要判明其是否必定发生、何时发生也存在极大的困难，人们试图避免工程故障的企图一再失败。波普尔曾说："事情的结果总是与预期的有点不一样。社会生活中，我们几乎从未造成我们原先希望造成的

* 本文作者为王佩琼，原载《自然辩证法研究》，2011年第27卷第4期，第74～80页。

效果，我们还经常得到我们并不想得到的东西。当然，我们在行动时，心目中是有一定目标的；但除了这些目标以外（实际上这些目标我们可能达到，也可能达不到），我们的活动总是还产生某些不希望的结果；而且，这些不希望的结果通常都无法消除。社会理论的主要任务就在于解释为什么它们无法消除。"[2]工程故障关乎生死，作为社会理论的哲学对于其发生的机制应当进行探讨。防止工程故障的前提是对于工程故障的预见，这里的问题是：工程故障可以预见吗？如果不能预见，那么，这种不可预见性的学理机制是什么？

鉴于工程故障危害的严重性，人们对于如何防止工程故障进行了一些研究，如《工程故障学思辨》[3]《浅析大化肥装置中火灾爆炸事故原因及防范措施》[4]等文章，对工程故障进行了初步分类，提出了工程故障的诊断方法，对具体工程故障的防范措施提出了建议。这些研究多是就事论事，鲜有从哲学角度对之进行系统的分析。本文从认识论的角度尝试对上述问题做出回答，亦即对工程故障的必然性及某种程度上的合理性做出说明。

二、人类活动结果的不确定性与工程故障的不可预见性

工程故障是在一定条件下发生的意外事件，促成故障发生的条件是工程故障的原因。依故障原因的性质可将其分为两种类型：其一，工程故障发生条件为首次出现，未为人们所知悉，此类工程故障的原因从未出现过，借用医学术语隐喻，可称之为原发性工程故障。大凡新的工程样式在首次运行中所发生的故障均属原发性的，如新型飞机首次试飞所发生的故障等。其二，工程故障发生的条件过去曾出现过，但因疏忽或其他因素使其再次出现，此类故障可称为继发性工程故障。大凡工程日常运行过程中因操作失误而发生的故障即属此类，如铁路列车出轨事故。

基于上述对工程故障的分类，笔者认为，对于原发性工程故障而言，具有发生的必然性及不可预见性；对于继发性工程故障，也具有相当程度的不可预见性。这是由人之认识能力的先天缺陷及人工造物的基本性质所决定的。

（一）人类活动结果的不确定性决定了其不可预见性，因此，也就决定了工程故障的必然性

工程技术是人类赖以生存的基本造物方式。然而，人之依赖工程技术的生存过程，是充满危险的不确定性过程。在《论真理的本质》及《追问技术》两篇论文中，海德格尔将工程技术运用的不确定性阐释为遮蔽。

何为“遮蔽”呢？从海德格尔对去蔽的具体描述可以看出端倪：“驾驭着现代技术的‘去蔽’是一种逼索。它蛮横地向自然索求，要求自然供应能量，能量就可以被逼索出来和储存起来。”[5] “技术是去蔽的一种方式。”[5]去蔽是技术的基本结构：“什么使技术的本质与去蔽发生了联系？回答是：一切。因为，每一个‘带上前来’都是以‘去蔽’为基础的……目的和手段属于它的领域，工具性的东西亦属于它的领域。这是技术的基本结构。”以去蔽为基础的技术活动：“‘带上前来’是将某物从遮蔽状态带入无蔽状态中。”[5]这种去蔽又可以称之为“设置”：“即设置自然。它在逼索的意义上来设置自然。”[5]所谓的“蔽”即是“无”，而“去蔽”即是在目的导引下的“从无到有”的活动。任何设置都含有目的，设置只不过是预计如何从自然物中开发出符合目的的功能来，设置即去蔽，海德格尔又称之为“构设”。问题是这种设置能够使目的完全达成吗？也就是说，去蔽之目的是可能完全达成的吗？海德格尔的回答是否定的。

“技术的本质存于构设之中，构设的作用归属于天命之中，因为天命总是把人带到去蔽的一条路上，而人便一直在途中循着可能性的边缘向前走。为的只是追寻、推动那在预设中去蔽出来者，并以此作为衡量一切的尺度……当人被带入这许多种可能性之中时，人便受到来自天命的威胁。去蔽之天命在起去蔽作用时不管以任何方式都必然是危险。”[5]海德格尔在这里说出了人类实现目的活动的基本性质，即目的预设的盲目性及活动结果的多种可能性，因而指出了人类目的实现活动的危险性。基于特殊目的，人类的工程技术活动总按照预设去处置自然物，而这种处置的结果是否符合预设，却有着多种可能性。人类的活动总是面对着多种可能性，这就是说，其结果的不确定性。在工程活动中，当其实际发生结果与目的不符合时，就是工程故

障。“不如意事常八九，如人意者无二三”，即是人类活动结果不确定性的生动描述。

人类依赖工程技术的生存是向着未来之未知的操作过程，这种未知的不确定性正是原发性工程故障必然性的学理机制。那么，活动结果的不确定性又当如何解释呢?

（二）人类认识能力的后觉缺陷决定了工程故障的必然性及不可预见性

对于自然物的任何构设总是基于对于自然物的认识，这也就是说，构设成功的前提是认识真理。在《论真理的本质》一文中，海德格尔论证了真理的不可认识性。

首先，通常意义上，真理是陈述与事物的符合:“如果一个陈述所认为的和所说的与所陈述的事物符合一致，这个陈述就是真的。”[6]让事物不受歪曲地呈现于认识中，并于认识中如其所是地那样说出之，即是真理，即是“让在者在”。但是，这种“让在”真的能够使在者如其所是地呈现，或者说，陈述真的能够如物所是吗? 非也。“协调的让在者在这回事，总是贯穿在一切动荡在这回事中的敞开不变的行动中，并且还行动在先。人的行动是由在者整体敞开出来的情况贯彻始终的。但这个‘整体’在日常的算计和筹划的眼光中，似乎是不可计算、不可把握的。从每回恰好敞开出来的在者中，根本捉摸不出究竟它是归属于自然中还是归属于历史中。”[6]原来，陈述不能使对象如其所是的那样，是因为在先的是行动，唯有行动才能使在者敞开，而行动就伴随着“在者整体敞开出来的情况”始终。对于对象的行动意味着对于对象的改变，因此，让在者在的过程，正是改变在者的过程。人类无法区别呈现出来的对象是自然还是人所创造的“历史”。如此，在行动中呈现的对象，自然不能如其所是地被陈述了。结果“正是在那让在者存在在单个行动中的让在，让那个对之行动的在者在起来了，从而也使其去蔽了的时候，它也遮蔽了在者整体。让在者存在这回事本身就同时是遮蔽。”[6]对于对象的认识是对于对象的改变，从而不能获得对于对象的真认识。这种思想在黑格尔那里就已经阐明:“因为如果认识是我们占有绝对本质所用的工具，那么我们立刻就能看到，使用一种工具于一个事物，不是让这个事物保持它原来的样子，而是要使这个事物发生形象上变化的。再或者说，如果认识不是我们活动所用的工具，而是真理之光赖以传达到我们面前来的一种消极的媒介物，那么我们所获得的事物也不是像它自在存在着的那个样子。在这两种情况下，我们所使用的手段都产生出与它本来的目的相反的东西来，或者毋宁说，我们使用手段来达到目的，根本是一件于理不合的事情。"[7]

对于自然之在者的认识不能获得其真，那么又如何保证对在者的构设，即技术活动的结果的设计能达成事先设定的目的呢？人类处置自然之设定的根据是对于自然的确切认知，但是，这种认知恰是不确切的，基于认识的工程技术活动从根本上就具有盲目性，即创造多种可能性的盲目性。"构设调整着真理的显相与起作用。那种进入预设的天命因而是最大限度的危险。危险之事不在于技术。世无技术魔鬼，倒是有技术本质之秘密。技术的本质，作为'去蔽的天命'就是危险。"[5]人类必须借助于工程技术方能生存，而这种生存活动说到底，是一种盲目的活动，工程技术活动总是给人带来危险。固然，人类在工程技术操作之前要预先设置一个目的，但这一目的的设置貌似明确，实则盲目，人类对于自己活动的无知，正是危险所在。

人类的工程技术活动是对于自然的设置，而且是对于自然无知的盲目性设置，活动结果出乎意料就有必然性。人类认识能力不足的先天缺陷是活动结果不确定性的认知机制，也因此构成了原发性工程故障的必然性。

（三）人工造物自发解体及其随机性质决定了工程故障的必然性及不可预见性

"一切存在者，只要不是上帝，就需要最广泛意义上的制作，需要维持。"[8]人工造物——工程技术造物更是如此。飞机不加维护，其性能不会自发地变得越来越好；大坝在水流的冲刷下，不会自发地变得越来越坚固。作为人工造物的技术产品及工程设施的自发演化，完全符合热力学第二定律：热量不可能自发地、不花任何代价地从低温物体传向高温物体。克劳修斯表述的热力学第二定律亦称熵量增加原理。熵增加原理的认识论意义在于，在一切自然现象中，各种系统都不断地趋向于平衡，趋向于无序，趋向于对称。对于工程技术造物而言，其自发的变化趋势是自动解体，因此，需要维护才能保持其正常运行状态，这是人工造物的基本性质。工程造物的独特性在于其为持续运行的大型设施与装置。这些装置对于使用这些装置的人们而言，具有价值的强制性，也就是说，一旦投入使用则对之产生价值依赖。这些装置的解体人们称之为工程故障，工程故障意味着人们的巨大的损失，意味着灾难。热力学第二定律如果是正确的、有效的（对于工程技术造物及其运行而言，目前为止找不到其无效的证据），工程设施及装置的自发演化趋势是解体，也就是说，工程故障将自发地和必然地发生。人类的生存需要秩序，人类维护这种秩序的手段即是文化。人类的生存需要工程技术造物，人类维护工程技术造物及其正常运行的手段即是工程技术的操作知识和维护知识。人类防止工程故障出现的手段即是维护。

问题是，人们的维护是可以有效地防止工程故障的发生吗？事实上，在人们的精心维护下，工程设施及装置仍然不断发生着出乎意料的失效——工程故障。那么，工程技术维护手段不能完全避免工程故障的原因是什么呢？后种系生成原理可以予以有说服力的解释。

“目前，我们之所以有必要认识技术进化的过程，是因为当代技术是我们面临的一个极大的难题：我们并不立刻理解它的实际内容和它的深层变化，尽管我们不断地就当代技术采取决策，但是我们却越来越感到它们的结果是始料不及的。”[9]为了解释工程技术运用的这一现象，贝尔纳·斯蒂格勒提出“相关差异”的概念，而将工程技术造物的运行过程描述为一个自我差异化的过程。在此过程中，技术的运用在时间中发展出不同的结果来，而且这些结果是非预先设定的，因而是不可预料的。

相关差异的概念源于贝尔纳·斯蒂格勒所提出的“后种系生成”的概念：“技术史同时就是人类史，由此我们将提出‘后种系生成’这个奇特的概念。”[9]关于生物学中一个种系的发育生成过程，有两种相反的一般性理论模式：其一，认为一个物种的一切特性，都已经被包含在胚胎（种）之中。物种的生成过程无非就是通过不同的阶段的发育，展示种生来就有的特性。换言之，物种的一切已经在生成之前由胚胎确定。其二，认为一个物种的特性并非从一开始就全部被包含在种之中，而是在后天的生长过程中逐渐形成的。作者用这个概念来解释技术发展的一般性模式，指出技术没有一个最初的、包罗万象的种。如果把技术作为一个种系来考察，它的生成过程也就是技术的发展过程，技术的一切特性都来自“后种系”的技术历史本身。因而，认为人的代具性决定了人必然随着技术的发展历程，在自身的发展过程中获得（或发明）自身的属性[9]。所谓的后种系生成，即是物种自身不断地生成新的特性的过程，是自身不断地差异化的过程。所生成的新特性并非事先决定于“种”，而是决定于过程本身。自身的变化就是相关的差异性变化，就是相关差异：“相关差异这个概念怎样避免使差异对立，把差异作为一个运动的统一体，使自身建立在运动之上，它的意义就是变为其他。”[9]“‘相关差异’同时包含‘差异’和‘延迟’两个方面的意思，即时间的空间化和空间的时间化。”[9]

贝尔纳·斯蒂格勒进一步将后种系生成及相关差异的概念用于解释人的存在的过程——此在的工程技术过程。如果人的生存过程也是一个“后种系生成”的过程和相关差异的过程，则人的生存也是非预先确定的，因而是非确定的。人对于自己的未来——自己的“尚未”——自己的终结可以设想，即可以“超前”，但是自己的未来、终结的实现，对于人的意义则是不确定的。

人的存在是工程技术的存在，工程技术控制着人的生存。然而，控制人之生存的工程技术的后果却不以人的意志为转移。问题的关键在于：“在手之存在是可以造成缺陷的存在者。”[9]这就是说，工程技术造物的运行过程本身即是可以造成缺陷的过程。任何维护措施均是针对已经发生过的故障原因而设计的。工程技术造物的后种系生成性质，意味着工程活动自身在不断地生成故障发生的条件，意味着不断地有新的故障现象产生，因而，决定了预先制定的预防措施、维护措施的无针对性，因此，工程故障的发生具有随机性和不可预见性。

从根本上说，行为的不可预见性内在于人类的起源中：“在普罗米修斯（谨慎和预见）原则中产生的断裂，是事后才发现的日常的过失和缺陷的结果——作为事后之原则的爱比米修斯原则。这个原则之所以可能，完全是因为，预见从根本上说就是无预见，或者没有完全预见——总是停留于无确定状态，也即总是建立在爱比米修斯的过失的基础之上。这个过失虽然起初被遗忘，但总是不断地重新出现，并已经在此打下其实际性的烙印……在器具的施行过程中，发生了制作世界过程，而且某种断裂也由此产生。”[9]普罗米修斯在人类出现之初曾为人类安排性能。由于爱比米修斯的遗忘使人类没有得到预设中的性能。对性能的事先分配是预见，爱比米修斯的遗忘、过失则表明，普罗米修斯的预见是可以失效的，尽管作为神，也未能预见到爱比米修斯的过失，足见其预见能力也是有限的。预见实际就是无预见。神话中就已经透露出，作为工程技术的在手之物是可以产生缺陷的，而且这种缺陷有其不可预见性，会发展出与初始目的不同的、不可预见的后果来。这就是继发性工程故障所具有的某种程度上的必然性及不可预见性的认识论机制。

（四）工程故障与工程陷阱问题的辨析

在《工程哲学引论》中，李伯聪先生独辟蹊径地讨论了工程陷阱和工程壁垒问题："所谓陷阱或壁垒都只不过是一种比喻。在前进中，壁垒是可见的障碍，陷阱是看不见的危险；壁垒和陷阱代表了两种不同类型的困难，也许更确切的说法是它们代表了两种不同类型的造成错误的原因。"[10]李伯聪先生在这里所说的工程错误，笔者认为，就是工程故障。因此，李伯聪先生在这里实际上讨论了导致工程故障的两个原因：工程陷阱和工程壁垒。李伯聪先生在其著作《工程创新：突破壁垒和躲避陷阱》中，更是提出了"突破壁垒和躲避陷阱"的命题[11]。

问题是工程陷阱是可以躲避的吗？

人们一般将看不见的危险称为陷阱，所谓的工程陷阱即是看不见的工程故障的潜在性。这里的"看不见"不是指"知道存在"但视之不见的意思，而是指"从根本上就不知道陷阱的存在"。正因为如此，陷阱才有令人生畏的危险性。工程陷阱之所以会有不为人所知的性质，全在于前已述及的人类认识能力的先天缺陷，全在于人类（工程技术）活动结果的不可预见性，全在于工程设施及装置运行后果的后种系生成性。由于人的认识后觉性，工程陷阱是不可避免的、不可预见的，因此，工程陷阱对于工程筹划而言是头等重要而又无可奈何的。从原理上说，工程陷阱是无法躲避的。

所谓的工程壁垒是指实际存在着的对于建设及运行的阻碍因素，包括信息壁垒、意志壁垒、制度壁垒等。壁垒的存在干扰着正常的工程建设及运行，是造成工程故障的另一原因。为什么会有壁垒存在？笔者认为，工程壁垒与工程陷阱并非毫不相干的两个范畴，李伯聪先生将两者并列，是有道理的。笔者认为，对于工程陷阱的惧怕构成来自工程决策者的工程壁垒的根据。工程陷阱的不可见性，构成了工程决策的先天风险。所谓的信息壁垒直接源于工程陷阱的不可见性，而意志壁垒和制度壁垒也与工程陷阱的巨大的风险息息相关。在巨大的工程风险面前，决策者的谨慎从事表现为各种壁垒的形态，决策者对于特定工程的推三阻四，表明壁垒设置在一定程度上是可以理解的。

对于工程壁垒固然可以采取各种方法进行突破，如“世路难行钱做马，城池难破酒为军”。但这些手段并不能保证人们不在工程建设与运行中落入陷阱，不能保证不发生工程故障，正所谓“身后有余忘缩手，眼前无路难回头”。

三、工程知识的起源：工程故障的积极意义

我们说工程故障具有必然性及不可预见性，并不是为工程故障的有害后果进行辩护。工程故障因其对人类造成伤害而为人所痛恨是可以理解的。但是，仅仅诅咒无济于事。“存在的就是合理的”，事实上，工程故障不唯有害，作为一个不以人的意志为转移的客观现象，有其存在的合理性。这种合理性构成了工程故障的积极意义，如果用语言加以概括，可以说：工程故障是工程知识的起源，因而是工程活动得以持续演化的必不可少的环节。

工程活动的产物是人造世界，故障的本质是人造世界缺陷的暴露，人造世界之所以会有缺陷，工程知识——关于自然的知识及操作自然的知识——的不完备是重要原因。“‘实践的’活动并非在盲然无视的意义上是‘非理论的’，它同理论活动的区别也不仅仅在于这里是考察，那里是行动，或者行动为了不致耽于盲目而要运用理论知识。其实行动源始地有它自己的视，考察也同样源始地是一种操劳。”[8]工程实践运用工程知识，工程故障说到底是原有工程知识不足的暴露，是原有造物方式不足的暴露。工程故障的积极意义在于其能揭示原有造物方式的不足，从而提示新的造物方式，是新造物方式生成的可能的、必不可少的条件。

工程因其价值的普遍性人们要求不发生故障，安全是工程的最重要的指标。正是在对于故障原因的总结与防范措施的发展中，工程知识得以系统化。工程知识即是对于原发性工程故障的原发原因进行总结而产生的。也许有人认为，工程故障可以是工程知识的来源，问题是工程知识一定要从工程故障中来吗？笔者认为，是。这是由人类认识的先天后觉缺陷所规定的，人类认识的后觉性规定了人类活动的基本特点就是“试错”。

贝尔纳·斯蒂格勒在其《技术与时间——迷失方向》一书中，对人类工程技术活动的试错性质有着深刻的表述。人类是缺乏本能的有缺陷的存在者，故而，“人是依赖于代具的存在且不具任何特长”。人类的这种先天缺陷使人类的生存活动缺乏明确的方向，“这种不确定性原初就使此在迷失了方向，使其孤助无靠且缺乏触手可及的参照物。当然，此在可以试着确定它，也就是说，试着‘计算’未来，欲‘确定不确定性’”[12]。尝试计算、尝试确定方向只有在经验中进行：“原初的迷失方向历来产生于划分界限、标明东西南北的坐标中。迷失方向中给出的东方与西方，并不是单纯的地理‘资料’，而是指迷失方向的特殊经验。这些坐标点显示方向，并勾勒一切运动的动机只有通过世界的经验才能形成。经过长期观察，坐标系的建立是用来‘调节’技术生成和社会生成的……调节可帮助定向，于是原初的迷失方向即便没有被隐匿，也是被矫正了。”[12]这样的调节本质上是试错，并不能解决人类不能预见未来的缺陷问题，因而，这样一个过程周而复始，使人类永远面临着认识外在的任务。

人类认知模式是试错法，而试错法的本质是从错误中学习。贝尔纳·斯蒂格勒的坐标点应当更明确地表述为“错误”，在工程技术活动中，即是“工程故障”。工程知识是在人与自然的交往过程中生成的，人是虚无，自然亦为一虚无，两个虚无交往产生“有”“是”“在”。人对自然的认识与改造，是对自然的规定，在规定自然的同时，也规定人类自身的生活方式和思维方式，因而，也是对人自身的规定。正因为人是虚无，故在交往中明确自己的需要，是从抽象到具体的认识过程，也是从抽象到具体的建构自然的过程。过程中每一环节，均是对于抽象需要的否定，直到最终的结果产生。每一次的原初的否定均表现为一个错误，直到所谓正确的东西产生。工程故障即是人与自然交往过程中的否定环节。否定之否定即是正确的工程知识。从此一点出发，工程故障是工程知识产生的必由之路。科学实验是试错，技术革新是试错，全新的工程实践也是试错。它们之间的区别深刻地反映了工程的特质：工程因其价值的普遍性，使得试错结果以故障的形式表现出来时，产生较之科学技术试错结果大得多的危害性，由此产生的工程知识在随后的工程实践中又可以为人类带来较大的收益。

新石器时代中期以后，农业由丘陵、台地向平川发展，治水成为突出问题。传说，我国古代最早进行治水活动的是共工氏族。《管子·揆度》载："共工之王，水处什之七，陆处什之三。"[13]说明当时水患危害很大。据《国语·周语》记载，当时共工采用了"壅防百川，堕高堙庳"[14]的治水方法。所谓的"壅防百川"即是沿河川修筑简单的堤埂，以抵挡泛滥之水；所谓的"堕高堙庳"，即是将高处的泥土填到较低的地方，加高地势，使低地不再受淹。稍后于共工的重要治水人物是鲧。《史记》记述了鲧治水的过程："嗟，四岳汤汤，洪水滔天，浩浩怀山襄陵，下民其忧。有能使治者？皆曰鲧可。尧曰，鲧负命毁族，不可。岳曰，异哉，试，不可用而已。尧于是听岳，用鲧。九岁功用不成。"[15]鲧治水九载功用不成，他是用什么方法治水的呢？《尚书·洪范》谓："鲧堙洪水。"[16]《国语·鲁语》称："鲧障洪水。"[14]《吕氏春秋·君守》曰："夏鲧作城。"[17]大概鲧是用障、堙、城，即用筑堤埂的方法将洪水挡在居住地之外。看来，这种方法是失败了。《国语》："昔共工弃此道也不过，虞于湛乐，淫失其身，欲壅防百川，堕高堙庳，以害天下。"[14]从此一评价来看，共工的治水实践也是失败的。

继之而起的是大禹治水的工程实践。《史记》（卷二）记载大禹治水的事迹时说："禹伤先人父鲧功之不成受诛，乃劳身焦思，居外十三年，过家门不敢入。薄衣食，致孝于鬼神，卑宫室，致费于沟洫。陆行乘车，水行乘船，泥行乘橇，山行乘檋。左准绳，右规矩，载四时，以开九州，通九道，陂九泽，度九山。"[15]其所用治水方法则是："决九川致四海，浚畎浍致之川。"[15]大禹的工作是使江河（九川）及农田中沟渠（畎浍）通畅，将积水导入川，使之最终入海。与共工及鲧"壅、障"的治水工程方法不同，大禹采取了疏导的方法，取得了较好的效果。《孟子·滕文公下》说，大禹未治水前，"水逆行，泛滥于中国，蛇龙居之，民无所定，下者为巢，上者为营窟"[18]，居住条件恶劣。禹治水后，"水由地中行，江淮河汉是也。险阻既远，鸟兽之害人者消，然后人得平土而居之"[18]，生存条件大为改善。共公、鲧治水用"障"法，失败后，方有禹"疏"的治水法。禹"疏"的治水法正是在鲧治水用"障"法的基础上试错的结果。

上述案例绝非仅有，在工程手册上的每一个工程方法的后面均有工程故障的影子。钱学森在《工程与工程科学》一文中，给出了一个由试错法产生工程知识的典型案例。

> 让我们举 Tacoma 海峡大桥为例。这座桥在 1940 年 7 月 1 日开始通车。它是一座路基极窄的悬索桥……大桥完工以后，发现大桥极其柔软。在刮风的夜晚，常出现幻象效应，行驶着的汽车的前灯忽明忽暗，这是因为车道发生侧向和纵向的振荡。1940 年 11 月 7 日的上午10：00，大桥在强大的盛行风作用下开始发生强烈的扭转振荡。振幅逐渐增加，一个小时以后，桥身大概在中跨处折断。当然，大桥的失效在土木工程师中引起了浓厚的兴趣，这类破坏从未见过，其原因究竟是什么？土木工程师一般关注静力的作用，甚至考虑大幅值的情况。举例来说，大桥部件中的应力一般来说是每平方英寸①几十吨的量级。现在作用在表面上的空气压力或风力可能是每平方英寸五分之一磅②的量级。对于土木工程师来说，一开始很难明白为什么这样小的风力居然能够破坏这样坚固的大桥。失效的真实机制最终由一个以 O. H. Armann、Th. von K′arm′an（法文）和 G. B. Woodruff 组成的委员会给出解释。他们的报告是工程科学家的研究工作的典型例子。它包含模型试验和理论计算的内容。大桥失效的真实原因是风力所激发的共振。这一航空工程师所熟知的颤振现象，却完全超出了土木工程师的经验范围。风力虽小，但具有与车道相同的振荡周期，或者说，风力常与路面的振荡同步，而因此发展到导致毁坏的共振幅值。由此看出，对大桥采取减振及增强的综合措施从而增加大桥的自振频率，失效是能够避免的。这就是设计新桥的原则。[19]

---

① 平方英寸是英制面积单位，1 平方英寸≈6.45×10^{-4}平方米。

② 磅是英美制重量单位，1 磅≈0.45 千克。

这个案例是典型的原发性工程故障案例，典型地反映出工程知识起源的后种系生成性质及工程知识获取的试错性质。在这个独特的桥未造好投入使用前，此类工程故障绝无发生的可能。只有在这样特定的时间及空间中，才发生这样一个特定的工程故障。由于这样的故障是第一次发生，因而，故障的原因、条件也是第一次出现。工程师设计的后觉性绝无可能预见到此类故障的发生，因为，他们绝无可能发现尚未存在的故障原因。对工程故障的后觉性分析，产生了新的工程知识，即“新的设计新桥的原则”。当然，后觉的工程知识并非没有意义，在类似桥梁的设计中，可能避免类似工程故障的发生。

我们说，由工程故障产生的工程知识可能避免在类似的工程建设中发生同样的故障，但仅是可能性而非必然性。这是因为试错过程乃是在一定约束条件下进行的，因此，由试错而来的工程知识，也只是在相同条件下有其完全效果。时过境迁就不能保证工程知识推广的有效性。在工程实践中，往往采取模拟实验的方法进行试错，试图将模拟实验中得到的结论推广到实际的工程建设实践中去。然而，这种试错只是对真实工程过程的小规模模拟，因而，实际工程过程的条件与试错条件不同，因而，出现偏差就是在所难免的了。数学上的相似理论即是为了解决试错条件与实际条件不同时，如何利用试错结果而诞生的理论，企图以简单的相似准数来代替复杂的真实过程。相似准数的相同，并不意味着模拟实验与工程实际的条件完全相同，两者之间的真实差别导致故障的时常发生。因此，由模拟实验的试错过程产生的工程知识，充其量也只能作为可能结果判断的可能依据。任何工程知识产生于具体时空条件下的工程故障，或说具体工程语境，当条件或语境发生变化时，这种工程知识的有效性就要打折扣了。

综上所述，由工程故障而来的工程知识就有了如下三个性质：由后种系生成性所决定的不完备性；由工程知识有条件的适用性而产生的当时当地性；由工程知识起源试错性所决定的经验性。

四、结论：对于工程故障的理性态度

工程故障的形成机制提示我们：人们从运行工程设施中收益的过程，伴随着工程设施维护的再投入过程，也是消除工程故障可能性以维护工程正常运行，同时又产生着新的工程故障可能性的过程。推而广之，人类的生存过程正是收益与投入的平衡过程，正是消耗有用物质从而产生无用物质的过程，正是产生风险的过程。工程故障和工程风险伴随着人类活动的全过程，有发生的随机必然性。工程故障不仅如人们通常认为的那样，是消极的、应当排除的现象，而且有其积极的意义，是人们持续进行工程活动的必要环节。如果这些结果如果可以为实际的工程活动提供一些启示的话，可以概括出如下几点：

1）对于原发性工程故障，要认真分析其成因，从中获取有用的工程知识。对于继发性工程故障，要避免因误操作而导致相同原因故障的发生。对于后者应当避免，有可能、有能力避免。而对于前者，非但不能避免，而且还是人类工程知识的来源。吃一堑长一智，即是指此类故障是工程知识来源的概括。制定涉及工程故障的法律法规时，要考虑到其发生的必然性及不可预见性，不可苛求于工程操作人员。

2）提倡工程小型化、多样化，避免工程故障将人类引入灭顶之灾。小是美丽的，对于核工程、基因工程等一旦发生故障其灾难性后果无法消除的大型工程，应避免上马建设。

3）由于工程知识的条件性，因而对于工程知识要采取如下理性态度：一定要清楚工程知识的适用条件，当在其他条件下推广时，要格外谨慎，事先做好故障发生时减少危害的准备。

参考文献

[1] 国务院办公厅．中华人民共和国安全生产法．http：//www.gov.cn/ztzl/2006-05/27/content_292725.htm [2011-01-17].

[2] 卡尔·波普尔．猜想与反驳．傅季重等译．上海：上海译文出版社，2005：174.

[3] 宋广泽．工程故障学思辨．系统工程理论与实践，1985，6（2）：19.

[4] 刘秀玲．浅析大化肥装置中火灾爆炸事故原因及防范措施．安庆科技，2003，（3）：48.

[5] 海德格尔．追问技术//熊伟．存在主义哲学资料选辑．北京：商务印书馆，1992：466，468，469，479，481.

[6] 海德格尔．论真理的本质//熊伟．存在主义哲学资料选辑．北京：商务印书馆，1992：337，348.
[7] 黑格尔．精神现象学．贺麟，王玖兴译．北京：商务印书馆，1979：51.
[8] 海德格尔．存在与时间．陈嘉映，王庆节译．北京：生活·读书·新知三联书店，1999：82，108.
[9] 贝尔纳·斯蒂格勒．技术与时间．裴程译．南京：译林出版社，2000：25，119，159，163，292.
[10] 李伯聪．工程哲学引论．河南：大象出版社，2002：173.
[11] 李伯聪．工程创新：突破壁垒和躲避陷阱．杭州：浙江大学出版社，2010：4.
[12] 贝尔纳·斯蒂格勒．技术与时间-2-迷失方向．赵和平，印螺译．南京：译林出版社，2010：2，6.
[13] 戴望．管子校正//诸子集成：五．北京：中华书局，1954：三八四．
[14] 上海师范大学古籍整理研究所．国语．上海：上海古籍出版社，1995：103，166.
[15] 司马迁．史记：卷一．北京：中华书局，1996：20，51，79.
[16] 蔡沈．书经集传//朱熹等．四书五经：上册．北京：中国书店，1985：七四．
[17] 高诱．吕氏春秋//诸子集成：六．北京：中华书局，1954：二〇三．
[18] 朱熹．孟子章句集注//朱熹等．四书五经：上册．北京：中国书店，1985：四七．
[19] 钱学森．工程和工程科学．工程研究：跨学科视野中的工程，2010，2（4）：282-289.

社会工程哲学和社会知识的几个问题*

最近几年，社会工程哲学[1]引起了愈来愈多的关注，这不但是学术发展需要的反映，更是现实生活迫切需要的反映。

马克思说："哲学家们只是用不同的方式解释世界，而问题在于改变世界。"[2]所谓改变世界，其含义既包括改变自然界，同时也包括改变社会。人类主要是通过工程活动——自然工程和社会工程——的方式来改变世界的。虽然自然工程和社会工程不是互不相关而是密切联系的，但它们毕竟是两种不同性质和类型的"工程"。在研究和发展社会工程哲学时，以下几个问题是值得特别注意的。

一、社会科学哲学是社会工程哲学的重要理论基础

在人类思想史的发展进程中，不但开拓和发展了自然科学，而且开拓和发展了社会科学。在哲学领域，以自然科学理论和实践为反思的对象而形成了"（自然）科学哲学"；而"社会科学哲学"则是对社会科学的理论和实践进行哲学反思的结果。

特纳和罗思在《社会科学哲学》一书中说，虽然自然科学先于社会科学

* 本文作者为李伯聪、海蒂，原载《自然辩证法研究》，2010年第26卷第5期，第48～52页。

而产生，然而，科学哲学与社会科学哲学却是在 19 世纪基本同时产生的[3]。可是，在随后的发展历程中，科学哲学在 20 世纪下半叶已经发展成为“成熟的学科”和学术成果丰硕的学术领域，而社会科学哲学却显得内容贫乏，相形见绌。与科学哲学领域内大师辈出（如库恩、波普尔等）和范式、证伪等新概念不胫而走相比，社会科学哲学显得影响不大、成绩贫乏。对于社会科学哲学的研究对象和研究水平，特纳和罗思在《社会科学哲学》中说：“社会科学哲学一直是围绕社会知识的科学地位问题而进行的松散探究”[3]；博曼在《社会科学的新哲学》中说：“几十年来，哲学家和方法论学者一直在努力把复杂多样的、被称为‘社会科学’的活动统一起来，但这种努力并不成功。”[4] 总而言之，目前国内外对社会科学哲学的重视程度和力量投入都严重不足，研究水平和学术进展严重滞后。

现在，社会科学哲学学术发展滞后现象由于社会工程哲学的“异军突起”而显得更加引人关注了。关心社会科学哲学发展的学者应该充分利用当前这个有利时机，大力促进社会科学哲学的发展，使其得以充分发挥作为社会工程哲学理论基础的重要作用。

从理论逻辑和学科相互关系角度看，社会科学哲学处于“各门具体的社会科学”和“社会工程哲学”的“中间位置”上：它的“左手”牵着“各门具体的社会科学”，它的“右手”牵着“社会工程哲学”。这种学术位置和学科位置既是社会科学哲学发展的制约条件同时也是强有力的推动条件和牵引条件。在这种环境和条件下，社会科学哲学的发展状况就要同时取决于它究竟能够在“左手方面”和“右手方面”得到什么样的支持、推动和牵引了。

由于社会科学哲学的学科性质是对各门具体社会科学（社会学、经济学、法学、政治学等）的哲学分析和哲学反思，这就决定了它的核心内容是要从本体论、认识论、方法论、操作工艺、价值论等角度对社会问题和各门具体社会科学进行哲学分析和研究，这就使人们有理由相信社会科学哲学研究可以在促进各门具体社会科学的发展中发挥不可替代的积极作用，我们期待这种积极作用能够随着“社会科学哲学”的发展而愈来愈突显出来。

另一方面，从理论逻辑上看，社会科学哲学本应该成为社会工程哲学的理论前提和理论基础，可是，当前的实际情况却是社会工程哲学已经在缺乏社会科学哲学理论有力支持的情况下“匆忙出场”了。在这样的环境和情况下，如果不能大力加强、加快和深化对社会科学哲学基本问题的研究，如果一直缺少社会科学哲学提供的理论支持和理论基础，“匆忙搭建”的社会工程哲学的“理论大厦”就难免成为“沙滩上的房子”。从这个方面看，我们应该把“社会工程哲学”的“出场”作为促进“社会科学哲学”学科建设和发展的一个强大的“拉力”。我们希望社会科学哲学和社会工程哲学能够在良性互动中相互促进、相互渗透、推拉互动、共同繁荣。

二、关于“社会知识”的几个问题

在社会科学哲学和社会工程哲学的理论体系中，“社会知识”是一个基本概念，围绕“社会知识”而出现的种种问题形成了一个重要而复杂的“问题域”。

社会知识和自然知识是两类不同的知识，它们在性质特征、获取途径、建构方式、表现形式、结构功能、方法论等许多方面都有很多不同。有理由认为：分别以自然知识和社会知识为研究对象，完全可能形成两个“并列”的研究领域——“社会知识论”和“自然知识论”。

“社会知识”的作用和意义不但表现在它是“社会科学”的分析对象和提炼社会科学理论的原材料，更表现在它是人类从事各种社会活动——特别是社会工程活动——的必需前提。“社会工程活动”不是自发的活动，它是人类有目的、有意识的活动，如果不以一定的社会知识为前提条件，任何社会工程活动都是不可能计划和实施的。于是，“社会知识”就成为了社会科学哲学和社会工程哲学共同关注的问题。

应该申明：虽然许多人都认为“认识论”就是“知识论”，epistemology 就是 theory of knowledge；但本文所说的“社会知识论”（theory of social knowledge）却不等于许多人所谓的“社会认识论”（social epistemology）。按照“维基百科”的解释，所谓“社会认识论”乃是“对知识或信息的社会维度的研究”。根据这个解释，目前西方学者心目中的所谓社会认识论（social epistemology）仍然是西方哲学传统中的那种以自然知识为基本对象的认识论，只不过强调了知识和认识过程中的社会维度而已。而本文所理解和界定的“社会知识论”的基本对象和内容是研究“社会知识”问题，而不仅仅是研究知识的社会维度，这就使它与西方学者所谓的“社会认识论”有了很大的区别。

努力从哲学上深入分析和阐明社会知识的本性、特征、构成和功能，不但是社会科学哲学和社会工程哲学发展的迫切需要，同时也是各门具体的社会科学深入发展的需要。

社会知识论中需要研究的问题很多，下面本文仅对社会事实和社会实在、原因和理由、论证和说服等问题进行一些粗浅的讨论。

（一）社会事实、社会实在和制度实在

无论从概念的逻辑关系看还是从现实问题的分析方面看，社会事实和社会实在都势所必然地要成为社会科学哲学和社会工程哲学的开端性范畴、起始性范畴。

从逻辑关系上看，“社会事实”是“事实”的一个子类。在我国哲学原理的传统教科书中，常常强调“事实”的基本特征是具有“不以人的意志为转移”的“客观性”，于是，就形成了“客观事实”这个概念。对于“社会事实”，是否也可以同样把它解释为一种“不以人的意志为转移”的“客观事实”呢?

答案是否定的，因为在社会事实和自然事实之间存在着许多深刻的差别。形形色色的社会事实（如法律案件的事实、历史事实、经济事实等）之所以能够成为“社会事实”，就在于它无法脱离与主体的联系，社会事实必然与一定的制度联系在一起，可以说，离开了一定的制度关系和人的认识，就无所谓“社会事实”存在和出现。

迪尔凯姆最早从社会学和方法论立场分析和研究了“社会事实”（social fact）这个概念，他的《社会学方法的准则》一书的全部内容都是围绕分析和阐述“社会事实”这个概念而展开的。迪尔凯姆指出，社会事实是一类具有特殊性质的事实，它构成了“事实”的“一个新种”。迪尔凯姆把社会事实定义为特定的“人的行为方式”[5]，社会事实“以社会为基础：要么以整体的政治社会为基础，要么以社会内部的个别团体，诸如教派、政治派别、文学流派或同业公会等为基础”[5]。迪尔凯姆认为，社会学的固有研究对象

和研究领域就是社会事实。他说："社会学不是其他任何一门科学的附庸，它本身就是一门不同于其他科学的独立的科学。对社会现实的特殊感觉是社会学者不可缺少的东西，因为只有具备社会学的专门知识才能使他去认识社会事实。"[5]在迪尔凯姆的理论框架中，社会事实是与人的行为方式和一定的人群不可分割地联系在一起的，这就使它与"并不与特定人群联系在一起"的自然事实有了根本的区别。

改革开放以后，我国司法实践中强调了"以事实为根据，以法律为准绳"的原则。那么，这个司法实践和法学理论中的"事实"是什么意思呢？我国以往在"哲学原理教科书"中宣传的"不以人的意志为转移的客观事实"的观点在这里遇到了"麻烦"。我国许多法学工作者认识到"传统证据法学中的'客观真实理论''真相论''实践是检验真理的标准'等一系列抽象的哲学命题是无法真正解决诉讼中认识和诉讼裁判问题的"[6]。通过对有关问题的分析和讨论，传统的"客观真实理论"被法学界"摈弃"，法学界对案件事实、事实认定、证据、根据等问题有了许多新分析和新认识，这就不但深化了对法学领域中的"案件事实"的理解，而且还将有力地启发哲学界对"社会事实"问题进行新的哲学分析和哲学讨论。

社会科学的基本任务和内容绝不仅仅是进行术语分析、"语言游戏"，而是必须直接面对社会事实（如历史事实、经济事实等），于是，在历史学、政治学、经济学等领域中，也都必然会有学者从本学科出发而涉及对"社会事实"这个概念的分析和讨论。而吉尔伯特在 1989 年出版的《论社会事实》[7]则反映了哲学界对"社会事实"这个范畴的新兴趣和研究的新进展。

与社会事实密切联系在一起的是"社会实在"这个范畴。正像"实在"是科学哲学的核心范畴一样，"社会实在"（social reality）也是社会科学哲学——以及社会工程哲学——的核心范畴。

自塞尔于 1995 年出版《社会实在的建构》后，"社会实在"问题引起了愈来愈多的讨论和关注。塞尔提出应该区分原始事实（brute facts，有人译为"无情事实"）和制度事实。前者的存在不需要以人类的意向性、语言和制度为前提，如地球和太阳之间的距离；而后者需要以人类的制度为前提，如一张钞票。前者是不依赖观察者的现象，后者是依赖于观察者的现象。塞尔认为，制度实在是社会实在的一个子类，于是他也常常连称"社会和制度实在”（social and institutional reality）。塞尔认为可以运用功能的归属、集体意向性和构成性规则——“在情景 C 中 X 算做 Y”[8]——来分析和研究社会实在。根据这个观点和解释，钞票之所以能够成为一种社会事实或社会实在，只能是与特定主体之间存在密切依赖关系的事实或实在，而绝不是什么不依赖主体的客观事实或存在。

如果说，传统认识论是在研究原始事实（brute facts）和“自然实在”的基础上发展起来的，那么，“社会知识论”就需要以研究社会事实和社会实在为前提和基础了。社会事实、社会实在[9]、制度实在是具有重大理论意义和现实意义的基本范畴，我国学者应该高度关注和深入开展对这三个范畴的学术研究工作。

（二）原因、目的和理由

自然现象和社会现象是两类不同的现象。自然现象是因果论现象，而社会现象是目的论现象。自然现象是无目的的现象，而社会现象中却渗透和负荷着行动者的特定目的和意图。自然现象是只有因果性而无目的性的现象和过程，而社会现象却是既有目的性又有因果性的现象和过程。

自然现象和社会现象的区别使得自然科学和社会科学在自身的学科性质、内容和作用方面出现了深刻的分野：在自然科学和自然科学哲学中，因果关系、原因范畴占据着核心位置；而在社会科学和社会科学哲学中，理由和目的范畴占据了核心位置。

自然科学和社会科学都要问“为什么”。可是，在自然科学中，这个“为什么”的真正含义是问“因为什么”，即“原因是什么?”而在社会科学中，这个“为什么”的真正含义是问“为了什么”，即“目的是什么?”或“理由是什么?”

“原因是什么”和“目的是什么”是两类不同性质的问题。

对于自然过程，要问“原因是什么?”对于社会活动，要问“理由是什么?”布罗姆利说：“在机械性行动与目的性行为之间存在重大的区别——前者包含着原因，而后者包含着理由。”[10]“我们如果想要理解经济制度的意义，并构建一套制度变迁的理论，那么就必须把我们的工作建立在充分理由这一概念的基础上。"[10]理由“是那些给人带来信念和欲望、让他想象未来并据此行动的东西"[10]。“理由关注于目的的范畴，而原因则属于机械因果的范畴。"[10]

英语的 reason 是多义词，在翻译为汉语时，它可以被译为“理性”或“理由”。在哲学领域，许多人仅注意了 reason 的前一含义而忽视了其后一含义。

原因不同于目的，理由不同于原因。可是，对于社会活动过程来说，我们却可以说，目的和理由在社会活动中发挥了与自然现象中的原因相类似的作用。“人们期望发生的未来状态既解释了他们的行为，也为他们的行为提供了充分的理由。"[10]

对于因果关系，各门自然科学提供了说明各种因果关系的因果律，而逻辑学则提供了归纳和演绎的逻辑方法。布罗姆利认为，对于社会行为，则需要提供行动的理由——特别是充分理由——和运用“溯因法”。

与自然科学和科学哲学中对于因果范畴和因果关系的大量哲学研究成果相比，社会科学和社会科学哲学中对理由范畴和相关方法论问题的研究，就显得过于薄弱和关注太少了。

由于理由问题在社会行为、社会活动、社会科学、社会工程中常常位居核心位置，具有关键性的作用和意义，这就使加强对理由范畴的研究成为了一个特别迫切的任务。

目前，在对理由这个哲学范畴的分析和研究中，有许多重大问题都还未引起充分关注，更不要说得到充分阐述了，如理由范畴和目的范畴的相互关系问题、理由的类型和表现形式问题、理由的作用机制和相关方法论问题、充分理由和不充分理由的定义和关系问题等。其中最复杂、最困难的问题大概就是充分理由和不充分理由的定义和关系问题了。

行动需要有“理由”。当“理由”被公开说出时，它可能是真实的“理由”，也可能仅仅是“借口”。

“目的和结果不可能完全一致”，“理由不可能绝对充分”，这就是社会行动、社会科学、社会工程、“社会科学哲学”和“社会工程哲学”遇到的基本现实和极大难题。由于西蒙已经提出了产生广泛而深刻影响的“有限理性”的概念，我们似乎也就不必对于“理由不可能完全充分”这个问题过于忧心忡忡了。与“有限理性”论相“平行”，我们需要在社会科学哲学和社会工程哲学领域研究“有限理由”论。需要特别注意的是，“有限理由”和似是而非的“借口”绝不是一回事，“有限理由”不能变成可以使社会生活中经常出现的形形色色的“借口”“合理化”或“理由化”的“挡箭牌”或“化装术”。可是，要划清这里的界限确实也不是一件容易的事情。

从哲学和方法论角度分析理由范畴，可以发现这里有许多真假难辨、耐人寻味、意味深长、意在言外、虚实掺半等形形色色的问题，特别是关于“充分理由”和“不充分理由”的关系更是耐人寻味和发人深省[11]，理论工作者应该通过对这些问题的分析和研究深化对理由、目的、原因等范畴的认识和理解。

（三）论证、说服和修辞学

逻辑学和修辞学都是古老而年轻的学科。在自然科学和科学哲学中，更加重视逻辑方法和逻辑学，于是，“哲学逻辑”便与“科学哲学”“同步”地或“相互伴随”地发展起来了。可是，在社会科学和社会活动中，却可以在一定意义上说：修辞学和说服方法甚至具有更重要的作用和意义。

在社会科学和社会活动中，需要更加重视说服方法，而修辞学的实质乃是“说服的艺术”，于是修辞方法和修辞学就顺理成章地应该被突显出来了。可是，实际情况却并非如此。我们应该努力研究和发展“哲学修辞学”。

应该强调指出：修辞学的核心主题是关于“说服”的作用、意义和方法的问题。有人把它的实质理解为关于华丽辞藻和如何写作美文的艺术，这实在是一个绝大的误解。麦克罗斯基说：“修辞学为我们提供了一个视角，使我们看清楚自己是怎么说服别人的。”“在不同的时期，说服的方式不是固定的。柏拉图使用对话体，现代哲学家则需要一阶谓词逻辑。事实上，从古至今，在任何 30 年内，我们说服别人的方式都不是固定不变的。”[12]

在经济学哲学领域，麦克罗斯基对经济学的修辞问题进行了许多研究。他说：“修辞学，起源于古代的亚里士多德、西塞罗和昆体良，它在文艺复兴时代获得新生，笛卡儿逝世三个世纪后兴起的笛卡儿主义教条——‘只有无可怀疑的才是真实的’——则把修辞学送上了十字架。”“新修辞学兴起于

20世纪三四十年代，创立者是英国的 I. A. 理查斯和美国的肯尼斯·柏克。"[13]

麦克罗斯基倡导和呼吁开展对“经济学的修辞”的研究，罗蒂认为出现了“修辞学转向”，但实际上，他们关于修辞学问题的观点似乎都没有产生很大的影响，应者寥寥。

当我们面对社会活动、社会工程和社会现实生活时，我们再也不能轻视和忽视作为“说服的艺术”的修辞学的作用和意义了。

在社会科学哲学和社会科学方法论的研究中，必须加强对修辞学和修辞方法问题的研究。如果说逻辑学的核心和灵魂是论证，那么，修辞学的任务和灵魂就是说服。论证方法和说服方法是两种既有联系又有很大差别的方法。

在自然科学和科学哲学中，论证方法占据了一个核心性的地位。论证方法主要反映的是真理的力量和逻辑的力量，而在现实生活中，论证的成功常常不等于说服的成功。社会生活中常常出现“论证更充分而说服不成功”与“论证不充分而说服却相当成功”的事例。

怎样才能成功地进行说服？说服在什么情况和条件下能够成功？这些都是修辞学关注的问题。在说服活动和过程中，必然渗透着价值、利害和感情的因素。在成功的说服活动中，成功的论证仅仅是说服成功的因素之一。

在社会活动和社会工程过程中，虽然仍然必须高度重视论证方法的作用和意义，并且必须承认需要有论证作为说服的基础，可是，说服过程和说服方法的作用和意义在这里显然更加突出出来了。在谈到说服时，还必须注意“说服决策者”和“说服群众”往往又是两件既有联系又有区别的事情，它们在性质、特征、方法、过程等方面都是各有特点的。

我国古代的“纵横家”在“说服决策者”方面积累了许多经验，并且进行了一些理论分析和方法论研究。在社会工程活动中，不但需要说服决策者，而且需要说服群众。“说服决策者”和“说服群众”的作用、意义和方法论问题中，有相同之处，也有不同之处。

最后，必须强调指出的是：在修辞学领域和“说服”问题上，必须高度警惕和反对诡辩论和诡辩家，必须划清“不可抗拒的说服”和“突破心理防线的蛊惑”的界限。然而，要想划清这个界限有时又谈何容易。

在研究社会活动、社会科学、社会科学哲学、社会工程哲学中的修辞学问题时，不但应该注意继承古今中外的有关遗产，更应该努力面向现实情况进行新的理论总结和升华。

在社会科学哲学和社会工程哲学领域中，我们必须高度重视研究有关规律和规则[14]、原因和理由、论证和说服的种种问题，应该在新语境、新范畴中努力开拓社会科学哲学和社会工程哲学的新边疆。

参考文献

[1] 王宏波．社会工程研究引论．北京：中国社会科学出版社，2007.

[2] 中共中央马克思恩格斯列宁斯大林著作编译局．马克思恩格斯选集．北京：人民出版社，1972：19.

[3] 斯蒂芬·P. 特纳，保罗·A. 罗思．社会科学哲学．杨富斌译．北京：中国人民大学出版社，2009：1-2.

[4] 詹姆斯·博曼．社会科学的新哲学．李霞，肖瑛等译．上海：上海人民出版社，2006：1.

[5] 迪尔凯姆 E. 社会学方法的准则．狄玉明译．北京：商务印书馆，2007：34，25，156.

[6] 吴宏耀．诉讼认识论纲——以司法裁判中的事实认定为中心．北京：北京大学出版社，2008：1.

[7] Gilbert M. On Social Facts. London：Routledge. 1989.

[8] 约翰·R. 塞尔．社会实在的建构．李步楼译．上海：上海人民出版社，2008：25.

[9] 李伯聪．略论社会实在——以企业为范例的研究．哲学研究，2009，(5)：105－111.

[10] 丹尼尔·W. 布罗姆利．充分理由．简练，杨希，钟宁桦译．上海：上海人民出版社，2008：7，117，118，128，132.

[11] Goldman B. Why we need a philosophy of engineering：A work in progress. Inter-disciplinary Science Reviews，2004，(2)：163－176.

[12] 麦克罗斯基．有了修辞学，你将不再需要实在论//乌斯卡里·迈凯．经济学中的事实与虚构．李井奎等译．上海：上海人民出版社，2006：332.

[13] 麦克罗斯基．经济学的修辞学//乌斯卡里·迈凯．经济学中的事实与虚构．上海：上海人民出版社，2006：356.

[14] 李伯聪．规律、规则和规则遵循．哲学研究，2001，(12)：30－35，78.

科塔宾斯基的实践哲学思想*

科塔宾斯基（Tadeusz Kotarbiński，1886～1981）作为20世纪上半叶波兰最有影响的哲学家、逻辑学家，曾经因为提出科学实在论的早期雏形——实有论（reism），而受到卡尔纳普等人的高度评价，被视为“波兰分析运动中两位最杰出的哲学家之一”[1]。然而，科塔宾斯基并没有因此把主要精力放在逻辑学上，而是倾其毕生精力致力于实践哲学——也就是对人类行动的研究。科塔宾斯基之所以这样做，是由于受到当时波兰社会状况的影响。近代波兰频繁遭受战争的洗礼，很多波兰人认为革命和暴力等“非渐进性”因素才是社会发展的出路，但是，科塔宾斯基作为左翼自由主义者、固执的个人主义者，强烈反对这种思想。尽管他没有像罗素那样极端地倡导和平主义，但是，他坚持认为，只有充分实现社会中每个个体应有的权利才会有助于减少波兰反动势力的制约和压迫。因此，“个体生活幸福的条件和实现和谐生活的方法”成为科塔宾斯基十分关注的事情，这也导致他的实践哲学的诞生。科塔宾斯基在他的两卷本选集中的第1卷（《关于行动的思想》）的引言中写道：“我的‘关于行动的思想’来自于对‘比形式逻辑的学术问题更真实和具体的事情’的渴望。”[1]

---

* 本文作者为王楠，原题为《科塔宾斯基的实践哲学思想述评》，原载《东北大学学报》（社会科学版），2010年第12卷第2期，第95～100页。

科塔宾斯基把实践哲学定义为“指导人的精神生活的理论”，因此，他把实践哲学与广义伦理学或实践智慧看作是同义词。他的实践哲学包括三部分内容：第一是幸福论（felicitology），也称为快乐主义或幸福主义，主要是研究生活中的快乐的科学；第二是行动学（praxiology），主要是研究行动的实践性的科学；第三是狭义伦理学（ethics proper），也称为道义论或者道德责任理论，主要是研究一个人如何生活会获得令人尊敬的美名的科学。科塔宾斯基指出，这里所使用的“科学”一词“绝不是数学、物理学或者语言学之类‘科学’的含义……而是从满意度、效率和公平的角度，指导人们如何构建最合理、最可能实现的行动计划”[2]。科塔宾斯基的实践哲学分别从快乐、效率和道德三个角度，系统地对人类所有行动进行研究。这种研究不仅试图在理论意义上对人类行动进行指导，同时还要尽可能使这些关于如何行动的建议在现实实践中切实可行。因此，科塔宾斯基的实践哲学在哲学界引起了强烈反响。本文将对科塔宾斯基的实践哲学思想进行系统介绍，并对该思想进行简评。

一、幸　福　论

科塔宾斯基对幸福论的思考是从他的博士论文《穆勒和斯宾塞的伦理学中的功利主义》开始的。他在文章中对斯宾塞和穆勒的伦理思想进行了比较研究。他认为，二者的共同点在于都把多数人的最大幸福看作是最大的价值。但是，由于斯宾塞在研究人文学科的问题时，滥用了自然主义甚至生物进化论，甚至把获得普遍幸福等同于保存物种（或者社会）。因此，科塔宾斯基对穆勒的伦理思想评价更高一些，因为他的思想促进了利己主义和较低的快乐主义的发展。但是，科塔宾斯基认为穆勒和斯宾塞的思想都是不完善的，因为他们基本上都是绝对的幸福论者、功利主义者，他们都试图把伦理标准建立在这样一个原则的基础之上，即对每个人来说最大的价值就是他自己的幸福。

1914 年，科塔宾斯基发表了一篇短文，他在文中将功利主义与基督教伦理进行了比较研究。在这篇文章中，他明确提出反对功利主义。他指出，这种快乐主义计算方法之所以受到推崇，仅仅是因为它从表面上看来似乎具有比较理论化的结构。例如，这种计算方式认为，增加幸福的唯一方式是减少痛苦。但是，这一计算方法却没有对一些人的幸福中包含了另一些人的痛苦提出异议。科塔宾斯基认为，这种来自经济学的类比不能够成为道德标准的证据，应当反对功利主义伦理学。

至于基督教伦理，科塔宾斯基认为它应当具有真理地位的资格。因为当一个人从痛苦走向快乐的时候，他在这个过程中体验到了痛苦、悲伤、快乐、幸福等不同的感情，因此，他会对自己的感情产生独特的满足感，这就好比只有当一个人口渴得厉害时，他才能体会到喝水对解决口渴的满足。进一步来说，当一个人看着他人陷入痛苦而不帮忙时，他一定会产生内疚的感觉；反之，当一个人未能给幸福的人提供更多幸福的时候，他不会产生这种感觉。因此，当在一个人幸福必然与另一个人不幸福相关，或者两个人都幸福（当然都是较低层次的幸福）的选项之间进行选择时，功利主义伦理必然会选择前者，而基督教伦理必然会选择后者，因为它不允许将一个人的幸福建立在另一个人的痛苦之上。科塔宾斯基认为，从这个角度来看，基督教伦理显然比功利主义伦理更优越。

那么，如果换个角度来看，情况会不会发生变化呢？科塔宾斯基指出，如果主体间的对应关系不是一对一，而是一对十，也就是说，当以一个人为代价，十个人会幸福，或者以十个人为代价，一个人会幸福，功利主义伦理和基督教伦理会怎么办呢？如上所述，功利主义伦理还是会进行适当的计算，然后，将会选择那个给出较多幸福的选项。此时，基督教伦理则会面临一个僵局。因为基督教伦理的本意是不增加痛苦，但是，由于社会生活的巨大复杂性，一个人的幸福从另一个角度看很可能成为其他人的痛苦，或者，本打算减少一个人的痛苦但未能成功，这实际上相当于增加了他的痛苦。因此，当主体间的关系不是一对一的时候，基督教伦理无计可施。这样看来，在复杂的社会生活中，虽然“功利主义伦理不会达到伦理最低点，但是它也不能找到解决问题的方法，因为功利主义伦理试图进行的计算是不能实施的。而基督教伦理则遇到了无路可走的尴尬境地”[2]。

科塔宾斯基在对功利主义伦理和基督教伦理进行比较的基础上，提出了他的幸福论。他认为，幸福论者必须持有的最基本的态度应当与基督教伦理所宣扬的一样，是一种利他主义的态度，也就是“考虑其他人的幸福”，而不是像自我中心主义者与自我主义者那样，或者以自己体验幸福和快乐为中心，或者不在意他们的快乐是否会引起其他人的痛苦。

那么，幸福论者除了持有利他主义的基本态度之外，还应当具有什么特征呢？科塔宾斯基指出，在回答这一问题的时候，应当将最狭义但强有力的伦理学理性——良心的唤起——引入到讨论的过程中。同时，作为另一个辅助点，还应考虑行动学的某些观点。综合这些考虑，科塔宾斯基总结出幸福论者的四个基本特征[3]：①理智地看待生活（从这样的理智中既产生了对颂扬性编史工作的批判——这经常会在为上帝做出牺牲的面具下暴露出私人利益，还可以减少将卑劣的、罪恶的动机归咎于政治敌人）；②思考什么是真正存在的（也就是确认实际存在的情况）；③注意行动可能发生的条件和限制（一个明智的人知道他能得到什么，而不去追求更多）；④在确立各个行动和计划的指令时，建立精确的理性层次（意识到较大的重要性就是与罪恶斗争时的有用性）。

因此，在科塔宾斯基看来，幸福论应当是对幸福和痛苦进行反思的理论，它的基本原则就是“与所有使我们不开心的事情作斗争，但是要注意的是，必须去做那些比较重要的事情，而且必须预先考虑可能发生的后果，选择罪恶比较小的去做……还有，不要直接为了你自己的愿望而奋斗；你要根据你心中的信仰，竭尽全力、全身心地投入到值得热爱的事业中去并实现它”[2]。

二、行　动　学

行动学是科塔宾斯基在实践哲学研究乃至在他整个学术生涯中最注重的研究领域。他说：“如果有人问我，你既是一名教师又是一名学术研究者，那么什么是而且仍然将会是你主要从事的学术研究领域呢。在回答这个问题时，我将提及的……是行动学。”[4]

科塔宾斯基的行动学研究工作开始于1910年。一开始，他把行动学研究称为“行动理论”“一般实践”或“一般方法论”。后来，他采用了法国学者鲍德奥（Louis Bourdeau）创造的“行动学”一词。1955年，科塔宾斯基出版了被誉为“行动学的权威性典籍”——《良好工作的理论解释》一书，该书也标志着他的行动学研究达到了高峰。

科塔宾斯基指出，行动学是从效率的角度研究"用任何方式做任何事情的方法"，"而不是只研究那些仅仅适用于某个专业的工作的方法"[5]，因此，行动学的目标就是要成为对人类所有领域的行动进行研究的学科，成为关于人类行动的一般方法论。从这个意义上来看，由于科学研究只是各种形式的行动或者工作中的一种，所以，科学方法论只是行动学所包括的研究领域之一。

科塔宾斯基把行动学的研究内容划分为三大部分[6]：第一部分是对与行动有关的所有概念进行分析和定义；第二部分是从效率角度对行动进行评价；第三部分是提出使行动更有效率的建议或者警示。科塔宾斯基作为利沃夫－华沙学派的重要代表，继承和发扬了这个学派"强调语义学分析"的传统，他指出："必须对行动学中的所有概念进行充分地分析和定义，这也是行动学家最重要的工作。"[5]因此，这一部分内容在他的行动学体系中占了较大的篇幅。他不仅强烈呼吁行动学研究者应当重视这方面的研究，而且他自己也身体力行地把主要精力放在构建行动学的概念体系上。

在 1955 年出版的《良好工作的理论解释》一书中，科塔宾斯基实现了这一目标。他在书中把他认为与行动有关的概念都列出来，把它们分为两组，一组是与行动组成要素有关的概念，包括行动者、自由冲动、结果、产品、材料、方法、方式、行动的可能性，一组是与行动类型有关的概念，包括简单行动、复杂行动、个体行动、集体行动和心理活动。由于这些概念在日常生活中或者在其他学科中也被应用，所以，科塔宾斯基详细地分析和定义它们在行动学中的含义，并列举大量具体的生活事例帮助界定和说明。

针对行动学如何评价行动的问题，科塔宾斯基本人明确地提出了效率原则。值得注意的是，效率原则实际上隐含了一个前提条件，也就是说，使用效率原则评价某个行动时，该行动应当是已经实现既定目标、产生一定效果的，否则无法研究该行动是否有效率。因此，科塔宾斯基提出的行动学评价原则一般被称为效果（effectiveness）和效率（efficiency）原则，简称"双E"原则。

在现代管理学和组织理论中，"效率"一词通常指的是资源的最优化使用。在科塔宾斯基看来，这只是一个行动被看作是"有效率的"含义之一。

他认为，“效率”指的是判断一个行动有助于实现一个任务的所有特征的集合，包括经济性、简单性、熟练、确定性、理性等[7]。因此，行动的行动学价值或实践价值是“不同于伦理价值和艺术价值的价值体系，从行动学的角度来看，具有较高的行动学价值或者实践价值的行动在艺术价值上可能是中立的，在道德价值上可能是被排斥的”[1]。所以，行动学评价是完全不同于伦理学、艺术等学科从善恶或者是否艺术的角度对行动进行的道德评价或者艺术评价。

在面对从效率角度评价行动这个复杂的问题时，科塔宾斯基清楚地意识到，他所提到的行动是否经济、简单、熟练、确定、理性等标准并不能够完全解决问题。而且，他所列出的评价标准也并不具有绝对性，因此，其中涉及的很多问题还是需要进一步分析。例如，有些行动的经济性可以用生产率或者节省成本来衡量，但很多行动的评价是无法这样做的，像艺术作品带给人的精神享受，痛苦或劳累引发神经系统的能量损耗，等等。

至于如何获得使人类行动更有效率的指令或建议，科塔宾斯基认为，可以从如何使行动更加经济和工具化、如何更好地准备和组织行动等方面进行深入研究，提出相应的行动指令和建议。

行动的经济化就是要减少行动的成本损耗，使行动干预最小化、利用行动发生的可能性而不实施行动、使行动自动化及使行动内化或外化，这些都是使行动更经济的基本方法。行动的准备既包括原材料、工具等的准备，还包括执行者自身具备适当的力量、知识和技巧，且后者更为重要。由于行动计划可以被看作是执行者在知识方面的特殊准备，而计划又是关乎行动成败的关键，所以什么是好的行动计划、如何制订好的行动计划是行动准备方面的研究重点。科塔宾斯基将行动的工具化定义为在行动中普遍利用各种工具和仪器。他既注意到了在行动中利用工具和仪器的好处（例如，工具和仪器帮助人们完成那些靠人体器官完成不了的行动），还讨论了人类行动过度依赖工具的危害（例如，新工具的诞生会淘汰旧工具，而原来那些操作旧工具的工人就会面临下岗或者重新培训）。许多行动会涉及多个要素或多名执行者，因此，如何组织好这些要素就是行动的组织问题。根据这些要素在行动中的相互关系，科塔宾斯基从合作关系和斗争关系两个方面入手阐述行动的组织问题。当行动中的要素是合作关系时，确保所有的要素齐全、剔除无用的要素、实施劳动分工等是基本方法，当行动中的要素是斗争关系时，集中优势兵力、获得既成事实、故意拖延等是切实可行的。

三、狭义伦理学

科塔宾斯基认为，狭义伦理学中包括两个对立的价值：一个是值得尊敬性，即“值得尊敬的事物”；另一个是可耻性，即“值得鄙视的事物”。那些具有值得尊敬的动机、意图、行动和人，在道德意义上都是积极的、好的；而那些具有可耻的动机、意图、行动和人，在道德意义上都是消极的、不好的。

科塔宾斯基以这两个对立的价值为基础，提出了狭义伦理学的两个理想——积极的理想和消极的理想。积极的理想是“可靠的引路人”，一个人在困境中可以依靠他，“这样的引路人不是利己主义者，而是可以信赖的、勇敢的、勤劳的、镇定的人”[2]。消极的理想则是“不可信任的、利己主义的、刻薄的人，为他自己的安全着想，不愿为其他人而努力，希望能尽最大努力使自己快乐，随心所欲地折磨由他照管的人，不能给别人带来信赖感，忽视他自己的责任”[2]。

这样一来，科塔宾斯基就从狭义伦理学中得出了关于实践的建议：如果一个人想受到尊敬，他应当效仿可靠的引路人的理想，他应当拼命地努力和尝试，虔诚地、无私地行动，以便使他照顾的人免遭厄运。让他以可靠的方式承担这个任务，让他不要在危险面前退缩，而是勇敢地面对；让他不遗余力，让他冷静，不屈服于那些会削弱行动意愿的诱惑[2]。

但是，科塔宾斯基指出：“我们的研究丝毫不是在为独立的伦理学提供完整的体系框架，我们只是想就一系列观点和指令提出可能的基本原则”[1]。因此，他认为，人们不应当期望对这些特定原则进行精确论述。狭义伦理学的建构只是为了对具体的、日常生活的道德行为提供指导，而不是作为理论争论的基础。而且伦理体系的研究已经表明，越在理论意义上详细阐述伦理体系，所提出的基本准则越精确，但是，应用于实践的可能性越小。换句话说，想要成为日常生活的真正的道德指导，伦理体系必须是“开放的”，不能太精确也不能太严密地进行定义。实际上，就狭义伦理学来说，它对基本行为规则，以及如何将其应用于个体和社会生活中的建议已经进行了阐述，因此，从这个意义上说，它已经具有伦理学体系的基本要素。

那么，科塔宾斯基的狭义伦理学是要求人们为成为最值得尊敬的人而奋斗吗？科塔宾斯基的回答是否定的。他认为："它（人们的良心——笔者注）不需要最高的成就，而是需要可靠性。当一个人没有获得不好的名声时，这就是令人满意的。经受住考验的人，就会获得与仁慈和令人尊敬的人交朋友的权力。"因此，在科塔宾斯基看来，狭义伦理学的最高判断标准就是良心。"因为每个有良心的人都知道，最大的苦难就是违背良心。这个苦难不能与任何其他损失相比。"进一步来说："独立的伦理学在这个意义上是独立的，即我们自己的良心的呼声是不能被其他人所替代的。实际上，每个人与其他人是相互独立的，因此，他一定要按照自己的良心做事。这对我们每一个人来说都是最高判断标准。在任何道德问题上，它都给出了严格的、绝对的终极判断。"[2]

四、简　评

"行动"作为西方哲学中的一个重要概念，很多哲学家都对它进行过研究。与其他哲学家的研究相比，科塔宾斯基的实践哲学的特色在于：把行动的效率①维度与行动的伦理维度严格区分开来，以此作为对行动进行研究的不同视角，从而建构出不同的行动模式。

科塔宾斯基并不是第一个把行动的效率维度与伦理维度分开研究的学者，早在 18 世纪，亚当·斯密就已经这样做了。他在《道德情操论》中以"同情"为出发点，研究了个体怎样控制其"利己"的感情或行为。所以，《道德情操论》研究的是道德哲学，只关注行动的伦理维度。然而，在《国富论》中，亚当·斯密又以"利己"为出发点，研究了个体在经济活动中完全追求个人利益的行动。因此，《国富论》研究的是不受道德情操限制的行动，只关注行动的经济维度。

---

① "效率"一词在这里的含义与科塔宾斯基在行动学中的含义一致，指经济性、简单性、熟练、确定性、理性等。

亚当·斯密和科塔宾斯基都没有采用一般行动研究的善恶标准，前者从行动的经济维度和伦理维度，后者从行动的效率维度和伦理维度来审视人的行动。亚当·斯密关注的是社会秩序和社会利润如何能从理性个体的不一致的行动中产生，因此，他开创了现代经济学。而科塔宾斯基主要研究的是行动手段与行动目标之间的一般关系，构建行动的一般方法论，所以，他的研究对所有的行动理论（如规划理论、组织理论、管理理论、设计理论等）都有相当大的启示意义。美国技术哲学家米切姆认为："科塔宾斯基的行动学混合了我们现在所谓的系统论、博弈论、控制论、运筹学和各种管理理论。"[8]波兰经济学家兰格认为："政治经济学、规划理论、控制论等理论都与科塔宾斯基的行动学密切相关。"[9]

作为利沃夫－华沙学派的重要成员，科塔宾斯基深受他的导师特瓦尔多夫斯基的影响，继承和发扬了后者倡导的"精确地阐述每个概念的含义"的研究方法。科塔宾斯基说："每个思想家都在思考这个世界，但是每个人的思考角度不同，这好比大家透过不同的窗户看同样的风景一样。我的同行们或透过数学玻璃看世界，或者透过物理显微镜看世界，而我迷恋于透过人类语言这个窗格子来看世界。"[10]因此，在科塔宾斯基看来，数学哲学、自然科学哲学、人文科学哲学等，都是从语言学角度对数学、自然科学、人文科学的概念和方法进行分析和批判性评价。实践哲学当然也不例外，他甚至把实践哲学中的行动学亲切地比喻为"人类行动的语法"[6]。

但是，科塔宾斯基非常反对使用哲学术语进行哲学研究，他指出，不同的哲学流派会产生不同的哲学术语，这些术语并不是把哲学思想表述得更加清楚和精确，而是会使人越来越糊涂，更加会造成哲学术语使用的泛滥。为此，他曾经专门撰文《必须放弃"哲学""哲学的"之类的词语》，反对传统意义上的关于哲学的看法。另一方面，科塔宾斯基从一开始就把实践哲学定位于指导人类行动的一般理论，它所面对的不仅是哲学界人士，更多的是非哲学界的普通民众。因此，科塔宾斯基用日常语言来建构他的实践哲学，以便使其成为非哲学界人士也能看得懂的实践理论。所以，科塔宾斯基的实践哲学语言平实、简单，基本上用的都是日常生活中的词汇和概念，几乎没有出现过哲学专有名词。可以说，科塔宾斯基从语言学角度对人类行动进行的分析，不但使语言分析成为了研究人类行动的一个重要哲学方法，而且也为该理论的广泛传播和未来发展奠定了良好的基础。

纵观20世纪的西方哲学，它是在一片“哲学转向”与“哲学危机”之声中走完了全程。虽然，现代哲学家们对于20世纪的西方哲学究竟是发生了转向，还是出现了危机的问题众说纷纭，但是，大多数哲学家都认为，20世纪的西方哲学应当从精神世界回归生活世界。科塔宾斯基就是最早意识到这个问题的哲学家之一。

科塔宾斯基从哲学研究伊始，就反对脱离人的现实生活去探讨世界的本原、认识的本质，也不认为哲学的任务是寻求关于宇宙的永恒真理，以便建立华丽的哲学大厦，而是积极主张研究与人类现实生活密不可分的问题，从事“小”哲学研究。1918年，科塔宾斯基在华沙大学的就职演讲《大哲学和小哲学》中明确提出：“让我们放弃构建大的哲学体系吧，让我们致力于小哲学吧，它会导致所有学术追求的改革。”[1]这个演讲以温和的方式（与维也纳小组激进地宣布他们的纲领相比）提出一个新的哲学纲领：提倡学术界的研究工作要以人们的现实生活为基础，只有这样，学术研究的成果才能具有实践意义。科塔宾斯基的演讲在波兰国内引起了强烈的反响和热烈的讨论。

科塔宾斯基反对20世纪之前的西方哲学以思辨形而上学和二元论的思维方式，把人看作是没有血肉的抽象存在，把人与其对象相分离的纯粹主体，抹杀了人的现实存在或本真性。他的实践哲学中的主体是“活生生的有血有肉的人，他渴望这个或那个，以这种方式或那种方式行动，或者通过一些智力方面的努力来实现他渴望的目标”[7]，是生活在相互联系、不断变化着的现实中的。因此，他的实践哲学是对现实实践世界中的主体的反思。

科塔宾斯基的实践哲学作为欧洲哲学史上首先明确定位于研究人类行动的哲学思想体系，体现出了鲜明的“实践导向”的哲学特征，它要对人类行动进行全方面、多维度、系统化研究，将人类行动的实践指令规范化、系统化，希望能够为其他关于人类行动的学科提供一般的方法论原则。在流派众多、纷繁多样的20世纪哲学舞台上，它是西方哲学史上试图扭转传统西方哲学中理论定向的研究倾向的为数不多的哲学思潮之一，它对于促进现代哲学在“大方向”上摆脱重思辨轻实践的哲学传统、回归现实生活世界具有重要的意义。

参考文献

［1］Skolimowski H. Polish Analytical Philosophy：A Survey and a Comparison with British Analytical Philosophy. London：Routledge，1967：77，82，121，83，79.

［2］Gasparski W W. A philosophy of practicality：A treatise on the philosophy of Tadeusz Kotarbiński. Acta philosophica Fennica，1993，53：57－70.

［3］Gasparski W W. Praxiology and ethics：The business ethics case//Gasparski W W. Human Action in Business：Praxiological and Ethical Dimensions. New Brunswick：Transaction Publishers，1996：10.

［4］Gasparski W W. Tadeusz Kotarbiński and his general methodology：Lecture in honor of the 100th anniversary of the founding father of praxiology. Cybernetics and Systems：An International Journal，1986，17：242.

［5］Kotarbiński T. On the essence and goals of general methodology（praxiology）// Gasparski W W，Pszczolowski T. Praxiological Studies：Polish Contributions to the Science of Efficient Action. Dordrecht D Reidel Pub Co，1983：22，23.

［6］Kotarbiński T. The aspirations of praxiologists. Methodos：A Quarterly Review of Methodology and of Symbolic Logic，1961，13：51－52.

［7］Kotarbiński T. Praxiology：An Introduction to the Sciences of Efficient Action. Oxford：Pergamon Press，1965：75－94，14.

［8］Mitcham C. Thinking through Technology：The Path between Engineering and Philosophy. Chicago：University of Chicago Press，1994：33.

［9］Gasparski W W. Oskar Lange's considerations on interrelations between praxiology, cybernetics and economics//Auspitz J L，Gasparski W W. Praxiologies and the Philosophy of Economics. New Brunswick：Transaction Publishers，1992：449－465.

［10］Gasparski W W. Tadeusz Kotarbinski's philosophy as a philosophy of practicality// Airaksinen T，Gasparski W W. Practical Philosophy and Action Theory. New Brunswick：Transaction Publishers，1993：95.

第三部

工程、环境与伦理

工程伦理学的若干理论问题*

工程伦理学是伦理学王国的“新出场者”，工程伦理学研究（在西方）已经“开始起飞”。可以预言，工程伦理学的“起飞”不但具有重大的现实意义，而且具有深远的理论意义。从理论方面看，工程伦理学提出了许多带有根本性的新问题，要求人们给予新的思考和新的回答，本文就是笔者对这方面几个问题的初步认识。

一、工程活动的“伦理主体”

在传统的伦理学中，关于“伦理主体”的问题是不存在的，因为两千多年来，人们一向都不言而喻地把“个人”看作理所当然的伦理主体。可是，在研究工程活动的伦理问题时，人们发觉有必要重新考虑这个似乎是不言而喻和毋庸置疑的传统观点。

由于我们必须肯定工程活动的主体不是个体而是集体或团体（如企业），于是在研究工程的伦理问题时，在许多情况下，我们也就必须承认人们进行伦理分析和伦理评价时所面对的主体也不再是个人主体，而是新类型的团体

---

* 本文作者为李伯聪，原题为《工程伦理学的若干理论问题——兼论为“实践伦理学”正名》，原载《哲学研究》，2006年第4期，第95～100页。

主体。这就意味着，如果不能跨越一个从“个人伦理主体论”到“团体伦理主体论”的理论鸿沟，那么真正意义上的工程伦理学是不可能建立的。

西方学者研究工程伦理学问题首先是从研究工程师的职业伦理问题开始的，米切姆甚至直接把工程伦理学解释为“职业工程师伦理学”[1]。无论从学术史上还是从理论逻辑上看，对工程师职业伦理问题的研究都成为了从传统伦理学走向工程伦理学的桥梁。一方面，从它是对一种具体职业进行的伦理研究来看，它在研究范式上可以顺理成章地与传统伦理学（特别是职业伦理学）挂钩；另一方面，随着研究的深入进展，学者们发现这里出现和存在着许多非传统性的问题，因而他们不得不越过传统“职业伦理研究”的边界而进入伦理学研究的新疆域。

例如，许多伦理学家都十分关心分析和研究工程活动所造成的环境污染等问题。对于这些问题，工程师无疑有不可推卸的职业责任。可是，如果认为工程师就是唯一的责任者，应该负完全的责任，似乎全部问题都出在工程师的伦理良心或职业责任上，那么这种观点也是不切实际和没有抓住要害的。在这里，真正的关键之处在于我们必须承认造成危害的责任主体不是单纯的个人，而是某个“团体主体”（如某个企业）和相关的“制度”。当一些伦理学家不得不这样分析和看待问题时，他们就已经在不知不觉中从传统的职业伦理学领域进入了一个可以称之为工程伦理学的新领域。

已经有一些伦理学家在研究和分析工程伦理问题时，敏锐地察觉到了在伦理主体问题上进行变革的重要性和必要性。例如，以研究责任伦理而闻名的尤纳斯认为：“我们每个人所做的，与整个社会的行为整体相比，可以说是零，谁也无法对事物的变化发展起本质性的作用。当代世界出现的大量问题从严格意义上讲，是个体性的伦理所无法把握的，‘我’将被‘我们’、整体及作为整体的高级行为主体所取代，决策与行为将‘成为集体政治的事情’。”[2] 美国学者里查德·德汶（R. Devon）更直接而尖锐地批评了传统的个体伦理学（individual ethics）的局限性，提倡进行与个体伦理学形成对照的社会伦理学（social ethics）的研究。他批评一些学者在研究工程伦理问题时“总是把问题归结为个别的工程师的困境”，指出那种仅仅注意从工程师职业规范的角度研究工程伦理问题的方法实际上是一种个体伦理学方法，认为应该把对工程师个人伦理困境的研究作为一个起点，而不应把对个体伦理学的研究当做伦理学研究的全部内容[3]。目前，许多西方研究工程伦理学的学者都意识到，如果不超越个体伦理学的藩篱，工程伦理学就不可能真正建立起来。

二、功利主义和决策的伦理层面

在工程活动中决策是一个关键环节。虽然一般地说伦理因素并不是工程决策的“第一”要素，但伦理要素无疑在决策中发挥着非常重要的作用；我们可以肯定：不存在不包括伦理要素或伦理成分的决策。因此，对决策的伦理学研究——包括对伦理因素在决策中的作用的研究和对决策的伦理评价等——势必成为工程伦理学研究的重要内容。

西方伦理学研究的一个重大进展是提出了责任伦理问题。很显然，所谓责任不但包括事后责任和追究性责任，更包括事前责任和决策责任。如果离开决策谈责任，那就难免要把责任封闭在事后责任和追究性责任的藩篱之内。所以，我们必须把对责任伦理的研究和决策伦理研究结合起来，应该把决策伦理当做责任伦理研究的“第一重点”。

工程决策是一个重要而复杂的过程，而动机和效果的考虑是影响决策的两个重要因素。任何决策都是必须考虑功效（英文的 utility 可译为功利、功效或效用）问题的，因而，在任何决策中都必定会有某种形式或类型的功利主义思想、原则或理论在起作用。

虽然功利思想的滥觞可以追溯到古希腊时期，但许多人认为功利主义伦理学的完备理论形态是由边沁首先阐发的。值得注意的是，虽然功利主义原本是一种伦理学理论，但它后来却被改造成为了一种经济学理论。在现代西方经济学中，边际效用学说的出现被公认为是一次经济学革命。边际革命的主要代表人物之一杰文斯说，他的理论“完全以快乐痛苦的计算为根据”，“经济学的目的，原是求以最小痛苦的代价购买快乐”，“我毫不踌躇地接受功利主义的道德学说，以行为对于人类幸福所发生的影响定为是非的标准”，“边沁关于这个问题所说的话，固须有相当的解释和限制，但其所包含的真理太伟大了，太充分了，要躲避亦是不能的”[4]。我们看到：在西方思想史的发展过程中，边沁的那个作为伦理学理论的“快乐最大化”理论，逐步被改造成了作为经济学理论的“效用最大化”理论，并一直在西方经济学中占据着一个中心位置。功利主义原则从一个“伦理学原理”变成了一个“经济学原理”。

从理论方面看，在20世纪的西方学术界，经济学成为了社会科学的“女皇”；从现实方面看，物质工程（本文只讨论生产领域的工程而暂不讨论社会工程问题）首先是一个经济学问题而不是一个伦理学问题；于是，功利主义的“最大化”原则在许多人——特别是许多工程决策者——心目中也就蜕变成为一个经济学原则而不再是一个伦理学原则。更糟糕的是，由于许多主流经济学家狭隘地把效用最大化原则解释为利润最大化原则，这就更加促使在资本主义经济环境中，许多企业家都把利润最大化原则当做企业决策和工程决策的首要原则，甚至是唯一原则。这就是说，虽然就本性而言，工程决策绝不是单纯的经济决策或技术决策，可是在现实生活中，实际情况却经常是：不少学者在理论上把工程决策等同于经济决策，而不少决策者也在实践中把工程决策仅仅当做经济决策。于是，就相当普遍地出现了工程决策中伦理层面缺失或伦理缺位的现象。

由于伦理缺位既是一种理论现象同时又是一种现实状况，所以，人们也必须从理论和实践两个方面着手去努力改变它。

在理论方面，面对功利主义从伦理学原理向经济学原理的蜕变所产生的弊端，面对20世纪经济学与伦理学分离所造成的弊端，许多学者意识到必须努力再度呼唤经济学与伦理学的结合，促使缺失的伦理层面重新回归经济学的殿堂。在这方面，获得1998年诺贝尔经济学奖的阿马蒂亚·森做出了杰出的贡献。瑞典皇家科学院在森的获奖公告中说：“森在经济科学的中心领域做出了一系列可贵的贡献，开拓了供后来好几代研究者进行研究的新领域。”“他结合经济学和哲学的工具，在重大经济学问题的讨论中重建了伦理层面。”

在实践方面，技术因素、经济因素、伦理因素、社会因素是密切联系在一起的。在工程决策中，伦理层面是不应缺位的。如果说，在理论方面把经济学与伦理学结合在一起虽有困难但还比较容易的话，那么，要想使伦理考量和伦理标准“进入”现实的工程决策就很不容易了，因为这种结合要克服的阻力不但来自思想和观念上，更可能来自某些既得利益集团和某些权力集团。因此，在工程决策中重建伦理层面不仅仅是一个理论问题，更是许许多多和真真切切的实践问题。而在这个从理论和实践两个方面重建工程决策的伦理层面的过程中，工程伦理学既是责无旁贷的，也是大有作为的。

三、“知识”和“利益相关者”的出场

回顾20世纪的西方伦理学，在上半叶最突出的变化是功利主义伦理学的衰微与元伦理学的兴起，在下半叶最突出的变化是元伦理学的衰微与以罗尔斯为代表的具有规范特色的社会伦理学（政治伦理学）的兴起。

在《正义论》中，罗尔斯提出了著名的“无知之幕”。这个“无知之幕”具有逻辑起点的意义。罗尔斯假定在原初状态下人们都处在“无知之幕”的后面，不但相互之间对于自己和他人的社会地位、阶级出身、天生资质、自然能力、理智状况、伦理观念、心理特征处于无知状态，而且对于自己所处的社会经济政治状况、文明和文化的水平也处于无知状态。不难看出，这种处于“无知之幕”之后的个人是“无差别的个人”。但是，“无知之幕”只适用于在原初状态中对正义原则的选择。因而一旦正义原则选定，要开始将其运用时，“无知之幕”就要逐渐拉开[5]。借用罗尔斯的这一思想，本文在此强调：一旦人们进入了工程伦理学领域和研究工程伦理——特别是工程决策——问题，“无知之幕”就必须拉开（即抛弃），这时要面对和出场的就不再是“无差别的个人”，而是“有差别的个人”。

（一）决策是工程活动的关键环节

所谓决策，它首先表现为一种权力——决策权；其次表现为一定的方法或程序——决策方法和决策程序。这就是说，在决策中，“谁拥有决策权”和“应该根据什么程序进行决策”是两个关键。

拉开“无知之幕”后，在工程决策舞台上，我们看到了“知识”和作为知识人的“决策者”的出场。

从企业发展的历史上看，企业的所有权和经营管理权原先是“合二而一”的，所有者同时身兼管理者。后来，由于现代工程活动和现代企业的

管理活动愈来愈复杂，企业管理成为了必须具有专门知识才能胜任的事情，这就使职业管理人员应运而生，企业的所有权和管理权不得不开始分离。

职业经理人的出现是一件意义重大的事情。它不但意味着“管理权和决策权必须以具有相应的知识为前提”这个原则得到了社会的承认，并且意味着这个原则有了“职业形式”的保证。

工程活动有复杂的分工，需要多种具有不同职业的人——职业经理人、投资人、工程师、工人等进行通力合作。由于职业经理人成为了一种新职业，所以，职业经理人也应该有自身的道德要求和道德准则。但令人遗憾的是，与对工程师职业伦理问题的研究相比，目前对职业经理人的职业伦理问题的研究还处于很薄弱的状态，这种状况是急需改变的。

（二）在伦理学中，德性和知识的关系是一个大问题

对于这个问题，虽然伦理学家观点不一，但可以认为伦理学的主流观点是主张德性与知识没有必然联系。在西方哲学史上，休谟关于“是”与“应该”二分的观点便构筑了一个隔离知识与规范两个领域的理论壁垒。

所谓决策，就其本性而言，是知识要素、意志要素、理性要素、规范要素、想象要素的结合。我们可以把知识要素解释为决策者心中关于“是”的要素，把规范要素解释为决策者心中关于“应该”的要素。休谟关于“是”与“应该”二分的观点肯定了这两个要素或成分的异质性和不可互换性。“德”本身不等于“才”，“才”本身不等于“德”，就此异质性和不可互换性而言，休谟的观点是不可“突破”的。但这个观点并没有否认知识（“是”）和规范（“应该”）——包括伦理规范和其他类型的规范——可以通过适当的方式结合起来。

从工程伦理学的角度看，拉开“无知之幕”后，知识在决策舞台上的出场绝不是单独的出场，相反，知识与道德必须携手出场：既不能出现伦理缺失，也不能出现知识缺失。于是，知识和伦理怎样才能携手出场的问题，便在工程伦理学中提了出来。这是一个重大而困难的问题，切盼学者们能够对此提出新观点，把对这个问题的研究推进到一个新水平。

（三）在工程决策中，不但要遇到知识和道德问题，而且要遇到利益问题

在工程活动中出现的并不是无差别的统一的利益主体，而是存在利益差别（甚至利益冲突）的不同的利益主体。对此，现代经济学、哲学、管理学等许多领域的学者都认为：决策应该民主化；决策不应只是少数决策者单独决定的事情，应该使众多的利益相关者（stakeholders）都能够以适当方式参与决策。换言之，工程决策不应是在“无知之幕”后面进行的事情，在决策中应该拉开“无知之幕”，让利益相关者出场。

德汶在研究决策伦理时指出，在决策过程中，究竟把什么人包括到决策中是非常重要的事情，在决策过程中，两个关键问题是：“谁在决策桌旁和什么放在决策桌上?”[3]

利益相关者在“决策舞台”上的出场是一件意义重大和影响广泛的事情，它不但影响到“剧情结构和发展”，即“舞台人物”的博弈策略和博弈过程，而且势必影响到“主题思想和结局”，即应该做出“什么性质”的决策和最后究竟选择什么决策方案。

如果说，以往曾经有许多人把工程决策、企业决策仅仅当做领导者、管理者、决策者或股东的事情，那么，当前的理论潮流已经发生了深刻的变化。许多人都认识到：从理论方面看，决策应该是民主化的决策；从程序方面看，应该找到和实行某种能够使利益相关者参与决策的适当程序。

应该强调指出，以适当方式吸纳利益相关者参加决策过程，不但是一件具有利益意义和必然影响决策“结局”的事情，同时也是一件具有重要的知识意义和伦理意义的事情。

从信息和知识方面看，利益相关者在工程决策过程中的出场不但必然带进来不同的利益要求——特别是原来没有注意到的利益要求，而且势必带进来一些“地方性（local）的知识”和“个人的（personal）知识”。虽然这些知识可能没有什么特别的理论意义，可是由于决策活动和理论研究具有完全不同的本性，因而这些知识在决策中可以发挥重要的、特殊的、不可替代的作用，以至于我们可以肯定地说：如果少了这些知识就不可能作出“好”的决策。

从政治方面和伦理道德方面看，利益相关者在工程决策过程中的出场能

明显地帮助决策工作达到更高的伦理水准。一般来说，一个决策是否达到了更高的伦理水准不应该主要由“局外”的伦理学家来判断，而应该主要或首先由“局内”的利益相关者来判断，按这一标准，利益相关者参与决策的意义就非同一般了。

德汶说：“把不同的利益相关者包括到决策中来会有助于扩大决策的知识基础，因为代表不同的利益相关者的人能带来影响设计过程的种种根本不同的观点和新的信息。也有证据表明在设计过程中把多种利益相关者包括进来会产生更多的创新和帮助改进跨国公司的品行。”“最后做出的决策选择也可能并不是最好的伦理选择，但扩大选择范围则很可能会提供一个在技术上、经济上和伦理上都更好的方案。在某种程度上，设计选择的范围愈广，设计过程就愈合乎伦理要求。因此，在设计过程中增加利益相关者的代表这件事本身就是具有伦理学意义的，它可能表现为影响了最后的结果和过程，也可能表现为扩大了设计的知识基础和产生了更多的选择。”[3]

四、工程伦理学的学科性质和为“实践伦理学”正名

工程伦理学以工程活动中或与工程密切相关的伦理现象和伦理问题为基本研究对象。在进行伦理学的学科分类时，许多人都把工程伦理学这个学科归类于“应用伦理学”（applied ethics）或“实践伦理学”（practical ethics）。

对于伦理学的分类，有一种影响很大的传统观点认为：“我们可以把伦理学分为理论伦理学和实践伦理学……前者发现规律，后者应用规律；前者告诉我们已做的是什么，后者告诉我们应该做什么，实践伦理学是理论伦理学的应用。”[6]根据这种观点和解释，“实践伦理学”就是把理论伦理学“应用于”实践的“应用伦理学”。

应该指出，如果从外延方面看问题，那么，许多中外学者有基本一致的看法，即认为可以把环境伦理学、生命伦理学、核伦理学、工程伦理学、计算机伦理学、网络伦理学、经济伦理学等学科总称为应用伦理学或实践伦理学。但是学者们对应用伦理学或实践伦理学的许多基本理论问题还存在着很

多分歧。许多人不赞成把应用伦理学“定义”为“伦理学理论的应用”。例如，有的学者认为:“应用伦理学不是伦理学原则的应用，而是伦理学的一个独立学科体系和完整的理论形态;应用伦理学的意义不是应用的伦理学，而是被应用于现实的伦理学的总和……应用伦理学是伦理学的当代形态。”[7]另有学者也认为，在开展应用伦理研究时，不应采取“伦理学的应用”的思路，而应该把应用伦理学理解为一种与“伦理学的应用”大不相同的思路[8]。

孔子说:“名不正则言不顺，言不顺则事不成。”既然不应把应用伦理学解释为伦理学的应用，那么，应用伦理学这个名称显然就是不合适的。

在这里，更关键和更核心的问题还不是名称是否恰当，而是在基本哲学立场和研究路数（approach）方面存在许多重大的分歧。怀特伯克等学者认为:应用伦理学和实践伦理学其实并不是同一个对象的两个不同的名称，它们实际上代表着两种迥然不同的伦理学理论体系和研究路数。

应用伦理学的基本路数是强调理性主义的基础主义伦理理论的应用，而实践伦理学则强调从有重要伦理意义的实践问题开始。根据实践伦理学的观点，在道德上可以接受什么的判断不是“自上而下”（top down）地来自原理，而是通过类比推理从案例到案例（case-to-case）而产生的。在实践伦理学中，考察的焦点是问题情景及来自实践者的带经验性的伦理和受利益相关者影响的带经验性的伦理。采取实践伦理学路数的哲学家期望利用有关共同体的实践经验，他们期望通过与实践者和其他人文社会科学学者的合作而发展实践伦理学。

实践伦理学和应用伦理学在许多问题上都是观点相左的，例如，能否单独在理性基础上叙述伦理原理，是否在伦理学中有意义的原理和道德规则都不是抽象的而是包括了对应用范围的理解，把抽象的伦理原理和实际遇到的问题情景联系起来时是否会遇到意外的道德陷阱，等等。[9]

根据以上分析，我认为，工程伦理学应该被定性和命名为“实践伦理学”，而不是“应用伦理学”。

工程伦理学是一个重要的伦理学分支学科，我们必须大力推进它的研究和发展。为此，我们不但必须注意在伦理学内部把工程伦理学研究与其他伦理学分支学科的研究密切结合起来，而且必须注意在外部把工程伦理学研究与其他社会科学学科的研究密切结合起来。

马克思说："工业的历史和工业的已经产生的对象性的存在，是一本打开了的关于人的本质力量的书。"[10] 马克思的这段话对哲学、社会学、伦理学、经济学、管理学、历史学等学科都是具有头等重要的指导意义的。

现代社会中，工程活动是最基本的实践活动方式，工程活动中不但体现着人与自然的关系，而且体现着人与人、人与社会的关系。

人与自然的关系从根本上说不是"静观关系"，而是"工程关系"。这种关系既不应是"自然狂暴、人类无助"，也不应是"人类征服自然"，而应是"人与自然和谐"。环境伦理学、生态伦理学、工程伦理学应该在"人与自然和谐"这个原则和理想中结合起来。

在哲学和社会学领域，许多学者都在努力研究人的本质、主体间性、"生活世界"等方面的许多问题。由于工程活动是现代社会存在和发展的基础，由于工程和生产活动中存在与发展着的主体间关系是最常见、最基本的主体间关系，工程活动是生活世界的基础和基本内容之一，我们有理由肯定：如果我们对"工程活动中所表现出的"人的本质视而不见，对"工程活动中的主体间性"视而不见，对作为"生活世界的基本内容和基本形式"之一的工程活动视而不见，那么我们就不可能真正认识人的本质，也不可能真正了解主体间性与生活世界。我们应该把工程哲学、工程伦理学、工程社会学、工程管理学、工程史等学科的研究密切结合起来，不但努力深化对人、自然和社会的认识，而且努力使这些学科的理论成果转化成为促进现实世界改变的力量。

参考文献

[1] 卡尔·米切姆．技术哲学概论．殷登祥等译．天津：天津科学技术出版社，1999：60.

[2] 甘绍平．应用伦理学前沿问题研究．南昌：江西人民出版社，2002：117.

[3] Devon R. Towards a social ethics of technology：A research prospect. Techne，2004，8（1）：99－115.

[4] 杰文斯．政治经济学理论．郭大力译．北京：商务印书馆，1997：42.

[5] 罗尔斯．正义论．何怀宏等译．北京：中国社会科学出版社，1988：185－191.

[6] 弗兰克·梯利．伦理学导论．何意译．桂林：广西师范大学出版社，2002：14，15.
[7] 赵敦华．道德哲学的应用伦理学转向．江海学刊，2002，(4)：44－49.
[8] 唐凯麟，彭定先．论应用伦理学研究的重要使命．武汉科技大学学报，2002，4 (2)：1－5.
[9] Whitbeck C. Investigating professional responsibility. Techne，2004，18 (1)：79－98.
[10] 马克思恩格斯全集．北京：人民出版社，1979：127.

绝对命令伦理学和协调伦理学*

工程活动是人类社会存在和发展的物质基础，工程活动内在地存在着许多深刻、根本的伦理问题。可是，在很长一段时期中，许多人（特别是决策者和工程师）常常忽视了工程的伦理维度，这就造成了工程活动中的伦理"缺位"；同时，伦理学界也常常忘记了工程活动也是伦理学的重要研究对象，这就造成了伦理学对工程的"遗忘"。令人欣慰的是，这种情况由于工程伦理学的开创而有了根本性的变化。

工程伦理学的开创是一件意义深远的事情。从学术发展方面看，其深刻意义不但表现为出现了一个新的伦理学分支，而且更表现在它反映和提出了可以称为伦理学理论的转向或转型性质的问题。对于与工程伦理学密切相关的从理论伦理学向实践伦理学的转向问题和从个人伦理主体论（个体伦理学）向团体伦理主体论（团体伦理学）的转型问题，本系列论文已经有所讨论[1,2]，本文将简要讨论另外一个重要问题——从绝对命令伦理学向协调伦理学转型的问题。

如果说在传统的动机论和后果论的理论对立中，工程伦理学既赞成动机论（因为工程活动必然是动机推动和目标引导的活动），又赞成后果论（因

* 本文作者为李伯聪，原题为《绝对命令伦理学和协调伦理学——四谈工程伦理学》，原载《伦理学研究》，2008年第5期，第42～47页。

为工程活动必然是讲求效果而不是不顾后果的活动)，那么，在绝对命令伦理学和协调伦理学这两种不同的伦理学原则和方法的对立中，工程伦理学就明显地要倾向于协调伦理学了。

一、绝对命令伦理学和协调伦理学

在伦理学领域，不但存在着道义论伦理学和功利论伦理学的对立，而且存在着绝对命令伦理学和协调伦理学的对立。对于前一组伦理思想、原则和方法上的对立，学术界已经有了许多研究，而对于后一组伦理思想、原则和方法上的对立，学术界还鲜有研究。

在古今伦理思想史上，有许多学者都是主张或倾向于绝对命令伦理学的，除康德伦理学外，还有许多其他伦理学家的观点和思想也都可以归类到绝对命令伦理学这个派别中。从历史上看，绝对命令伦理学的立场、观点和方法曾经反复出现并产生过巨大的影响；从现实方面看，绝对命令伦理学的原则、观点和方法至今仍在发挥重要作用，但这并不意味着协调伦理学在古今中外伦理思想发展史中毫无建树。本文无意于梳理古今伦理思想史上绝对命令伦理学和协调伦理学的源流和历史轨迹，在此笔者仅以中国传统伦理思想为例，勾勒绝对命令伦理学和协调伦理学的发展脉络。

中国是一个伦理学历史特别悠久和伦理学思想特别发达的国家。回顾中国伦理思想的历史，虽然还不能说中国古代已经形成了关于绝对命令伦理学的严密理论体系，但粗略地说，仍可以认为绝对命令伦理学在中国伦理思想历史上成为了占据主导地位的思想、观点和倾向。孔子是儒家的创始人，同时也是儒家伦理学的创始人。在《论语》中，阐述和主张“君子谋道不谋食”的言论比比皆是，可以说，孔子的伦理思想在整体上是明显倾向于绝对命令伦理学的。可是，孔子同时也强烈意识到了权衡问题的重要性，而权衡问题正是协调问题的一个重要内容和重要表现。孔子说：“可与共学，未可与适道；可与适道，未可与立；可与立，未可与权。”(《论语·子罕》)应该注意，这段话并不是孔子的贸然言论或即兴话语，而是孔子人生经验的细心总结和深切体会。在这段话中，孔子强调了“权”的重要性和行权的难度，可是，孔子却没有在这段话中——也没有在其他话语中——具体阐述和解释

“权”何以具有如此的重要性，这就使孔子关于“权”有极端重要性的思想成为了罕见的灵光闪现。

在中国封建社会历史上，孟子是被尊为亚圣的人物。虽然孟子也认识到了“权”的重要性，但总体来看，孟子更倾向于从两极对立和不能兼容的观点来认识和分析义与利的关系，要求把义的动机和标准当做不可改变的绝对命令，这就把孔子重义轻利的主张进一步极端化了。在一定意义上，我们不但可以把孟子看作中国伦理学史上道义论的代表人物，而且还可以把他看作是绝对命令伦理学的一个代表人物。

在孔孟之后，中国儒学史上影响最大的人物要数董仲舒、二程和朱熹了。汉代的董仲舒提出“正其谊（义）不谋其利，明其道不计其功”，被后代奉为圭臬。程颐说：“不是天理，便是人欲”，“人欲肆而天理灭”，“灭人欲则天理自明”。朱熹认为：“天理存则人欲亡，人欲胜则天理灭，未有天理人欲夹杂者”，“此胜则彼退，彼胜则此退，无中立不进退之理，凡人不进便退也”[3]。于是，在理学家的伦理学中，“存天理灭人欲”便成为了一个至高无上的伦理绝对命令。作为一个典型表现，自宋代起，“饿死事小，失节事大”成为了束缚古代中国妇女的伦理绝对命令，而许多地方树立的贞节牌坊便是这个伦理绝对命令的记功碑。

对于董仲舒、二程和朱熹的上述伦理思想，如果从道义论和功利论的分野中定性，它们属于道义论伦理学思想；如果从绝对命令伦理学和协调伦理学的分野中定性，它们属于绝对命令伦理学思想。把这两个方面综合起来，其基本性质也就成为了道义论的绝对命令伦理学。在中国思想史上，战国的策士们对权衡和协调关系有许多精彩分析和论述，可是，那些言论主要是有关政治、军事领域协调问题的分析和言论，他们鲜有关于伦理权衡和协调的言论。

总体来看，中国古代思想家一直高度关注道义和功利的相互关系问题，流传下来了大量有关这个主题的观点和言论，可是对于协调问题的言论就少得多了。如果说在道义论与功利论的对立中，虽然道义论在中国古代占了压倒优势，而功利论在中国古代仍然能够形成一个可以与道义论对垒的小规模阵营，那么在绝对命令伦理学思想和协调伦理学思想的对立中，后者简直就难以说已经形成了一个学术营垒，而只能说在中国古代存在着时断时续的倾向于协调伦理学的某些思想闪光了。

尽管绝对命令伦理学和协调伦理学这两组不同的伦理思想、原则和方法不是互不相关的，而是存在某些相互交叉、相互重叠和相互渗透的，但这并不意味着后一组伦理思想的差别和对立可以归并或归结为前一组差别和对立。无论从内容和形态上看，还是从根源和意义上看，后一组差别和对立都有与前一组差别和对立迥然不同之处。

从理论和方法上看，绝对命令伦理学和协调伦理学是两种不同的伦理学系统和伦理学方法。它们的不同主要表现在六个方面：①前者是“无差别主体”或“普遍主体”的伦理学，后者是“类型主体”和“具体主体”的伦理学；②前者是至善、最优、别无选择的伦理学，后者是“满意”、决策和协调的伦理学；③前者是“完全理性”假设的伦理学，后者是“有限理性”假设的伦理学；④前者是命令式伦理学，后者是程序和协商的伦理学；⑤前者是普遍性伦理学，后者是情景性伦理学[①]；⑥前者是轻视地方性知识的伦理学，后者是重视地方性知识的伦理学。

二、伦理意识、伦理问题和决策伦理

虽然在传统伦理学中，决策伦理没有成为一个重要问题，可是，在工程伦理学中，决策伦理却成为一个具有头等重要意义的问题。决策伦理和伦理决策是两个既有密切联系，又有很大区别的概念。前者是指对“非伦理问题”（如经济问题、工程问题、医疗问题、军事问题等）进行决策时所必然要涉及的“决策中的伦理维度”；而后者是指针对“伦理问题”所进行的决策。

在传统的理论伦理学——特别是近现代西方伦理学理论研究领域中，核心问题是伦理“论证”问题，可是，在以工程伦理学和生命伦理学等新分支学科为表现形式的实践伦理学（有人称为应用伦理学）中，以伦理决策和决

① 美国伦理学家弗莱彻提出了自己的“境遇伦理学”，其重视决策和境遇的思想令人耳目一新，其中有不少观点都是与“协调伦理学”一致甚至相同的。可是，在弗莱彻的“境遇伦理学”中也有一些观点我们是无法同意的，为了避免与作为一个具体伦理学流派的“境遇伦理学”混为一谈，这里使用了“情景性伦理学”这个表述方式。

策伦理为表现形式的“决策”问题成为了核心性问题。

在不同领域——经济领域、工程领域、政治领域等——都有决策问题。在这些不同领域中，其决策的基本性质各有不同。经济领域的决策其基本性质是经济性的，政治领域的决策其基本性质是政治性的，如此等等。人们不能说所有这些决策在本性上都是伦理决策。可是，人们必须承认在这些不同领域的不同性质的决策中都包含一定的伦理内容和伦理意义，从而，在这些其他类型和性质的决策中都存在着一定的伦理维度和伦理意义。一般地说，所谓“决策伦理”就是对经济、政治、工程、环境等实践活动领域中各种不同性质的决策中的“伦理维度”和“伦理意义”的分析和研究。

决策伦理和伦理决策往往是不能截然分割的，但人们也不能把它们混为一谈。一般地说，决策伦理涉及的是“决策学和伦理学相互交叉、相互渗透性质”的问题，而伦理决策所涉及的则主要只是“伦理学范围之内”的问题。

从伦理学角度看问题，并且为了伦理学分析的方便，由于任何决策都是和行动（如工程行动、政治行动、军事行动、医疗行动、科研行动）联系在一起的，而任何行动都是“多要素”的综合或协同，我们有理由把人类行动看作是“伦理要素”和“非伦理要素”的结合，由此出发我们便可以得出以下两个重要观点和结论了。

首先，由于任何行动（本文不讨论生理本能行动）都必然包括伦理要素或成分，换言之，人的行动无不具有一定的伦理性质、伦理成分和伦理意义，这就使进行伦理学分析成为了一个普遍性的要求，从而，人类的任何行动都不能拒绝伦理分析和伦理评价。

其次，虽然人类行动中都包含着一定的伦理要素或成分，但这绝不意味着必然同时断定这个伦理要素就是决定这个行动的性质的最重要的要素。在不同的条件和情况下，不同行动中的伦理要素的重要程度及其与其他要素的相互关系可能出现极其复杂多样的类型和方式。在某些情况下，伦理成分可能是最重要、最关键的要素；在另外一些情况下，伦理要素也可能并不是一个多么突出的问题。

在认识人类行动的伦理要素时，应该特别注意的是在许多情况下人类行动中的伦理要素都表现为“渗透性要素”而不是“独立性要素”。例如，工程行动中的金融资本要素、技术要素、人力要素都是独立要素，而工程行动中的伦理要素却往往表现为渗透在其他具体成分或要素（如设计目标、工资分配等）之中，成为了一个渗透性或隐性的要素。

应该承认与必须肯定：当我们使用工程行动、政治行动、医疗行动、军事行动、科学研究行动这些词语时，已经前提性地把这些行动的基本性质划定为“非伦理性”的行动。从而，在这些行动的决策中，其决策的许多内容从本性上看都是“非伦理”性的（注意：“非伦理”不是“反伦理”）。

从学术思想史上看，伦理学在很长时期中都是比经济学和工程学显赫得多的学问或学科。例如，后世作为经济学家而名闻天下的亚当·斯密在世时的正式身份和职务居然是一位伦理学家而不是一位经济学家。可是，在20世纪，经济学成为了社会科学中的显学，甚至出现了“经济学帝国主义”的潮流或倾向，相形之下，伦理学出现了一定程度的被边缘化的现象。各种工程技术学科和工程类院校如雨后春笋般涌现，工程师的人数出现了爆炸性增加，相形之下，伦理学系和伦理学家的人数都显得小巫见大巫了。

如果说在中国古代的思想和学术氛围中，伦理意识相对过强而经济意识相对薄弱，那么，在20世纪的思想和学术氛围中则形势反转，总体情况就变成经济意识相对过强而伦理意识相对薄弱了。在这样的形势和背景下，强调必须强化工程活动和工程决策中的伦理意识——特别是工程管理者和工程师的伦理意识——就不是无的放矢了。

所谓强化伦理意识，其首要含义就是要强化有关人员“发现”、分析和恰当解决伦理问题（包括属于“伦理维度”类型的问题）的意识。前面已经指出，不能认为任何问题都是伦理问题。由于在现实生活中，许多伦理问题都是以渗透性为主要表现形式的隐性问题或嵌入性问题，而不是直接呈现的显性问题，这就使是否能够正确、敏锐地在工程问题、疾病问题、环境问题等其他性质的问题中“发现”伦理问题成为了实践伦理学中的一个特别重要的问题。

在现代社会中，在伦理道德方面，最严重的问题不是道德滑坡或伦理失范，而是伦理意识的薄弱和发现伦理问题——特别是属于“伦理维度”性质问题——的能力薄弱。

马丁和辛津格提出了10条研究工程伦理学的目的和理由，其中居首的一条就是要增强人们的道德意识（moral awareness）。对于所谓道德意识，可以有广义和狭义两种理解和解释。马丁和辛津格把道德意识解释为“熟练识别出工程中的道德问题”的能力[4]，而本文则宁愿作更广义的解释，将工程伦理学中——更一般地说是实践伦理学中——的伦理意识解释为以下三种认识和能力统一：①清醒地认识到伦理要素具有渗透性特征，承认在任何活动中都存在着某种形式或某种程度的伦理要素，避免出现“伦理缺失”现象；②努力增强熟练、敏锐地发现、分析和处理工程中伦理问题的能力，保持审慎明智的伦理头脑；③努力恰当地认识和处理“伦理性问题”和“其他性质的问题”的相互关系，恰当认识和处理“决策中的伦理问题”和“伦理决策”的关系。

应该强调指出，伦理意识绝不等于“伦理学家的意识”。相反，增强伦理意识的主要对象和含义应该是增强所有人和所有活动中的伦理意识。对于工程伦理学来说，其最主要的任务就是要增强工程师、管理者、投资者和工人在工程活动中的伦理意识。

在许多情况下，不能认为工程问题直接就是伦理问题，不能认为工程决策直接就是伦理决策。可是，由于任何工程活动中都必然存在伦理因素和伦理问题，从而任何工程决策都必然有伦理考量，我们应该要求一切工程决策都能够接受伦理评价和伦理检验。

三、协调原则和伦理学的“内外双重协调”

在工程活动和工程决策中，协调是一个常用的方法。应该强调指出，对于工程活动和工程决策来说，协调的基本性质和作用不在于它表现了一种不得已的妥协，而在于它体现出了活生生的工程活动的灵魂。由于工程伦理学本质上就是工程活动中的伦理学，于是，工程伦理学也就不可避免地和顺理成章地成为了协调伦理学。

为什么在工程伦理问题的分析和研究中协调原则和方法占据了核心位置而绝对命令伦理学常常“失灵”呢？其根本原因或基本根据何在呢？

1）在对伦理主体的认识上，绝对命令伦理学的基本着眼点是“无差别主体”或“普遍主体”，而工程伦理学和协调伦理学的基本着眼点是“类型主体”和“具体主体”。由于工程伦理问题都是具体主体在具体实践活动中产生和遇到的伦理问题，这就导致了如果单纯采用绝对伦理学原则往往难免失灵。

鲍伊说："康德的核心思想表现在他的决定命令的第一条公式。”这条被人引用最多的绝对命令第一公式说："要只按照你同时认为也能成为普遍规律的准则去行动。”[5]应该注意，这里的“你”不是特殊的、具体的“你”，而是作为“无差别主体”或“普遍主体”的“你”。可是，在协调伦理学中，进行协调的主体就不是“无差别主体”或“普遍主体”，而是“特定的”“具体的”工程活动主体和伦理主体了。

工程哲学认为，工程活动是由特定主体在特定时空中为达到特定目标而进行的活动，工程活动是“依附”于“此人、此时、此地”的活动。以项目为表现形式的工程活动以“唯一性”为基本特点。工程活动具有“唯一性”的这个特点，不但决定了协调原则要成为工程经济活动的普遍原则，而且决定了协调原则要成为工程伦理学的基本原则。

康德在研究伦理问题时，要求伦理原则成为可以无例外的普遍适用的绝对命令。可是，现代医学伦理学却提出了知情同意原则，按照这个原则，不同的主体完全可以根据自己的具体情况对同类情况做出不同的决策。这个知情同意原则不但尊重了不同主体在同类外部情况下可以有做出不同决策的权力，而且认为那些不同的协调和决策往往都是具有自身的伦理合理性的。对于伦理协调原则和知情同意原则的关系，我们既可以把后者看作前者在医学伦理学中的一个具体应用，又可以把前者看作后者在工程伦理学中的一个推广。

2）从对象自身的客观本性来看，由于工程活动本身不可能是“纯伦理性”的活动而必然是伦理要素和多种非伦理要素的有机结合，这就使决策者和工程伦理学家在研究工程活动时绝不能采取蛮横压制或取消某一个要素的立场和方法，而只能采取在不同要素间进行灵活、具体协调的原则和方法。在工程活动中，既不能盲目地根据“经济学帝国主义”或“技术至上”的思路决策，也不能教条地依据“道德帝国主义”的思路决策。工程活动的活的灵魂就是必须在经济原则、技术原则、政治原则、环境原则和伦理原则等不同原则之间进行审慎明智的协调。

3）传统哲学和伦理学往往更重视无限、永恒和不朽，而在工程伦理学和协调伦理学中，有限性成为了更基础的主题和更重要的约束条件。从主体的时空特征方面看，如果人不是有限性的存在而是寿命无限的存在，如果人类可以利用的资源是无限的，如果人的行动可以不受物理时空和社会时空条件的限制和约束，那么，协调问题就可以从根本上取消，协调就完全不必要了。实际上，正是由于人类是有限性的存在，由于资源的有限性和不可避免的物理时空与社会时空条件的限制和约束，这就使得协调成为了有限主体和有限时空条件下的必然要求。

4）除了时空环境和条件的有限与无限问题外，还有一个应该如何认识人的理性的性质和特征的问题：人的理性是无限的、完全的、完美的还是有限的、不完全的、不完美的?

在 20 世纪学术思想史上，西方主流经济学理论体系和社会主义计划经济理论体系在经济学理论领域曾经长期分别各自占据主流地位。二者在意识形态上是截然相反的，可是，在同样以“完全理性论”为基本理论假设方面，它们又殊途同归了。在决策科学领域，许多学者也曾经绝对化地认为可以利用最大化方法和根据最优原则进行决策。然而，与以上研究立场和进路不同，著名经济学家、认知科学家、诺贝尔经济学奖获得者西蒙独具慧眼，提出了应该以有限理性论替代完全理性论，以满意决策原则替代最优决策原则，这就在 20 世纪的哲学、社会科学和决策理论中实现了一个重要突破，把理性理论和决策理论推进到了一个崭新的阶段[6]。

如果说完全理性论是古典经济学、计划经济学、最优决策论和绝对命令伦理学的理论基础，那么，有限理性论就是协调原则和协调伦理学的理论基础和根据。

古典经济学和绝对命令伦理学以完全理性论为基本假设，以最优或至善为决策要求，要求找到别无选择的决策，要求得到普遍的、不随情景而变的决策结论；而协调伦理学却以有限理性论为基本假设，以满意为决策要求，要求进行合适的协调，希望能够在协调中找到合适的决策路径和结果；因而其具体的决策结果常常因情景不同而改变，其结果往往不是可以普遍推广的。

5）在知识论领域，古今许多哲学家关注的焦点一向主要集中在“普遍知识”上，可是在西方哲学界，继波兰尼提出关于“个人知识”的概念之后又有人提出了关于地方性知识的理论。如果说“个人知识”和“地方性知识”对于绝对命令伦理学来说没有什么重要性，那么，对于协调主体和协调原则来说，是否能够充分、合理地利用有关主体的个人知识和地方性知识就具有了关键性的意义。我们甚至可以说，如果缺少了有关的个人知识和地方性知识，协调就不可能进行；由此来看，协调原则和方法确实空前地提升了个人知识和地方性知识的地位、作用和意义。

6）从程序的意义和作用方面看，绝对命令伦理学忽视了程序的地位和作用，是绝对命令在先的伦理学；而协调伦理学则突出了商谈和程序的作用和意义，是商谈伦理学和程序伦理学。需要顺便指出：在工程伦理学视野中的商谈伦理学中，虽然不否认个体间商谈的重要性，而占据核心位置的问题已经是“集体商谈”了。

如果说在法学领域中，程序问题很早就得到了重视，那么，在伦理学领域中，情况就完全不同了。这种情况由于商谈伦理学的兴起而有了很大变化。很多人都认识到，商谈伦理学的基本性质和突出特点之一就是凸显了程序的作用和意义。在商谈伦理学中，决策的结论在商谈开始时并不“预先存在”，相反，决策结论是需要通过商谈过程和程序才能得到的，这就使协调伦理学、商谈伦理学与绝对命令伦理学（“绝对命令”在“商谈之先”和“程序之外”）有了很大区别。应该强调指出，对于工程伦理学来说，所谓协调不仅是指“决策者”的协调，更是指“所有利益相关者”的协调。

以上就是协调伦理学的基本特点和何以能够成立的主要根据和原因。

在谈到工程伦理学中的协调原则和方法时，应该特别注意的是，这里涉及了两种不同类型的协调问题：伦理的“外协调”和“内协调”。前者是指在工程活动和工程决策中，对伦理因素和其他因素（包括经济因素、技术因素、政治因素等）之间的相互作用、相互影响和相互消长关系的协调；后者是指在工程活动和工程决策中，对各种不同的“具体的伦理原则”和各种不同的“具体的伦理规范”之间的相互作用、相互影响和相互消长关系的协调。换言之，所谓外协调就是对工程中的伦理标准、伦理维度和其他标准、其他维度的相互作用和相互关系的协调，是对“伦理考量”和“非伦理考量”相互关系的协调；而“内协调”则是在伦理学“内部”对不同的伦理规范、不同的伦理原则、不同的伦理方法之间的协调，是“伦理考量A”和“伦理考量B”的相互关系的协调。

在工程活动的“伦理原则”和“非伦理性原则”的相互关系上，存在着两种错误的极端化倾向。布坎南认为，现代经济学家和现代伦理学家在认识和分析问题时往往相互分离、背道而驰。他说：“经济学家试图只根据效率来评价市场而忽略伦理问题，而伦理学家（以及规范的政治政府学家）的特点则是（在从根本上思考了有关效率的思考之后）蔑视效率思考而集中思考对市场的道德评价，近来则是根据市场是否满足正义的要求来评价市场。”[7]这两个极端在表现形式上相反，但拒绝和否认协调原则这一点上却殊途同归了。

经济学要求必须对工程活动进行经济考量，但这绝不意味着可以仅仅进行经济学考量；同样，伦理学要求必须对工程活动进行伦理考量，但这绝不意味着可以仅仅进行伦理学考量。那种拒绝对经济要素进行“外协调”的伦理学和那种拒绝对伦理要素进行“外协调”的经济学都是既在理论上存在许多错误，又在实践中产生许多恶果的理论。在进行“外协调”时，必须既反对“经济学帝国主义”态度，同时也反对“伦理学帝国主义”态度。

协调意味着在差异、矛盾、对立中寻找恰当的结合点和妥协点，而不是以“帝国主义”或“绝对命令”的态度唯我独尊。里德说：“经济上不合理的东西不可能真正是人道上正义的，而与人类正义相冲突的东西也不可能真正是经济上合理的。”[8]里德的这个判断和观点不但具有重要而深刻的经济学意义而且同时具有重要而深刻的伦理学意义。

对于协调原则的意义和作用，一方面，应该承认从现象和表层看，它确实是某种妥协和退让的表现；另一方面，又应该认识到它绝不是抛弃原则，因为它同时又是在实质和深层意义上守护原则和走向原则。

四、协调的基础与目的：共同体、共识和共赢

在理解和运用协调伦理学时，必须努力避免对协调原则和方法的形形色色的误解和滥用。这里的误解和滥用不但是指理论领域的误解和滥用，更是指现实生活中的误解和滥用。

协调伦理学特别强调了协调、商谈和程序的重要性，但这绝不意味着可以利用协调伦理学为权钱交易、暗箱操作、为富不仁等现象进行辩护。

协调原则意味着承认和突出“此人、此时、此地”性（时间空间上的“当时当地”性），但它绝不是否认普遍道德和普遍原则的。协调原则无疑意味着承认相对性，但这绝不意味着协调伦理学是一种相对主义伦理学。协调原则意味着承认和突出相对性，但它绝不是相对主义的。相对主义伦理学对一切原则都持怀疑和否定态度，而协调伦理学却明确承认并强调：任何协调都是在一定原则指引下、以一定的共识为基础、以一定的程序为过程的协调。

协调伦理学不但强调和重视地方性知识、具体的经验知识在协调过程中的作用、地位和重要性，而且十分重视共同原则和共识（共享知识、公共知识、共同知识）的作用和重要性。实际上，如果没有最低限度的共同原则和共识为前提和基础，协调过程就不可能进行。正是在承认协调必须在一定原则指引下和以一定的共识为基础这一点上，协调伦理学和相对主义伦理学分道扬镳了。

协调过程中往往免不了要进行某些妥协和退让。从伦理学角度看问题，所谓妥协和退让不但可能是“道德考量”对“其他考量”（如经济考量）的妥协和退让，而且也可能是“其他考量”（如经济考量）向伦理考量的妥协和退让。这就是说，妥协和退让应该是双方面的，而绝不是单方面的。妥协和退让的结果或结论既可能是“伦理天平”稍稍向上倾斜，也可能是“伦理天平”稍稍向下倾斜。如果说今天有一些企业家在捐款救灾时“自愿”捐出更多的善款是经过协调后，“伦理天平”稍稍向上倾斜具体事例；那么，今天人们在救灾时更加强调救灾人员必须“首先关注自身的安全”，而不提倡“不管个人安危舍身救灾”的精神，这就是在经过协调后“重视生命原则”更加向上倾斜的具体事例了。

如果在以往的伦理学分析和研究中，伦理学家更加重视和强调的是伦理学原则和精神的不可妥协性，是伦理考量和非伦理考量之间的对抗性，那么，在当前的社会环境和时代条件下，经济学、伦理学、政治学、心理学、社会学等不同学科的分析和不同考量中，人们更加重视和强调的已经是交叉、协调和共享、共赢了。例如，对于效率和公平问题，在经济考量和伦理考量的相互关系上，主流思路已经不是在你死我活的对抗方式中考虑问题，而是在协调、共赢的思路和原则下分析和考虑问题了。

虽然在直接的含义上，协调是一个原则和方法问题而并不涉及目的问题，但由于协调必然要依据一定的标准并且追求一定的目的，这就使协调伦理学与机会主义伦理学有了截然的不同。协调伦理学绝不是无原则的机会主义，协调伦理学的精神实质和灵魂是要求在动机与效果之间、道义和功利之间、普遍原则和具体情景之间、伦理考量和非伦理考量之间、理想与现实之间保持必要的张力，努力兼顾、协调、共赢。

本文最后想对康德伦理学说几句话。康德伦理学在伦理学史上具有头等重要地位，这是无人可以否认的。鲍伊在《经济伦理学——康德的观点》一书中努力阐明康德的绝对命令伦理学在商业中贯彻不但是必要的，而且是可能的。但认真研读该书后可以看出，作者实际上已经是在用协调伦理学的原则和方法改造和修正康德的绝对命令伦理学了。

有人说："道德哲学，在陪伴人类文明走过了几千年的风风雨雨后，在现时代遇到了许多的困境。这是社会历史文化状况迅速发展变化的结果。道德当然不可能在日新月异的世界中依然抱残守缺。""100 年或 150 年前，道德还总是被认为适合于不变的、超人类的条件，现在当然已不会再有人信奉这一绝对化的理念。"[9] 当代道德哲学不同于古代和近代的道德哲学，它们有不同的时代环境、社会基础和立论前提。当代伦理学不是没有基础更不是要摈弃基础，而是仍然有其存在和发展的根本基础，但这个基础已经是存在于不同伦理学流派的对话与交融"之中"而不是超然事外了。工程伦理学、协调伦理学都正在成为伦理学王国对话的新成员，这是应该受到欢迎的。

参考文献

[1] 李伯聪．工程伦理学的若干理论问题——兼论为"实践伦理学"正名．哲学研究，2006，(4)：95－100.

[2] 李伯聪．关于工程伦理学的对象和范围的几个问题——三谈关于工程伦理学的若干问题．伦理学研究，2006，(6)：24－30.

[3] 陈瑛．中国伦理思想史．长沙：湖南教育出版社，2004：301.

[4] Martin M W，Schinzinger R. Ethics in Engineering. Boston：McGrow-Hill，2005：9.

[5] 诺曼・E. 鲍伊．经济伦理学．夏镇平译．上海：上海译文出版社，2006：14.
[6] 西蒙．现代决策理论的基石．杨砾，徐立译．北京：北京经济学院出版社，1989：45.
[7] 布坎南．伦理学、效率与市场．廖申白，谢大京译．北京：中国社会科学出版社，1991：3.
[8] 乔治・恩德勒．面向经济行动的经济伦理学．高国希，吴新文等译．上海：上海社会科学院出版社，2002：38.
[9] 高国希．当代伦理学对道德基础的探索//樊浩，成中英．伦理研究．南京：东南大学出版社，2007：193.

工程伦理学的路径选择*

工程伦理学是关于工程师的职业伦理学[1]。在美国，它自20世纪70年代伴随着经济伦理学而形成，经过几十年的研究与发展，已经成为比较成熟和规范的学科。作为一种实践性较强的理论学科，工程伦理学对于指导和规范工程师的行为活动，消除技术的消极后果，都起着重要的作用。在我国，工程伦理学还处于起步阶段，我们有必要以我国的工程实践为基础，借鉴美国工程伦理学的相关研究，来促进我国工程伦理学的发展。

一、工程的境域性与社会实验

工程作为一种建造性的活动[2]，本质是主体在一定境域下进行的实践活动。工程活动有许多重要特性，如集成性、复杂性、系统性、境域性等，其中境域性和工程主体多元性是其中的核心要素。充分认识这两种要素，有助于理解工程问题的产生，也有助于分析和解决工程中的伦理问题。

（一）工程的境域性

境域（context）是语言学的重要概念，一般翻译为“语境、境域、与

---

* 本文作者为张恒力、胡新和，原载《自然辩证法研究》，2007年第23卷第9期，第46～50页。

境、史境”等，基本意思均指某一事物的意义存在与其周围事物的关联之中。目前，这一术语的意义已经从语言领域扩展到其他领域，而工程“境域”则有着更为复杂的含义。李伯聪教授把其理解为“形势”“时机”；美国洛杉矶洛约拉·玛丽芒特大学（Loyola Marymount University）的菲利普·赫梅林斯基（Philip Chmielewski）教授把它理解为一种文化的反映，如北达科他州（North Dakota）的四柱桥（Four Bears Bridge）设计就反映了当地土著部落文化和价值观。邓波教授则认为“工程发生的特定地区的地理位置、地形地貌、气候环境、自然资源等特殊的自然因素，以及该地区的经济结构、产业结构、基础设施、政治生态、社会组织结构、文化习俗、宗教关系等社会因素，都构成了工程活动的内在要素和内生变量”[3]。这些论述都反映了工程的“境域”特点。综合来看，工程的境域内涵，不仅包括时间、地点等自然要素，也包括文化、政治等社会因素，并且是这些要素彼此互动的生成过程。而工程所处的这种境域性特点，也造成了每个工程所特有的问题。所以，研究工程问题或工程伦理问题就必须关注工程的境域特征。

（二）工程作为社会实验

工程从广义上看就是劳动，是劳动的现代表现形式[2]。正是由于类似于工程这样的劳动，使人类从类人猿中分离出来，而进化成为现代意义上的人；也正是这样的工程劳动，继续推动着人类文明的进步，并构成对于笛卡儿“我思故我在”命题的超越，成为人类“我造物故我在”的存在方式[4]。这样，在某种意义上说，任何有劳动能力的人类都是工程活动的主体。美国著名工程伦理学家马丁（Mike W. Martin）通过与标准实验的基本特征进行分析和比较，认为工程应该被视为一种实验工程。当然，它不是一个完全在一定控制条件下的实验室操作，而是涉及人类主体在社会范围内的一个实验[5]。而这样的实验，无疑，其活动主体的范围是非常广泛的。

工程是一种集体的乃至全社会的活动过程。其中不仅有科学家和工程师的分工和协作，还有从投资方、决策者、工人、管理者、验收鉴定专家，直到使用者等各个层次的参与[6]。工程实践中要关注的是利益问题，而利益问题的解决总是需要牵涉不同的利益共同体，要拉开“无知之幕”让“知识”

和“利益相关者”出场[7]。由于工程是一个涉及多元主体的活动过程，通过工程活动理应让这些“利益相关者”——工程共同体①（图 1）走上场来，成为被关注的对象，并承担起他们应负的责任。

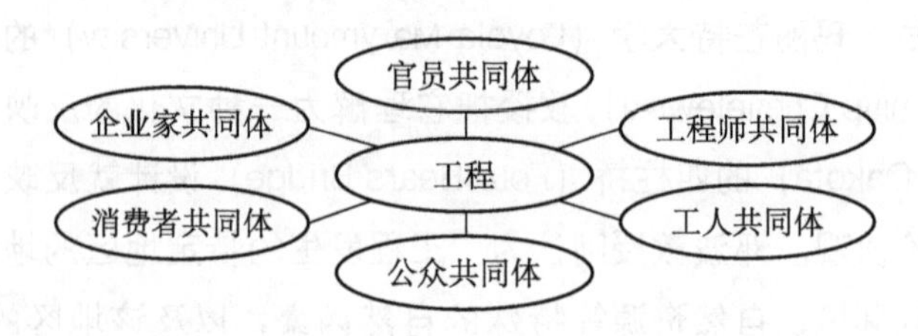

图 1　工程中的利益相关者——工程共同体

而工程伦理学的发展是以关注工程实践为基础，来反思工程中出现的伦理问题。因此，在关注工程的境域性和多元主体的特点基础上，着眼于我国工程的境域特征和多元工程共同体，工程伦理学的发展依然面临着严峻的形势。

二、工程伦理学面临的难题与困境

目前工程伦理学的发展存在许多方面的困难，比较突出的是外在性境域缺失和内在性多元主体责任模糊。这两方面的困难影响了我国工程伦理学的发展，不利于我国出现的大量工程问题的反思和解决。

（一）工程伦理学的外在性境域缺失

1. 政府主导性的权力强势

著名经济学家吴敬链认为，中国改革的核心问题是政府改革，规范政府权力和监督政府行为。需要进一步限定政府的权利范围，制定规范、健全的制度法规，并总结认为在一定程度上，制度重于技术[8]。目前政府权力太

① 工程共同体，工程活动中不同的利益主体，依据职业特征的不同与分类，结合而成的群体。它没有科学共同体意义上的精神气质与发展范式，而只是与工程有利益关系的成员所组成。大致分为：工程师共同体、官员共同体、企业家共同体、工人共同体、消费者共同体、公众共同体。

大，操心事情太多，该管的管不了，不该管的管得多，造成政府功能错位，权力强化，影响到其他权利主体（包括企业、公民）的正常运营和活动。当然，这可以说是我国由计划经济向市场经济转变进程中出现的必然现象，是由于我们的市场经济体制尚不完善造成的。对于工程活动而言，目前大型工程的决策权，相当大部分是由政府主导和参与的，如近期的中国大型客机制造基地之争，由于四川、陕西两省的加入，使得这样一个工程项目已演变成一场涉及千亿美元的地方博弈[9]。这在一定范围内，必然会对由工程师为主导的各个工程环节造成干扰和影响。而众多出现官员腐败案件的大型工程中，也正是由于许多官员的一己或一部分人的利益，才造成了对于工程决策和实施中的错误决定。因此，在中国，政治情境和利益形成了工程的外在性境域的畸形。

2. 不规范化市场中的企业强制

我国市场经济发展较晚，时间较短，而且正处于从计划经济到市场经济的过渡期，所以市场经济体制尚不规范。这种不规范的直接表现就是企业活动不规范。虽然企业组织形式多样化，包括国有大型企业、股份制企业及民营企业，但在企业中管理者有着相当大的决策权。甚至工程师职责范围内的有关设计、操作等，都需要管理者最后的拍板。特别是在激烈的市场竞争中，许多企业不顾职业准则，采取了一些不符合市场规范的竞争手段。例如，在企业的工程活动方面，其中一个重要内容就是企业主对工程设计、参加竞标、技术要求等在企业内部有相当的决定权，致使工程师忽视和降低对一些产品和设计的技术要求。这也是今天工程师所会面临的利益冲突情境，应忠诚于雇主，还是对公众负责。

3. 职业竞争的不完善

政府权力的强势，市场机制的不规范，造成了行业中的竞争不充分和企业内部竞争的不完全，延缓了职业化的进程。职业化水平低，是市场经济体制不完善的直接反映，并表现为不健全的职业规范，较低的职业技能和道德水平。相比较而言，职业化相对发达的西方国家，对于大部分职业，如工程师、医生、律师等，都有较为健全的从业标准和职业规范，并形成了大量的行业团体和职业协会。这是由职业之间的竞争自发产生的，也为职业的充分发展和良性竞争创造了很好的条件。

而作为产品的设计者和制造者的工程师，其职业水平、职业素养的高低，职业道德的形成与否，都会对整个社会对于工程师的认同产生相当的影响。而在我国，许多工程师的职业化标准、职业意识和职业规章还有待规范，职业素养和水平也有待提高。我国不仅需要大批具有高水平专业素质和技能的工程师和专业技术人员，更需要建立和完善他们的职业规范和道德水准，以此来促进职业的竞争和发展。

4. 社会道德滑坡的大环境

工程师的道德水准与社会整体环境不可分。而我国公民目前的基本道德素养并不令人乐观。由于社会转型，原有的价值体系和伦理规范被打破，而新的规范和体系尚未形成。同时开放的时代和激烈竞争的国际大环境中，又必然要面对西方文化的冲击，社会主体也面临着多重选择。作为社会主体的一部分，工程师的行为和思想也必然受到时代和文化的影响，同样会出现职责上的动摇和规范上的滑坡。虽然在一定程度上可以说，工程师的职业道德和规范行为会影响着社会，但是大环境的影响也无可避免地会造成工程师的责任和规范意识的缺失。

因此，在现阶段，由于我国工程的境域性缺失或畸形，由于我国工程活动与市场机制的不协调，也由于我国职业化进程的不成熟和社会整体环境的影响，我国的工程伦理学既有极大的社会需求，又面临着许多现实的难题和困境，亟待加强和发展，以适应整个社会的现代化推进，逐步地提升工程师的职业素养，强化工程师的道德规范。

（二）工程伦理学的内在性主体多元

1. 道德责任由个体走向集体，造成责任的泛化和模糊

现代科技的发展模式，已经完全改变了过去的那种个人研究单兵作战的形式（如哥白尼、牛顿、瓦特、法拉第和居里夫人等的研究），而由科技共同体来进行合作研究。（例如，1871年英国剑桥大学建立的卡文迪许实验室可以认为是科学技术研究以共同体模式进行的开端。又如，贝尔在美国波士顿创建了研究所，后来发展成为著名的贝尔实验室。）科技活动方式的转变，

个体研究转变为集体合作，一方面促进了科技的突飞猛进，带来科技的大发展，给人类创造了更多的物质财富；另一方面，也产生了许多负面影响，如生态、环境等问题。造成这些问题的责任应当由谁来承担呢？科技共同体的研究模式在发挥集体力量，集中集体的智慧和才干从事研究项目的集体攻关的同时，个体角色在从事科技发明的时候也受到了诸多的限制，个体自由受到了一定的约束，同时个体也无法承担技术干预社会所需承担的责任，这就使得接替个体以承担责任的集体责任（collective responsibility）应运而生[10]。

与现代科技的发展模式相比，现代工程的活动方式更是有过之而无不及。大型工程活动是长期集体合作的结果。工程师的集体思维是典型的受到这种集体活动方式影响的思维。工程师工作情境的一个显著特征是：个人需要集体参与工作和协商。这意味着一位工程师经常需要参与团体的决策，而不是作为一个个体来进行决策[11]。虽然这种决策方式有利于更好地决策，但是却产生了一种团体思维（group think）的倾向——团体以牺牲批判性思维为代价来达到一致的倾向。这种团体思维存在几种症状，不利于个体责任的承担，如一种对团体固有道德幻想的假定，因而妨碍了对团体所作所为的道德意义做仔细的考察；对于那些表现出不同意见迹象的人直接施加压力，通过诉诸技术领导人来实施并维护团体的统一；通过防止不同观点的传入，从而使团体免受它们的侵入[12]。尽管这些做法造成了责任集体化、模糊化的趋势，但实质上，最终的责任还是要落实到个体上，正如哈耶克所说：“欲使责任有效，责任还必须是个人的责任（individual responsibility）。在自由的社会中，不存在任何由一群体的成员共同承担的责任，除非他们通过商议而决定他们各自或分别承担责任”[13]。所以，这需要持续地分析个体的责任与自由。而与此同时，工程共同体之间的关系也越来越复杂。

2. 工程共同体关系多元，造成责任的多样化和复杂化

在工程的决策、建造、维护和使用阶段，工程共同体的责任是什么？邦格提出过这样的“技术律令：你应该只设计和帮助完成不会危害公众幸福的工程，应该警告公众反对任何不能满足这些条件的工程。”这一律令似乎也适合于工程技术管理者（企业家）和政治决策者（政府官员），只需将其中的“设计”变通为“执行”和“批准”。公众在这里也负有责任，如他们对

科技的可能结果是否关注、对危险的科技活动是否形成了足够的压力，以及以消费者及用户的身份对科技产品形成什么消费指向[14]。工程活动中的各种共同体对工程活动都负有责任，这些责任也交织在一起（intertwined responsibilities），使得责任更加复杂。

那么，各个工程共同体的具体责任是什么呢？在工程的决策阶段，政府官员共同体负责批准大型工程的立项和建设，应该考虑到工程的经济、社会、卫生、环境等方面的长期影响，对此决策负有责任；而工程师共同体对于此立项中的技术设计要求，以及可能产生的负面后果，应该有科学的预见和估计，对此设计负有责任；而企业家共同体在竞标过程中，使用工程师的设计标准和雇佣工程师设计时，不仅仅应考虑经济利益和利润，对于可能造成的环境、安全方面的问题负有责任。在工程的建造阶段，还需要关注到工人共同体的责任状况；在工程的维护与使用阶段，消费者共同体与公众共同体对于产品和工程也负有一定的监督和举报责任等。所以，在工程活动的各个阶段，涉及多元工程共同体的利益和责任，他们对工程及其影响都负有一定的责任。但是具体而言，他们各自的责任范围、标准是什么？（如图 2 所示，各个工程共同体的关系非常密切，责任范围不容易界定）这些都需要结合工程的境域特点加以研究。无疑，工程师在此扮演着核心的角色：工程师必须深刻反思自己所面临的道德困境，明确自己的社会责任；管理者也应当明确工程师的权利并增强他们的责任意识；公众也需要理解工程师的责任范围，督促他们强化意识，履行职责[15]。

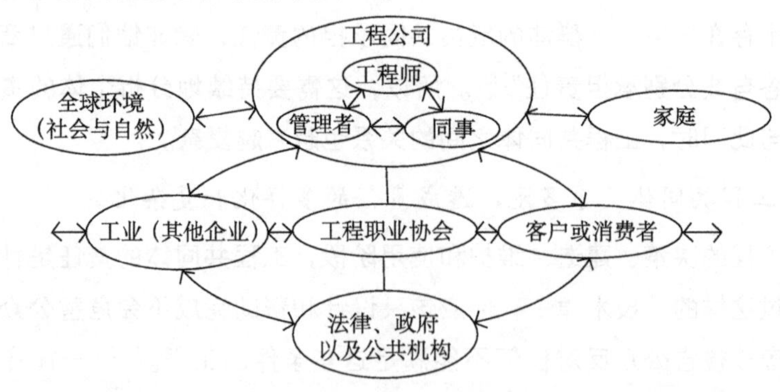

图 2　工程共同体的责任范围

图片来源：Schinzinger R，Martin M W. Introduction to Engineering Ethics. McGraw-Hill Higher Education，2000：8

三、可行的路径和选择

我国工程的境域性特点和多元工程共同体的状况，造成了工程伦理学的外部性境域缺失和内部性多元主体关系复杂，使我国工程伦理学的发展面临一种两难困境：如果单纯地发展工程师伦理学，显然不符合我国工程的境域性特征和工程伦理学的实际要求；但如果更多地突出这种伦理学中其他工程共同体的价值内涵，则在一定程度上背离了工程伦理学的本意，导致与国际工程伦理学接轨的困难，也会使问题复杂化、多元化。

因此，发展我国工程伦理学，必须面向工程事实本身，结合我国工程境域性的特点，把握多元工程共同体的实际困境，致力于有针对性地提出解决伦理困境的方法和策略。所以，我国工程伦理学的建构，既不是单纯的工程师伦理学，也不是简单的职业伦理学。具体来说，是以工程共同体为主体，以工程共同体在工程活动过程（立项、建造、维护）中的利益和价值冲突为主线，以“责任、公正、有利”等核心伦理概念为基础，形成一套既合乎工程规范，又有助于提高工程共同体道德水准的伦理体系。它既区别于西方学者的以职业伦理为标准，也并非以单一的主体——工程师的伦理为内容。它既会涉及行政伦理（政府官员共同体）、商业伦理、企业伦理（企业家共同体）、工程师伦理（工程师共同体）、社会公德（公众共同体）等，又会涉及决策伦理、管理伦理、制度伦理等；还会涉及功利主义、道义论、美德伦理等伦理学说。因此，工程伦理学是复杂的、系统的、实践的伦理学。从某种意义上说，它是现代伦理学发展的一种新途径和新方向。正是在复杂的工程活动中，许多的伦理问题得以形成和呈现，而通过这些伦理问题的发现、辨别和解决，将有助于提高我国工程师和其他工程共同体成员的道德素养，促进我国工程活动的良性发展。

参考文献

[1] Fleddermann C B . Engineering Ethics. Upper Saddle River：Prentice-Hall Inc，1999：2.

[2] 李伯聪 . 工程哲学引论 . 郑州：大象出版社，2002：5，14.

[3] 邓波．朝向工程事实本身——再论工程的划界、本质与特征．自然辩证法研究，2007 (3)：65.
[4] 张恒力．艺术化的劳动让人类诗意地生活．美术观察，2007，(5)：10.
[5] Martin M W，Schinzinger R. Ethics in Engineering. Boston：McGraw-Hill，2005：89.
[6] 朱葆伟．工程活动的伦理责任．伦理学研究，2006，(6)：40-41.
[7] 李伯聪．工程伦理学的若干理论问题——兼论为"实践伦理学"正名．哲学研究，2006，(4)：98.
[8] 吴敬琏．制度重于技术．北京：中国发展出版社，2002：19.
[9] http：// finance. jrj. com. cn/ news/ 2007-03-08/000002044286. html [2007-03-08].
[10] 杜宝贵．技术责任主体的缺失与重构．沈阳：东北大学出版社，2005. 114.
[11] Harris C E，Pritchard M S and Rabins M J. Engineering Ethics：Concepts and Cases. California：Thomson/Wadsworth，2005：42.
[12] Janis I L. Groupthink. 2nd ed. Boston：Houghton Mifflin，1982：174-175.
[13] 哈耶克．自由秩序原理．http：// xiexiang. com /mpa/ mingzhuxiazai/ index. htm [2000-10-01].
[14] 肖峰．略论科技元伦理学．科学技术与辩证法，2006，(5)：11.
[15] Schinzinger R，Martin MW. Introduction to Engineering Ethics. Boston：McGraw-Hill，2000：ix.

工程设计的环境伦理进路*

引　　言

工程设计作为工程实践的第一个大型活动环节，在工程活动中起着举足轻重的作用；而工程实践中的许多伦理问题，也都是从设计中埋设下的。因此，工程师首要而集中关注的伦理问题，应该是关于工程设计中的伦理问题。正如戴温所说："如果工程师没有理解他们设计的意义，那么如何成为伦理的工程师就不再重要了。"[1]同时工程设计的伦理问题有许多既包括传统的伦理问题，如设计的理念和价值问题、设计的功能问题等，也包括环境伦理等问题。其实，近年来，由于工程（特别是大型工程）对于环境影响的增大，更由于可持续发展和环境保护已经成为世界各国关心的话题，工程设计中的环境伦理问题也日益突出。关于工程设计的伦理蕴涵，美国工程伦理学家马丁曾举过一个鸡笼设计的事例。这一设计有如下的设计要求：提高蛋和鸡的产量、合理的编制材料、设计的结构空间与结实和耐用性、更人性化的环境（透气度、舒适度、送食物和水的方便性和安全性保护），以及提高鸡粪清洁程

---

* 本文作者为张恒力、胡新和，原载《自然辩证法研究》，2010 年第 26 卷第 2 期，第 51～55 页。

序而最小限度地破坏环境[2]。可以看出，在环境伦理日益突出的今天，即使在这样一个最简单的设计之中，也可以体现出一定的伦理价值，它不仅涉及安全与效率等基本标准，也涉及在原料的利用和排泄物处理中如何保护环境。本文主要从工程设计角度探讨如何进行环境保护、促进可持续发展。

一、工程设计的环境保护需求

在现代工程活动中，设计是一个起始性、导向性、全局性的环节，设计是工程项目的核心。设计开始于对需求的识别和对于满足需求方法的认识。设计过程也随着对问题的定义而展开，并随着计划指导下的研究与开发计划的进展而继续进行，最终构造出某种产品的原型并给出相应的评价[3]。同时设计是最能够体现工程师活动内容的活动。设计是指创造出以前所没有的东西，或者对于某个新问题的解决方法，或者对于以前已经解决了的问题的更好的解决方法[4]。在汉语词典中，设计是指“根据一定的目的要求预行制定方法、程序、图样等的活动”。在工程哲学中，设计是包括人的思维、想象、目的、意志及手段采取等的计划过程。现代设计是指以市场需求为驱动，以知识获取为中心，以现代设计思想、方法为指导和现代技术手段为工具，考虑产品的整个生命周期和人、机、环境相容性因素的设计。设计一般应遵循功能满足原则、质量保障原则、工艺优良原则、经济合理原则和社会使用原则[5]。因此，从设计含义和所遵守的原则可以看出，作为工程实践活动核心的设计，对于工程活动和产品开发起着巨大的或者说决定性的作用。“好”的工程需要好的“设计”作为前提和基础；而“坏”的设计实际上等于在设计阶段“预先”为工程埋下“隐患”，而在此后的工程活动中这些“定时炸弹”随时都可能爆炸。这就要求我们在设计活动中进行多方面的价值审视，不仅需要关注经济效益、利益驱动、功能满足等要求，更应该关注质量保障（安全）、社会使用（环保）等要求。在工程设计中，伦理无疑扮演着一个积极的角色，推动创造有益的产品并且促进开发、使用、维护、处理整个过程的良性循环。今天漫不经心的设计，将是人类明天极具破坏性的灾难。例如，一次性的快餐盒、制冷用的氟利昂、碱性干电池、汽车噪声及尾气、通信设备的电磁波、人造板中的甲醛、产品的过剩生产、传媒无情侵犯、工业废料、核废料等，都已经对于人类的生存和生活造成了重大的影响。因此，所有这些问题都警醒我们在工程设计中关注环境问题和可持续发展。

工程师和工程在推动可持续发展中扮演着关键角色[6]。这种角色主要表现为国际工程组织对于可持续发展的认可，以及工程协会章程的规定和工程师设计项目的标准要求。工程社团在 1992 年建立了世界工程可持续发展协约（the world engineering partnership for sustainable development，WEPSD)[7]，传统的工程组织包括如 ASCE、IEEE 和 AAES（the American association of engineering societies)[8]也发布了立场声明。如 AAES 声明：工程教育必须持续地灌输学生对于可持续发展的一种早期尊重和伦理意识，包括理解和评价文化与社会的特征与不同世界共同体中的差异……甚至，我们必须努力教育社会的所有成员并且推动更广泛地使用一种可持续发展伦理；特别在私人和公共部分的决策的制定者、发展者、投资者中，以及在地方、地区、国家和国际政府组织中开展这种活动[9]。工程师在创造财富和推动创新中扮演着核心的角色，发展和构思包括设计标准中的可持续发展和公平的技术，是推向可持续发展实践的必要部分。但我们更应该看到，由于可持续方法的复杂性和丰富性，工程师协会章程对于可持续发展有一定要求，往往只注重对于环境方面的要求，而且也只是建议，并没有规定为必须；同时工程师在工程设计时，对于设计标准的选择，最终还要受到管理者和消费者的影响和制约。所以，可持续发展仅仅依靠工程师是不可能的，并且也是不现实的。它不仅需要工程师的努力，更需要相关团体（包括企业和职业组织）的努力；同时也需要国家政府的努力，更需要国际之间的积极合作。而本文只是限于根据工程活动的特点和工程师所面临的伦理困境进行考察，所以，我们仅仅重点关注从工程设计角度进行环境的保护，探析工程师在工程设计过程中，在进行环境方面的考虑时所遭遇到的伦理困境。

在我国，环境保护有着更为重要的意义，并且也面临着更加严峻的考验。党的十七大报告明确指出：“建设生态文明，基本形成节约能源资源和保护生态环境的产业结构、增长方式、消费模式。”但如何把保护环境与促进经济发展结合起来则是比较困难的问题。现在的经济发展模式和企业经营方式大多数是以牺牲能源消耗、环境资源为代价，换取某种经济增长和经济效益，所以，关注环境、保护环境就成为现实而迫切的挑战。在国际上已经成立了国际环境保护组织并制定了产品标准，如在1989年由71个公司签名组合而成立的环境责任经济联合体（the Coalition for Environmentally Responsible Economies，CERES），要求签名的公司生产和制造对于公众有用的产品，并符合环境履行报告的日常标准。许多大型公司如通用汽车公司（General Motors）、可口可乐公司（Coca-Cola）、美国航空公司（American Airlines）、福特汽车公司（Ford Motor Company）和耐克公司（Nike）等都是这一组织的签署成员。与此同时，许多国际公司也采用富有更多环境责任行为的标准ISO14000。其实，国际标准组织（International Standards Organization，ISO）已经制定了许多标准，尽管并不是所有的标准都与保护环境有关。其中ISO标准中心部分之一是ISO14000级数——“环境管理工具和系统的标准”，包含环境管理系统、环境审计和关系调查、环境分类和宣言，环境成绩评估和生命周期评价。所以，ISO14000标准一方面为世界范围内的公司提供一个共同的框架来管理环境问题，同时这些标准又能推动贸易并提高世界范围的环境保护①。

当然这些环境标准和组织要求设计与生产符合环境要求的产品。“绿色设计”（green design）无疑指明了设计的发展方向。“绿色设计”是指在产品的整个生命周期内（设计、制造、运输、销售、使用或消费、废弃处理），着重考虑产品的环境属性（自然资源的利用、对环境和人的影响、可拆卸性、可回收性、可重复利用性等），并将其作为设计目标，在满足环境目标要求的同时，并行地考虑并保证产品应有的基本功能、使用寿命、经济性和质量等[10]。作为产品设计者的工程师，在设计符合标准和环境要求的产品中当然扮演着核心作用。德国著名伦理学家伦克指出：“我们不仅有消极的责任把健康和良好的生活环境留给后代，而且也更有积极的责任和义务避免致命的毒害，损耗和环境破坏，而为人类的将来生存创造一种有价值的人类生活环境。”[11]这一方面指出工程师有责任关注产品的环境指标和对于环境带来的影响，关注产品的可持续利用，也要求工程师在设计过程中，除了关注产品的实用性、功能性、新颖性等形式要求之外，更应关注产品的可回收利用性、材料损耗度、环境破坏度；另一方面，在设计过程中，如果工程师关注

---

① http：//www. iso. org.

的设计标准与管理者和客户的功能取向和要求常产生冲突，工程师要善于处理并协调好关系，尽量设计符合环境标准的产品。

二、工程设计的可持续路径

在工程设计阶段，生态性保护原则为工程设计提供原则性指导；“组合设计”和“循环设计”为工程师保护环境和预防污染提供参考；必须依据相关的环境法律，评估工程设计可能造成的环境影响，已成为工程设计程序的基本要求；国家政府、企业、民间环保组织和公众参与到环境保护中来，建立科学规范的协调机制，才能够更好地促进环境保护。

从工程设计原则上看，生态保护原则是工程设计的基本原则。这一原则旨在从根本上转变工程师的人类中心主义观念，平等地对待自然并尊重生物多样性，并在工程设计中考虑对于环境和生物可能造成的影响和危害。这一原则也能够促使工程师充分认识到人与自然是相互依存的，人类是自然界的变动者，同时也是自然界的一部分；人对自然的依存要通过人类的主观能动作用，在变革自然的同时要善待自然，使之与人类和谐共处。正因为人类在自然面前具有主体地位及人类对自然的能动作用使得技术成为改造物质世界的决定力量，工程作为技术的应用和实践，在展示技术力量的同时，应该从更高的意义上展示出人类的无穷智慧和人类的道德责任和精神[12]。因此，这一原则要求工程师有责任保护环境，并为工程师在工程设计中协调人与自然的关系指明了方向。

从工程设计方法上看，“组合设计”和“循环设计”为工程师保护环境和预防污染提供了参考。组合设计是指按照标准化的原则，设计并制造出一系列通用性较强的单元，根据需要拼合成不同用途物品的一种标准化形式的设计，也有人称它为“积木化”和“模块化”的设计。组合化设计的特征是统一化的单元既能组合为物体，又能重新拆装，组成新结构的物体，而这些统一化的单元由此可以多次重复利用。循环设计就是回收设计（design for recovering & recycling），就是实现广义回收所采用的手段或方法，即在进行产品设计时，充分考虑产品零部件及材料回收的可能性、回收价值的大小、回收处理方法、回收处理结构工艺性等与回收有关的一系列问题，以达到零部件及材料资源和能源的充分有效利用、环境污染最小的一种设计思想和方法。例如，用循环纸代替塑料袋，简化产品结构，提倡“简而美”的设计原则，设计中避免黏结或拧螺丝，而采用互相衔接的钩扣以便随意地更换产品在使用期间损坏的零件，有效地节省材料[13]。在这些设计中，工程师不仅需要考虑在产品中限制使用大量的材料，还需要考虑产品设计所使用的材料要容易回收循环。这充分地说明工程师在服从雇主要求的同时，也可以考虑到保护环境，使两者有机地结合起来。

从工程设计程序上看，在工程立项和决策中，必须依据相关的环境法律，进行工程设计可能造成的环境影响评估。如国家大科学项目——北京正负电子对撞机重大改造工程（BEPCII），在工程立项的可行性报告中，详细考察了二期工程设计可能带来的环境、卫生方面的影响。国家环境保护总局批准了高能物理研究所关于《北京正负电子对撞机重大改造工程环境影响报告书》，国家卫生部办公厅组织评审了关于《北京正负电子对撞机重大改造工程放射防护评价报告书》[14]。而健全的环境法律，能够为环境影响评估提供良好的法律基础，美国关于环境影响的法律可以说是个典型。美国国会于1969年通过了国家环境政策行动法案（the National Environmental Policy Act，NEPA）。该法案执行“一项国家政策来鼓励保持人类与自然的生产性和愉快的和谐……”NEPA中最有名的条款之一是要求一个环境影响声明，需要列举项目对于环境的影响。随后国会形成环境保护处（the Environmental Protection Agency，EPA）来执行它的命令。在其后的几十年里国会颁布了四个主要领域关于控制污染的法律。如1970年颁布清洁空气法案（the Clean Air Act of 1970）并在1977年进行了修订；1972年颁布清洁水法案（the Clean Water Act）并于1972年、1977年和1986年进行修订；1980年颁布综合环境回应、补偿和责任法案（the Comprehensive Environmental Response，Compensation and Liability Act）[15]。这些法律都是重要的联邦法律，为工程师在工程设计时进行保护环境方面的关注提供了法律依据，同时也促使管理者在工程决策时认真考虑环境法律的相关规定。与之相比，我国也在1979年颁布了《环境保护法》，1989年先后颁布《中华人民共和国水污染防治法实施细则》《中华人民共和国环境噪声污染防治条例》《放射性同位素与射线装置放射防护条例》，2000年颁布了《中华人民共和国大气污染防治法》，目前与环境相关的法律也正处于一个逐步完善和健全的时期。这些环境法律和程序规定为工程师保护环境提供了法制上的支持，也给予工程师能够基于个人的信念或对于职业责任的理解而不服从组织的权利。在关于保护环境的问题上，工程师有权以对立行为的方式、以不参与行为的方式和以抗议的方式而不服从管理者的规定。但是，由于一些组织可能拥有非常有限的资源，以至于对拒绝从事某一个项目的工程师无法另行分配任务，所以，这些权利在组织上是有限制的[16]。

从工程设计协调机制来看，由于工程设计涉及许多复杂的因素，同时保护环境问题更涉及许多相关的部门，所以，需要设立协调机制或机构来促使国家政府、企业、民间环保组织和公众参与到环境保护中来，积极地促进环境保护运动。美国环境学者科尔曼在分析造成环境问题的原因和处理政策上，打破传统，指出并不能够靠个体行为来保护环境，而更应该关注政府和企业的行为。同时应该确立生态责任、参与型民主、环境正义、社区行动等价值观，并指出生态型政治战略是行之有效的[17]。虽然他的这套设想未免有些理想化，并对生态社会的改造运动未免过于乐观，但他还是明确地指出了政府和企业应该成为保护环境的主体，同时也指出工程师的决策权力和伦理责任方面都是非常有限的。

从政府角度而言，著名华裔科学家、诺贝尔奖得主朱棣文教授在中国科学院研究生院发表演讲时指出：政府在保护环境和促进可持续发展战略中扮演着不可忽视的角色①。中国国家环境保护总局最近要求把环境问题与地方政府领导的政绩联系起来，若地方减排不达标，党政“一把手”就地免职②。但政府在环境保护问题上也面临着效益与环保的矛盾。国家和地方政府既有发展经济、增强综合实力的任务，也有保护生态、避免和减少污染环境的任务，在理论上说两者都很重要，而从长远意义上说是后者更加重要[18]。所以，政府在发展经济过程中的环境保护立场无疑为工程师在工程设计上的环境保护提供了外在的支持。同时世界工程组织联合会（WFEO）采用了包括广义原则、实践伦理规定、环境工程伦理和结论的伦理规范，并在规范的第Ⅲ部分环境工程伦理要求工程师应该“……评估在涉及的生态系统的结构、动力和审美、都市化或自然的，以及在相关的社会-经济系统所带来的所有影响，并且选择最

① http：//news. gucas. ac. cn.

② http：//news. tom. com/2007-11-24/OI27/64536529. html.

好的发展路径，既是环境合理的也是可持续的”等内容。这些规定是用词语“工程师应该”，超越了ABET、NSPE、ASCE、IEEE和ASME所规定“建议工程师”保护环境，明确要求超越人类的利益而延伸到整个生态系统来保护环境①。这也为工程师进行环境保护提供了伦理规范的支持。

从企业角度而言，应该设立专门环境协调部门（可称之为“环境评估委员会”），处理和解决工程师与客户、管理者在工程设计中关于环境标准、环境影响上的分歧。这样一个部门必须符合几个方面的要求：权力独立、职能单一（环评）、功能多元（协调环境部门、工程师、环保组织、公众关系）。具体来说：第一，必须是公司中管理独立的部门，不受其他相关部门与单位的制约和限制，直接对公司最高领导负责，制定的相关政策与建议直接汇报给最高领导；第二，部门职能就是对于涉及公司开发新产品和参与项目进行环境方面的评估，并监督其他部门在产品设计和制造过程中履行环境保护规定，同时部门成员应该熟悉相关的环境法律法规和工程师协会伦理章程中相关的环境保护规章；第三，协调与环境相关的各个单位与人员（公司外部机构如政府环境管理部门、工程师协会部门及受到环境影响的普通公众）的关系，处理由于公司产品可能造成的环境危害的紧急和突发性事件。而这样一个部门既能够为公司决策者和管理者提供环境方面的咨询，也能够为处于伦理困境的工程师提供帮助和指导。

从普通公众角度而言，应当能够和技术专家（工程师）一样参与到工程设计中。这一方面是现代民主发展对于普通公众权利发展的诉求和尊重，也是对技术统治论观点的驳斥和反击。公众不再是设计过程的外人、被动的消费者，而是积极的参与者。这种在设计过程中关注使用者及其需要的参与性设计（participatory design，PD）提出了一种很好的方法来解决工程师的伦理困境②。因为这种设计把普通公众（受到环境影响）的需求联系起来，而

---

① http：//www.wfeo-comtech.org/wfeo/WFEOModelCode-OfEthics0109.html.

② 参与性设计（participatory design，PD）作为一种社会运动，发源于斯堪的纳维亚半岛（Scandinavia）（瑞典、挪威、丹麦、冰岛的泛称），产生的目的是促使计算机系统更好地对于使用者的需要做出回应。现在这一运动在许多不同的国家正在兴起。参与性设计（PD）代表“计算机系统设计的一种新方法，在这样的系统设计中，想要使用系统的人们在设计它时扮演了核心角色”。详细参见Schuler D，Namioka A. Participatory Design：Principles and Practices. New Jersey：Lawrence Erlbaum Associates Inc Publishers，1993：xi.

普通公众的需求也正是公司管理者所更需要关注的内容（经济利益的关注）。这样体现普通公众要求的设计就会反过来影响管理者对于设计的要求。所以，参与性设计促使工程师与普通公众一起合作来设计更符合公众要求，也更符合保护环境要求的产品。但是，这种参与性设计运动依然处于它的幼年期（infancy），公众参与还要受到参与路径（方法和程序）及制度保障（保障参与的物质基础和知识要求）等方面的限制。但无疑它能够提供一种全新的方法来进行可能的设计，把使用者的需要和对环境的关注融入到工程设计之中[19]。这样一种参与性设计促使管理者关注普通公众的需求，同时也就消解了工程师的伦理冲突。

三、结　语

工程设计作为工程活动的第一个阶段，对于处理和消除工程的各种影响起着决定性的作用。在这一阶段，无论是工程设计主体的工程师，还是工程决策管理者，都应该考虑到工程可能带来的种种影响，包括环境、安全、效率、标准等。总之，采用这种原则性导向、方法性要求、程序性规定和机制性协调，有利于工程师在工程设计中应对工程伦理困境，识别伦理问题，开展环境保护。在处理工程设计中的相关问题时，能够做到有理（原则依据）、有利（制度支持）、有节（协调解决），同时做到有法（设计方法、环境保护法）可依、有理（原则导向、程序和机制）可循。

参考文献

[1] Devon R. Toward a social ethics of engineering：The norms of engagement. Journal of Engineering Education，1999，88（1）：89.

[2] Martin M W，Schinzinger R. Ethics in Engineering. Boston：McGraw-Hill，2005：3－4.

[3] Reswick J B. Foreword to Morris Asimov：Introduction to Design Englewood Cliffs. New Jersey：Prentice-Hall Inc，1962：iii.

[4] 丹尼尔·L 巴布科克，露西·C 莫尔斯．工程技术管理学．金永红，奚玉芹译．北京：中国人民大学出版社，2005：198.

[5] 王永强．现代设计技术．http：//it. caep. ac. cn［2013－02－28］.

[6] Johnston S. Sustainability, Engineering and Australian Academe. PHIL & TECH, 1997, 2 (3-4): 80-101.

[7] Carroll W J. World engineering partnership for sustainable development. Journal of Professional Issues in Engineering Education and Practice, 1993, (119): 238-240.

[8] Grant A A. The ethics of sustainability: An engineering perspective. Renewable Resource Journal, 1995, 13 (1): 23-25.

[9] AAES. Statement of the American Association of Engineering Societies on the role of the engineer in sustainable development//The Role of Engineering in Sustainable Development. AAES, Washington D C, 1994: 3-6.

[10] 李飞，刘子建. 设计中的设计伦理. 轻工机械，2004，(4)：2.

[11] Lenk H. Distributability problems and challenges to the future fesolution of responsibility conflicts. PHIL & TECH, 1998, 3 (4): 69-93.

[12] 陈凡. 工程设计的伦理意蕴. 伦理学研究，2005，(6)：82-84.

[13] 王苗辉. 工业设计需要伦理的约束. 机械设计，2006，(8)：6.

[14] 张恒力，高远强. 我国大科学工程改造升级的管理与运行——以北京正负电子对撞机重大改造工程（BEPCII）为例. 中国科技论坛，2007，(2)：40.

[15] Vesilind P A. Engineering Peace and Justice. London: Springer, 2010: 67.

[16] 查尔斯·E 哈里斯，迈克尔·S. 普里查德，迈克尔·J. 雷宾斯. 工程伦理：概念和案例. 丛杭青，沈琪等译. 北京：北京理工大学出版社，2006：181.

[17] 丹尼尔·A 科尔曼. 生态政治——建设一个绿色社会. 梅俊杰译. 上海：上海译文出版社，2002：4-9.

[18] 陈昌曙. 技术哲学文集. 沈阳：东北大学，2002：312.

[19] Greenbaum J, Kyng M. Design at Work: Cooperative Design of Computer Systems. New Jersey: Lawrence Erlbaum Associates Inc Publishers, 1991.

工程风险的伦理评价*

现代社会已经是一个风险社会，风险似乎已经成为现代社会的特性之一。德国社会学家U·贝克（Ulrich Beck）在其著作《风险社会》（*Risk Society*）[1]中指出，他深深地被作为“人类史上的灾难”（anthropological shock）的切尔诺贝利核事故所震惊，并认为人类常常仅当一个重大事故——如切尔诺贝利或三哩岛核事故发生时，才认识到我们处于一个危险的世界中。其中，工程类风险似乎更为严重和突出，已经对人们的生命安全和健康带来了极大的危害。据统计，2007年我国全年生产安全事故死亡高达101 480人，2008年全国安全事故总量和伤亡人数略有下降，但也造成91 172人死亡[2]。其中，2007年4月18日，辽宁省铁岭市清河特殊钢有限公司发生钢水包倾覆特别重大事故，造成32人死亡、6人重伤，直接经济损失866.2万元。2007年8月17日，山东华源矿业有限公司发生溃水淹井事故灾难，造成172人死亡。2008年，山西襄汾“9·8”尾矿库溃坝事故遇难达276人，直接经济损失近千万。美国著名工程伦理学专家M. 马丁（Mike W. Martin）曾指出：“工程是社会实验，是涉及人类主体在社会范围内的一个实验。”[3]而在此实验过程中，从实验之初的可行性论证，到工程设计和施工建造，再到工程维护与保

* 本文作者为张恒力、胡新和，原载《科学技术哲学研究》，2010年第27卷第2期，第99～103页。

养等全过程都可能存在各种风险，工程风险伴随着工程过程的始终，并对人类的生存安全构成了威胁。所以，关注工程风险，维护工程安全，就成为工程师工程活动中的基本目标和要求。美国工程师职业协会（the National Society of Professional Engineers，NSPE）伦理规范第一原则规定："工程师在工程活动中应该把公众的安全、健康和福祉放到至高无上的地位。"[4]美国大部分工程师协会的工程伦理规范都把人类的安全、健康、福祉作为第一条原则规定放到首位。可见，保障安全已是工程师在工程活动中的基本义务和责任，但工程师却经常在工程安全方面遭遇伦理困境。

一、伦理困境之思：责任、冲突

现代工程活动日益复杂化，涉及更多的利益团体，相应的工程事故和风险的责任承担问题也显得更为复杂。这些责任只应由工程师来承担吗？工程师自身能够承担起吗？邦格提出过这样的"技术律令：你应该只设计和帮助完成不会危害公众幸福的工程，应该警告公众反对任何不能满足这些条件的工程"。这一律令似乎也适合于工程技术管理者（投资者）和政治决策者（政府官员），只需将其中的"设计"变通为"执行"和"批准"。公众在这里也负有责任，如他们对科技的可能结果是否关注、对危险的科技活动是否形成了足够的压力，以及以消费者及用户的身份对科技产品形成什么消费指向[5]。工程活动中的各类工程共同体都应该对工程活动（包括过程、影响与后果）负有责任，而且这些责任也交织在一起（intertwined responsibilities），使得责任承担更加复杂[6]。

关注工程风险，维护工程安全，作为工程活动主体的工程师，在工程设计、工程建造和生产、工程维护和保养阶段都扮演着重要角色。同样，其他工程共同体也扮演着不可替代的角色，承担着无可推卸的责任，他们与工程师一起共同维护并促进工程安全，这是他们责任相一致的一面。然而，工程师与其他工程共同体在对风险的关注上，也存在着不一致，甚或相互冲突的一面。

在工程设计阶段，工程师作为工程设计的主要承担者和执行者，设计符合工程规范、建设指标和法律规定的设计图纸或样图，既是其职业规范的要求，也是雇主利益的要求。然而，工程师与雇主（包括管理者）在关于设计的许多问题上存在着冲突。首先，在设计标准的选择上，可能存在多种设计方案。在设计标准的选择中，工程师可能偏好于选择风险较小、安全系数更高的设计方案，而雇主则偏向于安全系数稍低，但能够降低成本，带来更多经济效益的设计方案，而在许多情况下，这两种甚至多种方案是矛盾的。其次，在设计后果的关注上，由于许多设计产品的影响是潜在的、未定的，而且可能是长期的，工程师可能更关注于产生安全问题的可能性，在态度上更为保守，在技术设计时更强调遵从设计标准和工程规范要求；而雇主则更关注获得更多经济效益，在态度上更为开放，在技术设计的选择上可能要求工程师采取违反或间接违反工程规范或标准的设计方案。这就造成工程设计活动中工程师在风险关注时面临是遵守职业伦理规范和工程标准，还是服从于、忠诚于雇主的冲突。

在工程建造和生产阶段，工程师着眼于工程材料的选取、技术方案的选择、对施工的进展进行监督以保证工程的安全质量。然而，在此活动中，工程师一方面需要对于雇主负责并履行职业义务，监督工程实施过程，检查工程是否按照工程标准施行，保证工程施工的质量；另一方面，雇主或管理者可能要求工程师漠视或忽视工程标准的执行，可能降低工程施工标准或者偷工减料。同时，为了赶超工程进度，雇主可能要求工程师修改工程施工标准和进度计划，以保证工程按期完成。这时，工程师面临着是服从雇主的命令和要求，还是忠诚于职业规范和工程标准的冲突。服从前者，可能得到晋升或加薪，而同时却可能违反了职业准则；服从后者，当然会得到职业认可或认同，但却可能有被解雇或失业的危险。

在工程维护和保养阶段，工程师的任务包括继续关注工程产品对于社会或环境造成的影响，发现报告可能的风险，包括可能带来的公共安全、健康和环境等问题。在这一阶段，工程师有义务和责任对于工程产品的缺陷和问题加以改进，并向管理者汇报可能的风险，要求管理者召回或回收产品。但是，管理者（或者雇主）可能由于资金、收益等方面的考虑，忽视或压制工程师的想法和建议，甚至要求工程师保守秘密。这时，工程师就可能面临着最为尖锐的冲突，一方面，认识到工程产品造成的可能危害，需要通过一定的渠道和手段向管理者汇报或报告风险，从而降低风险，减小危害，同时尽可能回收产品；另一方面，也认识到这种举措极可能遭到雇主或管理者的反对和质疑，违背了雇主的利益。因此，工程师需要在遵守职业规范，保护公众安全与遵从雇主要求之间再一次做出选择。那么，工程师为什么会在关注工程风险、维护工程安全问题上遭遇如此之多的伦理困境呢?

二、伦理困境之因：主观、客观

工程师在工程风险关注上遭遇到伦理困境或伦理问题，既有客观方面的原因，如工程安全方面（工程风险的潜在性、不确定性、长远性）的固有特性，以及工程活动本身的复杂性、长期性和变化性等特征；也有主观方面的原因，如工程师与管理者角色与身份的差异，造成他们对工程风险认识存在差异（甚至与普通公众对于风险的认识存在差异），而由于工程师自身知识的有限性，也造成在评估和降低风险方面困难重重。这些因素一方面可能造成工程安全问题，另一方面也促使工程师在风险关注上遭遇到伦理困境。

正如贝克在《风险社会》中指出，我们已经进入了风险社会，这样一个社会无时无地不充满着风险。在现代社会中，工程的实施范围广、单项规模大、涉及领域多，造成的工程风险也更为复杂、长期。例如，一项工程项目的实施，从“内部要素”来看，它包括了立项、设计、实施和运行等多个阶段，每个阶段都涉及许多科学原理的运用和众多技术的集成。从“外部关联”看，工程不仅与科学、技术密切相关，而且与社会、经济、环境、生态和伦理的关系也很紧密。所以，无论从“内部构成”还是“外部关联”来看，涉及的工程风险因素很多。与此同时，工程风险的产生，包括从隐患的出现到安全事故的爆发可能有一个过程，而消除工程安全事故的影响更需要一个较长的时间[7]。例如，“切尔诺贝利核电站事故”对于承受风险的人和地区所产生的危害难以计算，而且这种影响不仅包括受害者本人，还可能遗传给下一代或几代人。所以，工程风险的这种长期性、潜在性特征，不仅使得工程风险难于评估，而且也促使工程师与管理者对于风险的认识产生重大的差异，造成风险责任承担上的责任模糊现象。

工程师与管理者对于风险认识的差异，在工程项目中是非常显明和深刻的。例如，在挑战者号爆炸发生之后，科学家 R. 费曼（Richard Feynman）

会见了一些 NASA 的官员、工程师和管理者，调查他们对于 O 形环风险的认识。在调查过程中，费曼受罗杰斯审查委员会（Rogers Commissions hearings）的委托做了一个试验，他把 O 形环放到冰水瓶中，发现调压器失败的概率预测是从十分之一到十万分之一。根据费曼的解释，在亨茨维尔（Huntsville：美国得克萨斯州中部偏东的城市，位于休斯敦市以北）的 NASA 工程师主张失败的概率是三百分之一，而火箭设计者和建造者认为是万分之一，一个独立的顾问公司认为是百分之一或百分之二，而在肯尼迪发射中心 NASA 的安装人员认为失败是十万分之一。实际上，根据许多分析，成功只能说明失败的一种更大的可能性，所以，最终在 NASA 中，许多管理者预测了一个非常小的失败概率——十万分之一。每次成功的发射就被说明为下次发射的风险降低，并且在 24 次发射成功后，对于失败的概率预测会变得更小[8]。我们发现如同对于发射失败的这些冲突性的统计，每种职业者处理同一或相似数据的方法是不同的。这些冲突性分析或认识，部分是由于对于如何解释统计的可预言性的理解不同，同时也是由于角色责任不同或者最起码管理者和工程师的角色责任的不同认识造成的。一般认为工程师是微观的（microscopic vision）观点，即从技术观点来认识风险，考虑从风险与风险之间取得平衡；而管理者则常被描述为宏观上（big picture）的观点，考察总体上的条件、事实和利益，考虑收益与风险、成本与风险的平衡。所以，对于风险认识的这种差异，造成了工程师与管理者在风险态度上的冲突，直接促使了伦理困境的产生，即是服从和忠诚于管理者的规定和命令，还是遵从职业操守、谨慎从事。

同时，由于自身知识的有限性，工程师对于工程风险认识的狭隘性和偏好性，都有可能造成工程风险的加大和伦理困境的加强。而这种知识的有限性，一方面为工程师自身的专业背景所决定，另一方面也是由整个社会的科学进展和认识水平所决定的。同时，工程还涉及许多项目和环节，更涉及许多技术的集成和创新，这些都可能产生不可预测的影响和关联，从而产生多种风险，使风险系数加大。工程师仅作为某个专业甚至是专业方向上的研究专家，对于这些风险的认识无疑也是有限的。此外，由于工程师的生活习惯、个体秉性和家庭背景的不同，以及研究爱好的影响，对于风险的认识也会产生认识上的偏向，这种偏向在许多情况下是不可避免的[9]。这种偏向有时会有助于降低风险，有时候则可能加大风险。这种对于风险认识的缺陷与偏向，对于直接受到风险影响的公众来说是不公平的，因为公众对于工程风险也有知情同意的权利。所以，工程师需要了解和明确公众对于风险的认识，以及他们对于风险的可接受程度（工程师有义务保护公众的安全和健康），同时工程师也需要了解管理者对于风险的认识（工程师有义务服从管理者的规定，忠诚于雇主），但是工程师对于风险认识的这种偏好与狭隘，极为可能加大协调公众风险与管理者风险之间冲突关系的难度，从而促使他们面临更大的认识困境和伦理困境。

无论工程师与管理者对风险的认识存在何种差异，他们都在一定条件上受到组织文化的影响。而这种组织或者制度文化对于伦理问题的争论扮演着非常重要、有时甚至是决定性的角色[10]。在一定程度上，工程师在安全关注上的伦理困境产生的根源来自于组织文化。一个明显的事例，是在讨论航天飞机挑战者号的O形环问题时，莫顿－聚硫橡胶（Morton Thiokol）的J. 莫森（Jerry Mason）对于寒冷天气做出的回应，由于害怕他的工程副主席R. 兰德（Robert Lund）的“摘掉你工程师的帽子，戴上你管理者的帽子”[11]这简单的一句话，莫森按照其组织的基本文化标准，履行了公司规范，同时也就造成了这场灾难。所以，如此的组织文化会造成管理者或者雇主对于工程安全或风险关注的漠视或忽视，也在一定程度上使工程师在关注安全问题上受到压制；同时也可能造成工程师与管理者对风险问题认识产生冲突和分歧，使工程师处于一种艰难的地位：过于关注安全问题，有可能遭到管理者的反对，更可能受到组织文化的抵制和不认同，甚至更可能因此而被解雇；而不关注安全问题，则违反职业规范，可能承担安全责任，更可能使自己的良心不安。而对于处于伦理困境的工程师们来说，如何才能妥善地解决伦理困境，尽可能消除风险，更好地促进工程安全呢？

三、摆脱困境之策：协商、参与

工程师在关注风险上的伦理困境的消除，不仅需要提高工程师自身处理风险的能力，还需要提高其道德敏感性和处理伦理问题的技巧；同时，也需要加强管理者对于风险问题的认识，重视工程安全的制度和组织文化，促进工程安全文化的发展；更需要尊重公众对风险的知情同意的权利，促使公众参与到对工程安全的关注中来。

首先，加强风险管理，促使管理者和工程师对风险认识趋于协调一致。在风险管理上，不仅要完善风险管理的制度化建设，而且需要加强风险管理的法制化建设。前者使管理者重视风险问题，增强安全意识，并且制定规范化、可操作化的管理程序；后者则需要加强安全法规的建设和实施。例如，我国已经制定的《中华人民共和国安全生产法》《中华人民共和国建筑法》《建设工程安全生产管理条例》《安全生产许可证条例》等法律法规，以及2007年底出台的《中纪委出台解释惩戒安全生产违纪行为》都能够促使风险管理更加具有权威性和可操作性。因此，工程师在风险问题关注上不仅能够依赖于职业规范，更能够依据相关的安全法律法规。在风险管理方法上，需要管理者在风险问题上，不仅仅从成本、收益和风险方法进行分析，不仅仅依据工程进度、工程成本进行考虑，而且更需要考虑到可能造成的技术风险及安全隐患、工程危害等；与此同时也需要工程师不仅仅提高工程技术水平，关注可能造成的风险，也需要关注和衡量所需的成本与收益，努力使这种风险规避与收益能够达到一种相对平衡的状态。更为关键的问题是，工程师与管理者需要经常地协调对于风险问题的认识和安全关注上的差异，争取能够在对此问题的认识上达成一种共识，减小工程师在关注工程安全问题上的压力和阻力，尽可能地消除因与管理者冲突而造成的伦理困境。

其次，提高工程师的工程设计能力，降低并消除工程风险。为了更好地降低和消除风险，工程师在设计产品时必须考虑到安全出口（safety exit），也就是：①它可以安全地失效；②产品能够被安全地终止；③最起码使用者可以安全地脱离产品[3]。而这样一种安全出口的设计关注，在一般的工程设计中，必须符合四个方面的设计原则：①固有的安全设计（inherently safe design）。即在设计过程中尽可能地降低内在的危险。例如，危险的物品或反应要被较低风险的物品所取代，并且当首选使用危险的物品时，也需要有一个防护性的过程。如用防火材料来取代易燃物品，并且在使用易燃物品时要保持低温。②安全系数（safety factors）。结构应该坚硬到足够抵抗住超出预想的一定负载量和干扰量。例如，在修建一座桥时，如果安全系数是2，那么桥就被设计成可以承受住它实际设计最大承载量的2倍。③负反馈（negative feedback)。引入负反馈系统，在设置失败或当操作者操作失控的情况下，系统会自动关闭。例如，在蒸汽锅炉中，当压力过高时，安全阀就放出蒸汽；或当火车司机打盹时，安全手柄（the dead man's handle）就会熄火刹车。④多重独立安全屏障（multiple independent safety barriers）。安装一系列的安全屏障，目的是使每个屏障独立于它的前者，以至于第一个屏障失效了，第二个屏障依然不受影响等。例如，第一个屏障是用来预防事故，紧接着下一个屏障就是限制事故的结果，并且把最终挽救设置作为最后的求助手段[12]。当然，工程安全设计是多方面的，以上四个原则只是核心原则，同时还需要加强操作者的培训、保养设备和装置，及时报告事故也是安全实践中重要的手段。这种降低工程风险的安全设计，在一定程度上会自动地消除工程师与管理者在风险问题上的冲突。

再次，促进公众参与，保护公众对于风险的知情权。由于工程风险的潜在性、长远性，以及工程师对于风险的认识和把握的有限性，必须保证承受风险的普通公众有知情同意的权利。正如马丁所指出，工程师的一个基本义务是保护人类主体的安全和尊重他们同意的权利[3]。这就要求工程师在工程活动中，一方面必须告知受到风险影响的公众所需要的信息，让他们获得能够做出合理决定所需要的所有信息；另一方面，承受工程风险的公众应当是自愿的，而不是服从于外力、欺诈或欺骗。例如，北州电力公司（隶属明尼苏达州）计划建立一个新的电厂，在它把大量的资金投入到预制设计研究之前，首先与当地居民和环境组织相联系，提供充分的证据来表明需要建立一个新的电厂，并建议了几个可选择的地点，由当地居民群体对他们建议的地点做出回应，最后公司再协调并选择多方都可接受的计划。这种建立在受项目影响的群体的知情同意的基础上的方案避免了众多的潜在冲突。通过促使公众参与，不仅是尊重公众的知情同意权利的体现，也能弥补工程师在风险认识上的不足和知识有限的缺陷。同时，工程师能够把关注风险的信息和要求通过公众传递给管理者或公司，工程师的安全关注可以通过公众来表达，减小了工程师与管理者在风险关注上的直接冲突。

最后，塑造工程安全文化，促使管理者更加关注和重视工程安全。“安全文化”（safety culture）作为提高安全的关键要素，一方面为职业资格和现存的标准提供了支持，另一方面也促使工程师能够关注风险，承担道德责任。同时，“安全文化”作为公司文化中的一种，与其他文化一起共同形成了公司的文化传统[13]。然而，就组织文化的复杂本质而言，必须关注组织文化是如何建立并且运行的。其实，对于公司文化最强有力的影响，通常都来自于执行者、领导者和管理者的愿景，而在小公司里则往往都是所有者的愿景[10]。因此，一般来说，公司文化主要受到管理者、领导者和执行者的强大制约和影响。而这种管理者主导文化的特征（或者说是一种独裁文化），在一定程度上可能压制和限制工程师对于风险的关注，促使工程师或其他雇员完全服从于公司的利益和效益需要，而忽视对工程风险的降低和消除。所以，一方面需要促使管理者认识工程风险的危害性和严重性，重视并强调评估和降低工程风险；另一方面更需要建立一种开放和善于沟通的公司文化，形成一种有效而及时的沟通和交流系统，使工程师关于风险认识的意见和观点，能够通过组织程序汇报给管理者，促使两者对彼此的分歧和差异进行有效的交流。

参考文献

[1] Beck U. Risk Society. London：Sage，1992.

[2] 国家安全生产监督管理总局.2008年1月1日～12月28日全国安全生产简况.http：//www.anquan.com.cn/Article/Class13/Class18/200901/104658.html [2009-01-07].

[3] Martin M W，Schinzinger R. Ethics in Engineering. Boston：McGraw-Hill，2005：89.

[4] 查尔斯·E哈里斯，迈克尔·S普里查德，迈克尔·J雷宾斯．工程伦理：概念和案例．丛杭青，沈琪等译．北京：北京理工大学出版社，2006：298.

[5] 肖峰．略论科技元伦理学．科学技术与辩证法，2006，(5)：9-13.

[6] 张恒力，胡新和．工程伦理学的路径选择．自然辩证法研究，2007，(9)：46-50.

[7] 赵文武，廖巍，戴年红等．工程安全与工程安全人才培养．中国安全科学学报，2006，(1)：72-73.

[8] Werhane P H. Engineers and management：The challenge of the challenger incident. Journal of Business Ethics，1991，(10)：605-616.

[9] Wynne B. Uncertainty and environmental learning. Global Environmental Change，1992，(2)：111-127.

[10] Meyers C. Institutional culture and individual behavior：Creating an ethical environment. Science and Engineering Ethics，2004，(10)：269-276.

［11］ Werhane P. Moral Imagination and Management Decision Making. New York：Oxford University Press，1999：49.
［12］ Hansson S O. Safe design. Techne̊，2007，10 (1)：43－50.
［13］ Qureshi S. How practical is a code of ethics for software engineers interested in quality? Software Quality Journal，2001，(9)：153－159.

技术的本质与环境保护*

技术是造成环境问题的一个重要原因。那么，技术何以造成环境问题？对该问题的回答可以从两个层面进行：一是具体考察技术知识体系，发现它破坏环境的方面，然后推进技术进步以有利于环境保护，这是环境技术研究的内容；二是从技术哲学的角度进行，以探求技术的深层次内涵与环境破坏及其保护之间的关联。对前者的研究已经广泛而深入地展开了，成果很多；而对后者的研究并不多见，由此造成了不平衡的局面。如何从技术哲学的层面探讨技术与环境问题的产生及其解决之间的关联，就成为科技哲学工作者必须面对和加以解决的一个非常重要的问题。本文结合海德格尔关于技术对自然的破坏的论述，具体论述技术的中性论、自主决定论、社会建构论对于环境保护的意义。在此基础上，提出建构环境技术创新、走出技术破坏环境误区的恰当途径。

一、海德格尔的技术座架本质与环境破坏

技术的本质是什么？自第一次工业革命以来，技术中性论一直占据主导

* 本文作者为肖显静，原载《中国人民大学学报》，2003年第4期，第39～45页。

地位。技术中性论认为，技术只是人们达到目的的手段和工具体系，与政治、经济、伦理、文化因素等无关。技术的本质是中性的，无所谓好坏。技术手段和技术效率的高低与技术应用的善恶没有必然的联系。“技术产生什么影响，服务于什么目的，这些都不是技术本身所固有的，而取决于人用技术来做什么。”[1]这种观点有一定道理。如核能既可以用来造原子弹，也可以用来发电；原子弹既可以用来进行非正义的战争，也可以用来保家卫国……就比较充分地说明了这一点。

但是，有道理的东西并不意味着它是绝对正确的。如果我们相信技术中性论是正确的，那么，环境问题就是人们为了发展经济而忽视了环境保护而产生的；环境问题的解决就不需要改善技术，而只要端正人们应用技术的态度，不将技术应用到破坏环境之中去就行了。很显然，这是极端错误的。这也表明技术中性论的不恰当性。现实情况是，技术本身不是中性的，它负荷着价值，有好坏之分。为着善的目的去使用某项技术并不一定取得善的结果，也可能得到恶的或善恶皆有的结果。例如，在工业生产中，技术应用的目的是生产产品以满足人们的物质生活需要，但是，它却消耗了过多的资源，产生了过多的废弃物，造成了资源和环境问题。很显然，这种问题的产生不是人们有意为之的结果，而是来源于技术本身对自然的作用方式。

海德格尔对此进行了具体分析。他认为，传统技术的工具性和人类学规定是正确的，但不是真实的，没有揭示出技术的本质。这一点正如“国画是由线条和墨块构成的”没有揭示出国画的本质一样。

海德格尔通过对技术的历史学和词源学的考察认为，技术不是单纯的工具和手段，而是世上万物的一种解蔽方式，只不过古代技术的解蔽方式不同于现代技术的解蔽方式。前者与艺术、科学等密切联系，而且相统一。它带出“物性”，是自然状态的解蔽，反映了自然理性，是天、地、神、人的四重统一体。例如，古代的风车转动就是自然力的体现。有风则动，无风则静。一切顺其自然，保持了自然和人的本真状态，人与自然和谐共存。而后者对自然的解蔽是通过座架（Ge-stell）进行的。“座架意味着那种解蔽方式，此种解蔽方式在现代技术之本质中起着支配作用，而其本身不是什么技术因素。”[2]它是技术的本质，使得自然在这种技术的作用下处于非自然状态，失去了古代技术所包含的“诗一样的东西”，造成了环境破坏。

那么，什么是座架呢？海德格尔认为，所谓座架就是“意味着对那种摆置的聚集，这种‘摆置’摆置着人，也即促逼着人，使人以订造方式把现实当做持存物来解蔽”[2]。所谓“摆置”（stellen）就是一种对在场者的限定，即把某物确定在某物上、固定在某物上、定位在某物上，从某一方向去看待丰富多彩的事物。例如，限定空气以生产氮，限定土地以生产矿石，限定矿石以生产铀，限定铀以生产原子能。这样就使天地万物在技术世界中只显现为技术生产的原材料，把某物限定为某种效用，把存在者的存在还原为它的功能，失去了自然的整体性和丰富性，自然完全成了一个满足人们物质需要的功能性的存在，成了一个满足人类物质欲望的工具。

当然，按照海德格尔的看法，技术在对自然进行摆置的过程中，为了达到人类对它的限定目的，促逼（herausfordern）着自然，向自然提出蛮横的要求，从技术生产需求本身去看待事物，将自然状态纳入人的技术生产系统，迫使自然符合技术框架。在这一过程中，事物因为处处被预置（bestellen）而立即到场，并且为了本身能被进一步预置而到场。例如，要在某一江河之上建造发电厂，就要对这一江河进行改造，将之纳入发电和输电的整个技术系统之中，这就是技术对江河的预置。海德格尔将此形象地比喻为：由于拦河大坝被电力工业系统预置，莱茵河流被水压差的提供者预置，所以，与其说拦河大坝建在莱茵河上，还不如说莱茵河被建在水站上。也正因为这一预置，技术总是挑战自然，从人类的需要去看待自然，把自然界限定在某种技术上。自然的自然性、复杂性和丰富性没有了，自然的单向功能性增强了，进入到一种非自然状态，蕴藏着毁掉天然自然的危险，成为“持存物”（bestand）。所谓持存物就是“在持存意义上立身的东西，不再作为对象而与我们相对而立”[2]。也就是说，它们已经失去了对象的相对独立性，随时服从于人类所创造的技术对它的摆置、促逼与预置。

从上述海德格尔对技术本质的论述中可以看出，座架确实不是技术中的因素，而是技术作用于自然的方式——对自然解蔽的方式。有什么样的解蔽方式，就有什么样的物的展现和世界的构造，从而也就有什么样的对自然的影响。通过座架，技术促逼着自然，对自然强行索取；通过摆置，对在场者加以限定，使自然齐一化、效用化、对象化，对自然进行了谋算和估价；通过订造即生产，使自然失去对象的独立性，成为持存物。总之，通过座架的作用，自然成为人的对立物，失去了本性，处于非自然的状态，也就是处于被破坏的状态。这是技术造成环境问题的重要原因。可以说，海德格尔对技术本质与环境破坏之间关联的这种分析是恰当的，很有启发意义。

既然如此，要走出技术的环境破坏误区，就要分析技术“座架”本质产生的原因，走出技术破坏环境的误区。

二、技术本质的社会建构

海德格尔没有具体分析技术座架本质产生的原因。相反，他强调了技术的座架本质对于社会的影响。他认为：“限定和强求到处贯彻，到处决定了人与事物存在的关系，并以这种方式显示其普遍的本质，以为献身于纯粹的艺术享受、政治或宗教体验就可以逃避技术展现，这乃是幻想和错觉。”[3] 这就是说，在技术的作用下，文化的东西，如科学、艺术、宗教等已经不再是决定性地形成历史的力量，它们都不可避免地因技术的展现而去蔽，显示其本质。海德格尔认为，现代科学所提供的物的图景就是数学化的图景，数学化是对物之特性的筹划，筹划的特征是预置。这里的预置指的是“通过数学化，物被置于三维空间和一维时间之中的由力的定律所支配着的物质微粒，它是可计算的、可预测的，因而是被充分‘预置’的”[4]。

这点与技术支配的预置特征相同。科学通过谋算、计划使现实的东西被限定到一个因果关系的网中，海德格尔称该网为“针织品”。不仅如此，科学活动所不可缺少的实验室、图书馆等绝不是技术展现的外在结果，而是技术对象化的不同环节。所以，海德格尔说：现代科学是由技术支配的，技术作为座架支配着现代科学。

在海德格尔看来，技术在把自然展现为持存物的同时，也使人自身的生存方式发生了实质性变化，人变成了持存物而失去了它的本真存在。技术的座架本质成了世上万物的展现方式，成为一个完全脱离人类控制的超然的、作用于我们的社会并影响历史进程的力量。从这一点看，海德格尔是一个自主性的技术决定论者。技术的自主决定论认为，技术具有自主性和独立性，它是人类无法控制的力量，它的状况和作用不会因为其他社会因素的制约而变更，相反，技术的发展决定着社会活动的秩序和人类生活的质量。

实际上，技术并非是自主的，它并非是科学、艺术、政治等的支配力量。技术的所谓座架本质不是技术本身所固有的，而是在科学、社会文化背景下形成的。技术是负荷科学、政治、经济、伦理、文化意涵的。技术不仅体现了技术批判，而且也体现了更广泛的社会价值和那些设计和使用它的人的利益。“脱离了它的人类背景，技术就不可能得到完整意义上的理解。人类社会并不是一个装着文化上中性的人造物的包裹。那些设计、接受和维持技术的人的价值与世界观、聪明与愚蠢、倾向与自得利益必将体现在技术身上。”[5]

这是关于技术的社会建构论的观点。如对于科学与技术之间的关系，我们就不能认为科学的本质是技术，并且技术的座架支配着科学的展开。虽然科学对自然的祛魅与技术对自然的解蔽都导致自然丰富意义的丧失，但是，两者对自然作用的方式是不一样的。前者更多的是从人类认识自然的意义上而言，后者则主要是从人类改造自然的意义上而言的。虽然随着科学的发展，大科学的兴起，科学的操作性增强了，科学家要进行实验，要利用技术仪器设备去进行实验，发现事实和检验理论，增强了科学研究过程中的技术性，但是，这并不意味着科学的本质是技术，它最多意味着科学的技术性增强了，科学变成了技术科学。当然，随着科学的社会应用的加强，科学与技术之间的距离拉近了，科学与技术在很多时候都在为着一个共同的目的，也就是为了经济发展和社会进步而向前迈进。但是，在这种作用过程中，科学与技术的角色定位并没有改变。纯科学更多关心的是知道什么，理解世界的某些方面，去追求真理性的认识。它是人类认识世界的知识体系，并不包含生产设备、交通工具、家用电器、军事武器等的制造，而技术才以某种有利于人类的方式去改变世界。科学并不简单地是技术。科学已经成为技术的必要基础，是技术的先导。在这种情况下，何来科学本质的技术展现?

而且，从技术的发展看，现代化技术的科学化趋势越来越强。技术进步主要不是以日常经验为基础的技艺的系统知识的应用，技术的传播也主要不是依靠学徒制而获得。技术是为着实践的目的，利用科学中所包含的原理去创造产品。现代科学理论揭示的自然的规律性，为揭示技术的可能性奠定基础，预示着新技术领域的产生。链式反应的核能利用、半导体（晶体管）的发明、激光器的研制、基因重组生物技术的产生等都不是来自经验探索，也不是来自已有技术的延伸，而是来自科学理论的引导。从这一点看，技术反映了（最起码是部分反映了）科学认识世界的特征，部分地反映了科学的本质。

科学向技术、生产的转化过程大致可以分如下三个阶段：①科学原理（自然规律性）＋目的性→技术原理（合目的的自然规律性）；②技术原理＋功效性→技术发明（技术可能性实现）；③技术发明＋经济、社会性→生产技术（社会经济可行性实现）[6]。从这一角度考虑，“技术并非是实现人之目的的单纯手段或工具本身，而是人把自己已经掌握了的自然规律能动地整合到自己的目的性预期中来的一系列过程及结果；而从结果看，它本身就是人的目的性预期与其相应手段或工具（核心是自然规律）的实现了的统一体”[7]。

因此，技术是负荷科学、政治、经济、伦理、文化意涵的。技术不仅具有自然属性，而且还具有社会属性。自然属性主要体现在科学是技术的基础和前提，社会属性主要体现在政治、经济、伦理、文化等条件制约着技术发展的具体目标和方向。这两者在一定程度上决定了技术的优劣和技术应用的善恶。这也说明了技术中性论和技术自主决定论的失当。

根据这一思路，应该从技术价值负荷的角度，对技术为何造成环境问题进行分析。

三、技术的价值负荷是造成环境问题的重要原因

技术对自然和人类生活的影响是在科学原理的基础上，在人们伦理价值的引导下，在人们追求利润的市场经济的背景下完成的。正是这一点成为技术造成环境问题的重要原因。需要我们更多地从技术产生和应用的科学基础和社会环境，也就是从技术认识论和技术的社会建构论两个角度来考察。

技术认识论方面的主要问题是技术评估、科学与技术的关系、技术知识、人工物的属性、技术理性、技术客体等问题。20 世纪 60 年代以来，国外技术哲学在经历了对技术的本体追问和价值反思之后，开始对技术起源、设计、发明、创新、技术作用的机制和技术知识的检验等认识问题进行反思。一些学者认为只有谈论技术的本质和结构，分析技术的认识内容，考察技术的价值问题，选择真正合适的技术，才能避免技术危机，实现技术与人

关系的良性发展。

从技术认识论来看，技术知识是依据一定程度的自然认识，借助一定的物质手段，有效地改造、变革自然物质客体，使之成为能满足人的需要的物质形式的知识。由此可看出科学所揭示的自然知识原理是技术应用的基础，科学知识对于技术知识的正确性是有影响的，而这又影响到技术应用的善恶。例如，科学对自然的祛魅和科学对自然的还原、简化、数学化的概念规定——预置等，必然在技术改造自然的过程中导致自然非自然化的状态，从而破坏自然。

从技术的社会性上看，“技术总是一种历史-社会的设计，一个社会及其统治利益打算用人和物来做的事情总被设计在其中”[9]。而且，从技术应用的目的看，技术虽然是人类借以改造与控制自然的包括物质装置、技艺与知识在内的操作体系，是一种人类达到目的的手段或工具体系，但是，技术的目的不在于它自身，而在于更广泛的社会价值和那些设计和使用它的人的利益。这一点也是技术造成环境问题的重要原因。

在市场经济条件下，技术的开发应用自始至终都是为经济服务的，是为经济人追求个人经济利益最大化服务的。虽然从经济利益出发的科技进步能够比早先的欠先进的科技消耗更少的资源，生产更多的产品，产生更少的副产物，从而给资源和环境带来更少的压力，但是，科技应用的非环境保护目的确实阻碍了环境保护科技的研究、开发和利用。从经济利益出发的技术进步，确实造成了经济合理性及其生态环境保护的不合理性。

首先，从技术的产生看，它是机械论的。这一方面是由于技术产生过程的必然性，另一方面则是由于人类经济活动通常就是分立的活动，只需应用分门别类的技术即可。如此，技术不仅以分化和专门化的方式发展，而且过分简化，具有可分割的性质，不能反映人与大自然的复杂关系。

其次，从技术应用的目的看，它是经济主义的，是以牺牲环境和资源为代价从自然界谋求最大的收获量。这必然导致人们为了局部的、眼前的利益而大肆掠夺自然界，造成资源危机和环境破坏。

再次，从技术应用的过程看，它的组织原则是线性的和非循环的。为了更快地取得经济利益，传统物质生产以单个过程的最优化为目标，更多地考虑自然规律的某一方面，而忽视了其他方面及所存在的整个自然界。例如，内燃机是人类发展工业的主要动力，其所造成的光化学烟雾的危害在很长一段时期不为人们所知。

最后，从技术的进步看，资源开发利用和自然环境保护技术存在着明显的不对称。技术进步多源于开发实践，集中于开采利用技术，以及如何降低开采或收获成本、如何增加资源利用以获得更多收益。技术进步往往忽略环境资源的保护和持续利用。环境资源的保护成了经济人追求利润最大化的一个副产物，而不是将环保的追求与对利润最大化的追求一致起来。这就造成了先进技术已经使人类踏上月球，却不能控制大气污染；人类已经计划建造规模巨大的太空城，却无力管理好地球上的大城市。

总之，在科学、政治、经济、文化价值等的作用下，技术的应用方式只是拘泥于自然规律的某一方面，而忽视了其他方面，违反了自然过程的流动性、循环性、分散性、网络性，割裂了技术活动与自然生命的统一，干扰了自然过程的多种节律，破坏了生物圈整体的有机联系，从而给自然界造成了破坏。技术应用的科学基础的不完备性及由此获得的自然的局部性的规律、技术开发和应用的经济导向的利润合理性和生态不合理性、人类中心主义的价值观念等是造成技术应用破坏自然的最根本原因。要走出技术的危机，就要在考察分析、批判、校正技术开发利用的社会背景下，给出技术应用的正确背景，以保证技术的正确应用。

四、走出技术破坏环境误区的恰当方式

如果认为技术的自主决定论是正确的，那么就没有必要从科学、社会的角度，分析技术的座架本质形成的原因及技术造成环境破坏的原因，也没有必要从科学社会的角度探讨有利于环保技术的建构，而只要从技术本身来分析就行了。也许正因为这样，海德格尔在对待怎样走出技术危机这一问题上，就没有看到技术的科学、政治、经济和伦理意涵，也就是没有看到这些因素对技术的“促逼”，即没有看到技术座架本质形成的自然科学因素和社会历史原因，没有从产生技术座架本质的那些原因的反思、分析、改变中去改变技术本身以走出技术的危机，而是把技术的本质扩张到了社会的各个领域，走向了技术自主决定论。也正因为这样，他就只是针对技术的座架本质

所内含的“技术思维”——“计算性思维”进行批判。海德格尔认为，正是这种“计算性思维”排斥了其他思维，造成人总体的无思想；使人仅仅从技术上看待物，并把人束缚在技术之中受它控制。

海德格尔认为，要走出这一误区，应该用那种“比理性化过程之势不可挡的狂乱和控制论的摄人心魄的魔力要清醒”[2]的“深思之思”取代“计算性思维”。这种深思之思就是走向“思”与“诗”。所谓思就是在深思中觉悟技术的本质，意识到技术的危险，看到技术的座架本质对自然和人类的解蔽给自然和人类带来的危害。在此基础上，人在深思中觉醒，成为存在者的看护者。所谓看护，也就是“向着物的泰然处之”，放弃对事物的功能化、降格、缩减，让事物自身显示其所是。而要做到这一点，人及一切存在者就要“对于神秘的虚怀敞开”，走向诗意的存在、诗意的安居，让事物和世界在场于自身性和自立中，保持本真的存在状态。

海德格尔的这种技术拯救方案是行不通的。他所倡导的“思”，使我们深刻地认识到人类“计算性思维”的片面性，而应该有更多的“沉思之思”，认识技术造成环境破坏的本质并拯救之。这是必要的，但是仅此还不行。主要原因在于：一是单靠这一点并不能冲破“技术思维”；二是即使“沉思之思”能够冲破“计算性思维”，但由于这种思维的转变不是快速的，而是缓慢的，因此人类必须漫长地等待这种转变。对这一点，海德格尔自己也同意。问题是人类承担得起这种漫长的等待吗？这就是说，“深思”“等待”“泰然处之”“向神秘处敞开”不能现实地解决技术危机。

实际上，近代和现代技术是在政治、经济和伦理价值背景的调节下，在一定的科学理论基础上，为达到促进经济发展的目的而产生和发展的。因此，技术的本质中嵌入着它的产生发展所必不可少的科学和经济内涵。要改变技术的本质，就要改变技术产生的科学形态及单纯为经济服务的价值取向。在此基础上，寻找既能够保持自然的自然化状态，又能够促进经济发展的技术。

对于科学，应该考察、分析、批判它所依据的本体论、认识论、方法论原则相对于环境保护的缺陷，在此基础上，重构科学认识自然的恰当的本体论、认识论、方法论基础。本体论上，由自然的祛魅走向自然的返魅；由自然的分离还原走向自然的有机整体。认识论上，由坚持绝对的科学真理观走向相对的科学真理观；由对天然自然的研究走向研究由人类社会、人工自然、天然自然三者组成的大自然系统。方法论上，不仅要研究自然的规律性方面，还要研究自然的非规律性方面——结果的展现；不仅要采取还原性原则，通过认识低层次的东西来认识高层次的东西，通过研究要素来研究整体，还要采取整体性原则，通过高层次的研究来认识低层次的内容，通过系统的研究来认识要素；不仅要研究某些事物的外在表现，还要研究事物的经验性的方面，如动物的情感、智能等；不仅要研究因果决定论，还要针对具有目的性的存在，研究它的果因决定论；不仅要研究具有线性、整形等特征的对象，还要研究具有非线性、分形、混沌等特征的对象。由此，使得科学的发展呈现生态化、人文化的特征，这与传统科学不相一致。只有以这样的科学作为技术的知识基础，才能减少技术的应用对自然的破坏。

对于社会的政治、经济、文化价值等，应该加以改变，以有利于环境技术创新，从而有利于环境保护。环境技术创新与传统技术创新是不同的。

传统技术创新是企业家对生产要素、生产条件、生产组织进行重新组合，以建立效率更高、效能更好的新的生产体系，获得更大利益的过程，目的是获得更多的经济效益。其生产方式是一种"原料—产品—废物"的模式，其技术原则和组织原则是线性的和非循环的，因而排放出大量的废弃物。虽然在这一过程中，可能节约了资源，保护了环境，但那不是普遍的事情。当保护环境与增长经济矛盾时，传统技术创新更多地还是倾向于经济增长。这一点是市场经济的主体——经济人追求个人利益最大化的本质使然，也是目前环境资源问题产生的一个重要原因。

环境技术创新将发展经济和保护环境结合起来，变追求经济效益的单一目标体系为追求经济效益、环境效益、社会效益相统一的多目标体系。只讲经济效益的技术创新，往往是一种短期行为，会造成环境问题，威胁到可持续发展战略的实施，最终也会导致经济的不可持续发展；而只讲生态效益和社会效益，不讲经济效益的技术创新，会导致经济发展的停滞不前，导致社会的衰败。只有将经济效益和环境效益结合起来的环境技术创新，才能使整个社会健康、持续地向前发展。由此产生的技术，在应用目标上，将经济发展和环境保护相协调；在生产过程中，与生态整体性的原则相符合；在应用过程中，体现非线性和循环性。因此，它具有系统性、整体性等后现代性的特征。可以说，生态化的技术体现了后现代技术的本质。

不过，在市场经济条件下，生产的内在逻辑是追求利润最大化，经济人对“个人利益最大化”的追求使得其开发采用能带来更大剩余价值的技术。否则，该项技术即使有利于环保但不能带来更多的剩余价值，他也不会去开发和应用。既然如此，最好的技术应是既能带来更高的剩余价值，也能带来更好的环保效果的技术。它应用于生产既可实现社会生产的经济合理性，也可实现社会生产的生态合理性，达到两全其美。不过，在现实社会中，环境技术创新并不是依据市场经济逻辑开发的，往往在经济上并没有优势，不会被商品生产者所采纳。如此，这种技术的开发强度就不大，新开发的技术也没有多少人利用，只能被束之高阁，起不到应有的保护环境的作用。

因此，有必要考察市场经济体制下环境技术创新的特征，进行制度创新，改变影响环境技术创新的各种要素，如伦理价值的内涵、政治经济的结构、法律法规的条款，限制进而禁止破坏环境的技术创新，激励有利于环境保护的技术创新。这是技术的社会建构本质的必然要求。

参考文献

[1] Mesthene E G. Technological Change：Its Impact on Man and Society. New York：New American Library，1970：60.

[2] 马丁·海德格尔．技术的追问//孙周兴．海德格尔选集．上海：上海三联书店，1996：935，1260.

[3] 绍伊博尔德．海德格尔分析新时代的科技．宋祖良译．北京：中国社会科学出版社，1993：136.

[4] 吴国盛．海德格尔与科学哲学．自然辩证法研究，1998，(9)：1－6.

[5] 彼德·科斯洛夫斯基．后现代文化．毛怡红译．北京：中央编译出版社，1999：2.

[6] 陈昌曙．自然辩证法概论新编．沈阳：东北大学出版社，2001：204.

[7] 郭晓晖．试论一种可能的技术本质观．自然辩证法研究，1998，(11)：1－6.

[8] 高亮华．人文主义视野中的技术．北京：中国社会科学出版社，1996：73.

泰勒生物中心论与工程师环境伦理抉择*

一、案例“树木”及问题的提出

在《工程伦理：概念与案例》一书中有一个名为“树木”的案例，主要内容如下：

工程师凯文·克利林（Kevin Clearing）是维登特县（Verdant County）公路委员会的工程管理人员，维登特县公路委员会的主要职责是维持县道路的安全。在过去的10年间，维登特县的人口增加了30%，这导致该地区许多二级公路交通流量的增加，有一条3英里长的森林车道的交通流量在这段时间内增加了一倍多，而它仍是一条两车道的公路，是通往县城的主干道之一，该城是一个拥有6万多人口的商业中心。

在过去的7年间，每年至少有一人死于车祸，而车祸是由于汽车撞上森林车道两旁的密密麻麻的树木造成的。这里还发生过许多

* 本文作者为肖显静、顾敏，原载《山西大学学报》（哲学社会科学版），2008年第31卷第4期，第1～6页。

其他事故，如车祸致残、汽车和树木被毁。由于未能充分地维护这条3英里长的道路的安全，有两起针对公路委员会VCRC的法律诉讼。但是，两起诉讼都被驳回，因为驾驶者都远远地超过了每小时45英里的速度限制。

VCRC的其他成员对凯文·克利林施加压力，要求他拿出一个森林车道交通问题的解决方案。他们担心安全问题，也担心VCRC总有一天会败诉。克利林现在有一个计划——拓宽道路。不幸的是，这需要砍掉道路两旁30棵健康的古树。

VCRC接受了克利林的计划，并向公众公布了这一计划。于是，一个民间环保团体就形成了，并对此提出抗议。该团体认为，"这些事故是粗心的驾驶员的过错。砍掉树木来保护驾驶者免受他们自己的疏忽之苦，意味着人类为'进步'而破坏我们的自然环境。现在是扭转这个观念的时候了。如果司机不谨慎驾驶，那么就起诉他们。在我们力所能及的范围内，让我们保持我们周围的自然美景和生态完整吧"。

就这个问题，表明双方观点的大量信件登载在《维登特时报》上，在当地电视上，这一计划引起激烈的辩论，民间环保组织向VCRC递交了一份由150位当地市民签名的要求保护树木的请愿书[1]。

在上述案例中，工程师凯文·克利林应该如何解决这个问题？是不顾民间环保组织的意见，选择砍掉30棵古树来拓宽道路以保证减少驾乘人员的死亡，还是谨慎地听取环保组织的意见，认为古树不是造成驾乘人员死亡的根本原因，应该得到保护？如果他持有的是强人类中心主义的观念，那么，他就会从人类的利益出发，由关怀人类而排斥对动植物的关怀，从而毫不犹豫地选择支持砍伐古树；如果他持有的是弱人类中心主义的观念，在关怀人类的利益的同时，会考虑砍伐古树对人类的影响，即他会考虑保护古树，但这种古树的保护不是由于古树自身值得保护，而是为了人类而保护古树，由于在该案例中对古树的保护似乎对人类没有多大影响，因此他可能就会选择砍伐古树；如果他持有的是动物解放/权利论，那么，可能会认为古树由于没有动物的意识、感觉、记忆、知觉等特征，所以也就没有固有价值，可以不被当做目的，而当做工具来使用，结果是对此不加保护；如果他持有的是生态中心主义的观点，那么，他会从生态环境保护的角度考虑问题，结果可能有两个：一是可能会认为，即使砍伐古树中的30棵来加宽道路，也不会破坏森林的生态环境，而同时又避免了人员伤亡，可以砍伐这30棵古树；二是可能会认为，砍伐古树中的30棵来加宽道路，会破坏森林的生态环境，此时为了保护生态环境，尽量想办法不砍伐古树。

上面的例子及有关工程师凯文·克利林的选择假设表明，工程师的伦理观念对于工程师环境保护的行为有着重要影响。工程师持有什么样的环境伦理观念，采取什么样的选择，才能够既保护古树又避免交通事故，既被环保组织或公众接受又被VCRC认可？保罗·泰勒（Paul W. Taylor）的生物中心论有助于工程师对此问题深入思考并做出抉择。

二、泰勒的生物中心论与工程师环境伦理抉择及困境

生物中心论的创始者是美国思想家阿尔伯特·史怀哲（Albert Schweitzetr）。他主张“敬畏生命”[2]，指出所有生命都是神圣的，植物和动物是我们的同胞，每一个生命都是一个秘密，每个生命都有价值。而且，生命之间存在着普遍的联系，我们的生命来自其他生命，如果我们不能随意毁灭人的生命，那么，我们也不能随意毁灭其他生命，我们要像敬畏自己的生命意志那样敬畏所有的生命意志，满怀同情地对待生存于自己之外的所有生命意志。“善的本质是保持生命、促进生命、使可发展的生命实现其最高的价值；恶的本质是毁灭生命、伤害生命，阻碍生命发展。”[3]

这种思想被保罗·泰勒（Paul W. Taylor）所推进，并在其基础上构建了一系列相应的道德原则以用于日常生活实践之中。

泰勒认为，“类似于树和原生动物的有机体并不是具备意识的生命……然而它们本身有一种善，围绕这种善，它们的行为被组织起来”[4]。这段话给我们提出了三个问题：一是“本身有一种善”，即自身的善（good of being）是什么?① 二是自身的善有何具体体现? 三是人类与生物这种自身的善有何关系? 概括泰勒的思想，对上述三个问题的回答分别如下:

1）生物自身的善当做是它不断地全面发展自身的生物力量，它的善在某种程度上可被认为是它的强壮和健康。

2）生物自身的善具体体现于“拥有任何一种与环境融洽相处的、并因此保护自身存在的能力，这些能力贯穿于其物种正常的生命循环的各个阶段”[5]。泰勒认为，无论动物还是植物，无论是有知觉的还是无知觉的，“它的内在功能与外在活动一样都有目的导向，具有不断地维持有机体的存活时间的趋势，并且自身能够成功地完成这些生物运作，由此它生养繁殖，并能适应不断变化的环境”[4]。因此，生物自身的善应该就是这种内在功能和外在活动的目的导向的体现。

3）人类与生物之善的关系体现在人类能够对这种‘善’产生好的或坏的影响，即能够损害或增益其利益。在此基础上，他得出结论: 如果我们能够不借助于其他事物而言说对一个事物产生好或坏的影响是有意义的，那么这样事物就有其自身的善。简而言之，凡能够被损害或能够获得利益的事物都有其自身的善。“每一生物、物种和生命群体都具有其自身的善，道德代理人（moral agent）通过其自身的行为可以故意地扩大或破坏这种善。当我们说某一实体具有其自身的善，简单而言就是指它可以受益或受害而与其他统一体无关。”[5]

鉴此，泰勒的结论是: 所有生命的个体都有其自身善的存在物。进一步地，他认为，既然每个生命个体都有自身的善，那么它就具有固有价值。“说 x 具有固有价值，就是说 x 的好被实现了的状态比没被实现的状态好，这与人类对 x 的评价无关，也与 x 实际上是否增进或实现了其他事物的好无关。”[6]不仅如此，泰勒认为: “宣称一个实体有固有价值就是做出了两个道德判断——这个实体应受到道德关怀和道德考虑，也即是说它应被视为道德对象，所有的道德代理人都有义务把它当做一个自在的目的去增进或保护它的善”[4]。这样一来，泰勒就将生物自身的善与生物的固有价值联系起来，

① 国内有人将此翻译为“自身的好”，我认为还是翻译成“自身的善”更好些。在本文中，如果引用的是外文，则用的是“善”；如果引用的是中文，还是尊重中国译者的本意，用“好”。

并且由生物的固有价值得出应该尊重和保护生物的伦理思想。

泰勒的上述思想有一定的合理性。彼得·S. 温茨对此加以深入论证[7]。他认为，利益不仅可以表示“某个体所需要的、渴望的或感兴趣的”，而且，还可以表示“某个体在福利或幸福的意义上能够被帮助或妨碍”。就第一种意义而言，动物是有利益和固有价值的，应该伦理地被对待，而无知觉的植物乃至原生生物没有利益和固有价值，从而也就不需伦理地被对待。但是，就第二种意义而言，无知觉的植物是有利益的，而且该利益就是：“所有生物都是努力维持自己生长和繁殖的技术活动中心，具有适应环境现状的改变的目的导向”，不言而喻，这种利益能够被损害或增益，因此所有生物都有自身的善，为了这种善它对环境做出适应性反应。既然所有的生物都有自身的善，那么，所有生物都有固有价值，应该被伦理地对待——尊重和保护。

泰勒的生物中心论对于生物保护具有重要意义。按照动物解放/权利论，对于生物，伦理关怀的对象只能是动物而与植物无关，但是，按照泰勒的生物中心论，生物保护的对象就不仅是动物，而且还应该扩展至植物。

值得注意的是，这里的动物和植物，按照泰勒的每个生物个体都有自身的善的思想，应该指的是动物或植物的个体，如此，泰勒的生物中心论应该被确切地称为生物中心个体论①。

按照泰勒的生物中心论，工程师凯文·克利林在上述案例中应该做出怎样的选择呢?

根据泰勒的观点，古树有生命，所以是具有自身的“内在的善”的实体。有了自身的“内在的善”，那么古树便具有固有价值，应该被伦理地对待，以实现它的“自身的善”，而且它的这种善被实现了的状态比没实现的状态要好。由此出发，工程师凯文·克利林就应该遵循泰勒的生物中心论，基于古树自身的善，承认它的固有价值，尊重它并采取相应的措施去保护它，保护每一棵古树。怎样保护呢? 保护古树就是增进古树的善，可以通过两种途径进行：一是带来一种有益于它的善的状态；二是去掉一种损害它的条件。据此，凯文·克利林的选择相应的也有两种：一是拒绝

① 在世纪出版集团、上海人民出版社 2007 年 6 月出版的由美国人彼得·S. 温茨所著的《环境正义论》一书中，译者将此译为生物中心个人主义，笔者认为不妥，译做生物中心个体主义更合适。

砍伐古树以维护古树的生命；二是采取措施，以尽量避免交通事故对古树的伤害。

这样的行为也符合泰勒所提出的三原则：一是不作恶原则，即不伤害自然环境中的那些拥有自己“善”的实体，不杀害有机体，不毁灭种群或生物共同体；二是不干涉原则，即让“自然之手”控制和管理那里的一切，不要人为地干预；三是忠诚的原则，即人类要做好道德代理人，不要让动物对我们的信仰和希望落空①。

必须清楚的是，上述三原则是理想化的最高原则，没有涉及人类利益与生物利益发生冲突的情况。实际上，在上述案例中，树的存在是伤害到驾乘人员的生命的，如果保护了树，也就给对驾乘人员的伤害提供了条件，两者不可得全，在保全古树的生命与保护驾乘人员的生命之间存在矛盾。如此，工程师应该选择优先保全哪一种生命呢？

据通常看法，人类的善应该高于生物的善，人类的固有价值应该高于生物的固有价值，由此，工程师应该选择伤害古树以保护驾乘人员。但是，按照泰勒的生物中心论不是这样。泰勒认为：“其一，人类与其他生物一样，是地球生命共同体的一个成员；其二，人类和其他物种一起，构成了一个相互依赖的体系，每一种生物的生存和福利的损益不仅决定于其环境的物理条件，而且决定于它与其他生物的关系；其三，所有的机体都是生命的目的中心，因此每一种生物都是以其自己的方式追寻自身的好的唯一个体；其四，人类并非天生就优于其他生物。”[4]由此可以看出，泰勒是反对人种优越论而提倡生物平等主义的，即认为所有生物都拥有同等的固有价值，都应当受到同等的道德关怀。

这样一来，泰勒的生物中心论就不单纯是生物个体中心论，而且也是生物个体平等主义的中心论（也可以称为个体平等的生物中心论）。以此观照上述案例，就是古树和人类具有平等的价值，保护古树与保护驾乘人员同样重要，伤害古树与伤害人类同样的不正当。而现在为了保护驾乘人员的生命而砍伐古树就是不符合伦理了，应该不被允许。可问题是，如果不砍伐古树，驾乘人员的生命又如何保护呢？这必将使得工程师凯文·克林利左右为

① 这第三个原则是针对动物而非植物而言的，在此并不适用。

难，处于伦理困境之中。可以说，泰勒的生物个体平等主义的中心论，用在人类保护生物的实践中，大幅度降低了人类的伦理地位，常常是对人类提出了过多和过严的要求，很难真正现实地贯彻。

当然，在这种情况下，还有一种选择，就是移栽古树，这样既能够保全古树的生命，也能够避免古树的存在给驾乘人员的生命带来危害。问题是：这样做时，是否对古树产生侵害了？如果是，在伦理上允许吗？

其实，深究一下，泰勒的上述极端形式的生物个体平等主义的中心论是存在欠缺的。肯尼斯·古德帕斯特（Kenneth Goodpaster）[8]、罗宾·阿特菲尔德（Robin Attifield）[9]、彼得·S. 温茨（Peter S. Wenz）[7]等都不赞同泰勒上述生物中心平等主义的看法，他们认为，所有生命都有固有价值，都应该得到尊重和保护，但是，这并不意味着它们都有相同的固有价值，得到平等的尊重和保护。这可以看作是生物个体非平等主义的中心论（也可以称为非个体平等的生物中心论）。

按照这种生物中心论，工程师凯文·克利林就可以在保全古树的生命和人的生命——驾乘的生命之间做出选择了。他可以这么说，驾乘人员的固有价值是高于古树的，在保全古树的生命与拯救驾乘人员的生命之间，还是应该优先拯救驾乘人员的生命。

不过，问题并非如此简单。A 的固有价值高于 B 的固有价值，并不意味着 A 可以在任何情况下，为了其自身的任何利益去损害 B 的任何利益。在上述案例中，古树是不会说话的，古树的存在本身不会使道路变得狭窄，主动地造成交通事故，威胁到司机的生命；造成人员伤亡的根本原因，是驾驶者的驾驶速度远远地超过了每小时 45 英里的速度限制，是“粗心的驾驶员的过错”。如果我们没有考虑到这一点，就砍伐古树来保护驾乘者免受他们自己的疏忽之苦，肯定是一种人类中心主义的表现，这会使得我们的生态环境变得越来越糟糕。事实上如果粗心的驾驶员依然超速驾驶，就算道路拓宽了也一样会有种种事故发生。

在这种情况下，是保全古树、砍伐古树还是移栽古树，就需要工程师摒弃简单性思维，进一步运用相关的伦理学知识，深入具体复杂地思考此相关问题。

三、工程师生物保护环境伦理困境的解决

由上可知，工程师在工程实践中采取保护生物的选择是存在伦理困境的，怎样走出相关困境呢？泰勒提出的“正当防卫原则”为我们思考这一问题提供了支点。

泰勒认为：“正当防卫的原则表示，允许道德代理人通过消灭危险的或有危害的有机体来保护自己。”[4]他继续解释道：“正当防卫是对有害的与危险的有机体的防御，在此背景之下，一个有害的或危险的有机体被认为是一种其活动会危及作为道德代理人的那样一些实体的生命或基本健康，这些实体需要正常的身体机能以便存在。”[4]

在他的解释中有一个问题需要澄清，就是有机体的这种危害是否确实是由有机体自身产生的？这种对人类的危害能够避免吗？它的存在考虑到这两点，“正当防卫原则”的完整表述应该是：“如果其他有机体对人产生危险和伤害，人类又无法避免加在他身上的危险和伤害，人类可以采取消灭或伤害这些有机体而进行自卫”。

针对上述案例，古树对驾乘人员产生危险和伤害了吗？它的存在无法避免对驾乘人员的危险和伤害吗？结论是否定的。

对于第一个问题，表观地说，是由于古树的存在给驾乘人员带来了伤害。但是，古树只是以其实然的状态存在，并没有干涉人类的行为，如果古树能够预见自己的命运——被撞伤，它就会像人类一样选择自己的行为，在遇到时速超过45英里的疯狂的驾驶员时，一定退避三舍，而不会去伤害人类。相反，有行为能力的驾乘人员却是可以选择自己的行为模式，以保证在狭窄的森林道路上不超速，避免撞伤古树及交通事故。在上述案例中，纵然有人死于车祸，但车祸真正的制造者不是没有行为选择能力的古树，而是不遵守路面交通规则的驾驶员，驾驶员应该负主要责任。对于上述案例中出现交通事故，另外一个更加深刻的起因是道路交通压力的变大。造成这种情况的原因是维登特县人口剧烈增加及工商业的发展，使得路面有限的空间内同一时间承载的人数增加、使用频率增大。

对于第二个问题，只要加强对驾驶员的管制和提醒，在道路两旁张贴警

示牌以提醒驾驶员注意："这是事故多发路段，应该小心驾驶"，或者通过教育或惩罚等手段来强化驾驶员的职业规则意识和安全意识，使驾驶员主动地遵守交通规则，限制驾驶速度，那么就可以减少事故发生的概率，避免加在他们身上的危险和伤害。

由此可见，在本案例中，通过砍伐古树以保全驾乘人员生命的做法，不符合泰勒的"正当防卫原则"的前提条件，如此就不应该砍伐古树以减少交通事故，而应该尽量使当事人遵守交通规则，避免对自身生命的伤害，同时也保全古树的生命。

不可否认，社会中的人是受社会文化限制的，人无完人。反映在上述案例中就是，当事人可能就是不能改变自己，限制车速，从而避免古树对他们的伤害。在这种情况下，工程师是否就可以严格遵循泰勒的"生物中心论"和"正当防卫原则"，置他们的生命于不顾呢？

应该不是。无论根据泰勒的生物个体平等的中心论，还是根据前述他人的生物个体非平等主义的中心论，人类都有责任尊重生命，保护生命。而且根据非个体平等的生物中心论，某些生物的道德重要性比其他生物要大许多。如阿特菲尔德认为，植物与细菌"能够拥有道德立场，但只拥有几乎微乎其微的道德重要性，因而即使它们的大型聚合体也不能在冲突之时胜过有感觉的生物。可能它们的道德重要性只在所有其他的主张和因素都平等（或不存在）时，才产生差别"[9]。既然如此，人类就可以为了道德重要性大的生物利益而去损害道德重要性相对较小的生物利益。针对上例，还是应该允许工程师去对古树进行处理以保全驾乘人员的生命。

问题是：是砍伐古树还是移走栽种以保全驾乘人员的生命呢？对此类问题，泰勒提出了最小错误原则（principle of minimal wrong），即"当理性的、见多识广的、已经采纳尊重自然的态度的人，仍然不愿意放弃上面提到的这两种价值时①，即使当他们意识到追求上等价值的后果可能会伤害野生动植物时，只要这种追求比任何替换的追求方式包含更少的不公正（违背义务），那也是允许的"[4]。将此用到上述案例中，就是工程师应该坚决反对砍伐古树，而提倡移栽古树，如选择将树刨根先找个空地种上，等道路施工结束

---

① 需要说明的是，这里的上面提到的两种价值，指的是生物个体固有价值和人类的文化价值。

后，再把这些古树种在道路两旁，或者可以找一个合适的地方，移栽这些树木。这样行事，既拓宽了马路，又尽可能减少了对古树的伤害，避免了对古树生命的残害，体现了对生物固有价值和人类价值的追求，符合最小错误原则，应该是允许的。

不可否认，在贯彻最小错误原则的过程中，可能会由于种种原因造成对生物的伤害或较大伤害，此时怎么办呢？泰勒的补偿正义原则（principle of restititive justice）可以用来回应此点。它的主要内容是："当我们的行为对无害的动植物造成伤害时，要与尊重自然的态度保持一致，我们就必须对这些动植物做出某种形式的补偿。"在什么情况下进行补偿呢？泰勒设想了要求补偿的四种情况：一是当个别的"有机体受到伤害，但没有被杀死"；二是个别有机体被不公正地杀死；三是整个物种群体受到不公正对待，比方说，当"一个'目标'物种的大部分动物被过度渔猎或捕捉到一个有限区域而被杀死"；四是在"一些环境中整个生态共同体都被人类破坏了"[4]。据此，对上述移栽的古树进行补偿也就是伦理的必然要求了。至于补偿的标准或力度，泰勒提出两个要素：一是我们对动植物的伤害越大，对其补偿就应越大；二是我们应该关注的是整个生态系统和生物共同体的完美和健康，而不是某一个体的善。我想这些思想对于工程师凯文·克利林提出相应的方案是有帮助的。

四、工程师环境伦理规范需要说明的几个问题

根据以上分析可以看出，工程师的伦理观念对工程师工程实践过程中保护环境的行为有着重要的影响。工程师应该自觉地用恰当的伦理观念指导自己的工程实践行为，真正担负起在工程实践过程中保护环境的责任。

需要说明的是，本文的写作也是不完全的，必须明确以下几方面的问题。

（一）工程师环境伦理规范中的"环境伦理"是可商榷的

仍然以泰勒的生物中心论为例。其自身并不是自洽的、完整的和不可怀

疑的。一是生物体与非生物体之间的界限并不是完全明确的，如此，增加了将此伦理理论应用于某些物体如病毒上的困难。二是某些生物是以其他生物为生的，此时导致其他生物受到伤害或死亡的生物，还应不应该包括进生物道德共同体中呢？三是工程师在工程实践过程中经常遇到保护哪种生物的难题，此时，根据泰勒的生物平等中心主义就无法选择，而如果要根据非生物平等中心主义，则首先就要找到某种价值尺度，对生物的价值大小进行排序，问题是这样的价值尺度是什么？这样的排序可能吗？

鉴此，试图一劳永逸地为工程师制定固定不变的环境伦理规范也就不可能了，可能的只能是在对相关环境伦理学理论的内涵深入探讨的基础上，以一种宏观的、理念的方式制定工程师的环境伦理规范。

（二）工程师环境伦理规范是具体的、情境化的、综合的

工程师的工程实践是多种多样的，所面对的自然环境和社会环境也是纷繁复杂的。既要保护动物，也要保护植物，而且还要保护生态环境和节约资源，实施可持续发展战略；既要受到雇主的限制，也要受到职业的限制、家庭的限制、顾客的限制等。这使得工程师在工程实践过程中扮演着多种角色，面对着多种利益冲突，处于各种各样的环境伦理困境之中。既有对环境的责任，还有对同行的责任、对自我的责任、对雇主的责任、对顾客的责任、对其他群体或其他领域中的专家个别成员的责任、对社会的责任、对其他成员群体和专家的责任、保密责任等[10]。这种工程师伦理责任的复杂性，使得工程师环境伦理规范与工程师工程实践不可分离，应该在工程实践和工程师伦理背景之下谈论工程师环境伦理及其规范。

（三）需要环境伦理规范的不只是工程师

虽然本文谈论的只是工程师的环境伦理规范，但是必须清楚的是，在工程实践过程中，需要并且应该进行环境伦理规范的还包括工程活动共同体的其他成员——雇主、顾客、同事等，以及专业协会和参与工程技术管理与决策的政府机构人员及相关公众，因为他们也是一项工程从设计到施工，再到完成运行所不可缺少的。所有这后一方面的环境规范与工程师环境伦理规范

有何关系？本文没有探讨。

由上可见，在现阶段企图为工程师制订一套环境伦理规范的全面清单是困难的。而且，“即使有这样一套规则清单，它也不可能是永远全面的，因为会出现新的不可预见的形势，而且总会出现要求选择适当的规则、解释它并应用到实际情况及处理不同规则之间的可能矛盾”[11]。不过，必须说明的是，这种工程师环境伦理规范的困难和不确定并不意味着这样的规范的无必要，可以这么说，有这样的环境伦理规范比没有这样的规范要好，工程与环境问题的紧密关联和工程师在工程活动过程中的特殊地位，都决定了工程师环境伦理规范的必要性。“如果我们希望工程实践在最大范围内变得合理，那么绝对需要一个规范的、有效的、也许建立在不同基础上的环境伦理。”[11]这应该是笔者写作本文的动机和目的。

参考文献

[1] 哈里斯，普里查德，雷宾斯. 工程伦理：概念与案例. 第三版. 丛杭青，沈琪等译. 北京：北京理工大学出版社，2006：266.

[2] Schweitzer A. Civilization and Ethics. London：Adams and Charles Black，1946.

[3] 余谋昌，王耀先. 环境伦理学. 北京：高等教育出版社，2004：72.

[4] Paul W T. Respect for Nature：A Theory of Environment Ethics. Princeton：Princeton University Press，1986：122.

[5] Palmer C. Environmental Ethics. London：University of London，1997：10-11.

[6] 何怀宏. 生态伦理——精神资源与哲学基础. 保定：河北大学出版社，2002：413.

[7] 彼得·S. 温茨. 环境正义论. 朱丹琼，宋玉波译. 上海：上海人民出版社，2007：357-362.

[8] Goodpaster K E. On being morally considerable. Journal of Philosophy，1978，(75)：308-325.

[9] Attfield R. The Ethics of Environmental Concern. Oxford：Blackwell，1983：151-156.

[10] Robinson S. Engineering，Business and Professional Ethics. San Diego，CA：Elsevier，2007：80-82.

[11] Vesilind P A，Gunn A S. 工程、环境与伦理. 吴晓东，翁端译. 北京：清华大学出版社，2003：9.

工程共同体的环境伦理责任*

人类的工程活动是其生存和发展的基础。随着科技进步和人类社会的发展，工程活动的广度、深度和强度日益增加，工程所带来的各种环境问题越来越凸现，一定程度上严重威胁到人类的可持续发展。鉴此，需要我们对工程的相关因素进行分析，以保证工程活动的展开有利于节约资源，保护环境，实现可持续发展战略。

不可否认，工程是由工程共同体组织、实施的，工程共同体是工程活动的主体，如此，工程的环境影响与工程共同体紧密关系，要保证工程活动有利于环境保护，就必须针对工程共同体在工程活动过程中的地位和角色，厘清工程共同体、工程与环境之间的关系，赋予工程共同体以相应的环境伦理责任。

一、工程共同体应该承担环境伦理责任

“工程可以被称作一项社会实验，因为它们的产出通常是不确定的；可能的结果甚至不会被知晓，甚至看起来良好的项目也会带来（期望不到的严重的）风险。”[1]这种风险的一个主要体现就是环境破坏。

* 本文作者为肖显静，原载《伦理学研究》，2009年第6期，第65～70页。

不过，工程活动的环境破坏在过去的很长一段时间内并没有受到工程共同体的关注。造成这种情况的原因是，现代工程活动主要是一项市场经济活动，参与其活动的工程共同体成员不言而喻地都应该是“经济人”。“经济人”“都不断努力为他自己所能支配的资本找到最有利的用途。因此，他所考虑的不是社会利益，而是他自身的利益。”[2] 正因为如此，作为工程活动“经济人”的工程共同体在上述经济伦理的指导下，以追求个人利益为根本目的并以其作为选择行为方式的准则，置工程的环境破坏于不顾，将其造成的损失转嫁给他人及未来的人类，给其他经济主体造成外部不经济，直接影响到工程的社会价值、环境价值的实现。

在这种情况下，就需要作为“经济人”的工程共同体成员意识到：他们不仅是“经济人”，也是“社会人”，在追求个人利益的同时，应该具备工程环境保护理念，尽量减少工程的环境影响，实现工程社会效益最大化，承担起相应的环境保护伦理责任。

这样的责任既是群体责任也是个体责任，应该包括以下方面：

1）评估、消除或减少关于工程项目、过程和产品的决策所带来的短期的、直接的影响和长期的、直接的影响。

2）减少工程项目以产品在整个生命周期对于环境和社会的负面影响，尤其是使用阶段。

3）建立一种透明和公开的文化，在这种文化中，关于工程的环境及其他方面的风险的毫无偏见的信息（客观、真实）必须和公众有个公平的交流。

4）促进技术的正面发展用来解决难题，同时减少技术的环境风险。

5）认识到环境利益的内在价值，而不要像过去一样将环境看作是免费产品。

6）国家间、国际间及代际间的资源和分配问题。

7）促进合作而不是竞争战略[1]。

可以说，工程共同体中的每一个成员及工程组织和工程职业共同体都应该承担这样的伦理责任。

当然，鉴于工程共同体中的投资人、工程师、管理者和工人在工程活动过程中的角色和作用的不同，其所应承担的具体的环境伦理责任也应该不同。这一点与阿尔佩恩所提出的均衡关照原则（principle of proportionate care）相符合——“当一个人处于一个导致更大伤害的职位，或者，对于伤害的发生，处于一个比其他人起到更大作用的职位时，他必须给予更多的关照来避免伤害的发生”[3]。下面的分析将会体现这一点。

二、投资者和工程组织共同体的环境伦理责任

投资者（企业主）对于工程活动的决策、实施和管理起着主导性的作用，一定意义上决定着工程组织共同体如企业的运营目标、方式和结果，在工程的环境影响中应该负有主要的责任。

投资者所应承担的主要责任具体而言就是，投资者不仅对企业生产发展负领导责任，同时也必须对企业的环境保护负领导责任，承担起工程组织工程体的环境伦理责任。如对于企业，投资人应该意识到：企业不仅是一个经济组织，还是一个社会组织；不仅要承担直接的经济责任，还要承担相应的社会责任和生态责任。鉴此，投资者应该联合并领导其他工程共同体成员，将环境保护融入企业文化之中，引导工程组织共同体如企业，在具体的工程活动过程中主动承担环境保护的责任，由单纯地追求利润（profits）转向追求人（people）、星球（planet）和利润（profits）（简称“3Ps”）的和谐统一，全面实现工程的经济价值、社会价值和生态价值。

工程组织共同体，如企业的生态责任主要包括：对自然的生态责任、对市场的生态责任、对公众的生态责任。对自然的生态责任，要求企业应切实考虑到自然生态及社会对其生产活动的承受性，应考虑其行为是否会造成公害，是否会导致环境污染，是否浪费了自然资源，要求企业公正地对待自然，限制企业对自然资源的过度开发，最大限度地保持自然界的生态平衡；对市场的生态责任，要求企业要不断生产绿色产品，开展绿色营销，建立生态产品销售渠道；对公众的生态责任，要求企业不仅要确立“代内公平”的观念，而且要树立“代际公平”的观念，以使当代人在追求自己利益满足的基础上，也给子孙后代以满足其利益的机会[4]。

投资人在经济活动过程中，作为签约者，除了应该承担本企业环境保护的伦理责任外，还应该约束、责成并联合其他签约者，共同承担起保护环境

的责任。有关这方面，环境责任经济联合体原则，即 CERES 原则（The Coalition of Environmentally Responsible Economics Principles）①，可以作为行动的指南。其内容如下：

1）保护生物圈：清除污染，保护栖息地和臭氧层，减少烟雾、酸雨和温室气体。

2）自然资源的可持续利用：约束自己作为签约者以保存不可再生资源，以及保护荒野和生物多样性。

3）减少和处理废料：责成签约者减少废料，负责任地放置它并且尽可能地循环。

4）能源保护：签约者应该承诺保存能源和更有效率地使用它们。

5）风险减少：通过使用安全的实践和预警来减少对雇员和公众的健康和安全风险。

6）安全生产和服务：通过使得产品安全和提供相关的它们对环境影响的信息，达到保护消费者和环境的目的。

7）环境恢复：接受修复环境损害和对这些影响进行补偿的责任。

8）通告公众：迫使管理者对雇员和公众公开相关对环境损害事件的信息，它也保护雇员在他们雇用期间对那些健康和安全的环境方面告密。

9）管理承诺：约束自己作为签约者提供去实施和监控那些原则的资源。这也意味着 CEO 和海外公司应该将公司操作的所有环境的方面齐头并进。

10）审计和报告：签约者承诺按照这一公开的原则作一个年度评价[5]。

在这方面，美国化学制造商协会（CMA）的做法可以说比较完整地体现了 CERES 原则。

许多年以来，美国化工产业受到了公众相当多的批评。为了回应这些批评，化学制造商协会建立了一个称作“责任关怀：对公众的承诺”的规则。1990 年 4 月 11 日，170 多家 CMA 的成员公司在《纽约时代》和《华尔街杂

① 1989 年 3 月 24 日，美国埃克森（Exxon）公司的一艘装载 5000 万加仑原油的巨型油轮瓦尔德兹（Valdez）号在阿拉斯加威廉太子湾附近触礁，共泄漏出原油 1100 万加仑。这一事故不仅在原油泄漏数量上，而且就其对生态系统造成的影响上，都是非常严重的。为了回应 1989 年“Exxon Valdez”轮油污案，全球报告倡议组织（global reporting initiative，GRI）于 1997 年提出了环境责任经济联合体原则（CERES 原则）。

志》上发表了一系列的指导性原则，对企业提出了如下的要求[3]：

1）促进安全地制造、运输、使用和处理化学品；

2）迅速地向公众和其他的受影响者公布有关安全和环境危害后果的信息；

3）以对环境安全的方式从事生产；

4）鼓励就改善化学品对健康、安全和环保方面影响而进行的研究；

5）与政府部门合作制定负责任的法律来规范化学品；

6）与他人共享对促进这些目标的实现有价值的信息。

为了实现“责任关怀”的主要目标和对公众的担忧做出回应，CMA 建立了由 15 个非产业的公众代表组成的公众顾问团（PAP），监督企业的环境保护行为，而且 CMA 还就加入“责任关怀”的会员条件做出了规定。

从目前情况看，大多数企业都希望有一个环境责任的好名声，但是，在具体承诺并承担环境责任方面，各企业又有所不同。有学者依据它们承诺环保的具体情况，划分出了几种不同程度的“绿色”，包括：

1）“淡绿”——遵守法律；

2）“市场绿”——通过注意到消费者偏好而寻求竞争优势；

3）“利益相关者之绿”（stakeholder green）——响应并且培养公司股民的环境考虑，包括供应商、雇员和股民；

4）“黑绿”——创造产物并且使用包括尊敬自然看作有内在价值的自然的程度或方法[6]。

从“淡绿”到“黑绿”，表明企业环境保护的力度和深度逐渐加强。不过，这种加强常常并不必然带来企业利润的上升，往往还引起企业利润的下降。正因为这样，虽然现阶段有越来越多的企业倾向于“黑绿”，但还是有许多企业出于私利，在环保上不积极，处于环境保护的初级阶段。鉴此，投资人应该自觉地提高自己的环境伦理责任，带领企业由“淡绿”走向“深绿”；全社会应该行动起来，完善环境立法，加强环境执法，提高公众的环境保护意识，以此引导并鼓励投资人和企业承担更多的伦理责任，做出更多的环境保护承诺，从“淡绿”走向“黑绿”。

不可否认，在实施持续发展战略及建立和谐社会的今天，企业有减少污染、保护环境、维护人民健康的责任，企业的声誉及其业绩与其环境保护的表现紧密相连。一个有着良好环保声誉的企业将得到公众的支持，而一个背负环境保护恶名的企业，必将失道寡助，其发展也将受到很大限制。

这是我们的投资人和企业应该意识到的！

三、工程师和工程职业共同体的环境伦理责任

工程师在工程活动中的角色比较复杂，有时是以投资者或企业主的角色出现的，有时是以管理者的角色出现的，有时是以技术工程人员——通常意义上的工程师的角色出现的，这最后一种是工程师的常态，也是本文在此的取义。

对于工程师，他们既是工程活动的设计者，也是工程方案的提供者、阐释者和工程活动的执行者、监督者，而且还是工程决策的参谋，在工程活动中起着至关重要的作用，是工程共同体的“发动机”[7]，在工程共同体中具有非常关键的作用。在工程共同体中，由于工程师具备相应的工程专业知识，所以他们最有可能知晓某项工程对生态环境产生的影响，也更有可能从技术层面去规避和解决这种影响，因此，工程造成什么样的环境影响，以及怎样解决工程的环境问题，或者怎样运用环境工程解决相应的环境问题，都与工程师具体的工程实践紧密相关。工程师在工程与环境问题的关联中处于特别的地位，应该对工程的环境影响负有特别的责任。

这种环境责任的具体内涵是丰富的和多层次的，可以从工程职业共同体所制定的环境伦理规范中窥探一二。

在由世界工程组织联盟（World Federation of Engineering Organizations，WFEO）于1986年颁布的全球第一个“工程师环境伦理规范”中，工程师的环境责任表现为：

1）尽你最大的能力、勇气、热情和奉献精神，取得出众的技术成就，从而有助于增进人类健康和提供舒适的环境（不论在户外还是户内）；

2）努力使用尽可能少的原材料与能源，并只产生最少的废物和任何其他污染，来达到你的工作目标；

3）特别要讨论你的方案和行动所产生的后果，不论是直接的或间接的、短期的或长期的，对人们健康、社会公平和当地价值系统产生的影响；

4）充分研究可能受到影响的环境，评价所有的生态系统（包括都市和自然的）可能受到的静态的、动态的和审美上的影响及对相关的社会经济系统的影响，并选出有利于环境和可持续发展的最佳方案；

5）增进对需要恢复环境的行动的透彻理解，如有可能，改善可能遭到干扰的环境，并将它们写入你的方案中；

6）拒绝任何牵涉不公平地破坏居住环境和自然的委托，并通过协商取得最佳的可能的社会与政治解决办法；

7）意识到：生态系统的相互依赖性、物种多样性的保持、资源的恢复及其彼此间的和谐协调形成了我们持续生存的基础，这一基础的各个部分都有可持续性的阈值，那是不容许超越的[8]。

在美国土木工程师协会（ASCE）1996年修订的规范中明确指出："工程师应把公众的安全、健康和福祉放在首位，并且在履行他们职业责任的过程中努力遵守可持续发展的原则。"

在这一准则之下，4项条款进一步地说明了工程师对于环境的责任：

1）工程师一旦通过职业判断发现情况危及公众的安全、健康和福祉，或者不符合可持续发展的原则，应告知他们的客户或雇主可能出现的后果；

2）工程师一旦有根据和理由认为，另一个人或公司违反了准则1的内容，应以书面的形式向有关机构报告这样的信息，并应配合这些机构，提供更多的信息或根据需要提供协助；

3）工程师应当寻求各种机会积极地服务于城市事务，努力提高社区的安全、健康和福祉，并通过可持续发展的实践保护环境；

4）工程师应当坚持可持续发展的原则，保护环境，从而提高公众的生活质量。

为了更好地履行环境保护的责任，工程师应该持有恰当的环境伦理观念，以此规范自身的工程实践行为，以达到保护环境的目的。工程实践过程中的具体案例表明，工程师在具体的工程实践过程中会遇到形形色色的环境伦理难题，面临各种各样的环境伦理责任，此时，工程师所持有的环境伦理观念，对于其履行相应的环境伦理责任至关重要[8]。

就"树木"的案例[3]对工程师凯文·克利林的环境伦理观念及责任与环境保护行为之间的关联分析，就表明了这一点[9]。在该案例中，工程师凯文・克利林应该如何解决这个问题？是不顾民间环保组织的意见，选择砍掉30棵古树来拓宽道路以保证减少驾乘人员的死亡，还是谨慎地听取环保组织的意见，认为古树不是造成驾乘人员死亡的根本原因，应该得到保护？如果他持有的是强人类中心主义的观念，那么，他就会从人类的利益出发，由关怀人类而排斥对动植物的关怀，从而毫不犹豫地选择支持砍伐古树；如果他持有的是弱人类中心主义的观念，那么在关怀人类的利益的同时，会考虑砍伐古树对人类的影响，也即他会考虑保护古树，但是由于他持有的是“弱”意义上的人类中心主义，因此，他对古树的保护不是出于古树自身的内在价值，而是出于维护人类利益，由此出发，在该案例中，鉴于对古树的保护似乎对人类没有多大影响，因此他就会选择砍伐古树；如果他持有的是动物解放/权利论，那么，他可能会认为古树由于没有动物的意识、感觉、记忆、知觉等特征，所以它也就没有固有价值，可以不被当做目的，而被当做工具来使用，结果是对此不加保护；如果他持有的是生态中心主义的观点，那么，他会从生态环境保护的角度考虑问题，结果可能有两个：一是可能会认为，即使砍伐古树中的30颗来加宽道路，也不会破坏森林的生态环境，而同时又避免了人员伤亡，可以砍伐这30颗古树；二是可能会认为，砍伐古树中的30颗来加宽道路，会破坏森林的生态环境，此时为了保护生态环境，应该尽量想办法不砍伐古树。

上面的论述表明，工程师的伦理观念对于工程师履行并承担环境伦理责任有着重要影响。不同的环境伦理观念指导下的工程师工程实践行为，将会产生不同的工程活动的环境影响，体现着工程师的不同的环境伦理责任[①]。

由此，加强对工程师环境伦理教育，使之具备恰当的环境伦理观念，对于减少工程的环境影响，就是特别重要的了。不过，现阶段的现实情形是，很多工程师并不具备相应的环境伦理观念，从而也就无从在这样的伦理观念指导下评价、规范工程的环境影响，自觉地去承担工程的环境伦理责任。

如此，就应该在工科院校加强工程伦理教育，尤其是工程环境伦理教

---

① 值得注意的是，与工程师的情况相似，其他工程共同体成员所具有的工程伦理观念也会影响到他们在工程实践过程中环境保护行为，只是由于工程共同体成员在工程活动过程中所扮演的角色不同，在负荷相应的环境伦理观念指导下的工程实践方式就不同，从而导致工程对环境的影响及意义就有所不同。有关这方面，限于篇幅，不作阐述。

育，以提高学生的环境道德敏感性，增加学生对职业行为环境标准的了解，改进学生的环境伦理判断能力，增强学生的环境伦理意志力，使学生在走出校门后，能够以相应的环境伦理观念，指导并规范具体的工程实践活动，减少其环境影响。

除此之外，还需要作为工程职业共同体，如国际性的工程师协会或联盟、国家级的职业工程师协会和行业工程师协会采取各种手段，加强对工程师的环境伦理责任教育，使他们具备恰当的环境伦理观念，从而更好地承担起保护环境的责任。

值得注意的是，是否工程师具备环境伦理观念，就能够保证他们在工程实践过程中采取相应的行为，去保护环境呢？答案是否定的。工程师在工程实践活动中扮演着多重角色，其中的各种角色都赋予工程师一定的伦理责任，这些责任包括：对职业的责任；对自己的责任；对雇主的责任；对顾客的责任；对团队中其他个别成员的责任；对环境和社会的责任；对其他成员、群体和专业的责任；吹哨的责任；如果准则被打破，要有坚持和服务准则的责任[10]。这许许多多责任的履行，使得工程师受到多重限制——雇主的限制、职业的限制、社会的限制、家庭的限制等。这种种限制常常使工程师陷入伦理困境中——是将公司的利益、雇主的利益、自身的利益置于社会利益和环境利益之上还是相反？这成为工程师必须面对和抉择的问题。

为了解决这一问题，就需要工程职业共同体或者制定专门的“工程师环境伦理规范”，或者在原有的工程师伦理规范中加进相应的环境伦理规范的内容，以条例的形式规范工程师的工程实践行为，承担起相应的社会责任和环境责任。

工程师环境伦理规范的意义是重大的。它为工程师在以下领域的伦理决策提供帮助和支持：解决环境与工程的其他方面之间的利益冲突；处理工程师对于雇主的责任和对于整个社会的责任之间的冲突，如揭发工程潜在的环境危险；提供当风险尚未完全知晓或者没有被完全理解时候的风险可接受的水平和技术可接受的标准[1]；用来保护“组织内部的揭发者”[8]。

由此，工程师在工程伦理规范的指导和支持下，就可以出于环境伦理责任，在工程实践过程中兼顾工程职业伦理责任和工程环境伦理责任，从“对雇主不加批评的忠诚”走向“批评的忠诚”。所谓“对雇主的不加批评的忠诚”可以界定为：“将雇主的利益置于其他任何考虑之上，正如雇主对他们自己的利益所界定的那样。”[3]所谓“批判的忠诚”可以界定为：“对雇主的利益予以应有的尊重，而这仅在对雇员个人的职业伦理的约束下才是可能的。”[3]

“批评的忠诚”概念是一个试图同时满足工程职业伦理和工程环境伦理的中间方式。它表明工程师在工程实践过程中可以而且应该为了公众的健康和福祉和环境保护，采取负责任的不服从组织的行为。其行为方式有三种[3]：

1）正如管理者所察觉的，从事违背公司利益的活动（对立行为的不服从）；

2）因为有违道德或职业目标而拒绝完成某项任务（不参与的不服从）；

3）抗议公司的某项政策或某个行为（抗议的不服从）。

不过，从目前的情况看，“工程师环境伦理规范”的制定和实施并不尽如人意。只有一部以“环境伦理规范”命名的规范，那就是世界工程组织联盟（WFEO）在1985年制定的“工程师环境伦理规范”，而且WFEO的这部规范似乎没有得到普遍认可，也没有起到真正的作用。在其他工程伦理规范中，有相当一部分根本就没有涉及环境伦理规范，只有美国土木工程师协会（ASCE）基本准则、美国机械工程师学会（ASME）基本准则、美国电子与电气工程师协会（IEEE）伦理章程、美国化学工程师协会（AIChE）伦理章程等涉及环境伦理规范。而且就这些涉及环境伦理规范的工程伦理规范来看，存在诸多欠缺：用语模糊，流于形式，没有具体内容，缺乏约束力；内部有一些可能会导致冲突的条款，不具有一致性；更多地体现了人类中心主义环境伦理学，几乎没有考虑非人类中心主义的环境伦理学；没有就环境伦理学的相关内涵，系统地提出规范的内容及实现途径。

这样一来，工程师就没有或者很少有相应的环境伦理规范来指导并规范他们的工程实践活动，而且即使有的话，也是在很不完善的环境伦理规范的指导下开展他们的工程实践活动。在这种没有或者很少且不完善的环境伦理规范可以依据、遵循的情形下，工程师环境伦理规范无从说起。

针对工程师环境伦理规范章程制定的现状，工程职业共同体应该积极行动起来，制定、完善工程师环境伦理规范。这是其承担环境伦理责任的一个重要体现，也是工程师环境伦理规范的前提条件，否则，工程师环境伦理规范就是一句空话。

四、工程共同体其他成员的环境伦理责任

在工程共同体的成员中，除了投资人和工程师外，还有管理者、工人和其他利益相关者。他们在工程活动过程中也应该承担相应的环境伦理责任，以使工程有利于环境。

工程共同体中的管理者组成比较复杂，投资者一般而言都是管理者，而且是顶层管理者，其他管理者按照工程组织的等级结构而排列。值得注意的是，在工程活动过程中，除了一般的管理者外还涉及技术、财务、法律等专业人员，他们除完成相应的工作外，常常也是以管理者的角色出现的，而且层次越高的，其作为管理者的角色越明显。

工程管理者，理所当然是工程的环境管理者，应该对工程活动进行环境管理，承担起相应的环境伦理责任。具体而言就是管理者不仅要从组织制度上来统筹安排人力、物力和财力，以解决工程活动中的各种矛盾（如福利待遇和分配上公平公正问题、劳资矛盾、人际矛盾、人-机矛盾、资金和物资瓶颈等），保证工程的顺利开展，承担起相应的经济责任和社会责任，更要遵循“环境与经济、社会协调、持续发展的原则”，“谁污染谁治理、谁破坏谁整治、谁开发谁保护、谁利用谁补偿的原则”，“预防为主、防治结合、综合整治的原则”，“依靠群众、公众参与的原则”，熟悉并遵守国家制定的相关环境法律和政策，做好相应的环境管理工作。如在中国，工程项目相关管理者，应该在工程建设项目开工建设之前，给出该项目环境影响报告；应该在工程项目的建设之时，实施“三同时”制度，即污染防治设施要与生产主体工程同时设计、同时施工、同时投产；应该在工程项目运行期间，采取相应的节能减排措施，使工程活动的环境影响不超过国家现行环境法律法规所规定的环境标准；应该在工程项目运行之后，对环境影响进行评价，如果造成了环境破坏，或主动上交排污费，或采取相应的措施给予环境补偿。

理想与现实总有一段差距。从目前看，工程管理者环境伦理责任意识还比较淡薄。究其原因在于，管理者习惯于把自己看成组织的看门人，对组织

的经济利益有一个很强的甚至是高于一切的关注，很少具有超越他们对组织所认知的责任的职业忠诚，而认真思考伦理问题[11]。如此，加强对管理者环境伦理责任教育，规范他们的环境保护行为，引导他们从影响公司利益的因素如公众形象出发，应对环境问题对企业的挑战，由初学者（beginner）转变为关心的公民（concerned citizen），再转变为实用主义者（pragmatist），最后成为赞成行动主义者（proactivist），就是特别重要的了。

所谓初学者，就是有一点具体承诺但没有管理策略；所谓消防员，就是当必要时环境问题被强调，经常只在响应法律要求上；所谓关心的公民，就是有一点改变，环境议题成为管理策略的一部分；所谓实用主义者，就是环境管理是一个已经接受的企业功能，并且有充分的改变；所谓赞成行动主义者，就是环境议题有优先，得到很好的积极的领先管理[12]。

工程共同体的第四个组成部分是工人。工人在工程活动中的角色比较单纯，他们不是工程的决策者、规划设计者、工程组织调控者、工程评估者及工艺流程的制定者，而是工程实施和运行的具体操作者。这种特殊的地位决定了他们一般对工程的环境问题并不负有特别的责任，但是，由于他们的操作规范与否将会直接导致工程活动的环境影响，因此也应该承担一定的环境伦理责任。工人在工程活动过程中承担这种环境伦理责任的具体体现就是：在工程具体实施和操作过程中，熟悉相关的流程和规定，按照标准操作程序和现行规章进行操作，以避免操作失误引发环境灾难的责任。

可以说，某些工程活动中的环境问题正是工人的操作失误造成的。2005年11月13日，中国石油天然气股份有限公司吉林分公司双苯厂的硝基苯精馏塔爆炸事件，就说明了这一点。该事件造成8人死亡，70人受伤，数万人疏散，哈尔滨区段水体受到上游水的污染，直接经济损失6908万元。国家事故调查组经过调查、取证和分析，认定爆炸事故的直接起因是工人的不当操作引发的：硝基苯精制岗位操作人员违反操作规程，未关闭预热蒸汽阀门，导致预热器内物料气化；恢复硝基苯精制单元生产时，再次违反操作规程，引起进入预热器内物料突沸并发生剧烈振动，导致硝基苯精馏塔发生爆炸，并引发厂内其他装置、设施的连锁爆炸。

不仅如此，“工人在工程活动中，面对工程活动的第一线，是直接‘在场’的整个活动实施的操作者”[13]，这决定了他们对工程实践活动过程中的环境问题往往感受最早、最直接，更易发现工程实施和运行过程中的环境隐患和已经出现的环境问题，因此，他们有义务在履行相应的职业责任时，将公众的安全、健康和福祉放在首位，发现潜在和显在的工程环境问题，并将此通报给相关人员和部门，防患于未然。

至于工程共同体中的其他利益相关者——除上述主体之外的与工程实施运行的过程及结果相关的个体或团体，在关注工程给自己或他人所带来的经济利益和社会利益的同时，也应该关注工程给自己或他人所可能带来的环境利益，强化环保意识，增强社会责任，力促工程项目更好地服务自身、服务社会、服务环境。

参考文献

[1] Hersh M A. Environmental ethics for engineers. Engineering Science and Education Journal，2000，(2)：13－19.

[2] 亚当·斯密. 国富论. 下卷. 北京：商务印书馆，1972：25.

[3] 查尔斯·E 哈里斯，迈克尔·S 普理查德，迈克尔·J 雷宾斯. 工程伦理：概念与案例. 第三版. 丛杭青，沈琪等译. 北京：北京理工大学出版社，2006：17，167－170，266.

[4] 任运河. 论企业的生态责任. 山东经济，2004，(3)：29－32.

[5] Grace D，Cohen S. Business Ethics. Oxford：Oxford University Press，2005：154.

[6] Freeman R E，Pierce J，Dodd R. Shades of green：business，ethics and the environment//Westra L，Werhane P H. The Business of Consumption：Environmental Ethics and the Global Economy. Lanham：Rowman & Littlefield Publishers，1998：339－353.

[7] 李伯聪. 关于工程师的几个问题. 自然辩证法通讯，2006，(2)：45－51.

[8] Vesilind P A，Gunn A S. 工程、伦理与环境. 吴晓东，翁端译. 北京：清华大学出版社，2003：73－74，3－20，273.

[9] 肖显静，顾敏. 泰勒的生物中心论与工程师环境伦理抉择. 山西大学学报（哲社版），2008，(4)：1－6.

[10] Robinson S，Dixon R，Preece C，et al. Engineering，Business and Professional Ethics. San Diego，CA：Elsevier，2007：80－83.

[11] Jackall R. The World of Corporate Managers. New York：Oxford University Press，1988：5.

[12] Hunt C，Auster R. Proactive environmental management. Sloan Management Review，1990，31（2）：7－18.
[13] 王前，朱勤．工程共同体中的工人//殷瑞钰．工程与哲学．第一卷．北京：北京理工大学出版社，2007：181.

“原生态”概念批判与动态和谐的工程生态观的构建*

“原生态”一词当下在人文社会科学和大众文化中被频繁使用，在一定程度上变为我国公众的自然观，进而变为我国社会的前进方向与发展原则，事实上对水坝工程在内的、关系国计民生的重大工程决策产生了一定影响。这一现象值得引起各界关注和思考。目前我国正处于社会经济发展的关键时期，也是我国大规模工程建设的重要发展阶段，“原生态”概念广泛影响着包括自然工程（如铁路、水坝、房屋建筑等）和社会工程（如社会希望工程、民生工程等）在内的工程建设领域。本文主要探讨如下问题：“原生态”概念从哪里来？这一概念的内涵究竟是什么？从工程哲学的视角来看，“原生态”概念是否具有足够的合理性？在工程领域滥用这一概念又会对我国的工程建设产生哪些消极影响？我们究竟应该树立怎样的工程生态观？本文试图对以上问题进行探讨，以期澄清“原生态”概念与自然工程的关联及其影响。

---

* 本文作者为陆佑楣、张志会，原载《工程研究》，2009年第1卷第4期，第346～353页。

一、“原生态”概念的由来和内涵

（一）“原生态”概念的演化轨迹

关于“原生态”概念的来源，目前尚未有文章进行系统讨论。笔者认为，“原生态”一词，从“生态”一词延伸而来，由我国公众构造出来，并非生态学领域的专业术语。“原生态”最早散见于人们对张艺谋执导的影片《印象刘三姐》《云南印象》的评价，当时还主要应用于文化领域。20 世纪 80 年代以后，国内掀起了一股强劲的“原生态”热潮，该词汇充斥文学、美学、影视理论等诸多领域，出现了“原生态文化”“原生态歌曲”“原生态河流”等各种时髦用语。

人们为什么要在“生态”概念的基础上发明一个“原生态”概念呢？在隶属于自然科学的生态学学科中，生态一词有着严谨的科学定义。生态（eco-）一词源于古希腊语，意指家或者我们的环境。简单地说，生态就是指不同物种间及物种与环境间相互依赖的关系。生态学（ecology）这一学科的形成，迄今为止仅有一百多年的历史。1869 年，德国生物学家海克尔（Ernst Haeckel）最早提出“生态学”概念，从 19 世纪中期开始，生态学以系统科学的面目出现，它主要研究动植物等有机体的个体与其栖息的周围环境之间的关系，属于自然科学的研究范畴。20 世纪 60 年代后，随着人类与环境之间的关系日益紧张，生态学逐渐成为一门“显学”，日益摆脱了纯粹的自然科学的模式，向着综合性的方向发展，“致力于自然科学与社会科学的相互交叉和融合”[1]。如今，生态学所提出的原则和标准似乎已经成为普遍的、适用于各方面的价值追求，“生态”一词的影响范围也越来越广。“原生态概念”其实是在全球生态危机日益逼近的背景下，人们为表达自己的生态关注，在日常生活中将“生态”概念加以泛化后的产物。

（二）“原生态”概念的含义推断

尽管“原生态”概念在不太注重概念逻辑的大众生活中有些许实用意

义，但是理论上严格来讲，“原生态”概念从逻辑上说是不科学的，在现实中也是不存在的。对于什么是“原生态”、“原生态”的判断标准一直没有定论，不仅在普通民众中模糊不清，在不同专家那里也有不同的说法，因此，国外学者均很少使用类似概念。在对“原生态”概念进行生态学溯源的基础上，我们可以简单界定“原生态”的含义。原，在《辞海》中有“原初的，开始的；本来”之义。顾名思义，“原生态”就是指在原初的自然状况下的生存状态。现在人们往往把在自然状态下保留下来的环境、生物、人和文化所组成的完整的生态性的链条统称作“原生态”。该词，既可单独做主语，又可做定语来修饰其他名词，如“原生态”河流、“原生态”旅游等。当前人们之所以广泛使用“原生态”这一流行的概念，其实是缘于对自然生态演化的错误认识，其内涵是所谓的“原初性”。“原初的”（英文对应于 primitive），一般意为最初的，最古老的，未开发的，在文化层面往往有“落后”的意味。马克思唯物辩证法认为，事物是普遍联系、运动和发展的。地球诞生 46 亿年来，生态环境经历了沧海桑田的巨大变迁，人类产生以后更是大大加剧了这种演变，因此未发生过任何变化的“原初性”本就是虚幻的，而所谓的“原生态”（意为原初的自然状态）在修辞上也是无意义的伪词了。这样一个伪概念大行其道，鼓动人们去追求并不存在的“原初”状态，除了徒然劳动之外，还能有什么结果呢?

笔者认为，可以取而代之的科学概念是“原真性”。“原真性”概念缘自英文“authenticity”，维基词典上解释为来源、血统、归因、目的、承诺的真实性、纯正性。格雷本（Nelson Graburn）的“旅游人类学”（anthropology of tourism）理论认为，原真性是在不断变化的，“变化就一定会使原真性丧失”这一观点是极其荒谬的。国际著名旅游人类学家科恩也认为，原真性不等于原初性，原真性是可以随时代变化被创造的，代表进步的；而“原初性”则可能是代表落后的，二者不可等同[2]。换句话说，“原真性”并非指永远保持原状不变，而是在发展变化的实践中始终保持事物的本真性、纯正性，不似人工雕琢，却处处渗透着人类征服和改造自然过程中的创造性和聪明才智。“原真性”的内涵是“人与自然之间、人与人之间的美好和谐的关系”。尽管实现形式可以发生变化，但这种内涵却是可以为人们始终不懈地追求。

一言以蔽之，当今享受着灿烂绚丽的都市生活的人们，人际关系变得淡薄，物质、精神和心理压力也与日俱增，他们内心极其向往的是“原真性”——如质朴、纯真的友情和陶冶身心的自然风光，而断然不是“原初性”。在时髦的生态学光环下人为拼凑出来的“原生态”一词，非但不能表达人们内心的美学和精神追求，还在社会传播中被逐渐“异化”，极大地误导了社会舆论、公众、政府对文化保护和工程建设的理解，将人们的价值追求引向虚幻的方向。当人们常将边远地区的少数民族文化统称为“原生态”，并将这一术语用于非物质文化遗产保护时还姑且可以接受。但是，当把“原生态”用于指称人群破坏相对较少的河流或森林，甚至将“原生态”作为生态保护的目标和代名词时，却是很值得商榷的。

二、“原生态”的合理性质疑及其滥用的消极影响

笔者不仅不赞同“原生态”这一概念，更担心滥用这一概念的一系列消极后果。未来二三十年既是我国实现社会主义现代化的关键时期，也是我国社会主义工程发展的重要战略机遇期。从工程哲学的视角来科学客观地质疑和批判“原生态”概念的合理性，将有助于减弱或避免“原生态”概念滥用对我国工程发展的消极影响。

（一）现实中并不存在纯粹的“原生态”

“原生态”一词，来源于近现代，是人类在面临因自身盲目征服自然所导致的生态危机的恶果时，对人与自然关系的一种探求与思考。那么，究竟有没有“原生态”呢？笔者对此持否定态度。主要理由如下：

其一，自然规律是不以人的意志而改变的，但自然状态和人的生存状态却是可变的。马克思主义自然观认为自然是一个历史范畴，而非本体论范畴。人类自产生以来就不断通过工程活动改变着自然界，自然界一直处于“不平衡—平衡—不平衡”的循环流转中，在这一过程中，自然界的平衡是相对的，不平衡是绝对的。只有这一不平衡才产生了向平衡方向的一种自然力，推动着适者生存、自然选择的生物进化的法则，这也是达尔文《进化

论》的依据[3]。追求纯粹的“原生态”，会导致陷入时间逻辑上无穷倒退的漩涡和相对主义的泥沼。

其二，人类的生存繁衍及人类活动彻底打消了当前谈论“原生态”的合理性。人本身就是自然的一部分，经过数千年来的发展演化，人类的繁衍生存已经成为生态演变的一部分。从远古到现在，人类一直在运用自然规律，通过不同形态的工程造物活动，不断改变着自然状态，“自然人工化”的进程从未间断。特别是随着近代科技的迅猛发展，人类影响和改变自然的能力和范围不断拓展，基本遍及地球各个角落，人类早已不是生活在纯粹的自然世界中了。李伯聪教授在波普尔三个世界理论的基础上，提出“人类的物质生产活动的产物形成了一个世界4”[4]，以强调人类物质实践活动的广泛影响。如果将原始人所居住的那个人类对自然干扰较少的世界姑且称之为波普尔的世界1（物理客体或物理状态的世界）的话，那么现代人则主要生活在一个人工物的世界，即“世界4”了。离开人类的工程造物史去抽象地谈论自然的内在性和原生性、自主性，是对马克思主义自然观的误解。

其三，保护环境，改善生态的目标，只能是人类的可持续发展。一般来说，原教旨环保主义者或极端环保主义者与普通环保推崇者的最根本区别，是前者认为环境保护的终极目的是保护大自然，而后者认为环境保护的目的是为了人类可持续发展。任何好的工程活动都有一定的价值取向，数千年来，人类一直通过工程造物来不断改善生态环境，以创造一个美好的生存家园。现在，在以全球变暖为表征的生态危机的背景下，人类更加致力于通过采取有效措施，来节能减排、保护森林、消除公害、保护濒危动植物和保护生物多样性等，以求为人类当前及子孙后代的可持续发展提供稳固的生态基础。脱离人类历史，为环境保护而弃绝工程活动是违背人类社会发展规律的。单拿当前争论较多的怒江开发工程而言，一些环境保护主义者将怒江奉为我国最后一条“原生态河流”，反对怒江进行大规模的水坝工程建设，支持当地“原生态”旅游。其实，怒江上下游都有不少工程，且原始森林已被大面积砍伐，怒江早已不是所谓的“原生态”河流。贫穷也是环境破坏的重要原因，当今急需为当地少数民众找到尽快脱贫的生产方式，而建好水电站，同时做好生态环境保护，不失为一条能使当地经济与社会协调发展的道路。我们反对竭泽而渔、杀鸡取卵、不计后果的短期行为，我们同样也反对禁锢束缚、故步自封、消极无为。

（二）“原生态”概念承袭了西方生态中心主义伦理观的理论缺陷

人与自然的关系是环境伦理学的考察对象。以往在人类中心主义伦理观的影响下，人类无限度地征服和改造自然，造成了人口爆炸、资源枯竭、环境污染等一系列后果，严峻的事实逼迫人们开始对近代机械主义自然观进行深刻的理性反思。自20世纪60年代起，与“一切为了人类利益”的人类中心主义相对照，非人类中心主义的环境伦理观日渐兴起。人们将传统伦理学的概念和规范过于简单地平移到人与其他生命形式之间，形成了强调关爱生命的环境伦理学，如动物解放论和动物权利论，但因其结论过于激进而广受批判。随着生态学的影响日益扩大，西方学者开始依据经验观察和生态学基本理论来分析人与自然的关系问题，对环境伦理学进行“生态改造”，从生态事实直接推导出判断，以克里考特的伦理整体主义（J. B Callicott）、罗尔斯顿（H. Rolston）的自然价值论和内斯（A. Naess）的深层生态学等为代表的生态伦理学迅速发展起来，“原生态”概念可以看作生态伦理学在中国的“变种”。近来，某些极端环保主义者打出“原生态”旗帜，认为在大江大河上进行工程建设，会打乱江河的自然状态，导致某些物种的个体减少，甚至灭绝，因此，宁肯让当地民众保持原始落后的生活状态，也要绝对禁止在大江大河上建造水坝工程。

极端环保主义者的观点之所以偏颇，根本原因在于“原生态”概念秉承了生态伦理观的理论缺陷，导致人们对“原生态”概念的错误理解。生态伦理观将人视为造成生态危机的根源，强调自然的内在价值，提倡人与自然的平等，主张人应该顺应自然，对自然心怀感恩，这是一种价值观上的深刻的革命，具有历史进步意义。但生态伦理学终归难以逃脱“自然主义谬误”的指责。该理论过分贬低了人的价值和主观能动性，忽略了自然可供人利用的资源价值。其实生态伦理学大可不必采取敌视人类的立场，它完全可以肯定人类具有较高的主体性，如地球诸物种中，只有人才具有明确的生态意识，从而有行使调节其他物种种群的权利，如猎杀某物种的部分个体和保护濒危物种[5]。工程活动也并不必然会造成物种灭绝，任何工程活动的影响也都有正负效益的两面性，人类可以有意识地采取科学有序的工程活动来开发自然，同时合理地保护自然。更何况，要恢复当今已被人类破坏得相当严重的自然环境，单靠大自然自身的恢复能力，盲目否定人类的一切工程活动，也是非理性的。

三、“原生态”概念滥用对我国工程发展可能产生的不利影响

（一）“原生态”容易导致弃绝一切工程建设

“原生态”概念的倡导者往往将包括失败的工程活动在内的、人类对自然过度的、不合理的开发活动视为环境危机的根源，倡导摒弃人类中心主义的自然观，强调人不应该去干涉自然，而是让自然保持原状。但是，正如李伯聪教授在其所著的《工程哲学引论》中提出的命题“我造物故我在”[4]所言，人从自然界产生以来，就一直在改变着自然。工程，作为实际的改造世界的物质实践活动，无疑是最重要的一种。工程活动作为人与自然关系的中介，对自然、环境、生态产生了直接的影响。工程活动对生态环境既有正面效益，又有负面效应，我们应该辩证地看待，不可只言其一。工程活动还可以改善已经失衡的生态环境并对其加以优化和再造。对已经失衡的生态进行恢复，不仅需要自然的休养生息和人为地采取一些非工程措施，更需要科学有效的工程措施。如要解决当前由科学技术的不当使用所引发的酸雨、大气和水污染、核泄漏等环境污染问题，除了严格预防和必要生态恢复外，必须依靠污水化学处理等工程措施来加以解决。“原生态”追求纯自然生态系统的平衡与稳定，这种故步自封忽视人类社会文明发展进步的所谓“原生态”，是人们对人与自然的和谐的一种理论假想。它既非对人与自然关系的正确认识，也非解决生态危机的根本手段，将其用之于实践只能是最终导致人们将所有工程妖魔化，非理性地取缔所有工程活动，如此既阻碍人类社会的发展进步，也不利于生态环境的保护。

（二）片面强调“原生态”容易导致环境正义的缺失

当前世界资源分配和贫富程度严重失衡，自然资源的有限性和环境资源

的公共性更加凸显公平的分量。占世界总人口20%的发达国家消费了地球资源的80%，是今天全球环境破坏和生态危机的始作俑者，他们的工程建设高峰期已过，作为社会基础设施的铁路、公路、水坝等工程设施已经完备，其数量已足以支撑其社会经济的发展；而经济落后的发展中国家，因人口众多承担着沉重的发展压力，目前刚刚迎来水坝、高速铁路、磁悬浮列车等工程建设的高峰，却恰逢全球环保运动方兴未艾之时，工程发展遭到严重的生态制约，工程建设步履维艰，困难重重。

任何工程措施都有一定的正负效应，片面强调工程活动对生态环境的消极效应，忽视其积极影响，强调所谓的“原生态”，必然会剥夺一部分人、一部分地区的发展权，导致环境正义的缺失。如果对环境正义伦理不加考虑，让发达国家和发展中国家都承担相同的环境责任，甚至因为揪住工程建设对生态的消极影响不放，让那些亟待脱贫的发展中国家放弃或缓建那些经济和社会效益良好的工程，则会加重当前环境利益分配的不公。“原生态”迎合了一部分激进的环保主义者在享受着都市繁华生活的同时，回归“采菊东篱下，悠然见南山”的自然生活的心理诉求，但这些人却恰恰忽略了贫困落后地区对于发展的迫切渴求。倡导保存（preservation）自然环境，禁止落后地区的开发，剥夺落后地区人口的生存权和发展权，是不人道的，也违背自由平等的伦理原则。对于我国当前这样的发展中国家，尤其要谨慎国外发达国家及其激进环境主义者以此为借口，限制我国发展的图谋。

四、动态和谐的工程生态观的构建及其对我国工程发展的启示

（一）从“和谐生态观”到“动态和谐的工程生态观”

尽管“原生态”概念是不科学的，但它的出现和广泛影响反映了人们对以往工程生态观的批判与反思。在对近代西方机械论的功利主义自然观进行反思的基础上，笔者建议以一种新的“和谐生态观”来取而代之。“和谐生态观”作为一种反思性的生态观，对以往“人类中心主义”和“生态中心主

义”的生态伦理观均进行了扬弃并在理论上有所创新。充分理解它的内涵和现实意义，或许对我国当代工程发展理念可提供些许有益的启示。

概括来讲，和谐生态观是继农业文明、工业文明之后，在生态文明的基础上发展起来的追求“人-自然-社会”可持续发展的新型生态观。和谐生态观，是将人类社会系统纳入广义的生态系统之中，其本质要求是实现人与自然和人与人的双重和谐，进而实现社会、经济与自然的可持续发展及人的自由全面发展。它以“人类利益至上”为价值基础，将实现人与自然的和谐统一作为直接目标，努力保障人与自然的平衡协调发展，其根本目的是维护人类自身的可持续发展。首先，和谐生态观承认人类在自然界的主体地位。和谐生态观与科学发展观在本质上是一致的，科学发展观强调“以人为本”，而和谐生态观则始终围绕人类利益去谈论工程与自然的关系。环境保护固然重要，人类基本的生存权、发展权也不可忽视。离开人类利益去谈论人类与自然的关系只能是空谈，在现实生活中缺乏合理性。其次，和谐生态观要求人与自然要在一种平衡状态中和谐共生[6]。马克思对此有过经典论述：“社会是人同自然界完成了的本质的统一，是自然界的真正复活，是人的实现了的自然主义和自然界的实现了的人道主义。”[7]人实现了自然主义，同时自然界就实现了人道主义。

和谐生态观，应用于工程领域就表现为“动态和谐的工程生态观”。“动态和谐的工程生态观”是指人类在通过工程建设来开发和利用自然时，不仅要充分了解和尊重自然规律，维护自然界生态平衡，尽量减少对生态环境的消极影响，如生态破坏和环境污染等；还要加强环境保护规划和生态环境建设，以工程措施和非工程措施相结合，实现生态环境相协调、优化和再造，在提高人类生活质量的同时，实现人与自然的和谐发展。自然是我们栖居的家园，向人们强调大自然对于人类的独特价值也正是“原生态”的倡导者的初衷。但家园的维护和重建并不意味着必须以牺牲人类的能动性和人类社会的发展为代价。尽管人类的活动可能破坏自己的家园，但人类的主要角色却是家园的寻觅者、反思者和建设者，工程活动则是人类建设家园的重要手段。我们真正需要思考的不是怎样避免人类影响而维护所谓的“原生态”的问题，不是要不要工程的问题，而是怎样在和谐生态观的指导下，继续深化“人-自然-社会”的工程发展理念，科学有序地进行工程建设的问题。人不但要思考（先思、行思和后思），而且更要“安”身“立”命，人安身立命于天地之间，天地人合一。这也是工程的终极目的。对于我国工程建设来讲，目前，尽管追求“人-自然-社会”和谐的工程理念已经开始受人关注，但在工程实践中如何切实贯彻实施，还有很长的一段路要走。

（二）动态和谐的工程生态观对我国当代工程发展的启示

第一，动态和谐的工程生态观要求社会生产力和生态生产力的统一。经典马克思主义认为，生产力是人们解决社会同自然矛盾的实际能力，是人类征服和改造自然使其适应社会需要的客观物质力量。工程恰恰是人类社会发展最直接的生产力。传统的生产力片面注重提高生产率，忽视人与自然的平衡，导致近代以来生态危机日益严重，并易于加剧人类环境正义的缺失，人类的生存和发展面临前所未有的挑战。“动态和谐的工程生态观”与时俱进的理论品格，要求它以一种开放的姿态去面对和处理崭新的现实问题。在工程建设中深入贯彻动态和谐的工程生态观，需要首先发展和改造生产力概念。为此，不少学者提出了“生态生产力”的概念，但个中内涵有所差别，如国内吉林大学谢中起对传统生产力概念加以拓展，认为生态生产力是指为了实现人的持续性生存，人类对自然界的保护、利用以及协调能力的总和。这是一种植根于生态文明中的生产力观，体现着人的自然观、劳动观、发展观的根本性转变[8]。西南财经大学文启胜认为，传统的生产力概念是在认为自然资源取之不尽，用之不竭的基础上的一种“扩张性”生产力。生态生产力则是对传统生产力的补充，指纯生态学意义上的生态系统的物质变换能力，它与经济生产力共同构成生态经济生产力[9]。

受“原生态”概念辨析的逆向启示，并汲取了康芒纳（Barry Commoner）在《封闭的循环》中所概括的生态关联、生态智慧、物质不灭、生态代价[10]等四个生态学法则的启示，笔者认为，生态生产力是应用生态学的价值观和方法论对以往经典马克思主义生产力概念的发展，它认为人不仅要有合理开发利用自然资源的能力，还要充分发挥人类作为自然界主体的主观能动性和聪明才智，维护生态系统保持自身健康的能力，维系自然作为万物母体的不可估量的生态价值，为人类社会提供足量的生存发展空间，实现人与自然的和谐发展。换句话说，工程建设除了增加 GDP 的统计数字外，还应通过加强环境保护规划和生态环境建设，实现对生态环境的协调、优化和再造，在维护地球的碧水蓝天基础上，提高人类生活质量。

第二，“动态和谐的工程生态观”要求促进公众理解工程，科学有序地开展环保运动。当今全球生态危机的背景下，国外环保主义运动如火如荼，并对发展中国家的环境保护运动产生了深刻影响。生态伦理学发源于自由主义传统深厚的西方，不可避免地带有较强的西方中心主义的印迹。极端环保主义者浪漫主义的田园诗话不仅不能解决实际问题，还容易被国外某些组织利用。我国生态保护运动在学习和追随西方话语的同时，更应充分考虑我国自身的自然环境和人口状况，考虑如何在激烈的国际竞争中关怀我国普通民众的生存境遇。当下，媒体、环保人士在继续发挥对工程建设的舆论监督作用的同时，应与政府、工程师联起手来，求同存异，共同着力提高公众的工程科技素养，以更加通俗易懂的方式向社会公众宣传和普及动态和谐的工程生态观，使公众了解工程在“人-自然-社会”这一链条中的作用方式，辩证地看待工程的积极和消极影响，从而促进公众对工程的正确理解和有效支持，减少不必要的误解。在“政府-媒体、环保人士、工程师-公众”互动的良好的社会氛围下，在遵循“人类利益至上”的价值原则的基础上，科学有序地进行工程的决策、设计、建设和运营活动，并以合理方式去保护生态环境利益不受侵犯，我们一定能走出一条人与自然共生共荣的发展道路。

总之，“原生态”概念是在全球生态危机逼近的大背景下，人们对近代机械论的功利主义自然观进行深刻反思后，将学术上的“生态”概念加以泛化而人为构造出来的。尽管它在当今社会生活中广泛使用，但概念本身并不科学。在实践上，地球生态一直处于“不平衡—平衡—不平衡”的循环流转中，特别是自人类诞生以来就不断进行着“自然人工化”的工程活动，早已不存在所谓的“原生态”。理论上，人类保护和改善环境的最终目标都是为推进人类的可持续发展，“原生态”概念承袭了西方生态伦理学“自然主义”的谬误，只顾一味追求境界的高远，却忽视了发展中国家人民的生存境遇，体现出较强的“西方中心主义”。“原生态”概念在工程领域的滥用容易导致盲目弃绝一切不合理的工程建设，阻碍不同国家环境正义的缺失，甚至已经极大误导了政府、媒体和公众对工程建设的态度。在借鉴“原生态”的逆向启示的基础上，笔者提倡应在全社会倡导“动态和谐的工程生态观”来取而代之，认为工程建设要注意生态生产力和传统社会生产力的和谐统一，并采取合理措施，增进我国公众对工程的理解，科学有序地开展环保运动，只有这样才能实现以工程为媒介的自然、经济、社会的协调健康可持续发展。

参考文献

[1] 陈敏豪．生态：文化与文明前景．武汉：武汉出版社，1995：16.

[2] 梁自玉．试析原生态保护误区．中国市场，2008，(4)：12.

[3] 陆佑楣．我们该不该建坝．水利发展研究，2005，(11)：6.

[4] 李伯聪．工程哲学引论．郑州：大象出版社，2002：252，415.

[5] 卢风，肖巍．应用伦理学概论．北京：中国人民大学出版社，2008：222.

[6] 李承宗．论和谐生态伦理观的三个理论问题．湖南大学学报（社会科学版），2007，(2)：102.

[7] 马克思．马克思1844年经济学哲学手稿．北京：人民出版社，1985：79.

[8] 谢中起．生态生产力理论与人类的持续性生存．理论探讨，2003，(3)：39.

[9] 文启胜．论生态经济生产力．生态经济，1996，(2)：12-16.

[10] 康芒纳．封闭的循环．侯文蕙译．长春：吉林人民出版社，1997：25-28.

第四部

工程、技术与社会

技术进步企业主体论*

一、引人深思的两大反差

在回顾我国科技发展和经济发展的历史时，我们会发现令人震惊的“两大反差”。

反差之一是党和政府在总的指导方针上大力强调科技与经济结合的强大号召与科技工作和经济发展在实践上严重脱节的现实之间的巨大反差。

我们都还记得20世纪50年代提出的“向科学进军”的口号和后来提出的更加响亮的“四个现代化”口号和目标。在“四个现代化”的内涵中不但包括了“科学技术现代化”，而且指出了“科学技术现代化”是“四个现代化”的关键；1982年党中央又明确提出了“经济建设必须依靠科学技术进步，科学技术工作要面向经济建设”的方针。特别是十三大政治报告提出“把发展科学技术和教育事业放在首要位置，使经济建设转到依靠科技进步和提高劳动者素质的轨道上来”，可以说把科技的重要性已强调得无以复加，把科技工作的位置放到高得不能再高的位置了。回顾新中国成立以来的历史，在科技与经济相互关系的问题上，从总的指导性口号和理论号召的角度

---

* 本文作者为李伯聪，原载《科技导报》，1993年第1期，第3～6页。

看，党和政府从来没有说过二者可以“脱离”，更不要说“赞成”二者“脱离”了。相反，在历次政治运动中，在报刊上对“三脱离”的批判不绝于耳。可以说，新中国成立以来，关于科技与经济相互关系的政策，主要错误倾向是“左”（强调过头）而不是“右”（“鼓励”二者脱离）。如“大跃进”与“文化大革命”期间就出现过以批判“三脱离”为名而以摧残甚至取消科技工作为实的严重的“左”的错误。

可是在实践中，我国的科技工作与经济发展又确实没有结合好，二者之间长期存在着严重的脱节现象。这就形成要求二者结合的响亮口号和强烈愿望与二者长期脱节的现实之间强烈的反差。

反差之二是中国、苏联体制下科技与经济脱节的现实和美国、日本等国科技与经济结合密切的现实之间形成的反差。如果考虑到中国政府在“指挥”经济和科技方面拥有远比西方政府大得多的权力，那么这第二个反差就更发人深省了。

这就是说，科技与经济的密切结合竟然成了我国数十年来一直号召实现而始终未能在实践中实现的目标。

面对上述两个巨大的反差，必须进行深层次的思考，找出造成两大反差的理论认识上的缺环、体制上的扭曲和结构上的位错究竟在哪里。

二、理论反思之一：如何认识现代企业和现代技术的本质特点

现代技术和现代企业都是在近代产生的，它们同封建社会中的古代技术和以自然经济为主的经济组织有着本质上的不同。马克思说：“现代工业从来不把某一生产过程的现存形式看成和当作最后的形式。因此，现代工业的技术基础是革命的，而所有以往的生产方式的技术基础本质上是保守的。现代工业通过机器、化学过程和其他方法，使工人的职能和劳动过程的社会结合不断地随着生产的技术基础发生变革。”（《资本论》第八卷，第533～534页）马克思所说的现代工业技术基础的革命性也就是现代生产技术（包括技术设备在内）新旧更替的速度大大加快了，这就使得我们有必要提出技术

（包括技术设备）的社会寿命的概念。在封建社会中，生产方式的技术基础本质上是保守的，其集中表现就是技术更新的速度极其缓慢，以致在一般情况下，技术工具的社会寿命等同于其“自然寿命”，一件工具要用到不能再用时才更换一件同样的工具。而在现代社会中，许多技术设备的社会寿命要大大小于其自然寿命，因而这些设备在其自然形态和功能还相当完好的时候其社会寿命已经终结，从而要被淘汰了。可以说，发达国家先进企业设备的高折旧率正是对现代技术革命性（设备的社会寿命远小于其自然寿命）的一种集中反映和表现。然而，我国的企业在政策上长期规定的低折旧率，从本质上说，在某种程度上乃是一种陈旧过时的、放大了的自然经济的技术观的反映和表现。

现代企业是在现代技术基础上产生的现代化生产的主要组织形式。由于现代技术在本质上是革命的，是不断更新的，现代企业的具体组织形式也在不断地变化、更新、改组、重建。应该承认，发达国家的企业在随其技术基础的变化而改组、重建方面是“敏感”的；而我国的企业在随其技术基础的变化而改组、重建方面则是“迟钝”的。

发达国家的成功经验向我们提示，现代企业的本质特点之一是，在现代技术基础上诞生的现代企业反过来成了现代技术不断更新的主要推动者和组织者。甚至可以说，一个不具有自我技术更新能力的企业根本不能被称为现代企业，这样的企业在市场经济的体制下是要被淘汰的。

应该承认，我们的一些同志，既缺乏对现代技术和现代企业的感性认识，又缺乏对现代技术和现代企业本质特点的理论知识。他们常常不由自主地用一种本质上是小农自然经济传统中的技术观和生产组织观去看待现代技术和现代企业。也许可以说，这种状况正是造成我国科技和经济发展中许多失误的重要原因之一。

三、理论反思之二：从技术的三种形态看科学、技术和经济的本质区别和转化条件

许多同志往往“忘记”了如下的一种辩证关系：在讨论或解决两个事物

的结合问题时常常都是以承认二者有本质区别为前提的。

我国之所以未能解决好科技与经济相结合的问题，从理论方面看，一个重要原因乃是未能真正搞清楚科学、技术和经济三者之间的本质区别及三者相互转化的具体条件。

首先需要区分技术的三种形态。技术的第一种形态是源技术（或曰原技术），一般来说，它是发明家在实验室中发明出来的，所谓样机、样品都属此类。技术的第二种形态是作为生产要素的技术，可简称为生产技术。技术的第三种形态是消费中的技术，亦即在生活中被使用的技术，例如住宅楼中的电梯、家中使用的电冰箱、电视机皆属此类，可称为生活中的技术。

有许多同志常常有意无意地把科学等同于源技术，把源技术等同于生产技术，把生产技术（或生产技术的产品）等同于生活中的技术，或者认为它们之间只是一种简单的、“线性放大”的关系。这实在是一个严重的误解和混淆。应该说，我国科技工作和经济工作中的许多问题都同这个理论上的误解和混淆有千丝万缕的联系。

在一定意义上，可以把源技术看作“纯粹形态”的技术，它是发明家通过技术发明过程发明出来的，它可以申请专利，它同科学家通过科学发现过程发现的科学规律是有本质不同的。科学活动是真理定向的，对科学活动的评价是真理论性质的问题，科学活动的结果是发现自然界原已存在的规律系统；而技术发明是价值定向的，对技术发明的评价是价值论性质的问题，技术发明的结果是制造出自然界原来所不存在的人工产物，并为人工活动制定出一个规则系统。

生产技术和生活中的技术都是融合在经济活动之中的技术，它们不是“纯粹形态”或“自然形态”的技术而是“经济形态”或曰“社会形态”的技术。一般说来，源技术需要通过企业家的经济创新方能转化为生产技术和生活中的技术。

从源技术向生产技术的转化绝不是一个单纯“线性放大”的过程，而是一个社会性的选择与建构的过程。这个转化不但需要通过技术性的中间试验的检验，而且需要投入一定的资金、人力和新的生产设备。没有这些条件，这个转化是不可能实现的。如果说源技术是体现了“抽象人”与自然相互关系的价值定向，那么生产技术就是体现了“具体人”（即“社会人”）与自然相互关系的价值定向。

从生产技术（特别是生产技术的产品）向生活中的技术的转化是通过销售和售后服务这个环节实现的。对于销售和售后服务的重要性，在我国长期没有受到应有的重视，许多问题都是由此而产生的。

从理论认识的角度看，我国科技与经济相结合的问题未能解决好的一个主要原因是未能真正搞清楚科学、源技术、生产技术和生活中的技术之间的本质区别和它们之间转化的条件。所谓“结合”，从本质上说就是深刻认识和善于创造并掌握实现转化的条件，不认识转化的条件、不去努力创造和掌握转化的条件，就只是一个美好的愿望和空洞的口号。

科学活动的目的是认识世界，技术发明的目的是改造世界。通过技术发明而研制出了作为人工产物的样品。这是从科学向技术的转化，它是一个飞跃。

源技术中的样品通过生产技术的经济活动而变成大批量的商品，这些商品又通过销售而变成消费者在现实生活中使用的用品。必须强调指出与深刻认识，从样品到商品再到人们在现实生活中消费的生活用品，这是技术形态变化中的两次巨大的飞跃。由于这两次飞跃都是通过经济活动（生产和销售）而实现的，有的经济学家将其统称为创新，这是有道理的。

可以看出，如果要为科学、技术与经济的结合选一个“焦点”的话，这个焦点就是创新。

四、体制反思之一：从“五个方面军”看主体错位

对于我国科学技术队伍的宏观结构，有人很准确、很形象地将其概括为“五个方面军”：中国科学院系统、高等学校的科研机构、国防工业的科研系统、各部委的科研机构、地方科研机构。大体而言，前两个“方面军”主要承担基础性科学研究和应用基础研究的任务，后“三个方面军”承担技术开发性质的工作。

在对比我国和美日等国科技队伍的宏观结构时，会发现一个明显的区别，美日等国的企业构成了技术发明（特别是创新）的首要主体，而在我国的“五个方面军”中却引人注目地缺失了企业的技术力量和技术活动。特别

是在改革开放以前，我国企业的技术力量简直可以说是成不了“军”，布不成“阵”的。笔者认为，我国科技力量结构上的这个宏观“缺陷”正是造成许多严重问题的一个深层次的原因。

在当代社会中，基础科学研究所是科学研究活动的主要组织形式，是科学进步的主体。开发性研究所是技术发明活动的主要组织形式，大量的源技术都是在此诞生的。企业是生产技术进步主体。广大消费者是生活中的技术的使用者，他们是所有技术活动的最终目的对象，他们是作为商品的技术活动产物的选择者，他们是生活中的技术进步的主体。

长期以来，我国的企业由于未能确立其作为生产技术进步主体的地位，随之就造成了一连串的“主体错位”。中央各部（委）和地方的许多厅（局）都建立了自己的开发性研究院（所），目的是以研究院（所）这种组织形式（或曰这个“主体”）去推动企业的生产技术进步。这显然是一种“主体错位”。随之，在某些时候，有人又要求基础性研究所去大搞技术开发，甚至解决生产技术进步问题，这自然又是再次的“主体错位”（需要申明：本文主要是理论探讨性的，这里的理论分析同当前某些基础理论性研究所要求部分研究人员转向技术开发的改革实践毫无冲突）。我国的许多企业还常常犯大量生产卖不出去的“商品”的“错误”，这时企业生产的目的只是为了完成计划指标，产品只能积压在仓库中。这就不仅是“主体错位”，而是“主体缺失”了。所谓“主体错位”，从另外一个角度考察和分析时也未尝不可把它说成是一种“主体缺失”。

笔者认为，我国技术进步和经济发展中的一系列严重问题都是由于上述“主体错位”造成的。

五、体制反思之二：从企业家的地位和作用看“主角缺失”

经济学家熊彼特不但着意强调了技术发明与创新的区别，而且强调了企业家在创新活动中的地位和作用。我们当然并不完全同意熊彼特对企业家作用的全部论点和分析，但可以说我们原则上承认企业家是技术进步的主角。

从社会学的角度看，企业家是一种重要的社会角色。人们期待企业家能巧妙地把各种生产要素结合起来，不但实现从源技术到生产技术的转化和飞跃，而且把批量生产的商品送到消费者手中，通过销售而实现技术形态变化的最后一次飞跃。正是企业家的这些社会地位和作用使企业家成为一种与科学家、发明家迥然不同的社会角色。

应该指出，我们完全承认并相信某些人可以既是优秀的发明家，又是卓越的企业家（他们是集两种社会角色于一身的人物）；我们也热切地希望我国有一批发明家“摇身一变”而成为企业家。但有些人兼为发明家和企业家的事实并不意味着可以把发明家和企业家这两种社会角色混为一谈。应该清醒地看到，大多数发明家成不了企业家，许多企业家也并不“出身”于发明家。

新中国成立以来，对于科学家和发明家这两种社会角色的地位和作用，党和政府一向是重视和承认的。可是，对于企业家这种社会角色，好像就不能这样说了。明确承认企业家的地位和作用乃是改革开放以来的事情。

我国缺少科学家，缺少发明家，但最缺少的是企业家。企业家是技术进步（特别是生产技术进步）的主角。缺少企业家就是缺少技术进步的主角。不可设想一台缺少主角的戏能够唱得有声有色。

六、必须从体制上确立企业在技术进步中的主体地位

从以上分析中可以看出，要解决我国科技与经济密切结合的问题，从理论上说，最重要的一环是把对技术进步理论的研究同对企业理论的研究结合起来，大力开展技术进步企业主体论的研究；从体制上说，最重要的一环是继续推进改革，逐步确立企业在技术进步中的主体地位和作用。

对于技术进步问题，当前许多同志把理论研究和体制改革的重点放在动力机制和运行机制上，这自然是有原因的。但必须明确，动力机制和运行机制都是从属于主体问题的，如果“主体错位”的问题不解决，则恰当的运行机制和动力机制也是无法建立起来的。

在企业理论方面，交易费用理论由于科斯获 1901 年诺贝尔经济学奖而更加引人注目。科斯认为建立企业纵向一体化的目的是降低交易费用（表述

为“节约协作费用”要更准确些)。在实践方面，许多发达国家的企业都建立了自己的技术开发机构，企业不但理所当然地成了生产技术进步的主体，而且顺乎自然地成了源技术开发的主体。

在我国，独立的技术开发机构和单纯生产性企业的“技术协作费用”(请注意，这是指“广义技术协作费用”，它包括了经济的、行政的，乃至为应付形形色色的“官僚主义”所必须“支付”的各种形式的耗费在内)过高一直是阻碍我国技术进步和经济发展的一个“痼疾”。许多同志都提倡并寄希望于“协作攻关”，而“协作攻关”的“模式”在现实中却显然未能普遍地取得成功。其深层原因正在于我国的“广义协作费用”(用科斯的术语说是“交易费用”)常常高得让人无法忍受。现在确实到了在观念上彻底摒弃“零交易费用”(或曰“零协作费用”)假说的时候了。

为了降低“技术交易费用”，我国建立了一些“技术市场”，这诚然是一个有益的措施和方式。但根据科斯的理论，更有效地降低交易费用的方法是建立企业，实行纵向一体化。因此，促使我国科技与经济更好结合的最关键的环节不是把开发性研究所推向市场而应是促使开发性研究机构与生产性企业实现纵向一体化成为体现现代技术特点的现代企业，把企业推向市场。为此，在体制上和政策上必须大力促使开发性研究院(所)进入企业，促使企业建立自己的开发机构，促使开发性研究所“产业化”而转变成为包括开发性机构在内的新企业。应当申明，这个论点既不否认一些开发性研究所独立存在的必要性与可能性，更不否认建立“技术市场”的必要性与合理性。

技术向工程转化的公共协商*

李伯聪提出了科学、技术、工程的“三元论”，在科学与技术加以区分的基础上，进一步将技术与工程区别开来，认为科学、技术、工程是三类具有本质区别的活动。与此同时，“三元论”不但不否认科学、技术与工程存在着密切的联系，而且突出强调它们之间的转化关系[1]。本文拟对技术向工程的转化作一探讨。

一、技术向工程的转化

（一）重要性

技术向工程的转化对于人类社会的发展具有重要意义，一般地说，科学知识、技术知识都需要通过工程化，才能转化为直接的生产力。从更大的范围来考察，在“自然—科学—技术—工程—产业—经济—社会”的链条中，技术向工程的转化是一个关键环节[2]。

科学是以探索发现为核心的活动，技术是以发明革新为核心的活动，它

---

* 本文作者为王耀东、刘二中，原载《自然辩证法研究》，2009年第25卷第11期，第67～72页。

们只是表明了生产的可能性和质的方面。工程是以集成建构为核心的活动，是改造世界的物质实践活动，它要对影响人类生存发展条件问题的解决方案加以实施，因而是生产的现实性和量的方面。各种类型的创新成果、知识成果的转化，归根到底都需在工程活动中实现。技术只有实现工程化，才会大规模产业化，才会带来巨大的经济收益。例如，转基因技术经过转基因工程后，才会生产出转基因动物或植物，进而加工成转基因食品，才能满足人们的现实需要。如果仅仅停留在技术阶段，停留在实验室里，就不会对社会产生像今天这样的巨大影响。因此，技术向工程的转化具有十分重要的意义。

（二）风险及不确定性

技术转化为工程往往是创造一个新的存在物，这个存在物是利弊共存的，它给人们带来了利益，同时也带来了风险。

翻开技术的历史，正如保罗·维里奥所言："每一种技术（在工程化过程中）都产生、激发、规划了某种特定的意外事故……船只的发明导致了沉船事故的发生，蒸汽机与机车的发明带来了火车出轨事故的可能，高速公路的发明则使得 300 辆汽车有可能在 5 分钟内撞在一起，飞机的发明导致空难。我相信从此以后，如果我们还想继续有技术进步的话（我不太相信我们可以回到石器时代），就必须同时考虑财富和事故……"[3]

随着技术发展的日益复杂，风险不再是社会进步中的偶然事件，而成了现代社会的常态现象，成了发达工业化的一种无法逃避的结构情景。只要将技术转化为工程，风险就会随之而生。工程系统日益增长的复杂性往往意味着出现误差及由此导致的失败风险增加，同时也意味着技术使用时人为错误引发的风险增加。如令人瞠目的切尔诺贝利事故，1986 年公布的调查结果是归于核电站操作员失误，1991 年公布的调查结果认为事故是由于压力管式石墨慢化沸水反应堆（RMBK）的设计缺陷引致。不管具体原因是什么，它都是技术工程化后带来的，并且带来的危害都是触目惊心的。

技术转化为工程，其风险的产生还具有高度的不确定性，其错综复杂的风险因子所蕴涵的不稳定状态，往往难以预测。现代化进程中生产力的指数式增长使危险和潜在威胁的释放达到了一个我们前所未知的程度，即便人类的想象力也为之不知所措。技术产品是为特定功能而创造出来的，没有考虑到网络互联性，它是作为一种外来物进入生活世界的。而一旦它们被塞入生活环境之后，它们就开始与其网络化环境产生互动，从这一时点开始，科学家和工程师就无可避免地失去了对他们的创造物所产生后果的控制。贝克和吉登斯将这种现象称为“人为制造的不确定性”[4]。例如，基因工程将基因在不同物种间转移是人类历史上从未有过的壮举，它给人们带来无限美好希望，传统育种技术培育作物新品种花费时间长，耗费人力物力大，受亲本材料限制大等。而基因工程可以大规模地改变我们赖以生存的粮食作物的遗传性状，培育出前所未有的优良作物品种，塑造30亿年以来靠自然进化而生存的物种。人们以这种前所未有的方式对自然界进行的实验，给社会带来了新机遇，也给环境带来了新风险。创造并且批量生产经遗传工程加工过的生命形式，让它们大量流入环境之中，会不会给生物圈造成不可逆转的损害，形成遗传污染，给地球带来比核污染和石油化工污染更严重的威胁呢?

技术向工程的转化呈现跨领域、跨地域以及网络化的特征，并关联到不同价值选择的判断问题。因此可能引发社会、经济、健康、生态、伦理、政治以及安全等风险。

二、主体的有限理性

在风险社会这个阶段，对由技术的、工业的发展所制造的危险的难以预测性的认同，驱动了对社会环境的基础的自我反思与对占统治地位的习俗和“理性”原则的评价[5]。自18世纪的工业革命以来，人们一直把工程现象理解为对自然界的改造，是人类征服自然的产物。这种传统的工程观是建立在工程具体的技术功能和经济功能的片面认识之上的，带来了严重的问题，引起了人们的反思。

技术专家、工程师、企业家和投资人等利益攸关方是技术向工程转化的重要主体，他们在技术向工程的转化中起主导作用和决定性作用。虽然在现代社会中，专家统治可以提高生产的效率，刺激经济的增长，但专家们往往追求自己单向度的目标，这种体制的一个潜在的危机是“物开始支配人”，他们的有限理性存在明显的局限性。

（一）技术理性的局限

技术理性是工业文明以来以科学技术为核心的一种占统治地位的思维方式，其突出特征是追求精确的知识、工具的效率和对各种行动方案的正确选择。它遵循的往往是技术发展的内在逻辑，而舍弃目的或价值本身是否合理的问题。技术理性从一开始就因过分的功利性目的而将人的理性仅仅限定在解决技术难题的层面上，有意无意地忽视了人的存在与发展，技术专家离开广阔的社会目标追求自己的技术目标。哈贝马斯认为技术性的议题将淹没我们对于更为根本而有意义问题的注意，并导致我们逐渐丧失回应这些重大问题的能力。例如，利用转基因技术可以改变生物体的某些特定性状，改良动物植物某些特定品质等。约翰·霍普金斯大学的研究人员把比目鱼的一个“抗冻基因”成功移植进鲈鱼和鲑鱼的遗传密码，使它们在寒冷的水中仍能存活。这支研究队伍还把哺乳动物的促生长素基因植入鱼的受精卵，使其发育出的鱼生长速度快而且体积大[6]。遵循生命科学和生物技术发展的逻辑，转基因技术工程化的产物——转基因生物的出现是完全可能的。但技术理性没有也不可能揭示它的潜在风险，基因是在漫长的进化史中与周围的环境协同进化生成的，只有将其放入进化史和与之协同进化的环境中才具有完整的意义。这样制造出的快速生长并且体积大的转基因鱼是否会对其他鱼类有害，大量养殖后会不会影响其他鱼类的生存，进而影响食物链，破坏当地的生态环境呢？在转基因工程中，割裂开进化史和环境来看待基因，可能对地球的生命系统造成巨大的危害。

按照技术理性，技术向工程转化中带来的问题要依靠科学技术的进一步发展来解决。但获取足够的知识去超越现存知识的技术应用引发的风险或许是永远不可能的，实际上，科学发现可能越来越快地增加风险，使之潜在地不可控制[4]。

（二）经济理性的局限

技术向工程的转化具有经济属性，企业通过技术创新，将技术转化为工程，生产出消费者需要的商品，从而获取利润。在市场经济条件下，市场经济规律在经济活动中起支配作用。企业作为独立的市场主体和法人实体，追求利润是它的天性。企业家和投资人不可避免地要把组织的经济效益和经济指标放在绝对首要的地位，起指导作用和前瞻作用的是经济价值观。他们看重对投入产出关系的评价，其行为受经济关系的规范，遵循的是经济理性。巴西经济学家赛尔索·富尔塔多说："从最严格的意义来说，经济发展是一种手段。然而它构成了自身的目的，是新一代思想方法中不可或缺的因素。"[7]

经济理性重视的是经济收益，而对技术和工程实践价值观的多样性不予关注，这样往往会忽视工程对人文、社会和环境的影响，对引发的风险不予考虑。例如，将生物体的优良特性转移到农作物的想法让许多基因学家和农业科学家激动不已。他们认为这项技术不仅能提高作物的耐寒性，还可以改善口味，提高产量和营养，增强耐盐性，甚至可以将豆类和谷物类作物中的氮转移到其他作物中，因此减少化学肥料的使用。不久企业家和投资人就发掘出这种技术中蕴藏的巨大商机。他们看中的是技术转化为工程带来的巨大利益，对其潜在风险并不关注。经济理性往往把效率与经济效益奉为绝对目的。因此，最优的技术、符合生态要求的技术因其投资大、收益少未必能转化为工程，而破坏环境的技术却可能因其成本低、收益多实现了转化。在现实中，人们往往为了直接的经济目标而盲目地采用某些技术，污染了环境，危害了人的健康，付出了多方面的难以补偿的巨大代价。

另外，技术专家和工程师往往服务于特定的集团，有的还在所服务的公司拥有股份，可能会以牺牲社会公众或其他不知情人的利益为代价来获取本集团的最大利益。在里夫金和许多反对者看来，不论是那些大型的化学公司，还是基因和农业科学家或工程师，甚至政府的管理者们都是破坏环境的同谋。里夫金抱怨说："绝大多数情况下，名誉和财富的抢夺妨碍了管理规定的制定。政府官员、公司管理人员和分子生物学家相互勾结，保证说转基因作物对环境并无害处。"[8]

技术理性、经济理性，对某些技术和工程而言还可能有政治理性等其他理性，都是有限理性，都是基于不同的预设，都有其不同的目标和偏好，往往缺乏公共性和正当性。

三、公众参与的合理性

公众参与是指一切生活领域的非专业化，以使“普通人”为他们自身的福利负责。参与的方式既包括主动参与，也包括评价组织者的动员参与。随着人们对科学技术发展越来越多的批评和质疑，这种方法是针对现代社会中不确定、不平等问题的一种新的互动式解决途径。它为利益团体、消费者、普通大众、专家以及政策制定者提供了一个交流平台。

（一）公众是技术向工程转化的重要责任主体

如前所述，技术向工程的转化可能具有潜在危害，而公众是工程技术产品的使用者和消费者。因此承担整体社会风险责任的主体并非仅是专家，而是全体社会，公众理应成为建构工程的重要责任主体。技术向工程转化时，如果公众认为工程的安全性和可使用性存在问题，那么该技术就需要在实验中进一步确证或修正，而不应该向工程转化；如果公众觉得工程及其产品带来了方便或利益，并愿意为此承担一点诸如安全等方面的不太大的风险，那么技术就可以向工程转化。当他们参与时，就成为知识和行动的积极主体，他们开始构建他们恰当的人的历史并参加真正发展的进程[7]。

然而，广大公众不是专家，他们能进行合理的判断吗？答案是肯定的。充斥于风险社会中的各种威胁的物质性/非物质性以及可见性/不可见性意味着所有关于它的知识都是媒介性（mediated）的，都依赖于解释。分析这些社会建构的工业现象的所有解释从本质上说都是一个视角的问题。在风险社会中，由技术导致的危险的物质性/非物质性使得自然科学家、社会理论家、新闻工作者、商业管理者和公众在知识的真实性、客观性和确定性等问题上处于相同的结构地位。这就是说，风险的本体论并不保证哪种知识形式拥有特权[4]。

（二）有利于风险的识别和分析

长久以来，技术发展决策一直是专家统治的领域，不具备专门知识的公众被认为无法了解技术的复杂性而被排除在政策参与过程之外。但是随着技术的深入发展，这种观念受到挑战，“民主技术”的理念打破了技术专家与公众之间的界限。虽然就技术和工程本身而言，专家们懂得最多，但在很多情况下尚未探索的未知变量总是多于已有的控制技术。对于工程的真正影响或潜在影响，则是受影响团体了解最多，公众参与将促使决策者在更广泛的范围和更大程度上获得与工程有关的各种信息。作为当地社会生态系统的人文组成部分，普通民众理应能够对风险的预防和灾难的管理说出一些有价值的东西。大众媒体开始越来越频繁地报道当地民众的心声，并认为这提供了一种堪与科学家们的分析比肩的值得信赖的记录。因此，工程的公众参与将有利于风险的识别和分析。

（三）有利于尊重多元利益和价值

在技术向工程的转化中，公众参与强调了对文化、社会和价值因素的考虑，以双向沟通的合作风险治理模式取代了简单的因果思维模式。这种新型技术评价范式希望打破传统技术评价所设定的发展方向，即不断的专业化、科层化，强调效率和效益，而更加尊重多元化利益和价值的存在。技术是人们选择和塑造价值的手段，接受或拒绝某项技术同时也是在对自己的价值做出陈述，也是对自己在这个世界中所处地位的一种理解。当今社会，技术已经成为人类主要的生存方式，它不可分开地与人们认识和评价世界的方式交织在一起。公众可以通过积极参与，承担生态保护责任及社会伦理责任，实现经济的关怀和伦理的关怀的统一，眼前的关怀和长远的关怀的统一。

公众参与技术和工程发展的决策，这种合理性遵循的不是技术内在的发展逻辑，而是技术作为人类实践的历史的发展逻辑。20 世纪 90 年代以来，公众参与已经成为欧美国家技术决策的重要内容，形成了一定的参与模式，并且出现了一些具有现实操作性的实施工具。这些发展使大多数有争议的技术领域都付诸公众讨论和磋商，并且讨论的结果在很大程度上直接影响技术决策的最终导向。

四、技术向工程转化的公共协商

协商民主是当代西方一种新的民主理论与实践形态，简单地说，就是公民通过自由而平等的对话、讨论、审议等方式，参与公共决策和政治生活，它使西方的民主理论和民主实践更加适合全球化和信息时代的现实要求。从根本上说，工程活动是一种既包括技术要素又包括非技术要素的系统集成为基础的物质实践活动。因此，技术向工程的转化不是一种单纯的技术活动，也不是一种单纯的经济活动，而是一种综合活动，是技术与社会、经济、文化、政治和环境等因素综合集成的活动，它不但需要自然科学知识、技术知识，而且同样需要社会科学知识和人文科学知识。那么，谁拥有技术向工程转化的决定权呢？协商民主提供了一种切实可行的路径选择。

（一）进行公共协商

历史在某种程度上已经证明，把改善普通劳动者的希望全部寄托在精英阶层的良心上，未免冒险。如果，由于某些发展的结果而使多种选择不断减少，最终只剩下一种解决办法并坚决显示自己，这种解决办法总是反映支持它的最强大势力的意见，永远不可能公正[9]。公正的解决办法只有在存在相当数量解决办法的情况下才能找到。卢曼认为：无论参与者是否能够，以及在何种程度上能够重塑他们各自的观察世界，努力去培养并行不悖而又大相径庭的沟通渠道，大概总是值得鼓励的。

设计是不完全决定的，也意味着任何技术完美性的主张是未被证明其正确性的。在对象世界内部，一个人确实能够找到关于对象属性的某个局部的最优设计，以及某个对象在特定领域的适当行为的最优设计。我们可以认为算法的完美性在一个对象世界内是可能的。然而就总体的设计而论，现在考虑我们设计工作所面对的项目或公司的语境，最优设计是不可能的。没有参与者的建议、主张和要求的协商，就没有达成完美性设计的有效性综合。各种偏好和技术的偏好，都可以参与对象世界的协商[10]。

按照近年来流行的社会建构主义（social constructivism）的信念，技术决策的主体不应该是精英，而是包括精英在内的社会大众。深受马克思主义影响的技术哲学家A. 芬伯格指出：技术设计需要许多参与者共同协商，如果认为技术设计是个别天才的神来之笔或纯粹的实验室制造，那才是非理性的奢望。技术的设计过程也就是由不同的社会角色参与开发技术的过程。公司的所有者、技术人员、消费者、政界领袖、政府官员等，都有资格成为参与技术的社会角色。他们都致力于确保在技术设计中表达自己的利益。他们通过下面的方式对技术设计施加影响，如提供或撤销资源、按自己的意愿规定技术的目的、使现有的技术安排符合自己的利益、为现存的技术手段安置新的方向等[11]。

时任孟士都公司的负责人沃法雷在公司的网站上谈到："我们的承诺是孟士都将更加认真地听取公众的建议，考虑我们的行动和这些行动带来的影响，我们将负责任地进行我们的工作。我们希望这样可以使我们的公司从一个以科学为重心的公司转变为以科学为基础、兼顾社会责任的公司，一个开明、透明并对所有的股东负责的公司。"[8]

（二）确立初始条件

技术专家和工程师对技术向工程的转化具有不可替代的作用，他们是技术向工程转化的发起者，他们确定了技术向工程转化的初始条件。这个初始条件是公共协商的前提和基点，如果没有这个初始条件，协商就无从谈起了。另一方面，由于该初始条件主要是由技术专家和工程师设定的，在专家和普通公众之间就存在严重的信息不对称。因此技术专家和工程师要承担向公众的知情权负责的义务，他们有义务主动向社会公众介绍和传播相关知识，主动提高公众对技术和工程问题的认识程度和敏感度，帮助公众理解技术和工程。技术专家的意见当然是重要的，因为公众不了解技术系统的结构、机制和过程，而这些都是十分重要的问题。正如皮特所说："置身于技术发生的第一现场，是理解技术运行机制的关键。否则，包括技术哲学家在内的关于技术的话语就有可能成为一种飘浮在空中的意识形态。"

1992 年英国医学协会调查组的报告《我们的基因未来：基因技术的科学与伦理》指出：无论是学术界的还是企业界的科学团体，都有责任以非专业人士能够理解的方式使普通公众了解在基因改进领域的新近进展。学校、广播、电视及图书、杂志和报纸的出版发行单位在向这一目标迈进的过程中同样扮演着重要角色。

弗莱雷在一篇谈“推广还是交流”的论文中讨论农业推广问题时认为：农业推广技术应当是真正的交流或互惠的对话，而不是仅仅由农学专家向农民颁发“公报”。所以，技术推广工作人员必须接受“浪费时间”以便与那些“推广”知识的最终使用者积极对话[7]。

（三）设立边界条件和约束条件

在技术向工程的转化中，工程共同体成员间以及工程共同体与社会其他成员间的不同目标诉求会带来利益冲突，同时在一个价值观多元化与利益分化的社会中，同一项工程在不同的社会群体那里可能会得到不同的价值判断。利益和生存的博弈是推动技术向工程转化的动力，人们在这种情境中如何行动已不再是专家所能决定的。每个人都为自己决策：什么是可以容忍的，什么不能再容忍，这些为技术向工程的转化设置了边界条件和约束条件。例如，厦门 PX 项目原本计划建在厦门市海沧南部区域，在 2007 年 3 月的全国政协会议上，中科院院士、厦门大学教授赵玉芬等 105 名全国政协委员联名签署提案，认为该项目的实施可能导致厦门遭受严重的环境污染，建议该项目迁址。

人类越来越难以预见自己构建的系统的所有行为，包括灾难性的后果。由此，要求工程成为一个更加密切地与社会互动的过程，伦理学家必须参与对话，从伦理维度加以审视，为技术向工程转化设立边界条件和约束条件。伦理学家应同经济计划者和其他解决发展问题的人员一样，有权通过参与对需求社群的行动或咨询，就发展问题发表理论性和规范性的观点。伦理学家比其他发展问题专家更加自觉和有意识地需要实行专业态度革命或转化，断绝与精英价值观的关系以及对它的忠顺，转向尊重和顺应那些因资源转移的“正常”运作而处于无权无势的人们的价值观[7]，参见表 1。

表 1　公共协商

行为主体	理性形式	主要角色
技术专家、工程师	技术理性	确立初始条件
企业家、投资人	经济理性	提供动力机制
社会公众、利益相关者	伦理理性	设立边界条件及约束条件

（四）形成公共理性

生活在一个人为制造的不确定性的全球时代，我们还缺乏足够的理性。高度发达的技术理性和经济理性等都是专家理性，在很大程度上表现为工具理性，是不完全理性或者有限理性，难以开出在风险陷阱中行动的处方。这就需要技术专家、工程师、企业家、投资人、利益相关者以及社会公众的公共协商。具有不同宗教信念、哲学思想、文化背景的主体，都采取一种理性的态度与沟通方式，在自由、平等、公开、公正的基础上，共同进入一个公共的世界，经过交流、讨论、批判、博弈和协调后，取得“重叠共识”，形成一种新理性，即公共理性（图 1）。公共理性属于公民的理性，是共享平等公民身份的人的理性[12]。

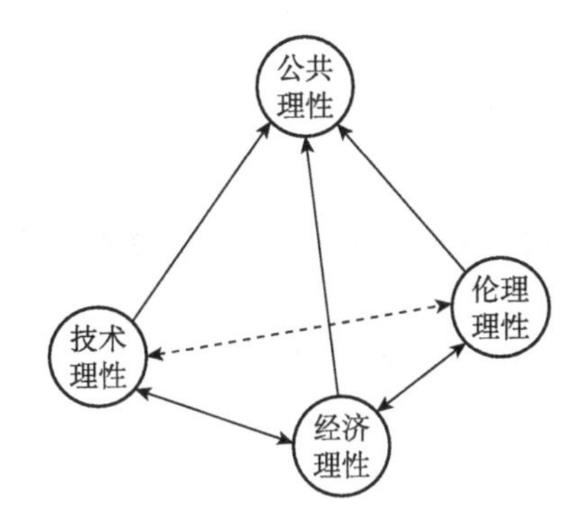

图 1　形成公共理性

通过公共协商，人们努力获取尽可能完备的信息，减少或克服有限理性的局限，在较为充分的信息环境中，理性地做出判断。最大限度地获得信息，并不意味着一定要遵循“多数原则”，而是要注重在公共讨论和相互交流中形成公共价值理念。

各理性主体对该技术工程化可能带来的各种正、负面效应进行分析比较，在自然、社会和人的存在的各方面确立各种特征目标，并且不限于使用单一的货币标准来表示成本和效益，有的特征目标甚至不限于使用数量标准来加以评价。对经济合理性、技术可行性、生态平衡性、伦理公平性等进行综合考虑权衡，形成公共理性。

通过公共协商形成的公共理性是一种利益整合的能力和机制，它把无数分散的甚至相互对立的“利益因子”整合于人类整体的、长远的利益取向之内，从而确定技术是否向工程转化以及在多大程度上、什么范围内向工程转化。

参考文献

[1] 李伯聪．工程哲学引论．郑州：大象出版社，2002：4-6.

[2] 殷瑞钰，汪应洛，李伯聪等．工程哲学．北京：高等教育出版社，2007：71.

[3] Virilio P. Pure War. Los Angeles：Semiotext（e），1983：32.

[4] 芭芭拉·亚当，乌尔里希·贝克．风险社会及其超越．赵延东等译．北京：北京出版社，2005：5，9，41.

[5] 乌尔里希·贝克．世界风险社会．吴英姿等译．南京：南京大学出版社，2004：102-103.

[6] 杰里米·里夫金．生物技术世纪．付立杰等译．上海：上海科技教育出版社，2000：22.

[7] 德尼·古莱．发展伦理学．高铦等译．北京：社会科学文献出版社，2003：14，15，20，109，111.

[8] 哈尔·海尔曼．技术领域的名家之争．刘淑华等译．上海：上海科学技术文献出版社，2008：61，169.

[9] Ellul J. The Political Illusion. New York：Alfred A Knopf，1967：195.

[10] 路易斯·L. 布西亚瑞利．工程哲学．安维复等译．沈阳：辽宁人民出版社，2008：168.

[11] 安维复．工程决策：一个值得关注的哲学问题．自然辩证法研究，2007，（8）：51-55.

[12] 陈嘉明．个体理性与公共理性．哲学研究，2008，（6）：72-77.

工程共同体研究和工程社会学的开拓*

工程是直接生产力。工程活动是人类最基本的社会活动方式。工程活动不但深刻地影响着人与自然的关系，而且深刻地影响着人与人的关系、人与社会的关系。工程社会学就是一个以工程活动为基本研究对象的社会学分支学科。在工程社会学的理论研究方面，“工程共同体”研究占据了一个核心性的位置。

英文的 community，通常被翻译为“社区”“社群”或“共同体”，而 communitarianism 常被翻译为“社区主义”“社群主义”或“共同体主义”。

共同体（community）这个概念首先是由亚里士多德提出来的。亚里士多德《政治学》开篇的第一句话便是“我们看到，所有城邦都是某种共同体，所有共同体都是为着某种善而建立的”[1]。亚里士多德认为最先形成的共同体是家庭，由家庭而形成村落，由村落而进一步形成城邦共同体。1887年，德国社会学家梯尼斯出版了《社群与社团》，对共同体问题进行了比较系统的论述。1917 年，英国社会学家麦基弗出版《社群：一种社会学研究》，进一步拓展了对共同体的认识。20 世纪 80 年代，在西方的学术界，“社群主义”学术潮流异军突起，引人注目。作为社会学领域的一种学术思潮，社群

---

* 本文作者为李伯聪，原题为《工程共同体研究和工程社会学的开拓——“工程共同体”研究之三》，原载《自然辩证法通讯》. 2008 年第 30 卷第 173 期，第 63～68 页。

主义视野中的“社群”或“共同体”不但包括了国家那样的“大共同体”，而且包括了教会、社区、协会、俱乐部、同人团体、职业社团、等级、阶级、种族等“中间性共同体”[2]。本文不涉及社群主义与自由主义的论争和共同体的一般理论，本文关注的“焦点”只是一个特殊类型的共同体——工程共同体①。

在研究工程共同体问题时，库恩关于“科学共同体”的理论可以成为一个特别重要的“理论资源”和“参照系”。由于工程共同体和科学共同体是两个“平行”或“对应”的概念，工程社会学和科学社会学是两个“平行”或“对应”的学科，本文也就适当地注意了运用对比分析的方法。

一、从科学共同体和科学社会学谈起

虽然科学共同体这个概念首先是由英国科学家和哲学家博兰尼（M. Polanyi）提出来的[3]，但这个概念之真正引起普遍重视，不胫而走，广泛流行，主要还是应该“归功”于库恩。

在库恩的科学哲学和科学社会学理论中，“范式”和“科学共同体”是两个最重要的概念。在最初写作《科学革命的结构》一书时，库恩曾经把“范式”和“科学共同体”当做两个可以互相解释或互相“定义”的概念。他说：“一种范式是、也仅仅是一个科学共同体成员所共有的东西。反过来，也正由于他们掌握了共有的范式才组成了这个科学共同体”，“作为经验概括，这正反两种说法都可以成立。但我那本书里却当成了定义（至少部分如此），以致出现那么一些恶性循环”[4]。1969年，库恩在为新版《科学革命的结构》写“后记”时，重新审视了这个问题，他说：“假如我重写此书，我会一开始就探讨科学的共同体结构，这个问题近来已成为社会学研究的一个重要课题”，“我们能够、也应当无须诉诸范式就界定出科学共同体”[5]。这就是说，库恩终于认定：他的理论体系的最基础的概念是科学共同体而不是范式，而“科学共同体”则不但是一个属于科学哲学范畴的概念，更是一个

① 应该注意和需要强调指出：科学共同体和工程共同体都是多义词，在不同的情况和语境下，既可以用于指称“总体”，又可以用来指称总体中的某些不同的“部分”。

属于科学社会学范畴的概念。

科学社会学这个学科的奠基人是美国学者默顿。1938 年，默顿出版了博士论文《17 世纪英格兰的科学、技术与社会》，这本书成为了科学社会学的奠基之作。

令人遗憾的是，由于多种原因，科学社会学的学术方向在很长时间内一直受到冷落。在 1990 年，默顿曾经感情复杂地回忆了科学社会学大约半个世纪的发展历程："如果说，在 20 世纪 30 年代初，科学史才刚刚开始成为一个学科，那么，科学社会学最多只能算是一种渴望。当时在全世界，少数孤独的社会学家试图勾勒出这样一个潜在的研究纲领的轮廓，而实际在这一粗略设想的领域从事经验研究的人就更是屈指可数了。这种状况持续了相当长的一个时期"。"直到 1959 年，美国社会学学会中只有 1% 的会员把更广泛的知识社会学算作是他们相当关心的一个领域，自己承认是科学社会学家的人数更是稀少。"[6]

卡特克里夫说："在 20 世纪 70 年代中期之前，对科学社会学的兴趣一直没有真正以制度化的方式联合起来。除了少数例外，如默顿、巴勃和本-大卫，一般社会学家既不关心作为重要课题的科学也不关心作为重要课题的技术。然而，到了 20 世纪 60 年代后期和 70 年代早期他们却产生了足够的兴趣，这时，面对着仍然不感兴趣的美国社会学学会，由于美国社会学学会规定有 200 个成员就可以建立一个有特殊研究兴趣的分会，一批学者就在 1975 年建立了一个新的独立的科学社会研究学会（Society for the Social Studies of Science，4S）。默顿担任了第一任主席。"[7]

斯托勒在为默顿的论文集《科学社会学》一书所写的"编者导言"中提到了库恩和《科学革命的结构》一书。斯托勒指出，科学共同体是"科学社会学的基本概念"，他又说："从社会学角度讲，在科学社会学能够着手处理一系列其他问题前，有必要确定科学共同体的界限并探索它在社会中的地位的基础"[6]。

历史常常是富于"戏剧性"的。正是在 20 世纪 70 年代中期，以成立 4S 学会为标志，似乎开拓科学社会学的"寂寞"的"探索之旅"就要由"林间小路"进入"宽广而常规的大道"的时候，科学社会学发展的"风向"（或者说"潮流"）却出人意料地出现了巨大变化——以"背离"默顿的科学知识观为基本特点之一的“科学知识社会学”学派崛起了。

4S学会的成立和科学知识社会学的崛起可以被看作是科学社会学的发展进入第二阶段的标志。

如果说科学社会学目前已经有了大约80年的历史，并经历了两个发展阶段，已经提出了一系列有重大影响的理论观点，并且早已成立了专业的学术组织；那么，与之相比，工程社会学目前还仅仅处于酝酿期或胚胎期中。

如果我们“直面实事本身”，那么，容易看出：无论从学术理论发展逻辑来看还是从社会现实生活需要来看，人们都应该努力把“工程社会学”建设成为一个与“科学社会学”并立的社会学分支学科，应该早日使二者成为可以“比翼双飞”的学科。

默顿指出，在研究科学活动时，应该把科学哲学、科学史、科学社会学和其他相关的学科结合起来进行综合研究，这个观点对于研究工程活动也是同样具有指导意义的。

二、工程共同体和科学共同体的若干对比

在进行开创工程社会学的理论建设时，一个首要问题是必须正确认识“工程共同体”的基本性质与特征。

工程共同体和科学共同体是两个虽然有密切联系（绝不能否认这种联系）但却又性质迥异的共同体。我们可以从二者的对比中更清楚地认识二者的基本性质和特征。

1）从共同体的基本目的或核心目标方面看，科学共同体——作为一个整体——的基本目的或核心目标是追求真理，是探索、发现、提出和论证新的科学概念、科学事实和科学规律，是建立、改进和发展新的科学范式、科学理论，是努力愈来愈接近“真理”；而工程共同体——作为一个整体——的基本目的或核心目标是实现社会价值（首先是生产力方面的价值目标，同时也包括其他方面——政治、环境、伦理、文化等方面——的价值目标），是为社会生存和发展建立“物质条件”和基础。

应该强调指出：上述关于科学共同体基本目的的概括虽然与科学社会学发展“第一阶段”的“主流观点”基本一致、相互吻合，但与新兴起的科学

知识社会学的“主流观点”却是有矛盾和冲突的。

默顿提出科学共同体有四条规范（或“精神特质”，ethos）：普遍主义、公有主义、非牟利性和有组织的怀疑主义。欧阳锋说：“在默顿那里，‘dis-interestedness’一词的最基本、最广泛的含义是‘非牟利性’或‘超功利性’。”“非牟利性”规范的合理性突出表现为它可以保证科学系统的自主性和有助于科学制度目标的实现。“它既反对科学家利用科学谋求个人私利，也不主张科学家刻意将他们的工作运用于工业、军事等领域中，主张科学家的中心任务是扩展真知，为科学而科学。”“‘为科学而科学’的信念体现了一种非功利的、超功利的科学理想主义。”“‘为科学而科学’规范对纯科学是适用的，而且是命令性的，但在应用科学中，该规范的适用有很大的局限性，只能作为倡导性规范，起引导作用。”[8]

应该承认，默顿关于科学共同体“非牟利性”的观点是一个有争议的观点，有些学者，特别是新兴起的“科学知识社会学”的许多学者更与之大唱“反调”，甚至公然提出“传统的科学精神气质观念都必须放弃”[9]。但许多科学家、哲学家和社会学家仍然坚持认为：虽然默顿的基本观点必须进行某些修正，人们不应僵化、教条化、绝对化、简单化地认识和解释默顿的观点，但默顿观点的核心精神原则却是无论如何也不能放弃和不可能被推翻的。

从根本上说，科学共同体以追求真理为基本目的，科学共同体本质上是一个“非牟利性”的、“超功利性”的共同体，正是在这个“基本点”上，它与“明确”、“公然”地以“谋求功利”、“追求功利”为基本目的的工程共同体形成了鲜明的对比。

2）从共同体的“成员”或“组成成分”方面看，一般地说，科学共同体由科学家（或者“科学工作者”）所组成，于是，科学共同体就成为了一个由“同类成员”（即科学家）所组成的“同质成员共同体”；而工程共同体却是由工程师、工人、投资者、管理者、其他利益相关者等多种不同类型的成员所组成的，这就使工程共同体成为了一个“异质成员共同体”。

必须强调指出的是：虽然可以承认“科学共同体基本上是由科学家所组成的”，但却绝不可类比或类推性地认为“工程共同体基本上是由工程师所组成的”。在现代社会的工程活动中，工程共同体的不同成员各有其自身特定的、不可缺少的重要作用。

在工程共同体中，工程师无疑地是一个重要组成部分[10]，我们甚至可以说在工程共同体中工程师还成为了具有某种“标志”性作用的成员。从构词关系来看，在许多语言中，工程和工程师都是“同词根”的词汇，而“工人”、“资本家”、“管理者”这些词汇和“工程”之间却没有类似的“构词关系”。

已有国外学者对有关工程师的许多问题进行了相当深入的分析和研究[11]，这些成果我们是必须认真汲取和借鉴的。可是，某些国外学者在研究工程活动时，只注意了工程师的作用，而往往忽视甚至“遗忘”了工程共同体其他成员——特别是工人——所发挥的作用。在一些学者的心目中，工程活动被“简化”为或“归结”为工程师的活动，工程活动被“等同于”工程师的活动，工程共同体甚至被“简单化”地“等同于”“工程师共同体”，这就不正确了。在研究科学共同体时，人们可以完全不考虑工人问题；可是，对于工程共同体来说，工人就成为了一个绝不可缺少的组成部分了[12]。

工程共同体中的另外一个重要组成成员是投资者。如果没有一定的投资，任何工程都不可能成为“现实”的工程，而只能是仅仅存在于设计师的头脑中或存在于图纸上的东西。如果可以把工程师和工人理解为工程活动中“技术要素”的“人格化”，那么，对于工程活动来说，投资者就是“资本要素”的“人格化”了。在谈到“当前”的投资者的时候，人们不但必须注意“大投资者”（包括资本家和法人机构）的作用，而且必须注意“小投资者”的“集体”的力量。从历史上看，在 20 世纪之前的近现代经济发展中，资本家和银行家曾经是最重要的投资者。可是，在 20 世纪后半叶情况发生了很大变化：普通的“民众投资者”的集体力量终于导致了“集土成山”的效果。彻诺说：“恐怕摩根时期的大亨很难想象，将来有一天，由数以千万计的市井小民所汇聚而成的储蓄基金，会成为华尔街资金的主要来源。在一个世纪间，华尔街的大宗金融已经被零售金融取代了。犹如农民冲破牢笼，占领皇宫。小额投资人从股票市场上渺小而容易上当的角色，转变为大多数行情的推动力量。”[13]

由于工程活动是集体性、团体性的活动，在工程活动中管理者也是必不可少的。对于管理者的地位和作用本文就不再饶舌了。

在 1963 年，有人提出了利益相关者（stakeholder）这个新概念。Stakeholder 是 stockholder（股东）概念的泛化[14,15]，据此，有必要在工程共同体的组成成员中，再增加“其他利益相关者”这个“时常变动、边缘模糊、组成复杂”但又绝不可忽视的“成分”。现代工程共同体主要是由工程师、工人、投资者、管理者、其他利益相关者组成的。工程共同体的复杂性不但表现在它存在着复杂的“内部关系”方面，而且表现在它与社会的其他共同体存在着复杂的“外部关系”方面。

在工程共同体内部，各个成员和组成部分之间既存在着各种不同形式的合作关系，同时又不可避免地存在着各种形式和表现程度不同的矛盾冲突关系。在工程共同体的内部网络与分层关系中，既存在着合作与信任、领导与服从类型的关系，也可能存在着歧视与不信任、摩擦与拆台之类的关系。通过共同体成员和内部各组成部分之间的协调、谈判、博弈，工程共同体既可能成为一个和谐的或比较和谐的共同体，也可能是一个内部关系比较紧张甚至濒临瓦解的共同体。此外，在工程共同体的外部关系方面，也存在着类似的复杂情况。

3）在对比科学共同体和工程共同体时，应该特别重视研究和分析二者在“组织形式”或“制度形式”方面的不同。在这方面，科学共同体主要的组织形式是“科学学派”、“研究会”和“自然科学的门类、学科、亚学科共同体”等，而工程共同体的组织形式就要更加复杂了，由于这个问题特别重要，下面本文就把这个问题单列出来进行专门分析和讨论。

三、工程共同体组织形式的两大类型

工程共同体的“组织形式”或“制度形式”主要有两大类型。

工程共同体的第一个类型是“职业共同体”，例如工人组织起了工会，工程师组织起了各种“工程师协会”或“学会”，有些国家的雇主组织起了“雇主协会”。

可是，上面谈到的这类“工程职业共同体”都不是而且也不可能是具体从事工程活动的共同体，实际上，它们也不是为了从事工程活动而组织起来的。

那些可以具体承担和完成具体的工程项目的工程共同体是工程共同体的

第二个类型。它们是由各种不同成员所组成的合作进行工程活动的共同体，我们可以把这种类型的工程共同体称为“进行具体的工程活动的共同体”，简称为“工程活动共同体”。

上文谈到没有工人、没有工程师、没有投资人、没有管理者就不可能完成工程活动，可是如果“仅仅有工人”，或者“仅仅有工程师”，或者“仅仅有投资人”，或者“仅仅有管理者”，也都不可能进行和完成具体的工程活动。在现代社会中的一般情况下，必须把工程师、工人、投资者、管理者以一定方式结合起来，分工合作，以企业、公司、“项目部”等形式组织在一起才可能进行实际的工程活动。如果没有企业、公司、“项目部”等组织和制度形式，“工程活动”是不可能进行的，于是，它们就成为了工程共同体的第二种类型的组织形式和制度形式。

上述“两种不同类型”的“工程共同体的组织形式”（或“亚共同体”）在性质和功能上都是有根本区别的。工会和工程师协会等“职业共同体”的基本性质和功能是维护“本职业群体”成员的各种合法权利和利益，它们不是而且也不可能是“具体从事工程活动”的“共同体”；而企业、公司、“项目部”等“工程活动共同体”的基本的性质和功能是“把不同职业的成员组织在一起”“具体从事工程活动”，它们要“调和”、“兼顾”“不同职业群体”的权利和利益而不能仅仅“代表”“某一个职业群体”的权利和利益。

为什么不同职业的、“异质”的个人“可以联合”和“必须联合”成为一个“工程活动共同体”才能进行工程活动呢？这是一个大问题，本文将仅从以下两个方面进行一些简要的分析。

第一，从认知和心理方面看，“个人”和“社会”可以对一个“工程活动共同体”产生“内部认同”和“外部认同”。

共同体是由个人组成的，如果个人没有对某个共同体的某种形式的最低限度的认同，那么，这个共同体是无法形成和存在的——这是共同体的“内部认同”问题。此外，共同体又只是整个社会的一个组成部分，于是这就出现了社会对该共同体的“外部”“承认”或“认同”的问题。如果没有“社会”的“外部认同”（可以具体表现为“法律”的、“社会习惯”的、“其他社会团体”的“认同”），一个共同体也是无法在社会中“存在”的。

第二，从经济、组织、制度等方面看，任何工程活动共同体都必须建立起维系本共同体的纽带，正是这些纽带把不同的个人维系在一起使之成为了一个“工程活动共同体”；如果连接纽带基本断裂，那么这个“工程活动共同体”就要“解体”了。

对于工厂、公司、“项目部”等“工程活动共同体”来说，其维系纽带主要是：①精神-目的纽带，更具体地说就是某种形式或类型的共同目的，它有可能仅仅是一个“共同的短期目标”，但也可能是“长远的共同目标”，甚至是共同的价值目标和价值理想。②资本-利益纽带，所谓资本不但是指货币资本（金融资本）更是指物质资本（特别是指机器设备和其他生产资料）和人力资本，而这里所说的利益则是指经济利益和其他方面利益的获得及分配等。③制度-交往纽带，包括共同体内部的分工合作关系、各种制度安排、管理方式、岗位设置、行为习惯、交往关系、“内部谈判”机制等。④信息-知识纽带，包括为进行工程建设和保持工程正常运行所必需的各种专业知识、“知识库”、指令流、信息流等。

如果这些纽带的功能发挥得好，共同体就会处于“优良”状态，成为一个“好”的共同体；否则，这个共同体就会处于不同程度的“病态”之中，在极端情况下，还会导致这个共同体的“瓦解”和“终结”。必须特别注意，“工程活动共同体”由于“项目完成”而“正常解体”的情况更是可以经常看到的。

工程共同体是依靠和运用一定的“纽带”把“分立”的“个人”或“亚团体”结合成一个集体或团体的。有了一定的、必要的纽带，工程共同体才可能成为一个有适当结构和功能的“社会实在”或“社会实体”。

四、工程共同体研究的若干方法论问题

最后，本文想涉及工程共同体研究中的几个方法论问题。

（一）关于“直面实事本身”的现象学方法和“语言分析”方法

在20世纪的西方哲学中，“现象学”和“语言哲学”影响巨大。前者提

出了“面对实事本身”这个振聋发聩的“口号”，后者以强调进行“语言分析”而独树一帜。

由于任何学术研究都必须运用语言，于是，“语言分析”便自然而然地成为了一个重要的学术研究方法。可是，绝不能错以为“语言”这个“中介本身”就是“世界本身”，绝不能以对“语言”的分析和研究“替代”对“世界本身”和“实事本身”的研究。

近代著名英国哲学家培根在《新工具》一书中提出了“四假相”说。他认为存在着四种“扰乱人心的假相”：种族假相、洞穴假相、市场假相和剧场假相。其中，市场假相是“一切假相中最麻烦的一种假相，这一种假相是通过词语和名称的各种联合而爬进我们理智中来的”。可以看出，培根所说的“市场假相”实际上就是“语言假相”。培根明确指出，词语有可能在不同程度上歪曲现实，由于存在这种假相，“因此我们看见学者们的崇高而堂皇的讨论结果往往只是一场词语上的争论”[16]。在进行工程社会学研究的时候，必须对这种“语言假相”保持高度的警惕。由于多种原因，人们在这个领域进行语言表达和语言交流的时候，经常会出现许多不同形式的“词不达意”、“言不尽意”、“以词害义”、“张冠李戴”、“移花接木”、“名实不符”、“南辕北辙”的现象，这就使人们不但在“日常语言”中而且常常在“学术语言”中落入各种语言陷阱。

在进行工程哲学和工程社会学研究的时候，由于这个领域中目前还没有一套已经约定俗成的术语，这就使得在进行“语言交流”时有可能出现更加浓厚的“语言迷雾”，使许多人在“语言迷雾中”“迷失客观世界的对象本身”。在进行工程哲学和工程社会学研究时，人们必须把“聚焦”“实事本身”放在第一位，把“直面实事本身”当做首要的方法论原则和要求；而绝不能错以为“语言本身”就是“世界本身”。

由于当前人们对于“工程”、“工程共同体”等“基本词汇”还没有“共同”和“一致”的解释，这就使得在进行工程社会学研究时，人们不得不面对更加浓厚的“语言迷雾”。针对这种状况，必须特别注意把“面对实事本身”的方法和“语言分析”的方法“有机结合”起来，运用这个“两结合”的方法“冲破语言迷雾”“识别语言假相”“跳出语言陷阱”，在“学术探索”中开辟新路。应该努力运用中国传统智慧所倡导的“得意妄言”的精神和方法，努力在“直面实事本身”中辨析意见分歧，不但重视语言分析的方法而且重视“本质直观”的现象学方法，绝不能在理论探索和学术讨论中“死于句下”。

胡塞尔不但倡导“面对实事本身”的精神和方法，而且提出了“生活世界”和“主体间性”的概念，塞尔提出了“社会实在”这个新概念[17]。在研究工程活动和工程共同体时，“面对实事本身和生活世界”、“面对制度实在和社会实在”、“面对社会人和主体间性”应该成为三个基本的理论原则和方法论原则。

（二）关于经验研究和理论研究

工程社会学的理论研究是重要的。如果没有一定的工程社会学理论前提或基础，工程社会学的经验研究——包括调查研究、案例研究、历史研究等——就会因为没有一定的理论框架和理论指导而无法进行，许多人甚至会因为“没有理论”而“想不到”需要进行工程社会学领域的经验研究。另一方面，如果不进行工程社会学的“经验研究”，工程社会学的理论研究就无法建立本身的现实基础，工程社会学这个学科就难以“脚踏实地”地前进和发展。工程社会学应该在“理论研究”和“经验研究”的良性互动中不断地前进和发展。

（三）关于跨学科研究方法运用的问题

工程活动是科学（特别是“工程科学”）要素、技术（特别是“工程技术”）要素、经济要素、社会要素、管理要素、制度要素、政治要素、伦理要素、心理要素、美学要素等许多要素的集成，对工程活动不但必须进行社会学角度的研究，而且必须进行经济学、管理学、哲学、伦理学、历史学等其他角度的研究。除了工程社会学之外，目前还存在着——或应该存在——其他一些以工程为研究对象的学科——“工程科学”“工程哲学”“工程管理学”“工程经济学”“工程伦理学”“工程心理学”“工程美学”“工程史学”等。工程社会学要想走上学科发展的康庄大道，在“内部”必须处理好理论研究与经验研究的关系，在“外部”必须处理好工程社会学和工程科学、工程哲学、工程管理学、工程经济学、工程伦理学、工程心理学、工程史学等学科的关系。只有这两方面的关系都处理好了，工程社会学才能够有更健康、更迅速、更深入的发展。

参考文献

[1] 颜一．亚里士多德选集·政治学卷．北京：中国人民大学出版社，1999：3.

[2] 俞可平．社群主义．北京：中国社会科学出版社，1998.

[3] 迈克尔·博兰尼．自由的逻辑．冯银江，李雪茹译．吉林：吉林人民出版社，2002：57.

[4] 库恩．必要的张力．纪树生等译．福州：福建人民出版社，1981：291.

[5] 库恩．科学革命的结构．金吾伦，胡新和译．北京：北京大学出版社，2003：158.

[6] 默顿．科学社会学．鲁旭东，林聚任译．北京：商务印书馆，2003：ii-iii，12－13.

[7] Cutcliffe S H. Ideas，Machines and Values. Lanham：Rowman & Littlefield Publishers，2000：23.

[8] 欧阳锋．默顿的科学规范论研究．厦门大学博士论文，2006：123，131，134.

[9] 迈克尔·马尔凯．科学与知识社会学．林聚任等译．北京：东方出版社，2001：95.

[10] 李伯聪．关于工程师的几个问题．自然辩证法通讯，2006，(2)：45－51.

[11] Collins S，et al. The Professional Engineer in Society. London：Jessica Kingsley Publishers，1989.

[12] 李伯聪．工程共同体中的工人．自然辩证法通讯，2005，(2)：64－69.

[13] 彻诺．银行业王朝的衰落．公涵译．成都：西南财经大学出版社，2004：63.

[14] Martin M W，Schinzinger R. Ethics in Engineering. New York：McGraw-Hill，2005：29.

[15] R. 爱德华·弗里曼．战略管理．王彦华，梁豪译．上海：上海译文出版社，2006.

[16] 培根．新工具．许宝骙译．北京：商务印书馆，1984：20.

[17] Searle J R. The Construction of Social Reality. New York：The Free Press，1995.

工程创新的一般性质*

当前，“创新”（innovation）已是耳熟能详的经济学概念。熊彼特（Joseph A. Schumpeter）最先确立了这一概念并以此为起点建立了自己的经济理论体系。在他看来，所谓创新，就是“建立一种新的生产函数”，在生产体系中引入生产要素的“新组合”。具体包括五个方面：引入新产品、引入新工艺、开辟新市场、控制原材料的新供应来源、建立新的企业组织[1]。其中，新产品和新工艺的引入可统称为“技术创新”，并被认为是经济发展的更为根本的因素。这样，相对于孤立的发明，技术创新作为技术的商业化应用过程，就具有了迥然不同的经济学意义。不过，与“技术创新”概念相比，“工程创新”还是一个新近提出的理论概念。那么，有必要创用工程创新这一概念吗？工程创新相对于技术创新究竟有什么独特之处？本文试图通过展示工程创新的系统观，通过将工程创新理解为异质要素的集成过程、行动者网络的建构和结构化过程，初步勾画工程创新的复杂特性和社会形象，并据此引出涉及工程教育、工程中的公民参与和工程创新原则的若干启示。

---

* 本文作者为王大洲，原题为《试论工程创新的一般性质》，原载《工程研究》（年刊第2卷），2005年，第73～80页。

一、技术与工程的关系

李伯聪教授在《工程哲学引论》中系统阐述了科学、技术和工程的三元论，由此为工程哲学的研究奠定了基础[2]。为了本文的目的，作者首先基于汉语世界和英语世界日常语言中的“技术”和“工程”两个词的用法，就技术和工程的关系进行一点语义上的补充辨析。

在中文里，“工程”早已成了一个大众词汇。我们不仅说“三峡工程”“曼哈顿工程”，还说“希望工程”“菜篮子工程”“形象工程”“名牌工程”“精品工程”“211 工程”“五个一工程”等，不一而足。这里的“工程”显然等价于英文中的“项目”（project）或“计划”（initiative）——英文里的三峡工程是 The Three Gorges Project，曼哈顿工程是 The Manhattan Project，很难看到 The Three Gorges Engineering 或者 The Manhattan Engineering 这类表达，除非是我们中国人的“硬译”。在上述中文表达里，“工程”一词都不能被置换为“技术”，例如，我们不会说“三峡技术”“菜篮子技术”“希望技术”“211 技术”等。不仅如此，我们常说“技术转移”，但决不会说“工程转移”；我们说“技术进步”“技术发展”，不大说“工程进步”和“工程发展”。这些例子足以说明，在中文里，工程不能化约为技术，技术也不能取代工程。尽管工程中包含着技术因素，但工程的综合性和目的指向性都要比技术明显得多。

“工程”在英文中的对应词汇是 engineering，这个动名词衍生自动词 engineer（建造、设计），两者都包含着行动（action）、做（doing）之意，而这是中文“工程”一词所不具备的。如在英文中可以说“engineering this world”，或者“to engineer engineering education”等，但显然中文的对应表达肯定不会用“工程”这个词。就工程与技术的关系来说，在英文中，技术（technology）大体上属于知识和能力的范畴，但工程则是一个行动范畴。因此不能将“技术”用做动词，说“to technology this world”（技术这个世界），英文中的 technology，按其希腊词源，来自 techne（意思是 art 和 craft）和 ology（意思是 word 和 speech），意思是对技能和手艺进行的言说或理论化。另一方面，动词 engineer 包含着谋划、独创的意味，to engineer：意味着 to be ingenious，工程师们（engineers）所做的事情一般说来是 ingenious（有独创性的）。事实上，英文中的 ingenuity（独创性）和 engineering（工程），以及法文中对应词 ingéniosité 和 ingénierie 都有同样的拉丁文词根。

这就可以理解，为什么英国人说好的工程师或学生是 engineer-minded，但绝不会讲是 technician-minded；说他们具有 engineered-eyes，但肯定不是 technical-eyes，估计这是工程的整体性和独创性在起作用。另一方面，找工作的人会形容自己想要找一份 technical（有技术成分的）job，而不会讲自己要找一份 engineering job，则可能意味着后一种表达太“不具体”。总的来看，要成为一个好的工程师，你就必须是一个好的技术人员，但是，一个好的技术人员未必就是一个好的工程师。换言之，所有工程师都可以算做技术人员，但是，并非所有的技术人员都可被称为工程师。例如，棉纺工人、车间工人和飞行员等都是技术人员，但他们并不进行工程意义上的组织、设计和规划，因而他们都不是工程师。正是“组织”“设计”“规划”这类含义将工程从更为一般性的技术活动中筛选出来[3]。

从上述比较可以看出，尽管中英文表达存在着一些差异，但两类表达都体现了工程具有相对于技术的独特之处，两个概念在不少情况下难以互换使用。因此，在技术和工程的关系上，至少可以概括如下几点：①工程是各类技术的集成，没有技术就没有工程；②工程负载着明确的目的，本身就蕴涵着规划、谋划的意思，是手段和目的的综合体，而技术基本上等价于手段；③工程的本源是机巧、谋略和行动，技术的本源是技能和知识（knowing-how）；④工程可以是静态的物质化的存在，技术则只能是体现在人体、书本和物质现实中的非物质化的知识和技艺。

二、从技术创新到工程创新

既然“工程”不同于“技术”，看来“工程创新”似乎也就不能等价于“技术创新”。那么，工程创新和技术创新究竟是什么关系？

其实，从词源上看，“工程”本身就意味着创新。“世界上没有两项完全相同的工程，没有创新，就没有工程。”即便从技术角度看，有些工程可能没有什么新意，但如果在特定地域建起一座常规的桥梁、大坝、核电站为一方百姓造福，改变了当地人民的生活方式，那么，这项工程无疑就是一项创新，因为它具有创新的内涵——熊彼特意义上的“创新”内涵。

这一点，已经可以表明，作为创新的“工程”或者“工程创新”与技术创新的确有所不同。工程创新中可以包含技术创新，但也可以不包含技术创新，毕竟许多工程从技术层面看，不过是一种简单的复制。当然，在很多情况下，要完成一项工程，既需要进行组织创新，又需要进行技术创新，这时的工程创新就是技术创新和组织创新的统一体。例如，三峡工程建设，既需要应用大量的新技术，又需要通过移民等方式创造性地解决当地居民的生活问题。那些具有深远意义的“工程创新”，则往往是那些建立在全新科学和技术基础之上并最终开辟新产业空间的工程创新。

另一方面，当前国内外对技术创新的研究已相当深入。人们不仅研究作为“发明的首次商业化应用”的孤立创新，而且研究技术创新牵涉到的方方面面，如技术系统的变革和技术-经济范式的转型、创业投资、产业演化过程、技术创新与组织创新，以及制度创新之间的关系乃至国家创新系统等。既然如此，在这样一个大视野下来看技术创新，似乎又可以将工程创新纳入到技术创新的名下进行研究，似乎可以将工程创新看作技术创新的一个环节——工程化过程或者工艺创新过程。那么，又为什么要别出心裁，创用“工程创新”的概念呢？一个可能的回答是，用该词来表达工程过程中的创新，可以引起人们对具有“工程创新”独特之处的特别关注，而这一点可能正是制约我国创新问题有效解决的瓶颈因素。

综合上述考虑，我们可以将工程创新理解为人类利用物理制品对周围世界进行重新安排的过程，是一个包括问题界定、解决方案的提出和筛选、工程试验和评估、实施和运行等环节的知识与社会力量发生物质化的过程。正是通过这个过程，技术因素、社会因素和环境因素等彼此关联而成为一个复杂的系统。换言之，作为一个异质要素的集成过程，工程创新中往往包含着技术创新和社会发明，这个过程的重要产物就是一个具有新质的“工程系统”和“生活方式”的出现。因此，可以说，系统性、集成性、复杂性、社会性和创造性构成了工程创新的典型特征。

三、工程创新的系统观

工程创新的产物是一个工程系统。这是一个层级系统，包括材料、元器件、装置、子系统、系统、宏观系统等不同层次。这些层级之间在一定程度上是可分解的（decomposable），因而各个层次可以进行相对独立的工作，使得分工创新成为可能。可以说，工程创新不是凭空发生的，它往往是参照现有的工程系统来展开的。就此而言，我们可以将工程创新分为四类：工程系统的移植创新、工程系统中的孤立创新、工程系统的全面创新、工程系统的替代创新。当然，松散组合的工程系统（交通系统/空中交通管制系统）和紧密组合的工程系统（飞机），在四类创新的发生和发展机制上会有所不同。在所有这些创新中，许多都位于底层和中层位置，如新材料、新装备、新器件、子系统的开发等，而与此同时，高层系统保持稳定。那些具有重大影响的创新则是宏观工程系统的创新。例如，19世纪后半叶，美国的煤气照明系统被爱迪生的电照明系统所取代，就是一个突出的例子。

在人们的心目中，一提起爱迪生，自然就会想到他是一个发明家，仅在美国就曾拥有千余件发明专利。不错，爱迪生的确做出过很多发明。但是，爱迪生更是一个伟大的技术创新者和工程创新者。爱迪生的伟大，不仅仅在于他进行了许多孤立的发明，不仅仅在于他将特定发明转化成了一件件的产品，更在于他是新的工程系统的创建者，在于他所进行的每项发明都是基于对社会/工程系统的深刻把握来进行的。在他主导的创新活动中，科学的、技术的、经济的、社会的、政治的因素都被考虑在内；用户、供应商、竞争者、政府、议会、技术工人的培训等，都被一一安排[4]。可以说，爱迪生是一个具有大视野和大工程观的人，是一个真正的工程创新者，是一个推动技术经济范式转型的伟大创新者。

就此而言，提出“工程创新”概念的一个重要意义，就在于建立工程创新的系统观念，引导人们对复杂的工程系统之根本变革的关注。其实，大尺度工程系统或者技术-社会系统（交通、保健、能源、通信等）是21世纪工程创新的重要对象，它们都是跨学科的综合性工程问题。在这里，蕴涵着最为重要的工程创新机会。当前，大多数工程人员的注意力都放在了工程系统的中观或微观层面，因为这容易取得即时收获——结果清楚、正面收获容易、失败的风险小。这很正常，但是，对于整个社会来说，更为重要的事情，则是将注意力从中观系统转向宏观系统，并基于新的技术发明寻找根本性变革或替代现有宏观工程系统的机会[5]。所有这些，都需要政府、企业和大学的携手参与。一些宏观工程的创新，甚至超过一个国家的边界：全球定位系统、太空开发系统等，这些则需要国际合作。

四、工程创新作为异质要素的集成过程

要把握工程创新，还需要就工程创新的过程来加以分析。我们可以将工程创新理解为一个要素集成过程，理解为一个网络建构过程，理解为一个结构化过程。这些从不同侧面为我们勾画了工程创新的形象。

工程既不同于科学，也不同于人文，而是在人文和科学的基础上形成的跨学科的知识与实践体系，具体体现为以科学为基础对各种技术因素、社会因素和环境因素的集成。既然如此，工程创新就必然是一个对异质要素的集成过程，工程创新者所面对的必然是一个跨学科问题，在工程创新过程中势必要认真关注工程的异质特性、社会维度和伦理维度。

其实，正是各种技术的彼此渗透和融合，才为新技术的产生和工程的实施提供了前提；只具有特定专业技术知识的工程人员，其创造性将会大打折扣。“学科”包括工程科学是笛卡儿还原主义的产物，这种还原就促进人类知识的增长而言是必要的，但是在解决人类面临的复杂的大尺度的现实工程问题时，任何单一的学科都是很不充分的。只有将科学知识、技术知识、财务知识、营销知识、法律知识、美学知识乃至人类学知识等整合进工程之中，只有在工程创新中实现各类利益关系的调和、各类社会因素的整合，只有在工程创新中做到人、技术与自然环境的和谐共存，才能通过工程创新创造出令各方满意的“优质工程”。

在这样一个对异质要素进行集成的过程中，需要匹配各种要素，需要调和各类需求，需要进行复杂的权衡。可以说，“权衡”（trade-off）是工程的生命，工程决策者和工程师必须懂得在物理的、生物的和社会的因素之间进行权衡，这里并不存在一个理性的程序和最优解。

五、工程创新作为行动者网络的建构过程

如果说，工程创新是一个异质要素集成的过程，那么这些被集成的要素对于创新者来说并不是给定的、随意可用的，只有当这些要素被识别、被认知、被调动、被转译（translation）进行动者网络（actor network）之中，它们才能发挥作用，而这些调动和转译同样不是随意的、单向的，而是一个双向的、多向的相互作用过程。行动者网络就是多向冲突和对话的产物。因此，从行动者网络理论的视角看，工程创新也是一个行动者网络的建构过程。随着工程创新行动的展开，一个包括人和非人行动者的行动者网络将脱颖而出，行动者就是构成这个网络的异质实体。

在行动者网络的形成过程中，转译发挥着关键作用。转译是一个行动者通过相关机制和策略识别出其他行动者或要素，并使其彼此关联起来的过程，由此，每个行动者都建构一个以自己为中心的世界，这个世界是他所力图联结并使其依赖于自己的各种元素的一个复杂的变化着的网络[6]。转译是一个运用策略的过程，通过转译要使别人接受自己的问题界定，使别人确信需要解决的仅有的问题就是自己的方案所设定的问题，确信遵照自己的安排，工程就能取得成功，从而接受自己的开发议程，加入到技术开发中来。如果每个相关实体都被说服认可这个计划，那么转译就达到了成功。每个实体就在行动者网络中扮演自己的角色，并彼此关联。行动者网络的组织包含双重的过程，即简化（simplification）和并置（juxtaposition）。只有得到适当简化的行动者才能够被并置到网络中，而被简化的行动者也只有被置入网络，才能获得意义。网络中的行动者在网络中都发挥着特定的作用，对于该网络来说，都是不可或缺的。而每个行动者要想发挥作用，必须调动其他行动者，形成自己的网络，而且也只有这样，他才能获得与其他行动者讨价还价的能力。

因此，工程创新成功与否，关键在于创新者的策略。工程创新过程始终就是一个利益冲突和相关行动者彼此斗争的过程。需要思考的关键问题是：要说服谁？被说服的人的抵抗力有多强？应搜集什么样的资源？创新计划应

做什么样的转变？创新计划是否被看作黑箱而不被质疑？如果被一些行动者质疑，又应该做什么样的转变？[7]可以说，工程创新方案的确定，各个子问题的分解，相应角色的招募，行动者网络的产生等，都不是一劳永逸的事情。总之，工程创新是一个行动者网络的建构过程，是一个翻译和磋商过程，是创新可能性的建构及其实现过程。

六、工程创新作为一个结构化过程

社会学家吉登斯（Anthony Giddens）的结构化理论，也可以被用来理解工程创新。在他的理论中，所谓结构，是指社会再生产过程中反复涉及的规则和资源。规则又包括两类，规范性要素和表义性代码，而资源则包括权威性资源和配置性资源。这些规则和资源在日常生活中相互交织，带来社会整合和系统整合，构造了人与人彼此互动的时空区域，带来了人们习以为常的生活惯例。惯例形成在人们的实践之中，并能通过反复实践而在人们的意识中促发一种指导人们行为举止的实践意识，使人们反思性地监控自己的行为，为人们提供本体性安全感和信任感。结构具有二重性，它一方面可以为行动提供路径，另一方面还为行动提供约束，这就是约束性和使动性的统一[8]。

工程创新实际上就发生在这样的结构中。一方面，社会场景的固定化，使得社会场景成为无意识的背景，成为黑箱而不加质疑，人们就可以一心创造基于这个平台的新事物，营造新的生存空间。但是，另一方面，如果人们质疑生存的本体基础，意识到固化本身带来了问题甚至灾难，这也将引导人们反思当下的工程，进行更深层次的创新，包括工程创新。因此，工程创新的实质，就在于打破惯例，创造出新的生活形式，创造出新的语言，而根本性的工程创新，更是一个打破结构、重建结构的过程。它的执行将重新构造我们的时空感觉，它的完成将带来一种时间和空间的“区域化”。它把人的社会活动场景“固定化”，通过工程的运行促发日常生活中惯例的形成，从而使人的实践意识固定在特定的客观场景之中。这正是一个结构在日常生活中发生改变和重构的过程，也就是“结构化”（structuration）的过程。

如此看来，工程创新的过程，当然也就是一个社会创新的过程——形成新的生活常规、时空区域、新的语言和社会系统。通过工程创新，新的生活方式将一并建构出来。换言之，从事工程，就是从事一种生活的建设；建构一项工程，就意味着营造一种新的生活方式。三峡工程对当地居民生活的重大影响就是一个明证。

七、结　　论

工程活动本身就意味着创新。工程创新不等于技术创新，工程创新往往既包含着技术创新又包含着组织创新和社会创新。工程创新是一个异质要素的集成过程，工程创新是一个行动者网络的建构过程，工程创新是一个结构化过程。工程创新的结果则是复杂的工程系统和新的生活方式的呈现。从本文粗浅的分析中，我们可以引出如下几点启示。

首先，既然工程嵌入在社会生活之中，工程创新意味着重构我们的生活，那么对工程教育来说，就应该采用系统的教育方法，练就工程人员的整体思维能力，使他们具备跨学科的知识背景，具有深刻的人文关怀，使得未来的工程师们能够承担起自己的一份责任，谨言慎行，对工程的社会后果保持敏感。

其次，对于工程决策而言，民众往往是工程创新的利益相关者，是行动者网络中的一员，他们有权力参与影响他们切身生活的重大工程创新的决策和实施。由此，工程决策对公众而言不应再保持为一种黑箱，社会应鼓励社会群体真正作为有资质的“行动者”，介入工程评估活动，从而促成重大工程创新决策的民主化，从根本上将未来可能发生的利益冲突尽量解决在工程实施之前，尽量消灭在萌芽之中。

再次，对于工程创新来说，工程既然是各类要素的复杂集成，那么，为了提高创新成功的几率，就应该充分采用计算机仿真等新的虚拟实践手段，首先在赛博空间中进行集成，通过模拟自然界、模拟工程系统、模拟社区，进行大尺度工程系统创新的试验和评估。这样，通过虚拟的规划、设计、建造、评估，而后再进行实际的建造和集成，就必然降低工程创新的总体风险和不确定性。

最后，鉴于当今的工程系统往往具有复杂性、混沌特性和离散特性，其运行后果甚至从理论上来说都是不可预见的[9]，在这种情况下，我们应该进一步考虑工程系统设计的原则，以便能够做到，例如，工程创新可以失败，但是不至于造成重大灾难，不至于因为一个地方的失灵而一下子影响了全局。人文主义者芒福德（Lewis Mumford）等人反对巨型机器的一个原因，就是巨型系统的不可控性[10]。当然，随着知识的增长，随着工程设计准则的改进，“不可控性”本身可能也在演化——过去的巨型工程，现在看来可能微不足道；现在的巨型工程，可能在过去不可想象。我们期待的是，人类进行工程创新的能力可以不断改进，人类驾驭自然的能力能够不断提升。

参考文献

[1] 熊彼特．经济发展理论．何畏等译．北京：商务印书馆，1990.

[2] 李伯聪．工程哲学引论．郑州：大象出版社，2002.

[3] Vincenti W G. What Engineers Know and How They Know It：Analytical Studies From Aeronautical History. Baltimore：Johns Hopkins University Press，1990.

[4] Hughes T P. Network of Power：Electrification in Western Society，1880—1930. Baltimore：Johns Hopkins University Press，1983.

[5] Coates F. Innovation in the future of engineering design. Technological Forecasting and Social Change，2000，64：121－132.

[6] Callon M. Sociery in making：the study of technology as a tool for sociological analysis//Bijker W E，Pinch T，Hughes T P. The Social Construction of Technological System. Boston：MIT Press，1987：82－103.

[7] Latour B. The prince for machines as well as for machinations//Elliot B. Technology and Social Process. Edinburgh：Edinburgh University Press，1988：20.

[8] 安东尼·吉登斯．社会的构成．李康，李猛译．北京：生活·读书·新知三联书店，1998.

[9] Wulf W A. Engineering ethics and society. Technology in Society 2004，26：385－390.

[10] Mumford L. The Myth of the Machine：The Pentagon of Power. New York：Harcourt Brace Jovanovich，1970.

工程创新和工程人才*

自熊彼特提出创新理论以来，“创新”这个概念不胫而走，各方面的创新意识日益增强，“创新研究”逐渐成为了一个研究范围日益扩大的研究领域。在这个领域中，新概念、新思想、新课题不断涌现，目前，形势的发展又向我们提出了把工程创新作为一个研究重点的新要求。

一、工程创新应该成为创新研究的新重点

一般地说，现实生活中的主要对象同时也应该就是理论研究的主要对象。由于在现实生活中，工程创新是创新活动的主战场，于是相应地，“工程创新”也理应成为“创新研究”这个理论舞台的中心主题，可是，目前的实际情况却并非这样，“工程创新”还未明确地成为一个“独立”的研究主题和研究区域，对于工程创新的内涵、要素、特点、性质、案例分析、历史发展规律、社会作用和影响等问题很少有人研究，这种情况是急需改变的。

“工程创新”是“创新研究”的新重点，我们应该努力对这个主题开展跨学科和多学科研究，争取尽快取得新的研究成果。工程创新中亟待研究的问题很多，殷瑞钰院士已经对工程创新的许多重要问题做了很好的分析，谈

---

* 本文作者为李伯聪，原载《工程研究》(年刊第2卷)，2005年，第28～42页。

了许多精辟的观点，本文将着重于工程人才问题谈一些粗浅的看法，希望能够抛砖引玉，引起更深入的研究和讨论。

二、从资源角度看工程知识和工程人才

从工程的角度看人才（本文主要讨论工程人才），人才问题既是“动力”和“主体”问题，同时也是“资源”问题。

资源有两大类：自然资源和人力资源。在认识自然资源方面我们曾经走了一段曲折的道路。在很长一段时间中，许多人都认为自然资源是无限、无穷的，没有想到这方面还存在着严重的问题。1972 年，罗马俱乐部的报告《增长的极限》首次向世人敲响了资源有限性和稀缺性的警钟。尽管这个报告的许多具体内容是有缺点的，但它确实向全世界敲响了一个振聋发聩的警钟。随着形势的发展和认识的深入，在今天的世界上，许多人都对这个自然资源稀缺问题有了更深入的认识，许多人甚至有切肤之痛的认识。

在对人力资源的认识上，我们是否还要继续走曲折的道路呢?

我国是世界第一人口大国，中华民族是勤劳智慧的民族，可是，我们却不能由此笼统地得出我国必定人才丰裕的结论。相反，我们必须正视：人口众多与人力资源短缺同时存在并且二者在许多方面反差强烈乃是我国的一个基本国情。

尽管在 20 世纪上半叶，人类经历了两次世界大战的劫难，可是，世界仍然以迅雷不及掩耳之势进入了所谓“信息时代”或“后工业化社会”时期。20 世纪末，有人又提出了“知识经济”这个新概念，许多人认为，在知识经济时代，知识成为了最重要的资源。

应该如何认识“知识资源”的性质和特点呢?

知识资源和物质资源相比，二者有许多相似之处，同时，二者也有许多根本的区别。有人认为二者有四点区别[1]：第一，物质资源是可以用尽的，知识则可以生生不息。取之不尽是知识资源的最本质特征。第二，物质资源的扩张是有限的，知识却可以无限扩张。第三，物质资源只能是物理上的换位，知识则可以充分共享。第四，物质资源是有形的，知识是无形的。

虽然我们应该承认上述分析是有一定道理的，但那种笼统地认为“物质

资源稀缺有限而知识资源无形无限”的观点却是必须要加以修正的。我们必须清醒地认识到：不但物质资源是稀缺有限的，而且知识资源和人力资源也是稀缺有限的。虽然我们可以承认知识资源在“潜能”方面是“取之不尽”的（其实，物质资源的“潜能”实际上也是“取之不尽”的），可是，从“现实”情况方面来看，我们又必须承认：任何具体时代、具体国家、具体企业、具体个人的知识都是有限的——从这个方面看，知识的“现实状况”永远都是处于有限状态和稀缺状态的。

知识资源和自然物质资源的一个根本区别是：在自然界存在着多种形式的天然资源，而所有的知识都是人类精神创造活动的结果，不存在“天然”的知识，而这个区别却又在强化——而不是消解——知识资源所具有的稀缺性。

许多人说当代社会是“知识爆炸”的时代。我们确实应该承认知识爆炸现象的存在，但我们必须注意和看到问题的另一方面：知识爆炸现象的出现并没有改变知识仍然稀缺这个基本状况或事实，并且它还空前严重地加剧了“知识相对稀缺”的范围和程度。

从理论上看，“知”和“无知”是一对矛盾。如果我们把人类知识的范围比喻为一个圆圈，圆圈之内代表人类的知识的范围，圆圈之外代表人类无知的世界，那么，容易看出，随着人类知识范围的扩大，人类在感觉到自己知识圈扩大的同时，也在同时感觉到自己“无知”的“边界”更大了。人类在信息时代无疑地要比原始社会时期在更大范围中更强烈地意识到自己的“无知”。

在知识刚“创造”出来的时候，必定只有很少数的人（极端情况下是只有一个人）“掌握”（即“知道”）“新知识”，而其他国家、地区的人则需要通过传播或共享的过程来掌握那个“新知识”。

知识在通过学习、传播而共享的过程中要出现“时间滞后效应”，于是，这就形成了“知识空间分布”上的“不均匀”现象——知识的“地域分布”（包括知识的国家分布、地区分布、企业间分布等）和“人际分布”都不可能是“均匀”的。

知识稀缺可分为“绝对稀缺”和“相对稀缺”两种类型。我们可以把不能通过知识传播或知识共享而得到的知识称为“绝对稀缺的知识”，它包括两种情况：一种情况是指全人类都还没有人获得的知识（例如尚未完成的发明）；另一种情况是指虽然已经有“其他人”获得了“这个知识”，但这个“其他人”“严密封锁”知识的“传播通道”，使得“别人”无法通过传播或共享的方式获得“这个知识”。在这两种情况下，进行“自主的知识创新”就成了得到“绝对稀缺的知识”的唯一方法或途径。

与“绝对稀缺的知识”不同，“相对稀缺的知识”是可以而且应该通过传播和共享的方法来获得的——当然这里也还存在着一个如何使知识传播的“速度更快”和“代价更小”的问题。

应该强调指出：在人类的知识总量中，工程知识——包括工程规划知识、工程设计知识、工程管理知识、工程技术知识、工程经济知识、工程施工知识、工程安全知识、工程运行知识等——不但是数量最大的一个组成部分，而且从知识分类和知识本性上看，还是“本位性”的知识而不是“派生性”的知识。

当前在国内外都有一种颇为流行的观点认为：即使可以承认古代的工程知识不以科学知识为前提或基础，但在现代社会中，工程知识乃是（单纯）应用科学知识的结果。这种观点实际上是把工程知识解释为科学知识的“派生知识”，虽然这种观点相当流行，但它却在很大程度上是一种对工程知识“本性”的误解。

应该怎样认识工程知识的本性？这是一个广泛涉及和影响到哲学、历史学、教育学、经济学、心理学、社会学等许多方面和领域的大问题。美国学者哥德曼认为，工程有自己的知识基础，绝不应也不能把工程知识归结为科学知识。他指出：不但在认识史上科学不是先于工程的，而且在逻辑上科学也不是先于工程的。不但古代是这样，而且现代社会中也是这样。哥德曼尖锐地批评了西方哲学根深蒂固的轻视甚至歧视实践的传统，他坚决反对把工程简单化地说成是科学的应用，极力主张哲学家应该把工程当做一个独立的研究对象，建立工程哲学这个新的哲学分支[2]。

著名美国技术哲学家皮特在《工程师知道什么》一文中深入地剖析和批评了那些在贬义上讽刺工程知识是“食谱知识”的错误观点，他认为：“没有事实根据说科学和技术每一个都必须依靠另一个，同样也没有事实根据说其中一个是另一个的子集”。他还明确主张：“工程知识被证明要比科学知识更加可靠。”[3]美国职业工程师文森迪在其名著《工程师知道什么以及他们是怎样知道的——航空历史的分析研究》一书中，结合具体案例的分析无可辩驳地阐明了绝不能把工程知识归结为科学知识[3]。

工程知识与科学知识既有联系又有区别，工程知识有其特殊的本性和特殊的重要性，那种认为工程知识比科学知识“低一等”的观点是十分错误的。对于目前在我国普遍存在的严重低估工程知识的本性、地位、作用和重要性的现象，我们再也不能“习以为常”了，我们应该采取积极态度和有力措施努力改变这种现象。

人不但是知识的创造者，而且是知识的“载体”，是知识的拥有者和传播者。因而，知识问题在本质上乃是人的问题，从而，知识稀缺问题在本质上也就是人才稀缺问题。

如同知识稀缺可分为“绝对稀缺”和“相对稀缺”两大类一样，对于人才稀缺我们也可以作类似的划分。一般地说，人才的“绝对稀缺”应该通过“自主培养”的方法来解决，而人才的“相对稀缺”则可以通过人才引进和人才流动的方法来解决。当然，应该注意，这个划分在许多情况下也不是绝对的，二者并不存在绝对的界限。

三、工程人才的“基本构成”

工程人才研究的一个基本问题是工程人才的“基本结构”或“基本构成”问题，而要确定工程人才的基本结构又需要先明确工程活动的基本性质和主要特点。

工程活动中包括了物质要素、技术要素、经济要素、管理要素、社会要素等多种要素。工程活动的基本特点是在其中实现了“人力流（包括适合于各种不同‘岗位’的‘人力资源’）”“物质流（包括土地、材料、机器设备等）”“货币流（包括投资、借贷和其他形式的金融与货币）”“信息流（包括设计方案、技术知识、管理指令、内外反馈消息等）”的结合和集成，“四者”互相配合、互相渗透、缺一不可。工程活动的结果可能是实现甚至“超越”最初的设想或目标，但也可能出现南辕北辙的失败或其他意想不到的结果。

参与工程活动的人员的具体类型是多种多样的，例如资本家（或投资者）、企业家（或其他“职务”的领导者）、管理者（包括中下层管理者）、设计师、工程师（包括研发工程师、生产工程师、安全工程师等）、会计师、工人（包括技师）等，为分析的方便，本文中把参与工程活动的人员“简化”为四个“基本类型”：投资人、企业家、工程师和工人。

在工程活动中，这四种类型的人员各有自身特定的、不可取代的重要作用。如果把工程人才比喻为一支军队的话，工人就是士兵，企业家相当于司令员，工程师是参谋部和参谋长，投资人相当于后勤部长。从功能和作用上看，如果我们把工程活动比喻为一部坦克车，那么，投资人可比喻为油箱和燃料，企业家可比喻为方向盘，工程师可比喻为发动机，工人可比喻为火炮，每个部分对于整部机器的功能都是不可缺少的。

在研究工程人才问题时，我们既要分别对投资人、企业家、工程师和工人这四类人才进行分类性的研究，又需要对这四类人才进行整体性、协调性和系统性的研究。

不同类型的人才有不同的特点和成长规律。科学人才有科学人才的特点和成长规律，工程人才有工程人才的特点和成长规律。在工程人才中，企业家、工程师和工人的特点和成长规律又有所不同。我们应该既承认不同的人才在成材规律上有共性之处，同时又要高度重视不同类型的人才在成材规律上各有特殊之处。我们要认真研究各种工程人才的不同成材特点、培养规律、成长道路、成材环境和成材条件，我们不能以对科学人才的认识“取代”对工程人才的认识，更不能把工程人才看成是科学人才的“从属部分”，至于那种认为科学人才要比工程人才“高”一等的认识更是不正确的观点。

在熊彼特的创新理论中，突出了企业家的地位和作用，这是熊彼特的一个重要理论贡献，可是，熊彼特对其他人员在创新活动中的地位和作用问题的研究明显薄弱，这就又是他的理论缺陷了。

由于目前国内外研究企业家的论著已经不胜枚举，关于企业家的报道、传记、新闻更是铺天盖地，对于投资人问题也已有许多关注，本文在此就不过多涉及有关企业家和投资人的诸多问题了，以下仅对有关工人和工程师的若干问题进行一些简要分析和讨论。

四、工程队伍中的工人问题

工人问题是一个大问题，我们不但应该在工程活动的环境和范围中认识和分析这个问题，而且需要在整个社会的环境和范围中认识和分析这个问题。

说到底，工程活动最终是必须由工人来直接实现和完成的——这就是工人在工程活动中的重要地位和作用。

在工程队伍中，工人是一个必不可少的、基础性的重要组成部分。如果缺少了工人，工程队伍就要成为一支“没有士兵的军队”。如果说工人在科学活动中只是一个边缘成分，在许多情况下甚至可以说是可有可无的成分，那么，在工程活动中，工人就是支撑工程大厦的绝不可缺少的栋梁了。如果没有工人，不是工程大厦就要坍塌的问题，而是根本就不可能有工程大厦出现的问题。

恩格斯在《共产主义原理》中指出：“无产阶级是由于产业革命而产生的”，无产者不但与奴隶和农奴有明显区别，而且不同于手工业者甚至手工工场工人[4]。

自工业革命以来的二三百年中，工人的“资格和能力”、自觉意识、社会作用、内部分层等都在不断发生变化。

有人认为，在近现代世界经济和产业发展中，在生产模式方面有两个分水岭，出现了三种不同类型的生产模式：第一次产业革命后出现的使用机器进行单件生产的模式；20 世纪初，以流水线生产为主要特点的“大规模生产”模式；20 世纪后半叶以“精益生产”（lean production）和“后福特制”（post-Fordism）为代表的生产模式。对比这三种生产模式的不同特点不是本文的任务，本文所关注的乃是由于生产模式的变化而“派生”的对工人的要求的变化。

一个吊诡并且似乎不合逻辑的现象是：与福特制这个生产模式方面的重大进步相伴随的竟然不是“提高”了对“工人水平”的要求，而是最大限度地“降低”了对“工人水平”的要求。在单件生产模式下，工人必须具有比较多样的技术能力，在全部生产活动中他们承担了比较重要而多样的作业任务；可是，在福特制中，在大规模流水线生产中，工人只承担了非常简单化的作业任务，他们只要有很低的技术水平和能力就可以“上”流水线工作了。正像德鲁克所指出的：“19世纪的没有技术的工人只是一个辅助工。他是真正的工人的必要助手，但没有一个有技术的人会把他叫做‘工人’。”“真正的工人，乃是具有一切能工巧匠的自豪感、理解力，以及技术和身份的匠人。”可是，在福特制的生产模式中，“没有技术的机械式操作的工人是真正的工人，能工巧匠倒成了辅助者。”流水线上的工人“既不懂得汽车工作的原理，也不拥有什么别人几天之内学不会的技术。他不是社会中的一个人，而是一台无人性的高效率机器上的一个可随意更换的齿轮”[5]。

令人欣慰的是，这种在生产模式方面“升级”而对工人水平的要求反而“降低”的“反常趋势”，在“精益生产”和“后福特制”中得到了扭转。精益生产和后福特制再度提高了对工人水平的要求，它们要求“依赖劳动者专用性知识和能力的长期积累”，要求教育培训员工具有多方面的技能，要求充分挖掘其潜力，调动其工作热情。对于这个“方向性”的转变，我认为是应该给予高度评价的。

从第一次工业革命时期的工人到福特制下的工人，再到后福特制下的工人，再到未来生产模式和未来社会中的工人，工人在社会中的地位和作用，以及工人自身的“素质”和“水平”的状况，都在不断发生变化。

在认识和分析工人问题时，有一个问题是应该特别进行讨论的，这就是在现实生活中（包括在直接的工程活动中）工人的弱势地位问题。工人的弱势地位突出地表现在以下三个方面：

首先，从社会地位方面看，工人的作用和地位常常由于多种原因而受到不同方式的贬低。几千年来形成的轻视和歧视体力劳动者的思想传统至今仍然在社会上有很大影响，社会学调查也表明当前工人在我国所处的经济地位和社会地位都是比较低的。

其次，从经济方面看，多数工人不但是低收入社会群体的一个组成部分，而且他们的经济利益常常会受到各种形式的侵犯。在我国的具体情况下，下岗工人和农民工更成为了工人这个弱势群体中更加弱势的群体。

再次，从社会风险和工程风险方面看，工人常常承受着最大和最直接的施工风险，在工程活动中，工人的人身安全——甚至是生命安全——常常缺乏应有的保障。

工人的弱势地位使得他们成为了我国在构建和谐社会过程中必须给予特别关注、帮助和救助的社会群体。

最近，党中央向我们提出了努力构建和谐社会的要求和任务，由于工程活动和工程建设从本性上说不但是经济问题，更是社会问题，所以，工程领域也成为了构建和谐社会的一个重要内容和重要方面。在工程活动中，经营者和管理者绝不能只关心经济利润问题，而必须把在工程活动中建立“和谐的人际关系”与“和谐的人与自然的关系”放在头等重要的位置上。我国的工程建设必须成为体现和谐精神的工程。和谐工程是我国构建和谐社会的基石。如果不能很好地解决工程活动中的工人问题，我们是不可能真正建成一个和谐社会的。

五、工程师的社会作用和社会地位问题

在讨论有关工程师的若干问题时，让我们先对工程师这个词语的历史起源和演变进行一些考察。

根据美国学者米切姆的“考证”[6]，engineer（拉丁文 ingeniator）最初在中世纪被用来称呼破城槌（battering rams）、抛石机（catapults）和其他军事机械的制造者，有时也用于称呼其操作者。后来，由这个称呼行动者的名词演变出了动词“to engineer”和动名词“engineering”。第一个工程师的职业组织 the French military cops du genie 成立于 1672 年。1755 年出版的《约翰逊英语词典》把工程师定义为“指挥炮兵或军队的人”，1828 年出版的《韦伯斯特英语词典》定义为“工程师是有数学和机械技能的人，他形成进攻或防御的工事计划和划出防御阵地”。对比这两本词典，值得注意的是，后者不那么强调工程师是操作者而更加强调工程师是“形成计划”的人——尽管仍然只限于军事防御工事方面。此后，工程师和军人的联系就更加弱化了。第一本 18 世纪的工程手册是炮兵用的工程手册，第一个授予正式工程学位的学校于 1747 年在法国成立，也是属于军事的。1802 年成立的美国西点军校（The U. S. Military Academy at West Point）是美国的第一所工程学校（the first engineering school）。英国建筑师约翰·斯弥顿（John Smeaton,

1724—1992）是第一个称自己为“民用工程师（civil engineer，通常译为土木工程师，但 civil 之原意是指‘非军用’‘民用’）”的人，“民用工程师”（土木工程师）这个术语一直是指设计道路、桥梁、供水和卫生系统、铁路等的人（军队在和平时期常常也建筑道路、桥梁、供水和卫生系统）。在法国，ingenieur civil 至今仍指那些不是受雇于国家的工程师。

对于汉语中“工程”和“工程师”这两个术语的源流、演变情况，杨盛标、许康曾有专文考证，本文不再复述。

应该强调指出，在研究理论和现实问题时，虽然我们也需要注意重视运用语言分析的方法，要进行必要的词源学分析和语义演变研究，但我们不应夸大这种方法的作用和意义，我们应该更加注意运用“直面实事本身”的现象学方法和着重研究历史演变的“进化论方法”。

运用“直面实事本身”的现象学方法和“进化论”方法，对于工程活动和工程师的“历史演进”，我们可以提出如下几点基本分析和看法。

在古代社会，大型工程建设活动只是一种社会的“暂态”，而分别从事个体劳动才是社会的“常态”，那时的工程项目（如修建一座王陵或兴修一个水利工程）都是以临时征召一批农民和工匠的方式进行的，在工程完成后，那些农民和工匠便要“回到”自己原来的土地或作坊继续从事自己原来的生产活动了。虽然古代并没有工程师这样的称呼，但根据“直面实事本身”的现象学方法，我们仍然可以把在古代工程活动中从事设计、管理等工作的人员“追认”为“工程师”——正像虽然“科学家”这个名词迟至 1833 年才出现，但我们仍然承认古代也有科学家一样。在第一次工业革命后工程师才逐渐成为了一个人数逐渐增多、制度化程度逐渐增强的社会职业和社会阶层。

工程活动是需要许多人协作才能进行和完成的。随着工程活动规模的不断扩大和工程系统的集成程度的不断升级，工程队伍的内部结构和工程师在工程队伍中的地位和作用都在不断发生变化。

工程师在工程活动中发挥了巨大的作用，从而也为自己赢得了一定的社会声望和社会地位。可是，如果从另外一个角度观察和分析问题，那么正如《新工程师》[7]和《社会中的职业工程师》[8]两书所说的那样，社会上还存在着工程师的社会作用被忽视和低估的现象，工程师对社会做出了巨大贡献，但却未能获得应有的社会地位和社会声望。

谈到工程师，许多人会联想到科学家或企业家。从人数上看，工程师的人数要比科学家或企业家多得多，从社会作用上看，工程师与科学家、企业家各有重要的社会作用，人们不应任意轩轾，不应抑此扬彼或抑彼扬此。可是，由于多种原因作用的结果，目前的实际情况是社会在对待企业家、科学家和工程师的问题上出现了明显的“不平衡现象”。在理论研究方面，工程师的重大社会作用被严重忽视和低估了；在社会声望和社会影响方面，工程师工作的性质和意义未能被社会充分了解和理解，工程师的社会声望被严重地“折扣”和“转移”了。

在理论和学术方面，国内外学术界对工程活动和工程师问题的研究——包括哲学研究、历史研究、社会学研究等——简直可以说薄弱到了令人震惊的程度。1961 年，《工程社会史》一书出版时，有人评论说，这本书涉足了一个“被一般历史学家令人震惊地忽视了的领域”。1974 年，雷（John B. Rae）在就任美国技术史学会主席的致辞中说他讲话的主题就是要“正式宣告工程师在历史上是被忽视的人物，并且建议纠正这个缺陷”。1980 年，英国发表了《芬尼斯通报告》（*The Finniston Report*），报告尖锐指出尽管工程师对社会福利和财富有很大贡献，可是，他们却缺少应有的承认。美国工程院的一项调查发现：许多人未能区别科学家、技术员和工程师，不能自然而然地把工程与技术创新联系起来。尽管阿波罗飞船实实在在地是工程成就，然而许多人仍然把这些成就归功于科学家而不是工程师。我国技术哲学的领军人物陈昌曙教授说：“在一些场合，人们常常把科教兴国的‘科’就看作是科学，技术不过是科学的应用，工程不过是技术的应用。与之相关，人们也往往把注重人才主要看作是重视科学家，或还要敬佩杰出的发明家，工程师则可能不很被看重，通常是名不见经传。即使是高级人才，教授的名声常大于‘高工’，工程院院士的威望略逊于科学院院士。在教育观念上，不少人自觉地认为，一流人才应学理，二流人才可学文，三流人才去学工。”中国工程院徐匡迪院长在 2002 年的中国科协学术年会讲演时说：“今天，当孩子们被问到长大想做什么时，很少有孩子说想当工程师，这件事情本身就值得我们忧虑。”

这就是说，当前在世界上——包括我国在内——还严重存在着工程师的社会作用不被了解和理解、社会声望偏低的现象，工程师未能成为对青少年有强大吸引力的职业。这种状况如果不能扭转，其后果将是十分严重的。

这种现象的形成是有其深刻、复杂的思想原因和社会原因的。

从理论方面看，一些似是而非的观念相当流行，对于工程活动的本性和工程师的社会作用等重大理论问题还远未“正本清源”。许多人都习惯性地把技术说成是科学的应用，又把工程说成是技术的应用，于是工程的“独立地位”就被否定了，工程成为了科学的“二级”“附属物”。在这种观点的影响下，有些人只承认科学的创造性（这一点是必须承认并且也是无人能够否认的），而几乎完全否认了——至少说是严重低估了——工程活动中的创造性。在许多人的心目中，工程活动只是一种乏味的、执行性的、没有创造性的活动，而这种对工程活动和工程师工作性质的严重误解正是产生许多“派生误解”的重要原因。如果我们不能明确地从理论上解决工程活动的创造性、本位性、本原性问题，则工程活动是很难不被误解为科学的“二级”“附属物”的。

从社会和文化根源上看，在几千年的阶级社会中，生产劳动的实践活动一直是被轻视和被贬低的，传统思想和文化的积淀形成了一种“只重视理论而轻视实践”的无形力量，在这种力量的“覆盖”下，作为生产实践的工程活动和从事工程实践活动的工程师这个职业是难免要受到某些轻视甚至贬低的。

在20世纪80年代，英国曾经针对英国工业是否衰退和英国工程职业的状况问题进行过一场大辩论。有人认为这方面出现问题的一个深层原因就存在于英国的文化之中。钱德勒爵士说：“非常独特，英国是一个具有反产业文化（anti-industrial culture）的工业化国家。”[8]其实，英国并不是存在这种情况的一个唯一的特例。在中国，人们也常常会感受到类似的文化氛围，例如，抗日战争时期，浙江大学工学院学生因院长在社会上没有名气，要求撤换院长，竺可桢校长在他的日记中感慨万千地写道：“……所谓知名人士无非在各大报、杂志上作文之人，至于真正做事业者则国人知之甚少。即知永利、久大为我国最大之实业，但有几人能知永、久两公司中之工程师侯德榜、傅尔分、孙学悟?”[9]这种传统文化积淀下来的观念至今仍然存在。

从舆论宣传上看，企业家和科学家常常是舆论宣传的热点，不但出版了许多传记著作，而且报刊上更不断发表有关企业家和科学家的生平、业绩、贡献、逸闻趣事的各种文章。许多著名的企业家和科学家都已经成为大众熟悉的人物，可是，同样对社会发展有很大贡献的许多工程大师却鲜有人知，一般地说，他们的知名度要低得多，这就是导致工程师的社会声望远逊于企业家和科学家的又一个原因了。

当然，上述情况的形成也不能认为完全是由于“外部原因”作用的结果，从工程师自身方面看，也是存在不少问题的。柯林斯等人在《社会中的职业工程师》一书中曾经认真研究了为何工程师职业虽然对社会的经济和物质福利有重要贡献但却未能得到应有的社会承认的问题（而这正是英国制造业相对衰落的原因），他们指出，由于文化传统上的偏见，工程职业还没有完全满足成为一种“真正的”职业（a “true” profession）的三条标准[8]。在这里有一个重要而困难的问题：工程师怎样才能把忠诚于其雇主的要求与工程师对大众的责任统一起来？这个问题虽然在工程伦理学中已经有许多讨论，但我们还不能认为这已经是一个被解决了的问题。

工程师的社会作用和地位的问题绝不是工程师一己的私利或小团体的私利的问题，它是一个事关产业兴衰和工程师队伍能否有力吸引优秀青少年的大事。我们应该深入研究和正确阐明工程师的社会作用和地位问题，应该在社会上大力宣传工程创新是创新活动主战场的观念，应该使工程师像企业家和科学家一样在社会中获得应有的声望，我们应该从理论研究、政策导向、各级教学和舆论宣传等多个方面来扭转当前实际存在的某种程度的轻视工程师的现象。

六、工程人才是全面建设小康社会的主力军

现代社会的物质面貌是由工程活动塑造的。工程活动不但塑造了社会的物质面貌，而且在工程活动中还要形成一定的制度安排和一定的人际关系，工程活动的实践也必然要影响人们的思想和精神生活。在现代社会中，工程活动是最基本的活动方式，工程人才是我国建设小康社会的主力军。

为了实现全面建设小康社会的宏伟目标，全国各地都在规划、设计和建设许多工程（包括改建工程）项目。当前，包括各种来源的资金在内，我国

每年投入工程建设的资金总顺超过了6万亿元，这些工程能否建设好，能否体现出新的工程理念，能否成为创新的工程，将直接影响我国全面建设小康社会宏伟事业的全局。

为了把这些工程搞好，我国需要有大批能够领导和实施工程创新的人才，需要有大批优秀的工程人才涌现。我们的时代在迫切呼唤像侯德榜、茅以升那样的工程大师涌现，迫切呼唤大量涌现像许振庭那样的新工人的新典型，以及大批优秀的工程创新集体。我们应该创造出能够使各种工程人才顺利成长的社会环境和社会条件，让各种工程人才在我国全面建设小康社会和构建和谐社会的宏伟事业中脱颖而出，大显身手。

本文不可能对这方面的问题进行比较全面的讨论，以下仅发表一些“发散性”的看法和建议。

第一，科技企业家是一种新型的工程人才，我们应该努力营造有利于科技企业家成长和脱颖而出的社会环境和制度条件。

从世界范围看，在第一次产业革命中，有一些“工匠出身”的企业家——如英国陶瓷业的乔塞亚·韦奇伍德——崭露头角；在第二次产业革命中，另一种类型的“资本家”兼“企业家”——如石油大王洛克菲勒——风云一时；而在第三次产业革命中，人们看到一批新型的“科技企业家”——如集成电路的发明人同时又是英特尔公司创始人之一的诺伊斯——脱颖而出。

应该强调指出，不是任何发明家都可以成为企业家的，发明家和企业家是两类不同的“社会角色”这个观点也并没有因“科技企业家”的出现而被否定。从发明家向科技企业家进行角色转化时遭到失败的情况在现实生活中也是并不鲜见的。

我国改革开放以来，在发展社会主义市场经济的过程中已经涌现了一批企业家，如果我们把在这20多年中涌现的企业家称为“改革开放后的第一代企业家”（在此我们不涉及新中国成立前的那一代企业家和更早的中国企业家），那么，在今后20年左右的时间内，我国将涌现“改革开放后的第二代企业家”。我们认为，“改革开放后的第一代企业家”有其历史功绩，同时也有其一定的历史局限性，随着时代的变迁和国内外环境的变化，“改革开放后的第二代企业家”面对新的形势，要承担新的历史使命，他们身上也必将出现一些不同于“前代企业家”的新特点，可以预期，在他们中间必将出现更多的“科技企业家”。

第二，全面建设小康社会的宏伟事业正在呼唤我国更多地涌现自己的设计大师和工程大师。

在此，我想对设计工作和设计师在工程活动中的重要性予以特别的强调。美国学者雷彤说：“从现代科学的观点看，设计什么也不是；可是，从工程的观点看，设计就是一切。”[7]我认为，雷彤关于设计工作的这个看法和评价对我们是具有重要启发意义和参考意义的。

在科学家队伍中，从科学社会学的观点看，有一个关于科学家“分层”的问题，科学社会学家还曾经对此问题进行了许多专题研究。很显然，从工程社会学的观点看，工程师队伍中也有一个应该如何“分层”的问题。

在汉语词汇中，我们习惯于把卓越的科学工作者称为科学家，把最卓越的科学家称为科学泰斗；类似地，我们也可以把位于工程师和设计师队伍“最高层”的、最卓越的人物称为工程大师（甚至是工程泰斗）和设计大师，他们虽然人数不多但却影响巨大。针对目前在汉语中只有“科学家”和“工程师”的称呼而尚无“工程家”称呼的现状，我国技术哲学的领军人物陈昌曙教授曾撰文呼吁我国社会能够像重视科学家那样重视“工程家”，我完全赞成他的观点和看法。

如同 100 个围棋低段位选手加起来也“比不过”一个超一流围棋选手一样，从一个特定方面看，工程大师和设计大师的超常创新能力、卓越典范作用、领导潮流能力都绝不是可以用许多普通工程师“人数叠加”来替代的。在我国，以华罗庚等人为代表的科学泰斗对于科学的发展、对于提高科学活动的社会影响和提高科学家的社会声望发挥了非常重要的作用，同样，我们也应该深入研究和广泛宣传侯德榜、茅以升等工程泰斗、工程大师的作用，充分发挥工程泰斗和工程大师的超常创新能力、卓越典范作用和领导潮流能力。

我国有许多人关注我国科学家何时能够获得诺贝尔奖的问题，这确实是一个很重要问题，但我们同时要更加关注我国怎样才能更多、更快、更顺利地涌现“泰斗级”“超一流”的设计大师和工程大师的问题。

第三，工程人才和科学人才是两类不同的人才，两类人才的评价标准和成材规律有很多不同，我们应该在正确认识工程人才成材规律的基础上办工程教育，应该按照工程教育的特点和规律办各级工科学校，而不能有意无意地把工程教育强行纳入科学教育的“轨道”。

陈昌曙教授指出，在教育领域，我们的一些“工（工科、工学）像是理（理科），而不大像工（工程）”，也许更严重的问题是一些人还要“以理（科）为工（科）”或“化工（科）为理（科）”[10]。我国无疑必须办好若干世界一流或国内一流的理科院校和专业，但我国同时也必须办好若干世界一流或国内一流的工科院校和专业。我国的工程建设需要我国的教育事业培养出高、中、初各级的优秀的工程人才，我国社会主义建设事业需要涌现多种类型和多种模式的“工程名校”。

我国在20世纪50年代进行了高等院校的院系调整，一些高校成为了专门的工科院校。20世纪90年代以来，在“20世纪50年代调整”中形成的许多工科院校——如钢铁学院等——陆续都“改弦更张”和“改道易辙”了。应该承认，20世纪50年代进行的那次院系调整是有许多缺点和不足的；20世纪90年代以来许多高校进行的“改弦更张”也是成绩显著的，但对于那些“工程教育定向”的高校来说，工程教育是否出现了某些削弱呢？我国何时才能建成若干所世界一流的工程教育名校呢？我国何时才能出现若干世界一流的工程教育家呢？我国究竟怎样才能走出一条具有中国特色的工程教育道路呢？我国能否在世界工程教育史上创造出崭新的经验从而揭开世界工程教育史的新篇章呢？

第四，必须高度重视大量培养高素质工人和努力让优秀的工人人才脱颖而出的问题。

最近，我国不仅出现了“高级技工”严重短缺的现象，而且在珠三角地区还出现了前所未有的“工人短缺”现象。这些现象的出现是一种严重的“警示信号”，对此是不应等闲视之的。应该强调指出，关于重视工人整体素质提高和让优秀工人脱颖而出的问题不但是一个直接影响到“工程建设”状况的问题，它还是一个带有一定的政治性和可以体现“社会和谐程度”的“指标性”的问题。在20世纪50、60年代，体现了我国工人主人翁劳动态度的劳动模范孟泰、时传祥和进行了操作技巧革新的郝建秀的事迹曾被广泛宣传，作为一代工人的代表，他们的社会地位和社会影响曾经成为了当时社会和谐程度的一个重要“标志”。可是，在20世纪80年代以后，在一些人的心目中，工人劳模似乎不那么“吃香”了，报刊上宣传工人模范人物的报道也不那么多见了。这种情况最近再次发生变化，青岛港务局工人许振超成为了我国新时期的工人形象的新代表。与“老劳模”相比，除了一以贯之的特点外，许振超身上体现出了许多新时期“新工人”的特点。

在现代工程活动中，对于优秀和卓越的企业来说，工人绝不仅仅是被动的执行者，而是积极主动参与变革的“创新者”，有的学者甚至认为“创新力”的本质表现应该是能够使企业的普通员工都积极主动地参与创新活动、积极主动地提出自己的合理化建议（尽管其中大部分建议都是微小改进性的建议）。1880 年在苏格兰的威廉·丹尼公司（造船公司）出现了第一个有记载的建议制度，后来又出现了以强调“参与率”为特点的新一代的“持续改进建议制度”（kaizen teian），在社会主义的苏联和中国也都出现过有关鼓励工人参与合理化建议的经验和制度，对于这些经验和制度，我们是应该认真回顾和总结的。

在当前，一个能够突出地表现工人在工程活动中重要地位和作用的“新现象”是“灰领”（gray collar）的出现。所谓“灰领”是指具有较高知识层次、较强创新能力、掌握熟练技能的人才。“灰领”中既包括在制造企业生产一线从事高技能操作的高级技工、数控机床操作人员，又包括在“高科技产业”“文化产业”从事数字化设计、多媒体制作等工作的人员。“灰领”体现了“既能动脑又能动手”的特点，虽然从一定意义上看，他们身上体现了某些脑力劳动者的特点，但从基本工作性质来看，我认为他们还是应该归属于“工人”范畴的，但他们又是一种新类型的工人，在他们身上，工人的创新精神、创新能力和创新要求都被提高到了空前的水平上。

第五，“孤立”的工程人才一般来说是无法发挥作用的，工程人才必须“配套成龙”才能真正发挥作用，因而，在工程人才的队伍建设中，必须把建设优秀的工程创新群体或优秀的工程团队的问题放在最重要的位置上。

优秀的工程创新群体不但是全面建设小康社会的突击队，而且优秀的工程创新群体在其内外部关系上也必然处于和谐状态之中，也就是说，优秀的工程创新群体必然同时也是鲜明体现和谐社会精神的典范。

工程人才是我国全面建设小康社会的主力军，在党的领导下，工程人才和其他类型的人才齐心协力，我们一定可以在预定的时间内完成我国全面建设小康社会的宏伟任务。

参考文献

［1］黄顺基．走向知识经济时代．北京：中国人民大学出版社，1998：183-184.

［2］Goldman S L. Philosophy，engineering，and western culture. *In*：Durbin P T. Broad and Narrow Interpretation of Philosophy of Technology．Dordrecht：：Kluwer Academic Publishers，1990：125-147.

［3］张华夏，张志林．技术解释研究．北京：科学出版社，2005：133，138.

［4］中共中央马克思恩格斯列宁斯大林著作编译局．马克思恩格斯选集（第 1 卷）．北京：人民出版社，1972：214.

［5］德鲁克．工业人的未来．上海：上海人民出版社，2002：84.

［6］Mitcham C. Thinking through Technology．Chicago：The University of Chicago Press，1994：144-148.

［7］Beder S. The New Engineer. South Yarra：Macmillan Education Australia PTY Ltd，1998：41.

［8］Collins S，Ghey J，Mills G. The Professional Engineer in Society. London：Kinsley Publishers，1989：25.

［9］郭世杰．从科学到工业的开路先锋//杜澄，李伯聪．工程研究（第 1 卷）．北京：北京理工大学出版社，2004：178.

［10］陈昌曙．重视工程、工程技术与工程家//刘则渊，王续琨主编．工程・技术・哲学．大连：大连理工大学出版社，2002：28.

安全：一个工程社会学的分析*

本文提到的“工程安全”，是指工程建设、运行过程中所产生的人和财产的损失，大体上相当于国际劳工组织定义的“职业安全卫生”的概念，基本涵盖国家安全生产统计指标中所含“工矿商贸”类事故所指涉的内容。目前全世界每年大约有200万人因患有与工作相关的疾病和工伤导致死亡。此外，每年发生2.7亿起工伤事故，约有1.6亿名工人患有与工作相关的疾病。由此造成的相关经济损失高达全球年度国内生产总值的4%。而据国家安全生产监督局“全国安全生产报告”，2004年全国工矿商贸合计各类事故14 702起，死亡16 497人。近年来我国安全事故总数和伤亡人数，特别是一次死亡30人以上特别重大事故频繁出现，引起了社会的广泛关注，也引起中央政府和各级地方政府的高度重视。

工程安全事故与经济发展水平有一种倒U字形关系。按照我国的数据，建国后50多年来，随着GDP的增长，工程安全事故相应地增长，而按照发达国家目前的情况来看，GDP较高的国家，工程安全事故率较低。如日本1999年的水平是因工死亡人数为1992人，而法国每年因工死亡人数为700人左右。从社会发展的国际经验的宏观分析来看，人均GDP为1000～3000美元，是工程安全事故的多发期，同时也是各种社会问题的多发期，这一关

---

* 本文作者为胡志强，原载《科学中国人》，2006年第5期，第34～35页。

系提示我们，工程安全问题有着更加直接的原因，那就是整个社会和谐的程度。频繁发生的工程安全事故造成了社会的不和谐，但更为重要的是，它本身就是社会不和谐程度的标志，社会的某种程度的不和谐是造成工程事故的深层原因。

对于这一结论，需要有对工程安全的微观机制的研究的支持，本文试图从工程社会学的角度出发，为这一研究提供一个粗略的概念框架。本文试图表明：①工程中的不安全不等于事故，每一个事故的个案都是偶然，而不安全则是常态，事故是不安全一步一步地释放出来的；②不安全是常态，是因为每一个工程都是内在地不安全的。工程的不安全不同于自然事件的风险，风险是实际存在的，但因为任何工程都是不同利益相关者在一定的社会机制安排约束下建构的产物，工程的不安全是社会的产物；③一个时期中，整个社会的工程安全水平，是安全共同体的成员相互制约的结果，特别是取决于最弱势群体的最大的不安全容忍水平；④因此，提高社会的工程安全水平，应该从对事故原因的分析，转向对不安全的社会结构分析，应该从只强调政府的监管监督，转向筑构一个安全的行动者网络。

一、工程与安全

如何认识工程安全，是和如何认识工程的本性分不开的。长期以来，我们对工程的认识，沿袭一种目标-手段的模式，认为工程就是为了实现某个特定的目标而采取的手段。从这种认识出发，安全并不包含在目标之中，而是手段的一种特性。不安全是实现某个目标的手段的附带效应。因此和不安全相联系的主要考虑是风险。也就是说，对于工程而言，安全是一个外在因素。

对工程的这种认识，导致对安全的这样一种观点，即工程的不安全并不是人为的结果。没有一种不安全是人们故意造成的，它只是我们能够选择的最有效手段固有的瑕疵，是一种不得不冒的风险，是必须接受的代价。在工程决策中，我们必须考虑到这种风险的存在。这样的考虑，是把风险的大小和损失计入到期望效用的计算之中，也就是说，把可能的损失与可能的受益进行比较，然后按照利大于弊的原则进行选择。

按照这种模式，存在一个理想的建造者，他具有对工程目标的偏好，具有对手段有效性评价的能力，具有准确地认识到风险的能力，具有实施工程的意动能力，也就是说，他能够集政府、专家和执行人员于一身，能够计算出工程的风险，并能够决定这个风险是否可以接受。

这种对工程的认识完全忽视了工程的社会维度。事实上，任何一项工程，都不是由一个理想的建造者来完成的，而是一个社会建构的产物。首先，任何一个工程的目标都不是给定的，而是经济社会结构所建构的。其次，工程由多种环节构成，包括规划、设计、决策、建设、运行等，这些环节通常是由不同的群体来完成的，其中没有一个群体能够充当理想建造者的角色，也就是说，没有一个群体可能对整体的目标和手段进行无偏的考虑。第三，工程的参与者是利益相关者，包括政府部门、专家、建设企业、运行企业、工人、社区居民等。一方面，不同的利益相关者有不同的利益诉求；另一方面，不同的利益相关者都被工程制约在一起。不同的利益相关者从自己的观点出发，通过他们之间的合作、博弈、协商、竞争，共同造就了工程。第四，不同的利益相关者之间的合作、博弈、协商、竞争的具体形式、程序和结果依赖于社会的制度安排。

工程是社会建构的产物，它来自于利益相关者的集体决策。这个集体决策的过程，是不同的利益相关者的不同的目标偏好，不同的对风险的观点，在一定的社会制度安排下达成一致。因此工程安全不只是来自于风险，而且更来自于不确定性，即建构工程的不同的社会群体对于风险的观点是不同的。由于工程的社会建构性质，不确定性，也就是工程的不安全是内在于工程本身的。从这个角度来说，所有的工程都是不安全的，所有的不安全都是人为的。不安全或者是我们制造的，或者是我们默认的。

二、安全度与安全共同体

没有任何一个理性的利益相关者愿意参与到一个不安全的工程中，一个工程的出现一定意味着存在一个社会可接受的工程安全度的水平。如果工程安全不同于风险，那么一个工程的安全或者不安全水平是如何确定的?

工程是利益相关者的共同作品。利益相关者同时是一个安全共同体。工程的可接受的安全水平是由这个共同体共同形成的。但是，安全共同体的成员对于风险的观点和承受的损失是不同的，不同的损失往往是不可比较的。例如，对于一个煤矿的安全来说，地方政府的损失可能是政绩，矿主的损失是金钱，而矿工的损失可能是生命和健康。那么这个所有的人所接受的安全水平怎么会形成呢？实际上这取决于安全共同体的结构。在安全共同体中，不同成员的主导地位是不同的，最有主导力的群体在这些不同的损失之间进行排序，并把这种排序所依据的价值标准推行到所有的成员之中。一般来说，一个可接受的不安全水平取决于安全共同体中最能容忍的不安全水平。因此，目前工程安全问题的程度反映了目前社会中最大的不安全容忍水平。

一个社会中最大的不安全容忍水平，决定于社会经济总体水平。发展中国家的安全事故多发，是和发展中国家的经济发展水平相关的。同时，一个社会中最大的不安全容忍水平，还取决于经济社会结构。一般来说，一个社会底层的人士越多，社会中最大的不安全容忍水平越高。

三、安全工程和行动者网络

提高社会中工程安全的总体水平，必须减少社会中最大的不安全容忍水平。根本途径在于提高经济社会发展的总体水平和减少不平等程度。

但是这个过程不是由安全共同体某一个单方的力量可以完成的。单纯依靠政府监管，不能解决工程安全问题。降低不安全水平，必须要改变安全共同体对于可接受的安全水平的形成机制，而这需要安全共同体所有成员的主动参与，把一个由某个强势集团主导的可接受的安全水平的形成机制，转变为不同成员平等协商的行动者网络。20 世纪 80 年代后期在国际上兴起的现代安全生产管理模式，即职业安全卫生管理体系（OSHMS）特别强调，应该将安全管理单纯靠强制性管理的政府行为，变为组织自愿参与的市场行为。使职业安全卫生工作在组织的地位由被动消极的服从转变为积极主动的参与。而在日本，为更加有效地实施国家工作安全计划，建立了中央级的工业安全和健康工作组，工作组由 7 名雇主代表、7 名工人代表和 7 名公众利益代表（如记者、学者）组成。

行为者网络要求，在安全共同体的成员之间有一个平等的谈判协商机制。特别是对于这个共同体中的弱势群体，需要一个有组织的力量。所以不但是政府部门、企业主、工人之间的磋商，还应该把行会、工会、社区组织考虑在行动者网络中。

行动者网络要求，通过不同成员的谈判协商，改变可接受的不安全水平形成过程中的价值标准。例如，“建立企业提取安全费用制度”、“依法加大生产经营单位对伤亡事故的经济赔偿”，可以改变企业主的价值标准。而“建立安全生产控制指标体系”，可以改变地方政府的价值标准。

行为者网络要求，在安全共同体的成员之间享有知情权。这一要求，目前已得到一些国际公约和部分国家的法律的支持。而日本推行的 PDCA 安全卫生管理模式所要求的文档化管理，也是保证知情权的一些具体措施。

从“公众理解科学”到“公众理解工程”*

一、公众理解科学的概念缺陷

向公众普及和传播科学技术知识的理论和实践由来已久。早在 17 世纪中叶英国皇家学会成立之时，普及和传播自然知识就作为学会的重要宗旨。18 世纪的法国启蒙运动中，百科全书派的目标之一也是把现代自然科学的成就、方法融入社会文化的精神结构之中。应该说，近代欧洲以思想启蒙和公民教化为核心的普及和传播科学技术知识活动，推动了科学主义意识形态的广泛流布，促进并保障了现代科学的社会建制化的过程。

但在相当长的时间内，普及和传播科学技术知识，还只是科学家个人或组织基于兴趣和责任的业务活动。首先将公众理解科学（PUS）作为一个重要的社会政策概念引入公共决策中，应归功于 1983 年 4 月英国皇家学会理事会博德默（Bodmer）小组的报告。该报告从科学与社会的普遍利益的角度强调，公众对科学技术的认识和了解是国家繁荣昌盛的基础，是现代民主制度的重要保障。“改进公众对科学的理解是对未来的投资，这种投资能够成为促进国家繁荣、提高公共和个人决策质量、充实个人生活质量的重要因

---

* 本文作者为胡志强、肖显静，原载《工程研究》（年刊第 1 卷），2004 年，第 163～170 页。

素。”这一观点的提出，超越了科学普及对维系科学建制的作用的认识，从而上升到国家利益和社会发展的高度。

这一重要观点的提出，是基于在当代社会中，科学与社会的关系两个新的方面的认识：首先，科学作为现代文化中最显赫的成就，在以各种方式影响人们的日常生活。这种影响往往也包含了危险和不确定性的因素，了解这种影响是公众的权利。其次，当代社会中，许多公共问题都含有科学背景，公众参与公共问题的决策是民主制度的基本原则，因而公众必须具有参与公共决策的必备的科学素质。

正是在这些新的认识的基础上，形成了公众理解科学的基本框架。首先，科学传播促进公众对科学的理解，是科学共同体的一项重要责任，帮助公众理解科学是科学家的一个基本技能。其次，公众理解科学的核心是提高公众的科学素养（science literacy，SL）。最后，使公众具备参与基于科学的社会决策的能力，必须运用国家和整个社会的力量。

在这个报告的影响下，公众理解科学的重要性逐步得到社会的重视，公众理解科学的基本框架，也逐步得到各国的广泛认同。公众理解科学开始从科学家私人的、业余的活动，逐步被整合进科学共同体的整个社会建制之中，并成为许多国家社会政策的重要部分。1993 年英国政府颁布的政策白皮书《实现我们的潜能》，前几年美国政府发布的《科学与国家利益》，2003 年开始的我国科学和技术发展中长期规划战略研究，都把提高公众对于科学技术的理解作为保证国家繁荣的重大战略的一部分。

但是，在公众理解科学的概念框架中，“科学”（science）一词是在非常广泛的意义上被使用的。按照报告中的解释，它既包括数学、技术、工程和医学，也包括对自然界的系统调查和对从这些调查中得到的知识的具体运用。这一笼统的用语，把科学、技术和工程熔为一炉，没有清楚地划分科学研究、技术发明和工程建设这些不同的人类活动的特点，忽略、掩盖、混淆了它们在性质、过程、建制、目标上的差异，其结果是公众理解科学的理论明晰性和说服力受到严重的伤害，并在政策实践中带来了许多问题。

第一，笼统谈论“科学”，掩盖了科学作为揭示自然规律的认识活动与工程技术作为改造世界的实践活动之间的巨大差异，模糊了科学和工程技术对社会的影响的不同性质，容易造成对科学和工程技术的社会态度的混乱，以及对科学和工程技术的社会评价的错位，使公众理解“科学”的意义得不到彰显。

第二，笼统地谈论“科学”和在此基础上定义的公众科学素养，难以完整地反映出公众对工程技术理解中所需要的知识、能力，并容易在实践中导致重科学知识的教育、轻工程技术能力的教育的倾向，而且在标准的制定中，扭曲了不同内容的重要性、优先性，损害了公众理解“科学”的初衷和目标。

第三，笼统地谈论“科学”，忽略了科学和工程技术与公众关系的差异，特别是没有将工程技术直接渗入、影响公众生活的特点突出出来，因而，弱化了“公众理解科学”中“理解”的含义，只强调了专家共同体进行专业知识和技能的传播，而容易忽视公众参与工程技术问题的决策，忽视专家与非专家之间的沟通、对话和交流的作用。

第四，笼统地谈论“科学”，容易使公众对科学家和工程技术专家的职业形象造成误解，导致尊崇科学家，而轻视工程师的现象。同时，也不能反映科学与工程技术在社会运行体系上的差异。科学是公共投入，而工程技术既有公共投入，也包括企业、组织和个人的投入。这样，就会损害公众理解“科学”的实施。

正是由于这些原因，虽然公众理解科学目前仍在政策文件中广泛使用，但其含义也逐步被厘清。1993 年英国政府的政策白皮书《实现我们的潜能》和 1995 年由英国贸易与工业部科学技术办公室提出的另一份报告（《沃尔芬达尔报告》），都从原来笼统地谈论公众理解“科学”，变为明确地提出了“公众理解科学、工程与技术”（PUSET）。

二、公众理解工程的提出

虽然在公众理解“科学”的释义中，已经包含而且越来越重视工程技术的内容，但将“公众理解工程”（PUE）作为独立、完整的社会政策概念提出来，首见于美国工程院（NAE）于 1998 年 12 月提出的“公众理解工程计划”。在这里，科学与工程技术已作了明确区分，并特别强调工程改变世界和影响人们生活的特性。美国工程和技术资格认证委员会（ABET）曾经对工程做过一个定义：工程是应用通过研究、经验和实践所得到的数学和自然科学知识，以开发有效利用自然的物质和力量为人类利益服务的途径的职业。在这里，工程技术与科学之间的区别和联系更能够清楚地反映出来。

这个任务的提出，是和当代社会中的一个深刻的但并没得到大多数人察知的悖论相关。一方面，工程改变和塑造了人类生活的世界。2000 年，美国工程院曾经评选出 20 世纪 20 项最伟大的工程成就，包括住宅、电力、卫生设施，交通、通信、安全体系、医疗设备、计算机等，基本上都和人们的日常生活紧密相关。另一方面，由于工程技术越来越向用户友好的方向发展，人们在使用工程技术的产物时，却并不知道它的性质、来源和影响，公众不具有对工程技术进行批判性思考和做出恰当决策的能力。当技术对我们的生活越来越重要的时候，它却越来越远离我们的视野。

提出公众理解工程，首先在于提高公众对工程的认识（public awareness of engineering）。在美国工程院主持“公众认识工程”的调查中，许多受访者承认，他们对工程和工程师的了解不如对科学和技术那么多。公众不理解工程对提高他们生活质量的贡献，公众缺乏对工程师职业的正确认识，损害了工程职业对年轻一代的吸引力，对工程的社会建制的维护和运行产生了严重影响。近年来，美国职业工程师的数量在大幅下降。据统计，从 20 世纪初到 20 世纪 80 年代中期，具有学士学位的工程师数量增长较快，1986 年达到 78 178 人。而经过 90 年代后，人数迅速降到 6.3 万人。同时，工程师职业的社会形象不够理想。据 1998 年美国工程学会联合会（AAES）主持的职业声望调查，在 17 种职业中，工程师排在医生、科学家、教师、官员和警察之后，只列第七位，而且发现，从 1977 年到 1998 年的 20 年间，基本维持在这个水平上。这主要源于公众对工程师的职业认知存在偏差。根据一项对科学家、技术专家和工程师公众认知比较调查的结果，大多数人把科学家看作是发明者、发现者，而把工程师主要看作建设者、设计者和计划者；大多数人把工程师和新机器的设计联系起来，而把软件、医疗技术的设计归于科学家和技术专家；许多人并不知道工程师对新能源、航天、新药物的贡献；大多数人知道工程师对经济增长、国际地位和国家安全的作用，而较少人知道工程师对日常生活、环境质量、社会关怀的贡献。

公众理解工程更为重要的任务是提高公民的工程技术素养（technological literacy，TL)。对于现代社会和人类的未来，公民的工程技术素养，就像科学和文化素养一样，是公民文明教化的一个重要部分。由美国工程院和国家研究理事会组成的工程技术素养委员会 2003 年的报告 *Technically Speaking* 中，提出了三维度的工程技术素养定义，包括知识、思考和行为方式、能力。强调对于工程技术最基本的概念的理解，如工程技术思维中广泛使用的“系统”概念；要求认识工程设计过程的一些基本常识，例如，设计都是在一定的约束下来满足某些需求，所有的设计不可避免地都包含了各种因素的权衡；必须知道，所有的工程技术都是有风险的，有些风险能被预见，而有些风险不能被预见，而且所有的工程技术也都是需要成本和收益的分析；了解从石器时代、铁器时代、青铜时代、工业时代到信息时代的历史演变中，工程技术改变了社会，塑造了人类历史的过程。同时还要认识影响技术发展和方向的种种因素，理解技术反映了社会的价值和文化；还应该具有使用计算机、互联网、家庭和工作场所用具的能力。

可以看出，工程技术素养针对的是在当代以技术驱动为主要特征的社会中，公民理解他所在的世界、相互交流和参与社会生活的基本态度和能力。因而提高公民的工程技术素养，对于现代社会的运行和发展具有优先性。这种优先性的现实基础在于：

第一，现代社会的公共事务，大都包含了大量的工程技术背景。如果社会各种层次的领导者不具有一定的工程技术素养，就没有正确决策的能力。2001 年 1 月，加利福尼亚州出现了严重的电力危机，两家主要的公共事业单位的电力供应不能满足用电需求。最困难的一天甚至出现了轮流拉闸限电的情况，严重地影响了加州的经济和人民生活。在分析这个案例的时候，人们发现，除了其他方面的原因外，加州州政府官员不理解电力工业的运作，因而出现一系列政策决策失误也是一个原因。

第二，公民参与公共决策是民主社会的基本原则。如果公民不具有加入公共讨论所需要的基本工程技术素养，民主社会的结构和运行将得不到保证。另外，公民的参与将会影响工程的设计、决策和实施，因而需要公民对工程技术的社会、经济和政治方面的问题有所了解。一个著名的案例是波士顿“绿蛇”（Green Snake），这是 1959 年在波士顿市中心建设的一条高架路。多年来，它的存在对城市景观是一个大的伤害，而且日益影响交通。作为完善美国州际高速公路计划的一部分，80 年代计划建设波士顿中心干道，用地下通道代替高架桥。这个项目的原初方案中，有一个海港隧道直通机场，并要在查尔斯河上架一座桥，由联邦政府负担 90% 的费用。但按照 1969 年通过的《国家环境保护法案》的要求，大型工程必须有环境影响报告，而且要将报告的复印件放在公共图书馆供公众查阅，并要召开公众听证会。公众的参与异常踊跃，听证会有 175 人参加，99 人提供了书面陈词。附近居民、商业单位、环保组织与项目组织者进行了多轮协商，有些组织甚至雇用了自己的工程师提出其他的设计方案。开始人们主要关注的是隧道工程，东波士顿居民声称，如果港口隧道出现在他们附近，就会要求他们的国会议员阻止联邦政府投资这个项目。在进行了多处修改后，1990 年，关注的焦点又转移到查尔斯河上的桥的设计。各种公民组织对桥的设计方案提出批评，导致波士顿城市参议会对该方案无记名投票反对，并成立了由各种民意组织代表参加的审查委员会。委员会在否决了原来的方案后，提出了河下隧道方案，又招致一些人的批评，认为会造成对河流的污染。最后由世界著名的瑞士建筑设计师设计出双桥方案后才算解决了冲突。这个案例显示了公众在工程技术评估中的作用。工程技术的实施，不只是专家知识的应用，公众的“地方性知识”（local knowledge）也应发挥作用，因而专家与公众之间的开放的对话和协商，就显得至关重要。

第三，随着高技术产业的发展，以知识为基础的经济模式的形成，经济和社会工作中所要求的工程技术的技能增加，农业、制造业工人、教师、医生、护士、士兵等各种社会职业，都必须使用各种技术。具备良好的工程技术素养，有助于提高学习掌握新技术的能力。更加重要的是，由于工程技术强调系统思考问题的方式，具有工程技术素养的公民更能够学会在复杂的背景下识别和解决问题，提高在人才市场的竞争力，提高工资水平。据 21 世纪劳动力委员会发布的报告，美国人已经发现，没有足够有技术能力的工人来支撑其高技术领域，导致在许多领域中依赖于其他国家的劳动力。因而，提高公民工程技术素养，是保障国家经济的劳动力供应，保证以技术为驱动的经济得到持续发展的重要基础。

三、公众理解工程：美国的行动

相对来说，美国对激发公众对工程技术的兴趣一直很重视。多年来，美国工程院始终把为美国公众提供技术知识、专业技能和实践智慧作为最优先的任务。众多的美国工程专业学会，也做了大量的努力，将工程技术知识传达给公众。具有代表意义的是美国的“全国工程师周”活动，从20世纪50年代开始，在每年2月美国开国总统华盛顿的生日那天开幕。活动期间，全国有近4万名工程师到学校与近500万中小学生和教师进行交流，不只是工程技术共同体积极参与，而且吸引了60多家公司和70多家其他组织的支持。美国还有大量的以工程技术为主要内容的夏令营活动，吸引了不少青少年的参与。2001年4月，美国工程院主持的一项调查表明，在受访的工程学会、企业、设计公司、大学、工业联合会、教育联合会、国立实验室、媒体、博物馆中，有72%开展过公众理解工程的活动，其中有网页的占77%、有发言人的占66%、开展公共关系的占65%、有非正规教育项目的占57%等，还包括电子邮件、正规教育课程、公共事务政策、公共服务广告等一系列促进公众认识工程技术的活动。

美国非常重视中小学教育在培养公众工程技术素养中的作用，多年来，一直在探索改革课程体系，把科学学习与工程技术学习结合起来的途径。1971年，作为当时“工程概念课程项目”的一部分，纽约州立大学为高中学生主编了一套名为“人造的世界”（*Man-Made World*）的教材，第一次试图将科学学习和工程学习整合起来。但这套教材并没有得到广泛的应用。1989年的调查表明，在中小学科学课本中，关于技术、全球的问题（人口增长、世界饥荒和空气质量等）较少，应把内容集中在学生适应科学、技术和社会相互促进的世界的生活和工作。1989年，美国科学促进学会（AAAS）出版了《为了全体美国人的科学》，提出了科学素养的重要性。四年后出版的《科学素养基准》强调了技术对科学的重要性和科学、技术、社会之间的相互关系。1996年，由国家研究理事会（NRC）设置的“国家科学教育标准”强化了科学和技术的联系。2000年，ITEA发布了“技术素养标准：技术学习的内容”，涉及5大范畴20个方面。这5个范畴是：技术的性质，包括对技术的特征、核心概念、技术之间及技术与其他研究领域之间的关系的理解；技术与社会，包括技术对历史文化、社会、经济、政治、环境的影响；设计，包括工程设计的属性，研究与开发、发明和创新、实验在解决问题中的角色；适应技术世界的能力，包括设计、使用、维护、评估技术产品和系统的能力；被设计出的世界，包括理解和应用医疗技术、农业和相关的生物技术、能源和电力技术、信息和通信技术、交通、制造、建筑技术的能力。

大学和研究生教育是提高公众工程技术素养的重要基础。20 世纪 60 年代后期开始，许多大学在本科生和研究生中开展了科学、技术与社会（STS）学习项目，这些项目显示出蓬勃的生命力。近年来的一项调查表明，在 92 所美国大学历年来创设的 127 个 STS 项目中，大约 100 个目前仍在进行。关于技术的历史、哲学和社会学的课程受到越来越多的重视。从 1980 年以来，许多工程学院，甚至斯坦福、MIT，都要求所有的工程专业的本科学生必须学习一门或几门关于技术的社会影响的课程。为了让这些未来的工程师能够把复杂的工程技术知识传达给公众，一些学校还强调写作课程的学习。为了培养能够胜任中小学工程技术教育的教师，全美大约有 80 个工程技术教师教育项目，工程技术教师教育理事会（CTTE）专门制定了教师教育标准。

非正规教育也是培养公众工程技术素养的重要渠道。科技馆越来越重视工程技术方面的展示。据近年来的调查，在科技馆展示的内容中，工程技术已经位列第三位，仅排在物理学和生命科学之后。电视、互联网、电台、报纸等大众媒体在提高公众工程技术素养中起到了重要作用。特别是电视，据 2003 年的一项调查，美国成年公民对工程技术的了解，37%是通过有线电视网的新闻节目，35%通过地方电视台的新闻节目，26%通过网络电视（network television）新闻。调查还表明，互联网的作用也正在凸显，越来越多的人通过它获取关于工程技术的信息。

越来越多的人认识到，公众参与工程技术决策，对于提高公众工程技术素养非常重要。一些联邦部门已有明确的要求，让公众介入由联邦资助的工程技术项目的设计和实施。例如，美国交通部、住房和城市开发部都要求为公众参与交通项目提供机会，还出版了专门的案例研究证明公众参与的作用。

尽管如此，美国工程界仍然认为，美国公众对工程的认识、美国公众的工程技术素养还不能够支撑维持美国经济竞争力、国际地位和国家安全的需要。1998 年由美国工程院发起，并与美国国家职业工程师学会（NSPE）、美国工程学会联合会（AAES）合作，设立了公众理解工程计划（PUE），旨在通过帮助公众了解工程对公众的生活质量的影响和工程师的工作，来促进美国公民对工程职业的认识和赏识。

美国工程院已制订并进行着公众理解工程计划 2001—2005 执行计划。作为该计划的一个部分，美国工程院委托专门机构进行了“公众认识工程”的调查，试图了解美国公众认识工程的状况和美国工程共同体向公众传播工程技术知识的效果，并组成公众认识科学委员会（CPAE）对调查结果进行了评估，在此基础上提出了改善公众工程认识的一些措施。

报告认为，对于提高公众工程技术素养，在短期内，应集中在工程共同体的公共关系活动方面，而从长期来看，则必须依靠教育。在公共关系方面，特别提到加强各专业协会的合作，通过互联网建立一个面向工程共同体、教师、家长、学生和媒体的信息资源库；实施媒体教育计划，通过高水平的论坛和见面会，建立与媒体记者之间的沟通和对话，为青少年制作更多的电视宣传节目，举行系列公共讲座和展览等。而在教育方面，则特别提到要提高工程学院的入学率和学生水平，训练工程技术教师，发展新的中小学工程技术教育课程等。

参考文献

[1] Royal Society. The Public Understanding of Science. London：The Royal Society，1985.

[2] 李正伟，刘兵．约翰·杜兰特对公众理解科学的理论研究：缺失模型．科学对社会的影响，2003，(3)：12 - 15.

[3] 刘兵，李正伟．布赖恩·温的公众理解科学理论研究：内省模型．科学学研究，2003，21 (6)：581 - 585.

[4] 陈昌曙．重视工程、工程技术与工程家//刘则渊，王续琨主编．工程·技术·哲学．大连：大连理工出版社，2002：2.

[5] 金吾伦．必须划清科学与技术的界限．科技日报，2000 - 12 - 15.

[6] Committee on Technological Literacy，National Academy of Engineering，National Research Council. Technically Speaking. Washington D C：National Academy Press，2003.

[7] National Academy of Engineering. Raising Public Awareness of Engineering. Washington D C：National Academy Press，2003.
[8] National Academy of Engineering. Program on Public Understanding of Engineering Strategic Objectives and Implementation Plan 2001—2005. http：//www. nae. edu/ [2004-02-09] .

从水坝工程看我国公众理解工程的问题与对策*

一、"公众理解工程"概念的提出及初步定义

随着大规模工程建设的实施与运行，工程的社会影响越来越大，随之，将"公众理解工程"概念从"公众理解科学"概念中分化出来成为一个必然趋势。

本文以水坝工程的公众理解为切入点，探讨相关问题。

1983 年，在英国的博德默报告中，"科学"被定义为"既包括数学、技术、工程和医学，又包括对自然界的系统调查和从这些调查中所得到的知识的具体运用"[1]。这一定义，将科学研究、技术发明与工程建设笼统地混为一谈，将技术与工程作为科学的一部分，忽视了工程的独立性，导致在实践中出现了崇拜科学家、轻视工程师的现象。正是出于对这种现实效应的关注，西方国家开始在一些政策文件中着手厘清工程与科学的概念。1995 年，英国贸易与工业部科学技术办公室在《沃芬达尔报告》中明确地提出了"公众理解科学、工程与技术"的说法。1998 年，由美国国家工程院发起，并与美国国家职业工程师学会（NSPE）、美国工程学会联合会（AAES）合作制订

* 本文作者为张志会，原载《工程研究》，2010 年第 2 卷第 3 期，第 217～227 页。

的“公众理解工程”计划，试图帮助公众充分理解工程并认识工程师在改变世界和提高生活质量、环境质量与造福社会方面所做出的贡献。至此，“公众理解工程”得以作为一个独立完整的概念，从“公众理解科学”中正式脱离出来。

我国对于“公众理解工程”概念的接受，主要缘于国内工程实践所引发的强烈争议。近些年来，我国兴建了青藏铁路、三峡工程等一大批举世瞩目的工程建设项目，这些原本致力于除弊兴利的工程却引发了公众的广泛质疑与争论。面对这种状况，国内工程哲学领域的学者率先把“公众理解工程”上升到了理论范畴，试图对工程建设的合理性进行理论上的说明。2004 年，上海世界工程师大会响亮地提出了“让公众理解工程”口号，而“公众理解工程”的内涵是什么？尚没有统一的界定。

目前，国内关于“公众理解工程”的专门研究刚刚起步，将其作为一个独立研究对象的学术成果还不多见。在公众理解工程的概念阐释上，国内学者的正面阐释较少，多倾向于从科学、技术与工程“三元论”的关系，来突出工程的相对独立性，从而赋予公众理解工程的必要性[2]。但是，对于公众理解工程的定义、作用与意义尚缺乏清晰的解释。

“公众理解工程”比公众理解科学的内涵要更丰富，实施起来也更加复杂。“公众”（public）一词的含义，在公共关系学上有较为严格的界定，指与公共关系主体——社会组织发生相互联系、作用，其成员面临共同问题、共同利益和共同要求的社会群体。在工程的视域下，“公众”就是相对于“工程共同体”这一社会组织而言的社会群体，后者通常由投资方、管理者、工程师、工人组成，政府机构及其成员因利益关系也常位列其中。“公众理解工程”中的理解，应该包括让公众享有知情权与参与权两个方面。知情权(Right to Know)，又称为知的权利、知悉权、信息权或了解权。知情权的概念有广义与狭义之分。广义知情权是指知悉、获取信息的自由与权利，包括从官方或非官方知悉、获取相关信息的权利。而狭义的知情权仅指公法领域内知悉、获取官方信息的自由与权利的政治权利，故现在的知情权概念一般是指广义的知情权。参与权是指公民有依照法律的规定参与国家公共生活的管理和决策的权利，参与权更多与公民行动与公共实践有关系，包括公众对国家公共生活的决策参与（支持或反对）和管理参与。公众享有工程知情权，是公众理解工程的前提与基础。任何工程，无论是社会公益投资的大型工程，还是企业法人投资的商业性工程，公众都应享有获取相关信息的知情权。同时，公众还享有参与工程的权利，这既是公众的合法权益，又可对促进工程决策等发挥积极作用。

基于上述，促进公众理解工程的基本方法，即是向公众进行充分的工程信息发布及提供适当的渠道，使公众能以适当的方式参与工程活动。

二、"公众理解工程"的作用与意义

当前，公众理解科学的重要性逐渐得到了我国政府与社会的广泛认同。我国《中国科学和技术中长期（2030—2050）发展战略规划》也把提高公众对科学技术的理解，作为保证国家繁荣的重大战略之一。相对而言，国内对公众理解工程的价值的认识显得不够充分。

（一）"公众理解工程"对工程发展的意义

其一，公众对于工程建设的充分理解，可提供工程的建设与运行所需的社会环境。任何工程有一定的社会公认度才能顺利进行。公众理解工程，可帮助人们辩证而全面地认识工程的利弊影响。以水坝工程为例，近些年，由于社会政策环境的变化，关于水坝工程的负面效应的报道大大增强。水坝工程案例中的一些失误，被一些媒体有意无意地夸大，极大影响了水坝工程的公众形象，而忽略了水坝工程作为社会基础设施所带来的积极的生态、社会、经济效应。由于公众理解工程的相关活动开展不足，公众对于事关水坝的种种信息中的一些误解未能及时化解，导致我国一些合理的水坝工程建设难以继续进行，甚至对国家与社会发展产生难以预料的不利影响。公众理解工程活动的充分开展，可以使公众获得关于工程的正确信息，对工程有一个良好的预期，从而消除对工程的不当抵制。三峡工程的决策，尽管在当时的历史和时代背景下，已经尽最大努力保障了决策的科学化与民主化，但是，从当今眼光来看，在促进公众对工程的理解方面，仍然做得不够。这也是三峡工程至今仍争议较多的重要原因之一。

公众理解工程还可以帮助人们科学地理解工程的风险。按照社会科学家吉登斯的说法，我们必须将两种风险概念，即外部风险和人造风险区别开来。工程风险属于人造风险，包括生态风险、社会风险、经济风险等类型，其中社会风险又包括移民风险与非移民风险。在水坝工程的社会风险中，水库移民既是最主要的风险承担者，又是社会风险的创造者。通过开展公众理解工程运动，可以使公众意识到，所有工程都是有风险的，只要控制在合理限度内，风险是可以接受的，从而减少或消除公众对于风险的过激反应。

如果上述目标得以实现，则工程建设就可以在友好的社会环境中顺利进行。

其二，公众通过工程批评，可以弥补专家知识的不足，改进决策，推动工程建设良性发展。在公众理解工程的框架中，工程批评具有重要的作用和意义。工程批评“是以广大公众为主体或主角，通过与‘工程专家’、决策者及政府部门的管理者对话的形式，对特定的有待决策的工程项目发表看法和意见、提出批评与建议。它具有明确的社会主体性、特定的对象性、公开的透明性、深度的民主性和双向或多向沟通性等特质”[3]。

决策的“满意原则”说明，决策者只有有限理性，因此，工程决策结果的“帕累托最优”是不可能达到的，何况工程结果有时会发生异化，出现背离原初目的的负效应。通过工程批评，可以为决策者提供智力支持，促进工程决策的合理化。以水坝工程为例，论辩可看作工程批评的一种形式。公众通过参与听证会与工程论辩等方式，帮助决策者更好地获得工程信息，扩大工程决策与选择的信息与智力基础[4]。中国水利水电专家潘家铮院士在评论“谁对三峡贡献最大”时曾说，“那些对三峡工程建设提出种种意见的人贡献最大”[5]。通过工程批评，还可以建立有效的监督约束机制。公众虽然不具备专家知识，无法完全理解高、精、尖的工程技术原理，但是，公众却可以通过提出疑问，发表工程批评，参与关于工程的社会效果的评估，从而对工程的发展方向、发展机制提出警示，进行监督。

其三，公众参与有益于工程知识的建构和创新。社会建构主义理论是公众参与工程建构的理论依据。在以往的知识类型和知识本性的理论中，学者们往往只关注具有“普遍性”的知识，但最近相关理论的进展却使人们空前地关注了“地方性知识”。所谓地方性知识，一般是指在特定的社会背景中产生的，由当地居民在日常生活中积累和使用的知识，是当地居民传统智慧的结晶。对于缺乏严格的工程技术训练的公众而言，他们所能参与的工程知识不大可能是实验室里生产的艰涩高深的交通、建筑、航空航天、水利电力等专业知识，也不能期望他们去解决工程技术的尖端难题。但是，公众可以利用其地方性知识，参与工程知识的建构，促进工程知识的发展。例如，居民们对当地的风俗习惯、动植物种类、地下水的出水口与水资源分布情况的了解，要远远胜于工程活动共同体中的专家与技术人员。如果充分尊重与运用公众的地方性知识，可以有效避免决策失误，减少经济、社会和生态损失，促进工程目标的实现。因此，在工程决策中，地方性知识应该成为“一个不应被忽视的知识体系”[6]。

其四，公众理解工程活动的开展，有利于改善工程师形象，促进公众和工程师群体的相互了解和相互理解。由于多种原因，社会公众对工程师职业的认识素来是不够的。当今，工程师本来不高的社会地位，正遭受着严峻的挑战。以水坝工程为例，在一些比较极端的环保人士与媒体的渲染下，水坝工程已经被“妖魔化”，随之，工程师的形象亦被负面化。对此，许多工程师们或者不善言辞，或者取不屑与之争辩的态度，在负面评价面前往往处于缄默状态。公众在接受关于工程及工程师的单方面负面消息的情况下，心目中对工程及工程师，甚至整个水坝工程共同体的印象大打折扣。如果不能及时采取干预措施，势必影响年青一代对水坝工程及工程师这一职业的兴趣，对水坝工程共同体的维持产生影响，进而影响到水坝工程建设与水电开发产业的大局。开展公众理解工程运动，则可以对工程及工程师的社会形象进行“补救”。对于工程师和工程师职业团体来说，他们不但应该积极发挥自己的特长参与公众理解工程的活动，而且应该积极改善活动形式和活动途径来增进公众对工程及工程师的理解。

（二）“公众理解工程”对公众的重要性

其一，“公众理解工程”有益于充分发挥工程设施的社会功能，提高公众的生活质量。当代科学技术的发展速度已经超过了人们的预想，以科技为支撑的工程正在塑造和改变着我们栖居的世界。通信、交通工程极大地便利了人们的出行与相互联系，使“地球村”变成了现实；水利工程带来了廉价电力，方便了灌溉农田，极大地消除了水患；信息工程使计算机、上网、邮件几乎成了人们日常工作与生活的基本方式。如果公众缺乏有关的知识，许多工程在建成之后可能由于公众的抵触而不能充分发挥其应有社会功能。

通过多种形式的公众理解工程活动，可帮助公众具备一定的工程技术的基本知识，掌握运用工程设施的基本技能，从而享受工程设施所带来的利益，在现代社会中游刃有余地生活。此外，公众个体只有具备一定的工程技术素养，才能快速学习新工程技术所需要的新技能，增加自己在激烈的市场竞争中谋求职业发展的竞争力。在这种情况下，良好的公众工程技术素养无论对于公众个人还是社会都具有重要意义。

其二，公众理解工程，有益于维护公众对工程的选择权、决策权，保障公众的合法权益，促进社会公平。在社会利益不断分化的市场经济大潮下，工程活动涉及越来越多的利益相关者，其影响所及已远远超出了狭义的工程共同体的范围。例如，在影响广泛的怒江水电开发争议中，水电集团、云南省与怒江州当地政府、环保部门、非政府组织、潜在的水坝工程移民等，甚至与工程无直接联系的普通公众，都是利益相关者（图 1）。水坝工程相关的利益、风险在不同利益相关者之间的不均衡分配是水坝工程社会争议的重要根源。水坝工程改变了河流相关的利益分配状况。筑坝后，水资源的地理分

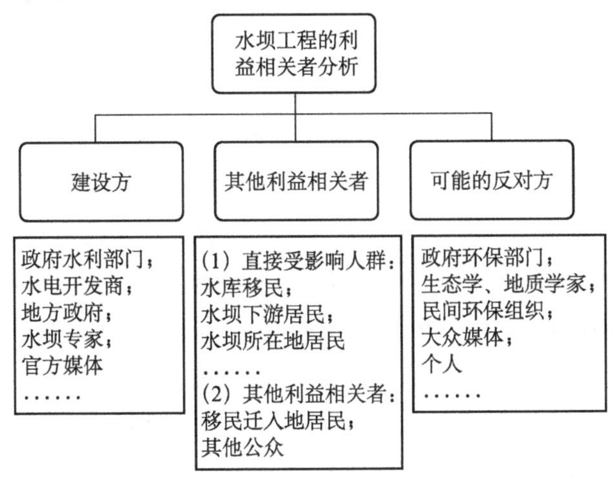

图 1　水坝工程的利益相关者

布发生了改变，创造出防洪、灌溉与库区旅游等丰厚的经济与社会效益。但是，受水坝影响的上下游居民却往往不是水电的受益者。在这种新的利益分配格局下，如何才能协调不同利益主体的关系，促进社会公平，显然就成为必须妥善解决的重大而困难的问题。只有赋予广大公众以平等的参与工程决策，表达自身利益诉求的机会，才能在工程中体现“正义”原则，维护社会公平与稳定，使工程得以顺利建设及运行。

三、我国“公众理解工程”现状分析：以水坝工程为例

既然“公众理解科学”活动在一定意义上属于大众传播学的一个分支，而“公众理解工程”又从“公众理解科学”延伸而来，因此，我们在分析“公众理解工程”的时候，也可以借鉴科技传播的分析模式，来分析当前工程理解工程中所存在的问题。下文将借助传播学和信息论的理论和思路，以水坝工程为案例，分别从“社会环境和氛围”与“信源—信道—信宿”两个方面，对我国“公众理解工程”的现状和改进途径进行一些初步分析。

（一）社会环境分析

就社会环境而言，当前我国的“公众理解工程”存在着两个方面的问题。

一方面，政府和社会对“公众理解工程”重视不够。长期以来，理论界往往更多关注人类的发明与发现活动对人类社会生活的影响，而对以建造为核心的工程活动产生的对社会，尤其是对公众的影响关注不多，甚至可以说是漠视。20 世纪 90 年代以来，以科学技术协会和科学技术部为代表的中国政府部门与专家学者对“公众理解科学”日益重视，研究水平不断加强，科学普及工作初见成效。相形之下，“公众理解工程”却并未得到应有的重视，不仅理论界如此，政府部门与社会大环境也大抵如此。在中国，“公众理解工程”活动迟迟没有真正展开。例如，近些年来一些社会媒体不断将水坝工程“妖魔化”，污染、腐败……一律都跟水坝工程扯上了干系，似乎水坝工程本身一无是处。在没有科学依据的情况下，将重庆大旱和南方洪涝灾害统

统归罪于三峡大坝。同时，政府与水利界的宣传教育工作又严重不足，限制了公众对水坝工程的正确理解，结果使得一些设计合理、环境友好、社会可接受的水坝工程因缺乏公众理解而陷入困境，最终对经济社会发展造成不利影响。

另一方面，科学与人文之间的割裂造成工程界与其社会环境间相互理解上的“鸿沟”。工程本身既有物质属性，又有精神属性。水坝工程的物质属性主要包括两个方面：一是，自然界的物质是水坝工程的建筑材料的来源与功能的基础。工程的实质就是利用自然界的物质、能源和信息进行人工制品的创造过程。水坝工程的建造材料取自自然界，建造土石坝、堆石坝所用的土壤、石块直接取自自然界，现代混凝土水坝的建筑材料水泥也是由自然原料合成加工而来。用于水力发电的水能资源同样也是潜藏在水资源之中的。二是，水坝工程对物质世界具有巨大影响。水坝工程的防洪、发电、灌溉、通航功能，既可保障粮食丰收，又可产生丰富而廉价的电力，推动经济社会发展。同时，水坝工程又有一定的精神属性。长久以来，当地人们在精神上对奔流不息的天然河流有着深深的眷恋，以至于任何人工改变都会对这种对自然状态的依恋产生伤害。

科学与人文之间的割裂阻碍了科学家与公众之间的沟通，也阻碍了“公众理解科学运动”的实施。这种现象反映到“公众理解工程”领域，就出现了工程师偏重理性价值与工程的物质属性，而环保人士偏重感性倾向和工程的精神属性的现象，从而导致两大阵营的尖锐对立。当前，水坝工程师出于其水利水电的理工科背景，常常理性有余而感性不足。他们擅长用理性判断与逻辑思维去处理复杂艰深的工程技术问题，同时，他们内心坚信，水电开发是功在千秋、为民造福的事情，他们的职责就是保证工程质量。相反，民间环保人士、媒体记者大多具备人文社会科学背景，更侧重河流的精神价值，往往以浪漫而悲天悯人的情怀去报道事件，影响普通公众的情感。这种科学与人文的疏离与割裂使得科学家、工程专家与环保人士在彼此沟通、理解上出现困难。也正因此，无论是绵延不绝的三峡工程之争，还是曾经一度白炽化的“怒江保卫战”，“挺坝”的水坝工程师与“反坝”的环保人士都针锋相对，互不相让。

（二）“信源—信道—信宿”现状分析

信息传播过程可简单地描述为：信源—信道—信宿，工程信息与工程技术知识的传播同样要遵从这个传播渠道。其中，信源就是信息的来源，可以是人、机器、自然界的物体等。信源发出信息的时候，一般以某种方式表现出来，可以是符号，如文字、语言等，也可以是信号，如图像、声响等。信道就是信息传递的通道，是将信号进行传输、存储和处理的媒介。信宿是信息的接受者，可以是人，也可以是机器。下文将采用“信源—信道—信宿”的分析进路，对我国公众理解工程的现状进行分析与判断。

1. 在“公众理解工程”领域，水利界作为信源的现状分析

一是水利界对“公众理解工程”工作缺乏积极性。既然公众理解工程是一个多元主体互动的过程，那么各个主体都可以视为信源。不过，在水利水坝工程中，水坝工程共同体依旧是水坝工程的公众理解的最终源头。以往，我国“公众理解工程”的工作是在“科普”的名义下进行的。可是，从事科普的科学家或工程师的社会地位不高，于是，也就很少有工程师愿意从事科普工作。因此，在怒江水电开发争议中，与环保人士的反对声音蜂拥而起形成鲜明对比的是，水利水电专家的声音并不强烈，似乎只有少数几人在发声。对于“水库是否诱发地震”、“水电是否清洁能源”之类问题的争论，普通公众更多接受的是道听途说的非科学的负面信息，从而形成误解。

当水坝工程引起环保人士、公众和媒体的质疑时，许多工程师倾向于认为，媒体和公众反对大坝和水电工程的重要原因是由于他们在工程知识上的欠缺，如果能够让公众懂得更多的工程知识和工程原理，公众就会支持工程。如果公众像他们一样思考，“自觉地”多学习一点水利水电工程技术知识，就不会犯一些低级的甚至愚蠢的认知错误了。

近些年来，已经有一些水利界人士开始认识到争取公众对工程建设的理解与支持的重要性，但对此有深刻认识的人并不多，有关工作也没有真正提上议事日程。虽然有潘家铮等老一辈水利专家撰写了类似《千秋功罪话水坝》等一些通俗易懂的科普性的小册子，但因数量少，效果并非十分明显。客观地说，“公众理解工程”工作，依然是水利工程界的薄弱环节。

二是工程师与媒体的某种程度的疏离与对立，产生了对工程师不利的后果。科学界较早地意识到了与媒体取得良好关系的重要性。他们认识到，一方面，与技术传播方式相比，公众传播方式能够更快地解决概念争论；另一方面，通过媒体进行科学传播，可以使自身科研成果为同行理解，取得同行的注意和认可，稳固与同行的关系，改变反对者的态度。可以说，与媒体保持友善关系，已经让科学家受益颇多。

与科学家和媒体的良好关系相比，工程师与媒体（行业媒体除外）之间的关系却显得有些尴尬。从目前公众对水坝工程的不满来看，他们主要受到了网络、媒体上那些铺天盖地的负面报道的影响。鉴于此，工程师们经常对媒体不信任，质疑他们将工程技术知识准确地传达到公众那里的能力，经常抱怨媒体和记者的报道不合科学常识，事实表述不准确，工程原理解释不清。同时，工程专家们也不愿意接受媒体记者的采访，担心媒体为追求轰动效应，哗众取宠，而对自己的言论断章取义，引起不必要的社会后果。还有的工程师在受到大众媒体的误解后，不惜恶语相向，非理性地进行情感宣泄，甚至与持相反意见的媒体记者对簿公堂，如某水电专家不满某财经媒体记者“造谣”而写博客怒斥，引发了一场诉讼案，最后以败诉而告终。打官司不论胜负，只能使水利界与媒体的关系更加疏远。从这个意义上来看，那些水坝工程的反对派的“公关”工作做得更好些。换言之，他们在作为公众理解工程活动的信源方面，发挥了更有力和有效的作用。

2. 在“公众理解工程”领域，媒体作为信道的现状分析

一是许多媒体记者缺乏工程技术素养，往往使信息传播失真。除少数水利水电专业类媒体记者外，当前从事水坝工程建设与水电开发争议报道的记者，绝大多数欠缺水利水电工程技术知识和地质、生态等领域的相关知识；加之受到截稿时间与生存压力的制约，很多记者在没有开展实地调研采访的情况下，单凭某某专家的一家之言，就做出质疑怒江水电开发是否应该上马的报道，因此，大众媒体记者在接受相关信息时，往往很难鉴别信息的真实性与完整性，有时会出现一些因认知理解不足而导致的“虚假报道”，并造成对某些专家意见的“误读”。此外，因媒体记者对中国是否需要建坝、水电开发应该如何进行、某座具体的水电站的现实情况究竟会引起怎样的后

果，自己并没有清楚的认知与独立、客观的思考，所以难以提出一些有深度的问题，报道水平受到一定制约。

二是某些媒体基于特定利益立场，未能“公平地”传播论辩信息，而采取了“一边倒”的立场。根据马兹莱克模式，所传播的信息的准确性会受到媒介对内容的选择与加工的影响。我国当前的情况确实如此。

我国对水坝工程与水电开发争议进行报道的主要媒体，往往带有一定的行业背景，其行业部门本身又是水坝工程争议的参与者。在自身利益受到行业背景和主办单位限制的情况下，此类媒体的报道倾向于一边倒的情况[1]。某些重要的报纸杂志，在相当程度上已经成为水坝工程反对派坚定的支持者。许多水利工作者感到他们的声音和观点已经受到“压制”，不能通过有关媒体表达与反映出来。而每当论辩中有一方的声音不能公平地传播出来的时候，这往往就反映出“信道”在“公平性”及“客观性”方面出现了问题。

3. 在“公众理解工程”领域，公众作为信宿的现状分析

在现实生活中，我国公众对水坝工程的理解与水利工程界的反应都不令人乐观。近些年来，随着中国社会民主氛围的不断加强，怒江水电开发、虎跳峡水电站决策争端与金沙江上水电站叫停事件，表明中国公众已经具有较为强烈的获得工程的知情权、参与权，特别是具有开展工程批评的倾向，“公众理解工程”的主观意愿已经初步体现。不过，公众自身的能力与外界条件却在一定程度上限制了他们对水坝工程的了解，具体说来，主要表现在以下三个方面。

1）现有制度渠道限制公众对工程的理解，公众的知情权、参与权没有充分保证。公众理解工程，意味着公众需要享有工程知情权与工程参与权。其中，公众的工程知情权是公众理解与参与工程的前提与基础。“知情权”包括两个层次的含义，一是指权利人从主观上能够知道和了解相关信息，二是指权利人可以通过一定的渠道来获取信息；前者主要指公众自身的工程、科技素养使其具备一定的理解工程的能力，后者则是指公众可以通过媒体或查阅资料来获取工程的相关信息，二者缺一不可。

从现实情况来讲，我国公众的工程知情权的实现尽管有所改善，但仍不尽如人意，这是因为：首先，我国公众对自己的工程知情权并没有明显的认知。尽管我国对公众的工程知情权的相关法规还不完善，但公众对自身了解工程和参与工程的权利的“无知”，无疑会降低公众理解工程的主观能动性。其次，当前，“小三会”（论证会、座谈会、听证会）不仅出现的概率小，组织实施的规范性也不高。迄今为止，中国还没有一部关于听证的法律，尽管《行政程序法》与《环境影响评价法》中对听证会有所提及，但因缺乏统一硬性规范，实际操作过程中引发出的种种问题，严重影响了听证会刚出台时在社会上所形成的良好声誉，使公众对听证会的公正性失去信心，公众利益无从保证，从而背离听证会的初衷。

2）公众的工程技术素养有待提高。我国公众的科技素养，制约了他们理解工程的能力。如果说提高公众的科技素养，是公众理解科学和技术的核心，那么公众的工程知识素养就是理解工程的重要基础，此外，公众还需要知悉工程对生态、社会的影响等。关于水坝工程决策与争议的相关信息，主要是通过报刊等平面媒体与互联网传播的，这就要求公众具有一定的文化水平，而我国农村的义务教育普及程度依旧偏低，农民连识字都困难，更难以理解工程之类知识与信息。国内学者李大光就山东泰安抽水蓄能水电站的公众理解与态度进行过调查研究，通过 PPS 抽样与调查结果的数据统计显示，有 74.7%的人认为“水电站是提供自来水的供应站”[7]，这一例子也足见公众对关于水坝工程的知识素养的缺乏。对工程知识的不了解，不仅使得公众普遍对工程信息不感兴趣，也使公众对自身参与工程决策的能力持怀疑态度，这就形成了一种恶性循环。

很多公众并非主动对工程持“无知”态度，而是受到外在支撑条件的限制，也就是通常所说的“信息不对称”。公众要知晓工程的基本情况，了解相关信息，要求公众必须支付一定的经济与时间成本。也就是说，公众只有具备一定的经济基础，才有条件去购买报刊与计算机等上网设备，或是支付相应的网络开销。此外，公众还需要有一定的空余时间来搜索、甄选与阅读工程信息。而以上条件，对于生存压力与日俱增的人们来说无疑具有一定的难度，对于广大农村的人们来说，难度就更大了。

3）公众对工程知之甚少，导致其真实意愿难以反映，甚至可能被“冒用”。在近些年的水坝工程决策和论辩中，公众实际上是缺位的。我国当前的一个特殊情况是：即使有“公众意见”反映出来，也都是通过民间环保组织发出的。2004 年 10 月，联合国水电大会在北京举行，在民间环保组织“云南大众流域”的带领下，来自云南虎跳峡、漫湾、小湾、大朝山的 5 位“准”怒江水电移民作为会议正式代表“空降”北京，会场上他们和云南官员就大坝影响及移民政策的实施状况展开辩论。会议上出现了移民的声音固然可喜，可是，这些人果真能代表水电工程所在地的当地移民的意愿么？他们是真正的移民代表么？我们不得而知。

四、促进公众理解工程的对策

（一）建设有利于“公众理解工程”的社会环境

鉴于社会环境对于工程建设的重要性，应将社会环境的优化作为工程建设的重要目标之一。

1）政府和有关方面应该重视和加强“公众理解工程”工作。“公众理解工程”与科学传播活动类似，属于一种社会化的公益性的活动，要切实增强活动效果，政府的作用至关重要。具体说来，政府在其中需要发挥以下几种作用：一是政府应该具备促进“公众理解工程”工作的社会意识，要根据公众对工程知识与信息的接受倾向与接受能力，“以人为本”地开展工作，增强工作的针对性与实效性。二是政府要适当转变“公众理解工程”工作的运作模式，改变以往单纯僵化的灌输行为，而将工程知识趣味化、娱乐化。在这方面，国外有许多宣传工程知识的趣味性网站或活动方案值得借鉴。

2）增强“公众理解工程”的人文意味，搭建工程界与人文界之间沟通的桥梁。在我国大规模工程建设方兴未艾的今天，在政府全力推进建设创新性国家的背景下，“我们不应该再忽视科学的文化和精神性，要重视科学方法的传授、科学理性精神的培养”[8]。同样，在“公众理解工程”运动的推进过程中，我们应该将其作为一种文化来体验，作为一种文化建设运动来推进，填补工程与其他文化形态之间的鸿沟。出于长远发展，政府应试图引导公众，包括环保人士和新闻媒体，科学、辩证地认识工程对生态、经济、社会的影响，让公众感觉到可以通过适当规范，让工程更好地服务于社会；同时，强调在实践中注重发展一种有利于各利益攸关方相互协调的机制，使工程与人类社会可持续发展相一致。

3）设立“公众理解工程委员会”。考虑到工程与科学、技术的区别，以及“公众理解工程”活动独特的社会作用和意义，可以考虑将“公众理解工程”从传统科普的社会建制中逐步分离出来，适时由中国科学技术协会、工业与信息部、中国工程院联合组建“公众理解工程委员会”。这个委员会的主要责任是为国家开展“公众理解工程”运动提供战略建议，培养工程师促进公众对工程理解的相关技能，将促进“公众理解工程”运动职业化，并督促、推动中国工程院在工程知识的普及、宣传方面的工作，提高公众对科学、合理的工程活动的理解与支持。

（二）在信源方面努力促进公众对工程的理解

工程界应积极参与到公众理解工程的活动中来，从信源上为公众提供正确的工程信息。

1）水利工程界应转变认识和思维方式，切实重视和改进与公众的沟通。工程界与其责怪对方不能理解工程，不如更多从自身找原因，考虑如何改善当前的被动处境。事实上，公众工程知识的多少与其对工程的态度呈非线性关系。工程师们应该把促进公众对工程的理解当做自己的职业责任，尽可能抽出时间从事工程的公众理解工作，并以通过民意调查了解公众对工程的态度和工程知识的需求状况为重要任务。由于我国“公众理解工程”的研究时间较短，定量调查的经验与积累的数据不足，因此，当前可以定性研究为基础，继而逐步深入。在工作方式方面，工程师们要向科普工作者那样“学习如何用简明的方式解说科学，既不充满专业行话也不屈尊堕落”[9]，要从单一的“文本式”的工程技术知识的普及逐步转变到“社会参与型”的公众理解工程的模式，帮助公众更加有效地理解中国进行大规模工程建设的意义，并及时反馈公众对工程的意见与建议。

2）工程师与媒体应加以联合。当下，工程师应该更加主动地与媒体、环保人士联起手来，求同存异，以更加通俗易懂的方式向社会公众宣传和普及动态和谐的工程生态观，促进公众对工程的正确理解和有效支持，减少不必要的误解。目前，水利界已经意识到了与媒体合作的重要性，不过做得还不够。他们多次举办并参加“绿色能源论坛”、“水电可持续发展高峰论坛”等，但往往只邀请那些官方的对水电开发持支持态度的报刊、网络等，而不屑于、甚至实际上也很难邀请到反坝派媒体的参与。反之，激进的环保人士也在各种场合、通过各种渠道发表己方观点，对那些不同意见不能虚心与之交流，往往以“我们并不是反对所有水坝”来搪塞，而实际上对水坝未来的担忧溢于言表。

（三）在信道方面努力促进公众对工程的理解

在公众理解工程领域，媒体作为连接工程与工程之间的桥梁，作用非同一般。无论是从自上而下的工程知识的有效传播来看，还是从促进工程师与各类专家等传播者与公众之间的互动来看，媒体都承担着不可替代的中枢作用。

1）提高媒体的社会责任感与工程技术素养，如实反映问题，积极帮助公众认识工程的真相。媒体应切忌误导公众，通过不实宣传、无中生有制造社会恐慌后，又置之不顾，使得本来合理的工程无疾而终。在当今全球生态危机的背景下，国外环保主义运动如火如荼，并对发展中国家的环境保护运动产生了深刻影响。生态伦理学发源于自由主义传统深厚的西方，不可避免地带有较强的西方中心主义的印迹。极端环保主义者的浪漫主义的田园诗话方式和要求，不仅不能解决实际问题，还容易对我国当前必要和合理的工程建设产生不良影响。我国环保主义人士在开展生态运动的时候，更应充分考虑我国自身的自然环境和人口状况，考虑激烈的国际竞争中我国普通民众的生存境遇。

2）以工程热点争议为时机，有序推进工程的决策。在中国以往的工程项目决策模式中，往往是政府单独决策，关于工程的技术知识与相关信息难以“外溢”到普通公众那里，工程决策中鲜有普通公众的参与。但是，通过持续而热烈的水坝工程论辩，公众与工程的距离大大拉近，因此，在我国政治民主还不够完善的制度框架下，工程论辩无疑就成了其中非常重要的渠道和环节。

此外，根据马兹莱克模式，公众所接受的信息受到来自媒体的压力或制约。由此，大众媒体便可以通过反复播出某类新闻报道，强化该话题在公众心目中的重要程度，从而具备议程设置的能力。因此，我们可以将从以往水坝工程争议中提炼出来的理性认识与基本规律，用于指导以后类似的水坝工程争议，将其作为增进公众理解工程的有效途径而加以利用。

（四）在信宿方面努力促进公众对工程的理解

政府与工程界有责任在公众中普及工程知识，夯实公众获得理解工程的基础。

1）在工程教育中普及“大工程观”。随着经济全球化、科学技术系统综合化的发展，工程正在向“大工程”发展，呈现出日益复杂的巨系统的趋势。但是，以往的传统工程教育单纯注重专业化、科学化，割裂了工程系统本身。20 世纪 90 年代，美国工程教育界掀起了“回归工程”[10]的浪潮，“大工程观”的教育思想应运而生。1994 年，美国麻省理工学院院长乔尔·莫西斯提出，工程教育的改革方向是要使工程教育更加重视工程实践，强调工程本身的系统性和完整性。

所谓“大工程观”就是在科学技术基础上，形成对涉及社会、经济、文化、道德、环境等多因素的完善的工程内涵的理解。基于“大工程观”的教育理念，在高等工程教育中，必须大力加强学生的人文素质教育和综合能力的提高。在“大工程观”背景下，应当从学生的工程意识、质量意识、系统意识、成本意识和环保意识等方面，结合相关的专业人才培养体系构建“大工程观”教育思想指导下的专业课程体系。

2）在高校开展通识教育。在高等院校开展通识教育，是促进“公众理解工程”的一种重要措施。由于历史原因，在目前的教育体制下，我国工科大学生普遍存在人文精神的缺失。因此，要加强工科学生的人文素质培养，通过开设人文、道德、艺术、历史、审美和文学等选修课程，提高学生人文素质，强化社会责任感，遵守职业道德和伦理准则，增强团队精神和协作能力，培养工程实践的是非判断力和正确的价值取向。作为工科院校，还必须重视学生“和谐”工程理念和工程价值观的培育。因此，有必要在工科人才培养方案中开设培养学生现代工程理念的课程。

3）拓宽合理的公众参与渠道。政府和水利界在面对重大突发事件时要注重信息公开，使得公众能够通过便利渠道来了解具体事实，从而减轻从非正常渠道来传播消息时所导致的夸大和失实。例如，1975 年 8 月河南板桥和石漫滩的水坝溃决事故，当时并没有彻底对百姓公开，以致在一些海外媒体和民间消息的传播中，这场溃坝事故的后果被严重夸大而造成不良后果。

此外，我国公众对工程的参与意愿需要引导和加强。我国大部分水坝工程地处偏远山区，农村居民自主参与决策的意识不强，习惯了听从政府号令。他们不了解，也不相信公众参与工程决策的相关政策，即使听说了，也持有怀疑态度。因此，我们应该积极宣传、改变村民的观念，鼓励村民去参与相关的水坝工程决策。

总之，伴随着工程的社会影响力的逐步加强，“公众理解工程”的理论与现实意义不断凸显。推进公众理解工程运动，一方面可以保障工程的顺利建设与运行所需的社会环境；可以通过工程批评，改进工程决策；可吸引公众参与到工程知识的建构与创新中来；还可以改善工程师形象，增进公众与工程师的相互了解。另一方面，对充分发挥工程设施的社会功能，提高公众的生活质量有促进作用；还可以帮助维护公众的合法权益，促进社会公平。未来，在充分了解我国“公众理解工程”的现状与不足的基础上，来构建有利于“公众理解工程”的社会环境，并在信源、信道、信宿方面采取多种针对性措施，推进公众对工程的正确理解。

参考文献

[1] 魏沛．怒江水电开发争议对“公众理解工程”的启示分析．北京：中国科学院研究生院，2007，(9)：42-46，65.

[2] 李伯聪．工程哲学引论．郑州：大象出版社，2002：4.

[3] 张秀华．工程批评：工程研究不可或缺的视角．http：//theory. people. com. cn/GB/49154/49156/3484986. html [2010-06-26].

[4] 殷瑞钰，汪应洛，李伯聪．工程哲学．北京：高等教育出版社，2007：196.

[5] 陈可雄．三峡工程的前前后后：钱正英访谈录//国务院三峡工程建设委员会．百年

三峡．武汉：长江出版社，2005：250.
[6] 袁同凯．地方性知识中的生态关怀：生态人类学的视角．思想战线，2008，34 (1)：6.
[7] 李大光，许晶．我国公众理解工程的实证研究：泰安公众对工程的理解与态度调查分析．工程研究——跨学科视野中的工程，2008，3：255 - 265.
[8] 佟贺丰．不同语境与政治环境下的国家科普理念．全球科技经济瞭望，2008，(9)：35.
[9] 李正伟，刘兵．对英国有关“公众理解科学”的三份重要报告的简要考察与分析．自然辩证法研究，2003，19 (5)：70 - 74.
[10] 李继凯．“大工程”观教育思想指导下的电气信息类专业课程体系研究．http：//jwc. mmc. edu. cn/jing _ yan _ jiao _ liu/2009-12/content _ 325. html [2010 - 06 - 26]．

社会形态的三阶段和工具发展的三阶段*

马克思说："人的依赖关系（起初完全是自然发生的），是最初的社会形态，在这种形态下，人的生产能力只是在狭窄的范围内和孤立的地点上发展着。以物的依赖性为基础的人的独立性，是第二大形态，在这种形态下，才形成普遍的社会物质变换、全面的关系、多方面的需求，以及全面的能力的体系。建立在个人全面发展和他们共同的社会生产能力成为他们的社会财富这一基础上的自由个性，是第三个阶段。第二个阶段为第三个阶段创造条件。"[1]对于马克思的这个理论观点，有人把它解释为关于社会发展的三大形态的理论，也有人把它解释为关于人的发展的三阶段的理论。本文将简要地阐述一种工具发展史角度的解读，希望能深化我们对马克思的这个理论观点的理解。

在本文中，工具一词在不同的语境中可能有不同的含义：它可能仅指手工劳动工具，但也可能指包括手工工具和机器在内的所有的劳动资料，甚至可能是一切物质性生产资料和生活资料的总称。

一、"手工工具时代"和"人的依赖性"的阶段

人的起源和人的本性问题最初是一个神话问题。不同民族关于这个问题

* 本文作者为李伯聪，原载《哲学研究》，2003年第11期，第37～43页。

有不同的神话。在古希腊神话中，人是带着普罗米修斯所“偷”来的火和制造技术而来到世上的。在神话中，天神才是工具和技术的创造者，所以，这个神话的寓意实际上是认定“人是工具的使用者”。应该说，这是一个天才的猜测。古希腊神话是产生古希腊哲学的温床。哲学诞生之后，哲学家以哲学的方式继续了神话时期的先民对人的本性这个问题的思考；但哲学家在思考这个问题时却抛弃了神话时期的那个把人看作是“使用工具的动物”的猜测，他们提出和阐述了一种把人看作是“理性动物”即“人是理性人”的新观点。

亚里士多德说哲学产生于“闲暇”。自泰勒斯、柏拉图、亚里士多德以来，哲学家都是闲暇的、远离体力劳动的“脑力工作者”。在很长的历史时期中，手持工具干活的劳动者在社会上的地位是卑下的，社会的基本现实是“劳心者治人，劳力者治于人”，于是，作为劳心者的哲学家在思考人的本性时很自然地也就把人看作是“理性人”了。普特南曾谈到过一种虚构的“缸中之脑”——假设的被从人身上切下来并放在一个“盛有维持脑存活的营养液的大缸”中的大脑，他说，“哲学家们经常讨论这样一种科学虚构的可能性”[2]。虽然这个“缸中之脑”模型提出甚晚，但我们实在可以说：这种“缸中之脑”就是古今众多哲学家所提出的关于人的本性的许多理论的“直观模型”。

在 18 世纪，作为政治家、外交家、科学家、经济学家的富兰克林把人定义为“制造工具的动物”——而不单纯是工具的使用者。这是对人性的认识中的一个新进展。

在哲学史上，哲学家先是抛弃了古希腊神话中隐含的关于“人是使用工具的动物”的天才猜测，后来，哲学家又未能“率先”在哲学上把人定义为“制造工具的动物”。应该说这实在是哲学发展史上发生的一个“系统性偏差”和“系统性失误”。

马克思和恩格斯在 19 世纪实现了一场哲学革命。马克思和恩格斯不但建立了唯物史观的一般理论，而且对人的起源和人性问题也做了许多深刻、精辟的分析和论述。他们明确指出：“人把自己和动物区别开来的第一个历史行动并不是在于他们有思想，而是在于他们开始生产自己所必需的生活资料。”[3]恩格斯说，人类起源于劳动，而“劳动是从制造工具开始的”[3]。

劳动不但是人类起源的秘密之所在，而且在人类起源之后，劳动还是人类社会持续存在的基础。没有劳动，人类社会就要崩溃，人类社会就不可能存在下去。马克思主义哲学把制造工具和使用工具看作人的最基本的本性；于是，马克思主义哲学就把“人的形象”从传统哲学的“缸中之脑”的形象改变成了“手持工具进行劳动的劳动者”的形象。

动物的“本性”就在动物“自身”之“中”而不在该动物的“自身”之“外”，动物依靠“自身”的特性即自己的“本性”为生。例如，老虎的“自身”体现着老虎的本性，老鼠的“自身”体现着老鼠的本性，老虎和老鼠的“本性”都不在其“自身”之“外”。可是，人类的本性却不是单纯体现在人的“自身”之“中”的，人类也不是单独依靠自己的生理身体为生的。人是依靠“（生理）自身”加上“身外”的工具一起才“存在”于、“生活”于世界上的；人的本性不但“体现”在“自身”之中，同时还“体现”在“身外”的工具上。不但人的劳动离不开工具（使用工具进行劳动），而且人的生活也是离不开工具（人的衣、食、住、行都要利用“工具”或“器具”）的。如果没有了身外的作为生产资料和生活资料的工具，人的“生存”就无以区别于动物的“存在”了。

人是社会性、“群集”性的动物。劳动活动和劳动过程不但是人和物质自然界相互作用的活动和过程，而且是人与人交往和互动的过程。马克思说，人类社会形态的第一阶段是以“人的依赖关系”为特征的社会；马克思又指出“在这种形态下，人的生产能力只是在狭窄的范围内和孤立的地点上发展着”。很显然，后者乃是前者的深层基础或深层原因。

为什么在社会发展的第一阶段“人的生产能力只是在狭窄的范围内和孤立的地点上发展着”呢？最主要的原因就是在这个阶段中，人只创造出和拥有手工工具。因为劳动者只有简单的手工工具，于是人的生产能力也就只能处在这一水平上。

在认识和评价手工工具时，一方面，从它是人类起源的关键因素和人类发展第一阶段社会持续存在的条件和基础来看，我们必须高度评价手工工具的作用和意义；可是，从另一方面看，我们又需要承认手工工具毕竟还具有初级性、简陋性和孤立性的特点。

生活在蛮荒的大自然中，人的力量是很柔弱的，柔弱的人又只有简陋的手工工具，在这样的环境和条件下的人的力量就是“双重”的柔弱了。面临严酷的生存压力而又“双重柔弱”的人类就不得不更加依靠“集体”（血缘关系）的力量了。于是，“人的依赖性”就成为了社会形态的一个基本性质和特征了。

人的依赖性、孤立生产和手工工具这三者是密切联系在一起的，我们是应该而且必须从这三者的相互联系和相互作用中来认识、分析和考察人类社会的第一种形态的。

二、“机器时代”和“以物的依赖性为基础的人的独立性”的阶段

马克思主义承认人类历史是一个不断发展的过程，但是马克思主义更认为：最关键的问题并不是一般性地承认世界历史有一个发展过程，而是必须把世界历史发展过程中的劳动发展史这个方面放在基础的位置上。马克思说：“整个所谓世界历史不外是人通过人的劳动而诞生的过程，是自然界对人说来的生成过程。”这个世界历史过程不是如黑格尔所说的绝对精神的发展过程，而是一个实际的、留下了踏实的劳动的足迹的过程，是一个“有直观的、无可辩驳的证明”的过程。[1]

由于工具的发展水平是劳动水平和发展阶段的最直接、最突出的表现和标志，于是，工具的“形态”也就成为了表现和标志人类历史发展阶段的最直接、最无可辩驳的证据。

在古生物学中，我们是通过动物的“自身”——首先是动物的骨骼——来认定动物的存在和该动物的特性的。而对于人和社会的发展来说，对于所谓半坡文化、仰韶文化、青铜时代来说，我们就不但需要通过人的遗骸，而且更要通过考古发掘出的工具和器物，来“证明”该时期和该地域的人的存在和当时的人群在人类文明发展历史上的位置。我们不否认福柯所强调的进行“知识考古学”研究的重要性，但我们必须更加看重“工具考古学”的重要性。马克思在《资本论》一书中有许多属于进行“工具考古学”研究的内容，可以说马克思已经开辟了进行“工具考古学”研究的新进路。可是，这

个具有极大重要性的研究进路几乎被后人完全忽视了。

人类的进化不同于动物的进化。动物的本性就“存在”于其“自身”之中，于是，动物的进化过程就和动物“自身”的进化过程成为了合二而一的、不可分离的过程，例如，从始祖马到现代马的进化历程直接地就表现在动物“自身”的“骨骼”进化“之中”。而对于人就不然了，因为人的本性并不单独存在于其“自身”之中，在人类文明史上人的历史发展（进化）首先表现为“人身之外”的工具的进化过程。我们有充分理由把工具看作是“个人”的“外骨骼”和“社会”的“骨骼”。人的“身体”在最近数万年的进化史上并没有什么大的变化，在几千年的文明史中“人身”的结构简直可以说是没有变化，而在这段时间中人所制造、所使用的工具却不知发生了多少“代（工艺和产品‘更新换代’之‘代’，即小阶段）”的变化了。与动物的进化不同，人的进化的基本方式不再是“自身”的进化而首先是“外体”的进化——尤其是工具的进化和用具的进化。

如果说动物只有DNA形式的遗传基因，那么，人之作为人和人之成为人就不但是因为人有人类的遗传基因，而且更是因为人类有了自己的“文化基因”。在构成人类的文化基因的成分中，某个时期的人所特殊拥有的工具类型就成为了文化基因的最重要的成分了，也许我们可以直接地称其为“工具基因”。

从哲学上看，研究工具考古学的重大意义就是要具体展示人的“外骨骼”和“社会骨骼”的“进化历程”，揭示社会形态、社会生产与社会生活发展的具体历程。

唯物史观绝不否认人的善恶本性问题的重要性，但在唯物史观看来，人的本性的最根本和最重要的方面乃是人能够制造和使用工具的能力和特性。劳动，即制造和使用工具，不但是人类历史起源的秘密之所在，而且是任何时期——包括过去、现在和未来时期——人类社会存在的前提、基础和外部展现。如果离开或排除了对工具发展史的研究，那么，对人类发展历史的研究就难免会成为对“空中楼阁”的研究。

虽然应该承认工具进化史的细节研究是属于技术史范畴的研究，可是，我们必须看到和深刻认识：工具进化史是人性和人类社会进化史的直接体现和深层基础。马克思说：“饥饿总是饥饿，但是用刀叉吃熟肉来解除的饥饿不同于用手、指甲和牙齿啃生肉来解除的饥饿。"[3] 马克思又说："手推磨产生的是封建主为首的社会，蒸汽磨产生的是工业资本家为首的社会。"[3] 离开了对工具进化史的研究，就不可能真正理解和揭示人性和人类社会的进化和发展的历史。在马克思之前的众多哲学家和在马克思之后的许多哲学家在研究社会形态问题和人性发展问题时，只注意研究道德的进化史、思想的发展史、政治的发展史，而几乎完全忽视了工具进化史、人工物的进化史，这就使他们的研究成为有根本缺陷的研究。

揭示工具进化史、生产发展史、人性发展史、制度发展史、社会形态发展史、交往发展史的内在联系、相互关系和互动过程，是哲学研究的一个基本任务。在这方面，马克思关于三大社会形态的理论就是一个在宏观上把工具发展史、人性发展史、社会形态发展史、生产发展史、交往发展史融会在一起的理论。

人类历史在经历了以人的依赖性、孤立生产和手工工具为特点的第一阶段之后，人类社会便进入了第二阶段：以机器、大生产、物的依赖性为基础的人的独立性的阶段。

马克思说："生产方式的变革，在工场手工业中以劳动力为起点，在大工业中以劳动资料为起点。因此，首先应该研究，劳动资料如何从工具转变为机器。"[4] 马克思又指出："所有发达的机器都由三个本质上不同的部分组成：发动机，传动机构，工具机或工作机。"[4] 机器的这三个组成部分各有其功能和重要性。马克思指出工具机"是 18 世纪工业革命的起点"[4]，而许多人又认为发动机（蒸汽机）的出现是第一次工业革命的最重要的标志。机器在进一步发展中，又有了控制机这个组成部分，于是机器的结构和功能都提升到了一个新的"平台"上。

有了机器也就有了与以往的小生产（使用手工工具的孤立生产）不同的大生产。大生产与孤立的小生产在性质和范围上都是有根本不同的。有了大生产，这就使"资产阶级在它的不到一百年的统治中所创造的生产力比过去一切世代创造的全部生产力还要多，还要大"[3]。

机器系统的出现，创造了新的生产力，使得社会在"宏观"生产方式和"微观"（与微观经济学相当的"微观"）生产方式方面都不断地发生变革，并且还派生了一系列其他方面的变革。马克思说："劳动资料取得机器这种物质存在方式，要求以自然力来代替人力，以自觉应用自然科学来代替从经验中得出的成规。在工场手工业中，社会劳动过程的组织纯粹是主观的，是局部工人的结合；在机器体系中，大工业具有完全客观的生产机体，这个机体作为现成的物质生产条件出现在工人面前……因此，劳动过程的协作性质，现在成了由劳动资料本身的性质所决定的技术上的必要了。"[4]

在机器时代，如马克思所说的那样，形成了"普遍的社会物质变换，全面的关系，多方面的需求以及全面的能力的体系"。由于大生产的结果，社会中的生产资料和生活资料都比以前大大地丰富了，人不再像以往时代那样主要生活在自然环境之中，而是主要生活在人工物的环境之中了——这就是现代"北京人"和几十万年前的"北京人"所生活的环境和条件的巨大差别。

机器大生产时代是人类社会发展的第二阶段，是"以物的依赖性为基础的人的独立性"的时代。在马克思对这个阶段的性质和特征的完整表述中有两个要点——"物的依赖性"和"人的独立性"，二者是不可分割、密切联系的，同时二者又是有"主""次"之分和特定的同时性和历时性互动关系的。

应该特别注意和强调指出的是：从马克思的"本文"来看，"物的依赖性"是修饰"人的独立性"的，"人的独立性"是中心词，"重心"是落在"人的独立性"上的。可是，我国许多学者在"概括"这个社会形态时大都把它"简称"为"物的依赖性"的时代。如果所有的作者和读者都时时刻刻地"记住"他们所说的这个"物的依赖性"的时代只是"以物的依赖性为基础的人的独立性"的时代的"简称"，那么，我们可以理解这只是一种虽不够恰当但也许是迫不得已的做法。可是，如果有人在这样做的时候只记得"物的依赖性"这个"修饰语"而忘记甚至排除了"人的独立性"这个"中心词"，那就不恰当和不能接受了，因为这种"简称"在很大程度上误解、偏离甚至背离了马克思的本意；人们是不应在"简称"一个由"修饰词（语）+中心词（语）"构成的词组时只"保留""修饰语"而"删除"其"中心词"的。毫无疑问，强调"中心词"的地位和作用绝不意味着可以忽视"修饰语"的地位和作用。在马克思本人的完整表述中，"修饰语"和"中心词"是不可分割、互相渗透的。我们既不应只见"修饰语"而忘记

"中心词"，也不能只见"中心词"而忘记"修饰语"。如果只见"修饰语"不见"中心词"，那无异于喧宾夺主；如果只见"中心词"不见"修饰语"，那就类似于侈谈空中楼阁。

关于"人的独立性"对物的依赖关系是一个大问题。马克思所说的"物的依赖性"，其基本含义是：人的物质生产活动却成为对人来说是异己的东西，表现为一种物，人依赖于物和受物的统治。本文主要是从工具发展史的角度来谈问题，限于篇幅，在此只能简单地指出以下几点。

第一，马克思主义哲学认为，制造和使用工具进行生产劳动是人类社会存在和发展的基础。由于人能够创造和使用工具，这才使人有了"独立性"；如果离开了对工具的创造和使用，人类社会就不可能存在了。人的独立性不但是存在于"依赖于物"的基础之上的，而且人的独立性还是不可避免地必须与工具"协同发展"和"协同进化"的。

第二，这里所说的"物的依赖性"主要是指人对"人所创造的人工物"的依赖性，而不是一般性地指对"天然物"的依赖性（当然这绝不意味着否认这一点）。由于人工物是人所创造的，所以，我们就必须看到：在这种"物的依赖性"中不但"直接"体现着人对物的"依赖性""本身"，而且在这种"物的依赖性"中还"体现"着和"反映"了"人的独立性"。这就是说，这种"物的依赖性"一方面是"人的独立性"的对立面，另一方面它又是"人的独立性"的"基础条件"和直接的"体现者"。

第三，所谓"物的依赖性"主要有两个方面的内容：在人与自然即人与物的关系方面（物的使用价值方面）的"物的依赖性"和人的社会关系方面（生产关系、社会关系、制度类型、交往关系等）的"物的依赖性"。在理解所谓"物的依赖性"时，这两个方面中的每个方面都是非常复杂和表现形式极其多种多样的。

第四，我们还可以把这个所谓"物的依赖性"以另外的标准划分为两种类型："正常形态"的"物的依赖性"和"异化形态"的"物的依赖性"。对于"异化形态"的"物的依赖性"，哲学家已经进行了许多分析和研究，他们的许多分析和观点我都是赞同的。否认存在"异化形态"的"物的依赖性"的观点是十分错误的，本文没有多谈异化问题，仅仅是因为本文的理论重点不在这个方面。本文的重点是想强调问题的另一个方面：除了异化形态的“物的依赖性”之外，也还存在着“正常方式”和“正常形态”的“物的依赖性”，哲学家是不应忽视对“正常方式”和“正常形态”的“物的依赖性”的研究的。

三、“社会基础设施时代”和“个人全面发展和共同的社会生产能力基础上的自由个性”的阶段

与历史发展的第一阶段相比，人类历史进入第二阶段是一个巨大的进步，但由于异化形式的“物的依赖性”的存在等原因，这个进步又成为了一个有严重局限性和严重缺陷的进步。所以，人类还需要为进入历史发展的第三个阶段而进行新的努力。

马克思认为社会发展的第三种形态在性质上有三个要点：“个人全面发展”“共同的社会生产能力成为他们的社会财富”和“自由个性”。前二者是对这个社会形态的“基础”的说明，后者是说明社会第三形态的整个“词组”的“中心词（语）”。

由于在比较近期的将来还不可能建成这第三种社会形态，所以人们也就不可能对这第三种社会形态的状况和内容有十分具体的说明。但有一点是可以肯定的：只有在新的生产工具、新的生产力、新的生产关系、新的生产方式和生产模式、新的社会结构和新的交往方式、新的生活方式和人的存在的新形态的互相结合和互相促进中，新的社会形态——也就是共产主义才可能建成。

许多人都向往“个人的全面发展”和“自由个性”，可是，“个人的全面发展”和“自由个性”不是可以凭空产生的。没有生产力的高度发展，“个人的全面发展”和“自由个性”都只能是一个空洞、虚幻的空中楼阁而已。

我国许多学者都承认共产主义社会是需要有物质基础的，但他们在谈到这个物质基础时往往都只限于使用“生产力极大提高”和“物质产品极大丰富”这样内容空洞的文句。应该承认，这种说明仅仅是一个关于“量”的模糊说明，它还不是一个关于“质”的规定性的说明，而在这里，最关键的问题显然不是“量”的问题而是“质”的问题。因为，如果与原始人相比，我

们未尝不可说现代的发达国家已经是“生产力极大提高”和“物质产品极大丰富”了，但现代的发达国家无疑地还远远没有建成社会发展的第三形态。所以，我们必须在理论上重视研究关于社会第三种形态的物质基础的“质的规定性”和比较具体的形态特点的问题。本文最后对此问题谈一些“三言两语”式的看法。

生产工具是生产力状况和社会发展水平的“标志性因素”。可以肯定：在社会发展的第三形态中，应该出现与“机器时代”相比具有“超越性”的新的生产工具的类型。在生产工具发展史上，最早的机器是在“手工工具时代”就出现了，但那些“孤立的机器”并未能形成一个“机器时代”，所以这无妨于我们肯定当时的时代性质仍然是“手工工具时代”。同样，我们也可以断言：标志社会发展第三阶段特点的“生产工具系统”也不可能是在一夜间从天上掉下来的，它的“萌芽”形态是必然会在“机器时代”中就“冒出来”的。那么，在社会发展第三阶段出现的“生产工具系统”会是一种什么样的“工具系统”呢？

马克思说社会发展的第三形态是建立在“共同的社会生产能力成为他们的社会财富”的基础之上的，这是一个对于未来社会物质基础的天才预言和“经济学性质”的界定。在马克思所生活的 19 世纪，“机器时代”还处于它的上升期，那时的人们（包括马克思在内）还无法想象未来的新的社会形态的比较具体的物质基础究竟是什么“技术类型”的。可是，当历史已经进入 21 世纪的时候，我认为我们已经有理由说：未来的新的社会形态的物质基础的“萌芽”已经在 20 世纪“冒”出来了——这就是所谓的“社会基础设施”。

所谓“社会基础设施”和“机器”相比，二者在形态、结构、功能、潜力及其与人的关系上都是有很大区别的。“社会基础设施”是对“机器”的一种“超越”。例如，互联网就是一种“信息基础设施”（information infrastructure）。我自然不会认为现在的互联网已经就是马克思所说的那种“共同的社会生产能力”了，但我们似乎有理由肯定现在的互联网就是马克思所说的那种“共同的社会生产能力”的“萌芽”（请注意“萌芽”二字）。

从社会物质基础来看，如果说机器时代是社会发展的第二阶段，那么，社会发展的第三阶段就是“全人类的社会基础设施时代”了。由于这第三种社会形态不是一种局域性的社会形态，而只可能是一种全世界共同性的社会形态，所以，这里所说的“社会基础设施”就不单纯是局域的或某个国家范围内的基础设施，而必定是指“全世界和全人类性的社会基础设施”了。机器是可以被个人所拥有的，机器时代和“私有制”是相容的；而“全世界和全人类性的社会基础设施”是不可能仅仅被个人拥有的，它必然地是共同的社会财富，所以它必然要求出现新的社会财富形式。虽然我们现在还说不清楚未来社会形态中的“社会基础设施”的具体“样态”和具体运行状况，但我们似乎可以预见：在未来新社会形态的“社会基础设施”的“运行”中，将出现新形式的生产和生活的统一、个人和社会的统一、自由和约束的统一、理想和现实的统一。

参考文献

[1] 中共中央马克思恩格斯列宁斯大林著作编译局．马克思恩格斯全集．北京：人民出版社，1979.

[2] 普特南，希拉里．理性・真理与历史．李小兵，杨莘译．沈阳：辽宁教育出版社，1988.

[3] 中共中央马克思恩格斯列宁斯大林著作编译局．马克思恩格斯选集．北京：人民出版社，1972.

[4] 马克思．资本论（第1卷）．北京：人民出版社，1975.

主题索引

作者简介*

关士续，毕业于哈尔滨工业大学电机系，哈尔滨工业大学教授、东北大学兼职教授，研究方向为科学技术史、技术哲学与技术创新，王大洲教授合作者。

胡新和，中国社会科学院研究生院哲学博士，中国科学院大学人文学院教授，《自然辩证法通讯》杂志主编，研究方向为科学哲学、物理学哲学、科学思想史。

胡志强，中国社会科学院研究生院哲学博士，中国科学院大学人文学院教授，《自然辩证法通讯》杂志副主编，研究方向为科学哲学和科技政策。

李伯聪，中国科学技术大学研究生院理学硕士，中国科学院大学人文学院教授，《工程研究》杂志主编，研究方向为工程哲学、工程社会学及工程史。

刘二中，中国科学技术大学研究生院理学硕士，中国科学院大学人文学院教授，研究方向为科学技术史、科学技术哲学、科技创新方法论。

* 以姓氏拼音为序。

陆佑楣，毕业于华东水利学院河川结构和水力发电专业，中国工程院院士，曾任水电部副部长、能源部副部长、国务院三峡工程建设委员会副主任委员、中国长江三峡工程开发总公司总经理、中国科学院研究生院兼职博士生导师，现任中国大坝委员会主席，清华大学、河海大学教授。

邱慧，浙江大学哲学博士，中国科学院大学人文学院副教授，研究方向为后库恩科学哲学、技术哲学及科学传播。

王大洲，东北大学哲学博士，中国科学院大学人文学院教授，《工程研究》杂志副主编，研究方向为技术与工程哲学、创新研究与科技政策。

王楠，中国科学院研究生院哲学博士，中国科学院大学人文学院讲师，研究方向为技术与工程哲学、工程社会学。

王佩琼，中国科学院研究生院理学博士，中国科学院大学《工程研究》杂志编辑部主任、编审，研究方向为技术与工程哲学、工程技术史。

王耀东，中国科学院研究生院哲学博士，山东科技大学科技哲学研究所副所长、副教授，研究方向为工程哲学。

肖显静，中国人民大学哲学博士，中国科学院大学教授，研究方向为科技哲学、生态政治与哲学、科技社会学。

张恒力，中国科学院研究生院哲学博士，北京工业大学马克思主义学院副教授，研究方向为工程伦理及科技政策。

张志会，中国科学院研究生院哲学博士，中国科学院自然科学史研究所助理研究员，研究方向为水利工程史。